高 等 学 校 教 材

机 械 设 计 基 础

主编　朱家诚　王纯贤

参编　汪　进　董玉革　吴焱明

合肥工业大学出版社

内容提要

本书共分十九章，主要内容有平面机构及其自由度、平面连杆机构、凸轮机构、齿轮机构、轮系、其他常用机构、机械动力性能、机械零件设计概论、联接、齿轮传动、蜗杆传动、带传动、链传动、轴、滑动轴承、滚动轴承、联轴器、离合器、制动器、弹簧、机械传动系统设计等。每章后面还有概括本章知识要点的小结及适量的思考题和习题。

本书为高等工科院校机械设计基础课程的教材，也可作为工程技术人员和有关专业人员的参考用书。

图书在版编目(CIP)数据

机械设计基础/朱家诚，王纯贤主编．—合肥：合肥工业大学出版社，2003.2(2019.1 重印)
ISBN 978-7-81093-018-5

Ⅰ．机…　Ⅱ．①朱…　②王…　Ⅲ．机械设计—高等学校—教材　Ⅳ．TH122

中国版本图书馆 CIP 数据核字(2003)第 009530 号

机械设计基础

朱家诚　王纯贤　主编　　　　责任编辑　汤礼广

出　版	合肥工业大学出版社	版　次	2003 年 2 月第 1 版
地　址	合肥市屯溪路 193 号	印　次	2019 年 1 月第 9 次印刷
邮　编	230009	开　本	787 毫米×1092 毫米　1/16
电　话	理工编辑部：0551-62903087	印　张	18.5
	市场营销部：0551-62903198	字　数	450 千字
网　址	www.hfutpress.com.cn	印　刷	合肥现代印务有限公司
E-mail	hfutpress@163.com	发　行	全国新华书店

ISBN 978-7-81093-018-5　　　　定价：39.00 元

前　言

本书根据教育部“卓越工程师教育培养计划”的精神，精选教学内容，简化理论论证与公式推导，注重理论联系实际；同时书中还新增了一些对机械工程领域的新技术、新结构、新零件的介绍，可扩大学生的知识面，较好地体现了应用性特色。本书每章均由章节内容、本章小结、思考题、习题等4个部分组成。通过章节小结，概括了本章的要点，综合了相关知识，有利于学生进一步巩固和加深对本课程学过的知识的理解；这种章节内容安排，还有利于训练学生的基本技能和培养学生的设计能力、综合能力及创新能力。

本书由合肥工业大学机械工程学院教师编写。参加编写的有：朱家诚（第0章、第4章、第5章、第6章、第7章、第8章、第10章、第17章），王纯贤（第9章、第12章、第13章、第19章），汪进（第1章、第2章、第18章），董玉革（第3章、第11章）和吴焱明（第14章、第15章、第16章）。在编写过程中，编者结合自己的教学经验和本校的教学实际，多次讨论，反复修改，几易其稿，终成本书。

本书在本次重印之前，吸收了读者的一些合理化建议，对内容做了适量的更新和增补，并根据最新科研成果，对某些论述做了适当的修改，目的是希望本书更适合现今教学需要。

由于编者水平有限，错漏之处在所难免，恳请广大读者批评指正。

编　者

2019年1月

目　　录

第0章 绪 论

0.1 引 言

机器是人类为了减轻体力劳动和提高劳动生产率而创造出来的主要工具，使用机器进行生产的水平是衡量一个国家的技术水平和现代化程度的重要标志之一。在人类历史上，机器的进步从来就是促进生产力发展的主要因素。以蒸汽机的发明和广泛使用为标志的第一次技术革命，为近代机械化大生产奠定了基础，使人类从手工生产进入到机械化生产。从20世纪40年代起，以原子能、空间技术和电子计算机为主要标志的一场新技术革命，促进了科学技术的重大变革和飞速发展，大量的新机器也从传统的纯机械系统，演变成机电一体化的机械设备。机器的设计、制造的手段得到根本的改变，新材料、新工艺的出现，改变了机器原来单一钢铁之躯的面貌，机器中电子控制技术的应用，使机械进入了智能化的新阶段。机器的设计制造周期越来越短，对机器的性能、质量的要求也越来越高，个性化要求越来越多，机械产品向着高速、精密、重载、智能等方向发展。

进入信息时代，全世界都在重视高新技术的研究和发展，信息时代需要大量的电子产品，而这些电子产品的生产无一离不开高、精、尖的机械设备。由此可见，机械是为高新技术提供必要基础设备的，所以其重要性不可忽视。

0.2 本课程研究的对象和内容

0.2.1 机械的特征

在日常生活和生产中存在着大量的不同类型、用途不一的机器，如电动机、起重机、机床、洗衣机、机械式钟表等。

如图0-1所示是一单缸四冲程内燃机，它是由气缸体1、活塞2、进气阀3、排气阀4、连杆5、曲轴6、凸轮7、顶杆8、齿轮9和齿轮10等所组成。活塞的往复移动通过连杆转变为曲轴的连续转动。凸轮和顶杆是用来启闭进气阀和排气阀的。三个齿轮保证进气、排气和活塞之间形成有一定规律的运行动作。

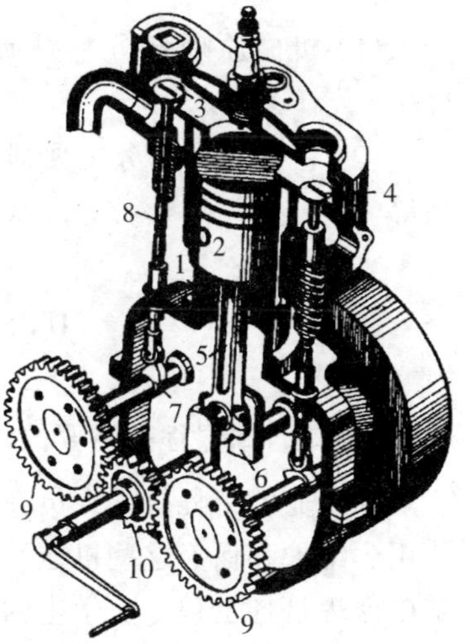

图0-1 内燃机

通过对各种机器的分析研究，可以发现机器具有如下的共同特征：

(1) 它们是一种人为实物的组合；

(2) 它们各部分之间形成各个运动单元，且各单元之间具有确定的相对运动；

(3) 在生产过程中能完成有用的机械功（如机床的切削加工）或转换机械能（如内燃机、电动机分别将热能和电能变换为机械能）。

0.2.2 机器、机构、构件和零件

机构也是人为实物的组合，它是一些具有各自特点的和具有确定的相对运动的基本组合的统称。因此，机器是由机构组成的。最简单的机器只包含一个机构，如电动机等。多数机器包含若干个机构，如图0-1所示的内燃机就包含曲柄滑块机构、凸轮机构和齿轮机构等多个机构。

若略去机器在做功和转换机械能方面的作用，仅从结构和运动的观点来看，则机器和机构之间并无区别。因此，习惯上用“机械”一词作为机器和机构的总称。

组成机构的各个相对运动部分称为构件。构件作为运动单元，它可以是单一的整体，也可以是由几个最基本的实物（通常称为零件）组成的刚性结构（图0-2）。因此，构件与零件的区别是：构件是运动的单元，而零件是制造的单元。

机构有多种型式，其中常用机构有：连杆机构、凸轮机构、齿轮机构和间歇机构等。

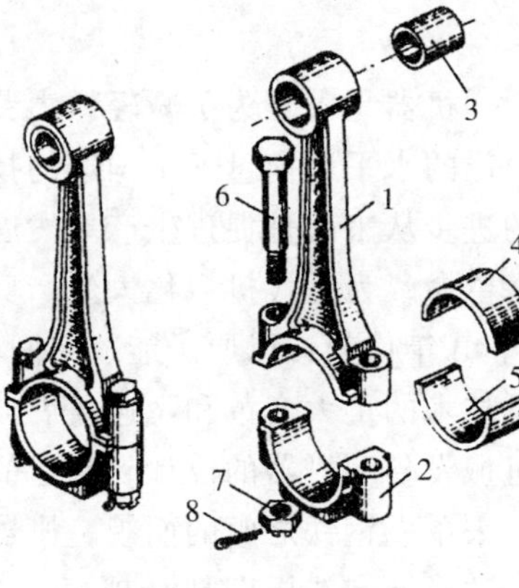

图0-2 连 杆

零件可分为通用零件和专用零件两类：

(1) 通用零件是在各种机械中普遍采用的零件，如螺钉、齿轮、轴承等。

(2) 专用零件只出现在特殊机械中，如汽轮机叶片、内燃机活塞等。

0.2.3 机械设计基础研究的对象和内容

机械设计基础主要研究机械的组成原理、机械运动学和动力学以及机械零件设计理论和计算方法。其主要内容是讨论和研究机械和机械零件在分析、设计、改造、选用、正确使用以及维护等有关方面存在的问题。就本课程而言，主要内容包括机械原理和机械设计两部分：

(1) 机械原理部分主要研究机械中的常用机构的组成、对机构进行运动学和动力学分析。

(2) 机械设计部分主要研究通用零件的工作原理、结构特点、基本设计理论和计算方法等。

0.3 本课程学习的目的和特点

0.3.1 本课程是重要的技术基础课

各专业的工程技术人员在日常工作中都会经常接触到各种通用和专用机械，为了能正确使用、维护和保养这些机械，工程技术人员应当具备一定的机械基础知识。因此，机械设计基础课程是各工程专业学生的一门重要的技术基础课。

机械设计基础也是学习专业机械设备设计、从事机械制造工艺设计和管理、了解各种机械的工作原理、掌握机械的正确使用方法、分析机械的故障等所必备的理论基础。

0.3.2 本课程要求的先修课程

机械设计基础的先修课程主要有：（1）画法几何和机械制图；（2）工程材料及热处理；（3）理论力学和材料力学（或工程力学）；（4）机械制造基础和金工实习等。此外，还应具备其他相关的专业知识，如液压与气动、电工及电子学等方面的知识。

0.3.3 本课程学习的目的和特点

本课程是通过课程学习、相关实验和课程设计等环节，使学生初步具备运用机械设计资料设计机械传动装置和简单机械的能力，同时为能正确使用、维护和保养机械设备提供必要的基础知识。

本课程是一门实践性较强的课程，主要教学环节分为课堂学习、实验课和课程设计。

本课程又是一门设计课程。一般来说，影响设计的因素很多，这些因素可能是经济的、社会的、环境的或人为的等，因此针对同一个设计要求可能出现多个设计方案或产品。在对产品设计进行评价时，判断优劣的依据也不惟一。另一方面，作为设计必然会遇到继承和创新这两方面问题，完全的继承和一味的创新在机械设计中都是不可取的，所以在设计中还必须正确处理好继承和创新这一对矛盾。

0.4 机械设计的基本要求和一般过程

机械设计一般可分为新机器的设计和老机器的性能改进。新机器设计涉及到机械产品生命期全过程，而老机器的改进只是涉及到其中的一部分。

0.4.1 机械设计应满足的基本要求

不论是新机器的设计还是老机器的改进，机械设计都应满足如下的基本要求：

（1）在满足预期功能的前提下，要求性能好、效率高、成本低。

（2）在预定的使用期限内，要求安全可靠、操作方便、维修简单等。

0.4.2 机械设计的一般过程

为了进行机械设计，有必要了解机器生命期的全过程。一部机器从诞生到死亡大致可分为如下几个阶段：

（1）提出需求

需求可能是对新机器的需求，也可能是对现有机器某个性能提出的改进需求；需求可能来源于单个用户，也可能来源于多个用户。

（2）市场调研

市场调研主要分两方面，一是对产品需求的市场调研，二是对相关产品的现有状况进行调研。在对相关的信息、数据、资料进行归纳整理后，提出市场调研及需求预测报告。

（3）提出设计任务（编写设计任务书）

在商品经济社会中，对具有市场前景的产品，首先应确定产品的市场定位，再以设计任务书的形式提出机械产品的预期功能、有关的技术指标以及限制的条件等要求。

（4）总体方案设计

根据设计任务书提出的功能要求，参考相关的设计技术资料，分析、解剖现有的产品，确定机械的工作原理，并拟定总体方案。

(5) 初步设计

根据拟定的总体方案，绘制机构运动简图和机械传动系统简图，进行运动分析、动力分析和强度分析，通过设计、计算、分析，确定各机构、构件、零件、部件等的主要参数。

(6) 详细设计

根据初步设计的结果确定机械各部分的结构和尺寸，并绘制总装配图，再根据总装配图绘制部件装配图和零件图，最后编写设计计算说明书和各种技术文件。

(7) 编制制造加工工艺

主要确定从毛坯获取到零件制造完成全过程中采用的方式方法以及实现的步骤。主要的任务是制订各项加工工艺（如：铸造工艺、焊接工艺、金属加工工艺等）和进行工装、夹具等的设计。

(8) 零部件制造加工

根据制订的加工工艺，选用指定的加工设备，制造出满足设计要求的机械零件。近年来，加工设备性能指标有较大的提高，数控设备的大量使用，使原来不易加工或无法加工的一些复杂零件可以加工制造出来，从而大大拓宽了设计的可行范围。

(9) 装配、安装调试

根据设计要求制订装配工艺，进行机械的安装、装配，再进行调试使其性能指标达到设计要求。

(10) 产品定型及批量生产

对批量生产的产品，一般采用样机、试验、定型、批量生产的开发模式。

(11) 维护、维修

在机械使用过程中，日常维护是必不可少的，如定时的加油、清理等。维护做得好坏与否对机器的寿命有很大的影响，所以机械产品出厂时应附有详细的使用说明，用户在使用机械前应仔细阅读使用说明书。机械的维修也是不可少的，所以要求机械维修方便。同时，可根据维修信息改进设计，提高易损件的寿命，进而提高机器的整体寿命。

(12) 报废、回收、再用

每一台机器都有一个设计寿命，机器使用时还有一个使用寿命。机器的使用寿命可能大于设计寿命，也可能小于设计寿命，当机器不能再修、不能再用时就要报废。从环保的角度来说，对于报废的产品应尽可能地回收。对于可再用的零部件，应尽可能提供再用的机会。

一般意义的机械设计主要有总体方案设计、初步设计和详细设计三个阶段。但在机械设计时，各步骤间不可能清楚地划分，往往需要交叉进行、多次反复、不断完善。另外，从机器生命期全过程来看，机械设计只是一部机器诞生过程中的一个环节，所以作为一个优秀的设计师，必须关注机器生命周期全过程中的各方面要求，只有这样才可能设计出好的机器。

思考题

0-1 机器、机构与机械有什么区别？各举出两个实例。

0-2 机器具有哪些共同的特征？如何理解这些特征？

0-3 零件与构件有什么区别？并用实例说明。举出多个常用的通用机械零件。

0-4 机械设计的基本要求是什么？为什么要确定机器的预定使用期限？

0-5 机械设计的一般过程是什么？

第 1 章　平面机构及其自由度

1.1　运动副及其分类

1.1.1　自由度

构件的自由度是构件所具有的独立运动的数目（或确定构件位置的独立参变量的数目）。

一个作平面运动的自由构件具有三个独立运动数。如图 1－1 所示，在 Oxy 坐标系中，构件 S 可随其上任一点 A 沿 x 轴、y 轴方向移动和绕 A 点转动，即一个作平面运动的自由构件具有三个自由度。

约束是对独立运动所加的限制。每加上一个约束，构件便失去一个自由度。

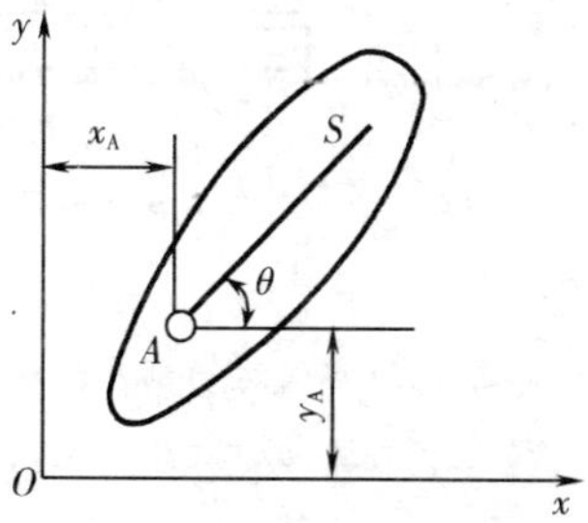

图 1－1　刚体运动

1.1.2　运动副

在机构中，运动副是由两构件直接接触形成的一种可动联接。运动副对构件产生约束，约束的多少和特点取决于运动副型式。

按照接触的特性，运动副可分为低副和高副。面接触的运动副称为低副；点接触或线接触的运动副称为高副。

按照组成运动副两构件的相对运动是平面运动还是空间运动，可以把运动副分为平面运动副和空间运动副。本章主要讨论平面运动副。

（1）低副（转动副和移动副）

平面运动副中的低副有转动副和移动副。

转动副是使两个构件的相对移动受到约束，而只有一个独立相对转动自由度的运动副，也称为回转副或铰链副。如铰链、轴与轴承等（图 1－2）。

移动副是使构件的一个相对移动和相对转动受到约束，而只有一个方向独立相对移动自由度的运动副，也称为棱柱副（图 1－3）。如汽缸与活塞、滑块与导轨等。

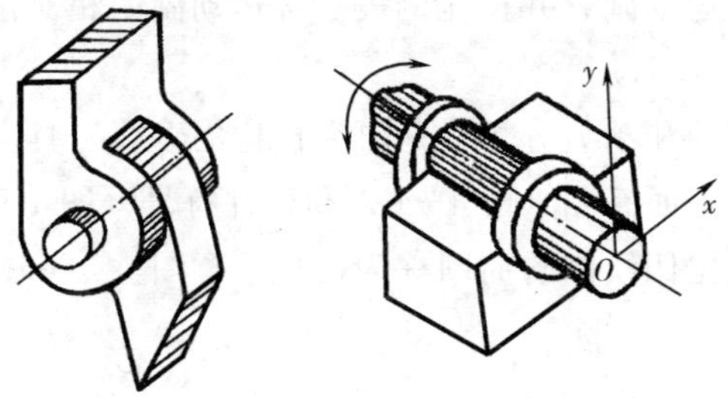

图 1－2　转动副

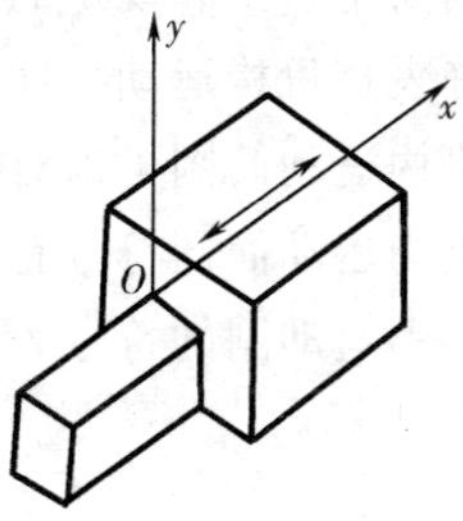

图 1－3　移动副

（2）高副（平面高副）

平面高副的构件间沿公法线方向的移动受到约束，但可以沿接触点切线的方向独立移动，还可以同时绕某点独立转动。平面高副是具有一个约束而相对自由度等于 2 的平面运动副。如齿轮副、凸轮副等（图 1－4）。

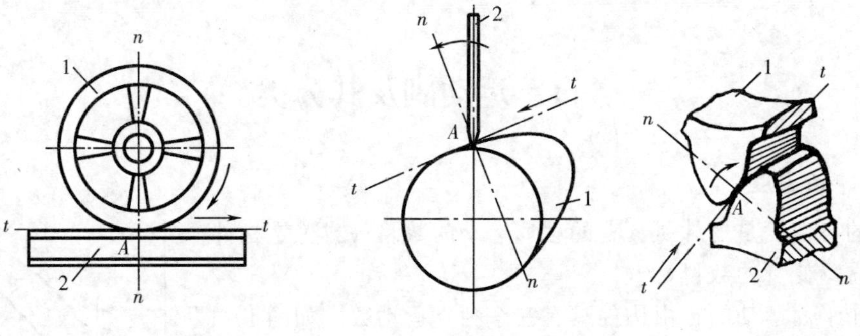

图 1－4 平面高副

常见的空间运动副有球面副（如图 1－5a）和螺旋副（图 1－5b）等。这些运动副的两构件之间的相对运动是空间运动，故称为空间运动副。

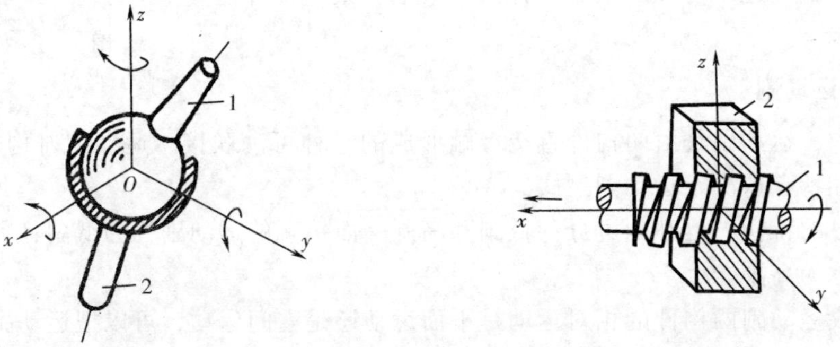

a) b)

图 1－5 空间运动副

1.2 平面机构运动简图

1.2.1 机构运动简图及作用

用简单线条和规定的符号来表示构件和运动副，并按比例表示各运动副的相对位置，且能准确表达机构运动特性的简单图形称为机构运动简图。

机构运动简图可以对机构进行结构、运动和动力分析，是研究机构的重要工具。常用的平面机构运动简图符号有转动副、移动副、平面高副（图 1－6）和构件符号（图 1－7）。仅以构件和运动副的符号表示机构而不按精确比例绘制的简图称为机构示意图。

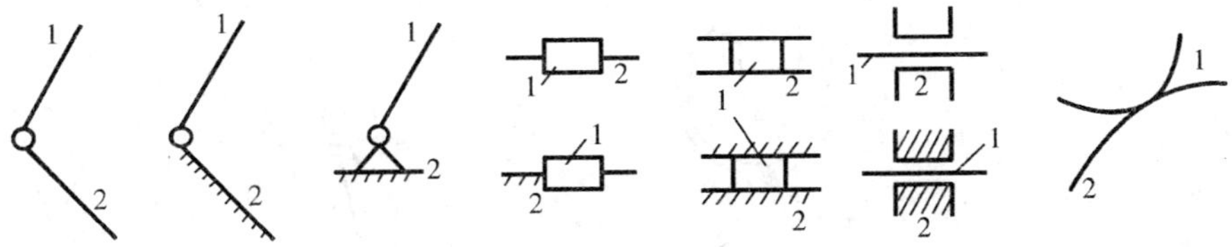

图 1-6　运动副符号

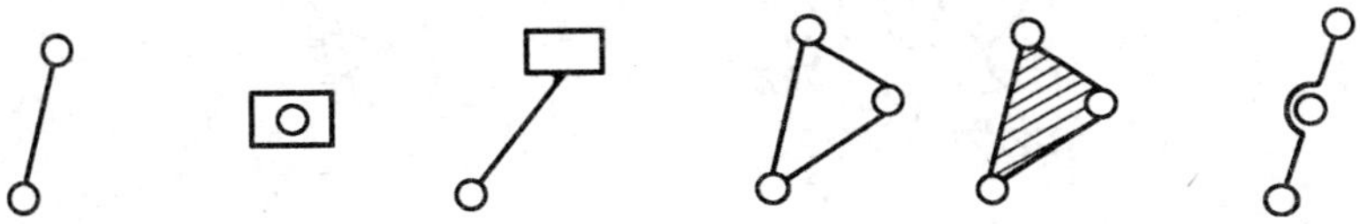

图 1 7　构件符号

1.2.2　构件的分类

机构中的构件可分为三类：

(1) 固定件（机架）

固定件是研究机构运动时作为参考坐标系的构件。

(2) 原动件

原动件是运动规律已知的活动构件。它的运动是由外界输入的，故又称为输入件。

(3) 从动件

从动件是机构中随着原动件运动而运动的其余活动构件。其中输出机构预期运动的从动件称为输出件。

1.2.3　绘制机构运动简图的步骤

绘制机构运动简图的主要步骤：

(1) 分析清楚所要绘制机械的结构和动作原理。

(2) 从原动件开始，按照运动传递的顺序，仔细分析各构件相对运动的性质，确定运动副的类型和数目。

(3) 合理选择视图平面，通常选择与大多数构件的运动平面相平行的平面为视图平面。

(4) 选取适当的长度比例尺，按一定的顺序进行绘图，并将比例尺标注图上。

绘制机构示意图的方法与上述类似，但不需要按比例绘制。

【例题 1-1】　泵机构（图 1-8a）的机构运动简图绘制。

【解】　机构的组成情况为：原动件 1（偏心盘）与机架 4 构成转动副，其相对回转中心为 A 点；构件 2（带环的柱塞）与构件 1 也构成转动副，其回转中心在 B 点；构件 2 与构件 3 构成移动副，其相对移动方向沿 BC 方向；构件 3 与机架 4 也构成转动副，其相对回转中心在 C 点。选定适当比例，定出各转动副的中心位置，画出其机构运动简图，如图 1-8b 所示。

【例题 1-2】　小型压力机（图 1-9a）的机构运动简图绘制。

【解】　参照例题 1-1，分析机构的组成情况。选定适当比例，画出其机构运动简图，如图 1-9b 所示。

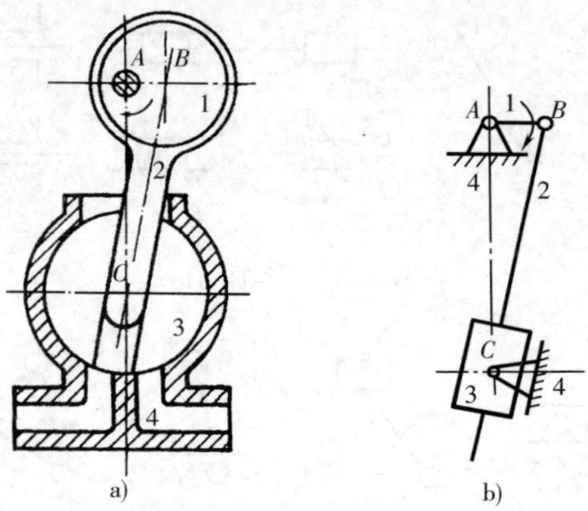

图 1-8 泵及其机构运动简图

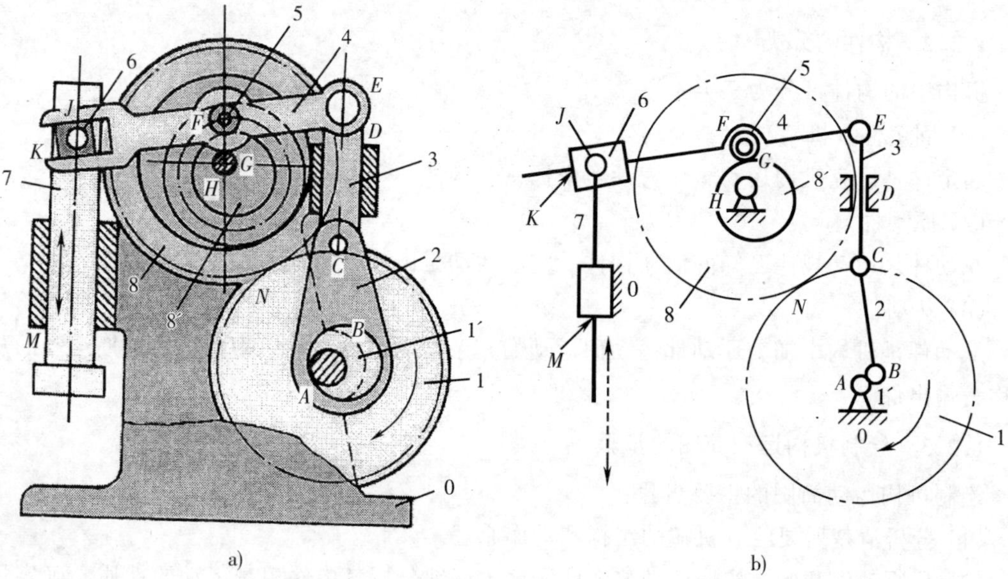

图 1-9 小型压力机及其机构运动简图

1.3 平面机构的自由度及其计算

1.3.1 平面机构的自由度

平面机构的自由度是指机构中各构件相对于机架所能有的独立运动的数目。

一个作平面运动的自由构件具有三个自由度。因此，平面机构中的每个活动构件，在未用运动副联接之前，都有三个自由度。每个低副引入两个约束，使构件失去两个自由度，每个高副引入一个约束，使构件失去一个自由度。设平面机构共有 K 个构件。除去固定件，机构中的活动构件数为 $n=(K-1)$。在未用运动副联接之前，活动构件的自由度总数为 $3n$。当用运动副将构件联接起来组成机构后，构件的自由度总数就减少了。若机构中低副的数目为 P_L个，高副的数目为 P_H个，则机构中全部运动副所引入的约束总数为 $2P_L+P_H$。因此，活动构件的自由度总数减去运动副引入的约束总数就是该机构的自由度，以 F 表示，

即平面机构的自由度计算公式

$$F = 3n - 2P_L - P_H \tag{1-1}$$

1.3.2　机构具有确定运动的条件

机构具有确定运动的条件是：$F>0$，且给定机构的输入运动数（原动件数）等于机构的自由度数。构件组的自由度与原动件数相比，可分为三种情况：

(1) 当构件组的自由度数大于原动件数时，机构从动件的运动是不确定的（图 1-10）；

(2) 当构件组的自由度大于零但小于原动件数时，会发生运动干涉而破坏构件（图 1-11）；

(3) 当构件组的自由度小于等于零时，它不是机构，而是不能产生相对运动的静定或超静定刚性结构（图 1-12）。

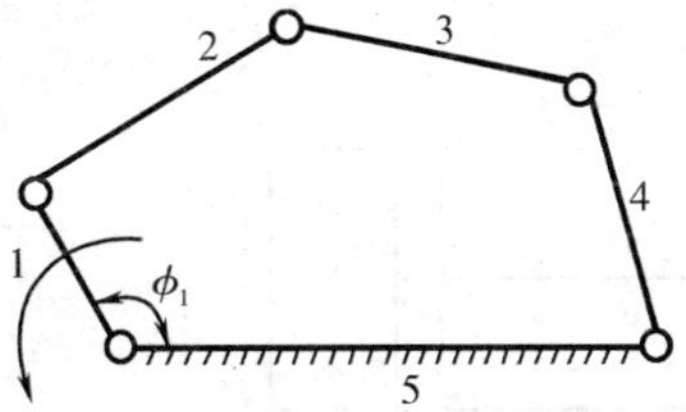

图 1-10

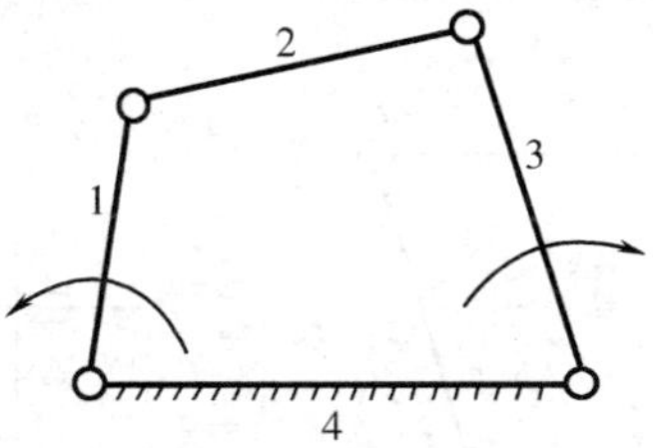

图 1-11

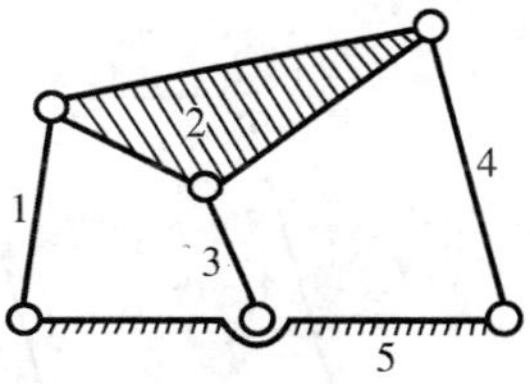

图 1-12

1.3.3　计算机构自由度时应注意的事项

(1) 复合铰链

当两个或两个以上的转动副轴线重合，在与轴线垂直的视图上，只能看到一个铰链，该铰链称之为复合铰链（图 1-13）。

复合铰链往往被错当成一个转动副来计算，因此必须加以注意。由 M 个构件汇成的复合铰链应当按 $M-1$ 个转动副计算。

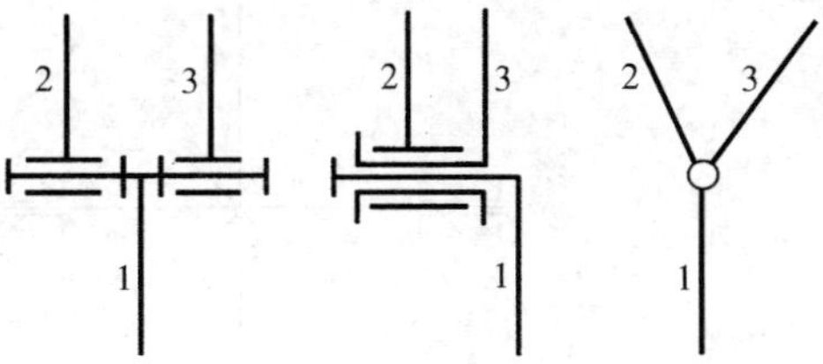

图 1-13　复合铰链

(2) 局部自由度

如图 1-14 所示的圆形滚子，绕其本身轴心的自由转动并不影响输出件的运动。这种与输出件运动无关的自由度称为局部自由度。在计算整个机构的自由度时，局部自由度应当除去不计。滚子是平面机构中局部自由度最常见的型式，这里加入滚子是为了减少磨损。

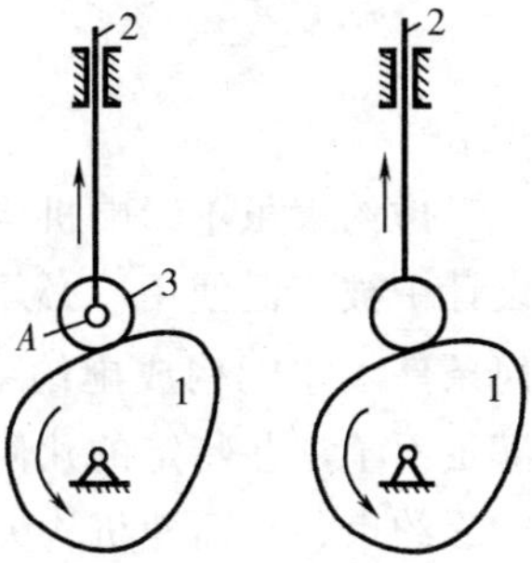

图 1-14　局部自由度

(3) 虚约束

在特定的几何条件下，有些约束所起的限制作用是重复的。这种不起独立限制作用的约束称为虚约束。在计算机构自由度时，虚约束应当除去不计。

平面机构的虚约束常出现于下列情况中：

① 轨迹相同

当不同构件上两点间的距离保持恒定时，若在两点间加上一个构件和两个转动副，虽不改变机构运动，但却引入一个虚约束（图 1－15a）。

② 移动副平行

两构件构成多个移动副且其导路互相平行，这时只有一个移动副起约束作用，其余移动副都是虚约束（图 1－15b）。

③ 转动副轴线重合

两构件构成多个转动副且其轴线互相重合，这时只有一个转动副起约束作用，其余转动副都是虚约束（图 1－15c）。

④ 对称结构

在输入件与输出件之间用多组完全相同的运动链来传递运动时，只有一组起独立传递运动的作用，而其余各组引入的约束为虚约束。如图 1－15d 所示，轮系中有 2 个小齿轮，计算自由度时只需考虑一个。

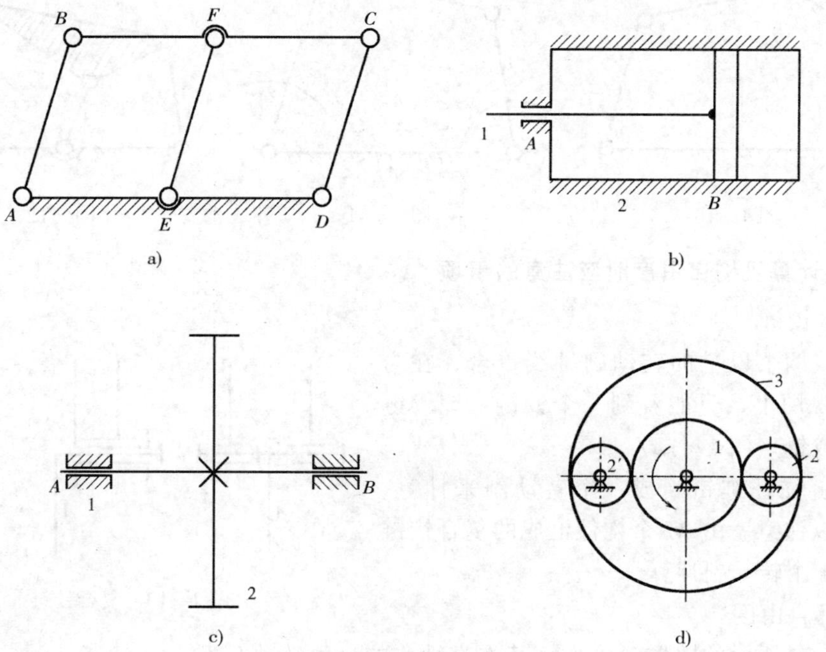

图 1－15 虚约束

虚约束虽不影响机构的运动，但却可以增加构件的刚性，改善其受力状况，因而在结构设计中被广泛使用。必须指出，只有在特定的几何条件下才能构成虚约束，如果加工误差太大，满足不了这些特定的几何条件，虚约束就会成为实际约束，从而使机构失去运动的可能性。

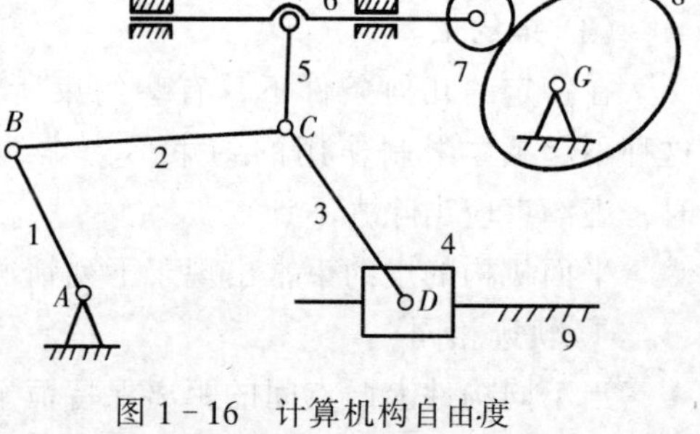

图 1－16 计算机构自由度

【例题 1－3】 计算图 1－16 所示机构的自由度。

【解】 机构中的滚子 F 处有一个局部自由度。两个导路平行的移动副 H、H'，其中之一为虚约束。三杆汇交处 C 是复合铰链。将滚子与顶杆视为一体，去掉虚约束移动副，并注意复合铰链处转动副的个数，得 $n=7$，$P_L=9$（7 个转动副，2 个移动副），$P_H=1$。由式（1-1）得

$$F=3n-2P_L-P_H=3\times7-2\times9-1=2$$

1.4　速度瞬心及其在机构速度分析中的应用

1.4.1　速度瞬心

由运动学可知，一个刚体 1 相对另一固定坐标系或静止刚体 2 作平面平行运动（简称平面运动）时，在任一瞬时，该平面运动都可看作绕某一相对静止点转动，该点称为瞬时速度中心，简称瞬心。瞬心是刚体 1 和刚体 2 无相对速度的瞬时重合点，用 P_{12}表示。在图 1-17 中，$v_{A_2A_1}$为刚体 1 上的 A_1 点相对于刚体 2 上的重合点 A_2 的速度，$v_{B_2B_1}$的涵义也相仿。

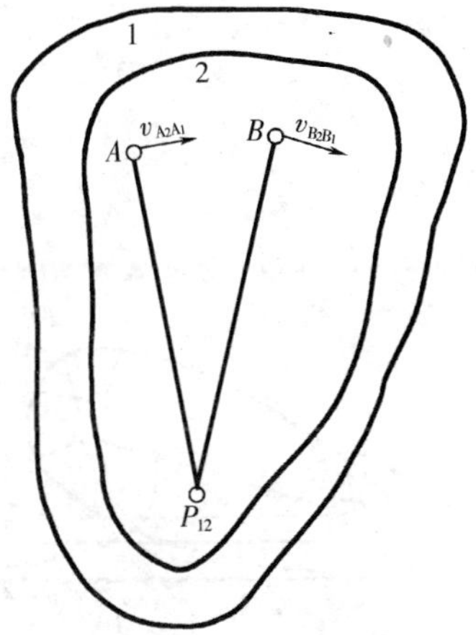

图 1-17　刚体运动

速度瞬心的概念，不仅适合机构中运动构件与固定构件的运动关系，也可以推广到一个运动构件与另一个运动构件的运动关系。在机构中运动构件相对固定构件的速度，由于固定构件的绝对速度为零，且无相对速度的瞬心，称为绝对瞬心；一个运动构件相对另一运动构件，由于绝对速度相同且无相对速度的瞬心，称为相对瞬心或同速点。

1.4.2　瞬心的求法

由于每两个构件之间有一个瞬心，故含有 N 个构件的机构总共有 $N(N-1)/2$ 个瞬心。例如平面四杆机构有 6 个瞬心。

求瞬心可以用直接观察法和用三心定理法。

(1) 直接观察法

当两构件以转动副联接，铰链中心即为瞬心 P_{12}（图 1-18a）；当两构件以移动副联接，构件 1 各点相对构件 2 的移动速度都平行于导路方向，则瞬心 P_{12}位于垂直于移动副导路的无穷远处（图 1-18b）。当两构件组成高副时，如果两构件作纯滚动，接触点无相对速度，接触点就是瞬心 P_{12}（图 1-18c）；否则，由于构件间具有两个相对运动自由度，不能确定构件 1 上某点对构件 2 的相对速度的方向，因而不能确定瞬心 P_{12}的确定位置。但是，从两构件必须保持接触出发，可知构件 1 上 K 点的相对速度必定沿着高副公切线 tt 的方向，所以瞬心 P_{12}虽不能完全确定，但必位于高副的公法线 NN 上（图 1-18d）。

(2) 用三心定理法

三心定理：作相对运动的三个构件的三个瞬心必在同一直线上。

以图 1-19 所示三个构件为例，不直接成副的构件 2、构件 3 的瞬心 P_{23}，一定位于其余两个瞬心 P_{12}及 P_{13}的连线上，因为瞬心是两构件上速度大小、方向都一致的重合点，而不在该连线上的任何点，如 C 点，速度 v_{c_2}和 v_{c_3}在方向上是不可能一致的。

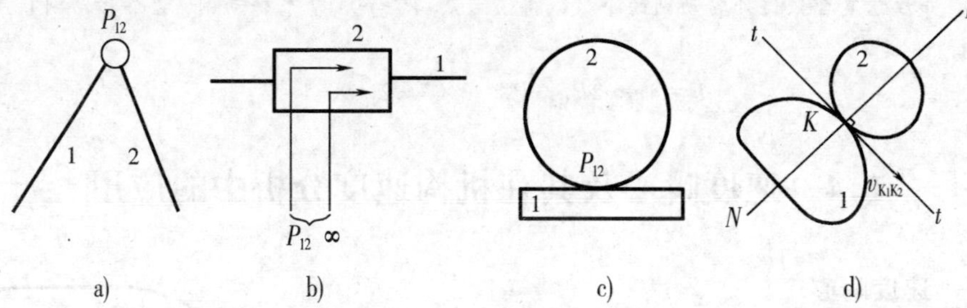

图 1－18　运动副的瞬心

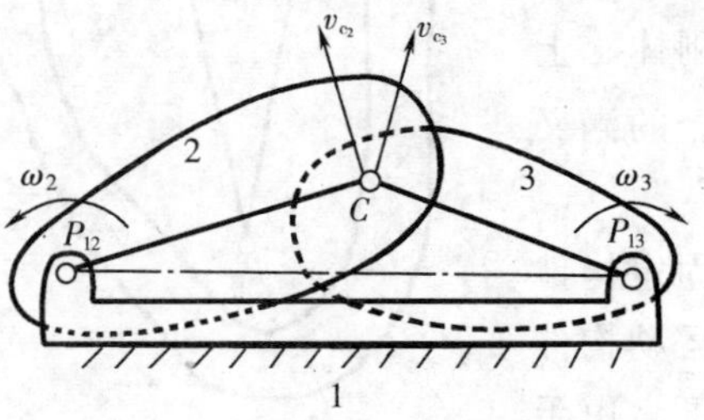

图 1－19

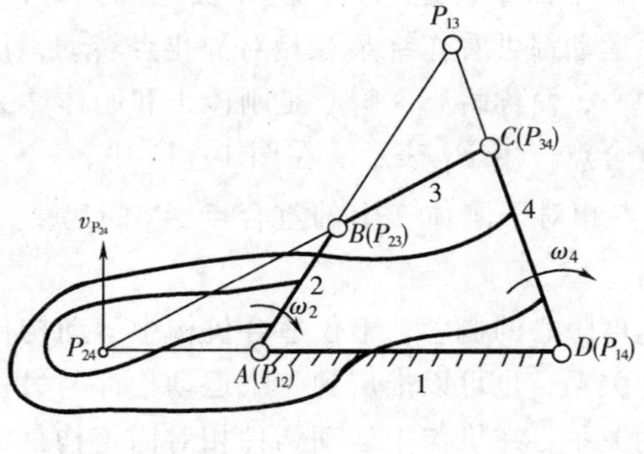

图 1－20

根据三心定理，三个构件中的一个未知瞬心必定在其余两个已知瞬心的连线上。这一定理在求机构的瞬心时很有用。以图 1－20 所示铰链四杆机构为例，通过观察，知 A、D 两点分别为绝对瞬心 P_{12}、P_{14}，B、C 两点分别为相对瞬心 P_{23}、P_{34}，要求不直接成副的 1 和 3 两构件的瞬心 P_{13}时，可拆去杆 2，根据三心定理，P_{13}应位于 P_{14}与 P_{34}的连线上；再拆去杆 4，根据三心定理，P_{13}应位于 P_{12}与 P_{23}的连线上，即两个连线的交点为 P_{13}。用同样的方法可求不直接成副的 2 和 4 两构件的瞬心 P_{24}。

1.4.3　瞬心在速度分析中的应用

作机构速度分析时，从动件的速度可利用相对速度是同速点的概念，设法与已知运动的构件建立关系。

(1) 求两转动件的传动比

对图 1－20 所示四杆机构，可利用相对瞬心 P_{24}，求出机构在图示位置的传动比 i_{24}。

$$v_{P_{24}} = \omega_2 \ (\overline{P_{24}P_{12}}) = \omega_4 \ (\overline{P_{24}P_{14}})$$

故

$$i_{24} = \frac{\omega_2}{\omega_4} = \frac{(\overline{P_{24}P_{14}})}{(\overline{P_{24}P_{12}})} \tag{1-2}$$

对图 1－21 所示高副机构，可利用相对瞬心 P_{12}求传动比 i_{12}。构件 1、构件 2 组成高副，P_{12}应位于高副接触点 M 的公法线 NN 上；由三心定理，P_{12}应位于 P_{13}与 P_{23}的连线上，故两线的交点为 P_{12}。由于瞬心 P_{12}是同速点，则有

$$v_{P_{12}} = \omega_1 \ \overline{P_{12}P_{13}} = \omega_2 \ \overline{P_{12}P_{23}}$$

由此可得，机构在图示位置的传动比为

$$i_{12}=\frac{\omega_1}{\omega_2}=\frac{\overline{P_{12}P_{23}}}{\overline{P_{12}P_{13}}} \tag{1-3}$$

由式（1-3）可看出：两构件绝对角速度之比等于其相对瞬心分其绝对瞬心连线所得两线段的反比，内分时转向相反，外分时转向相同。

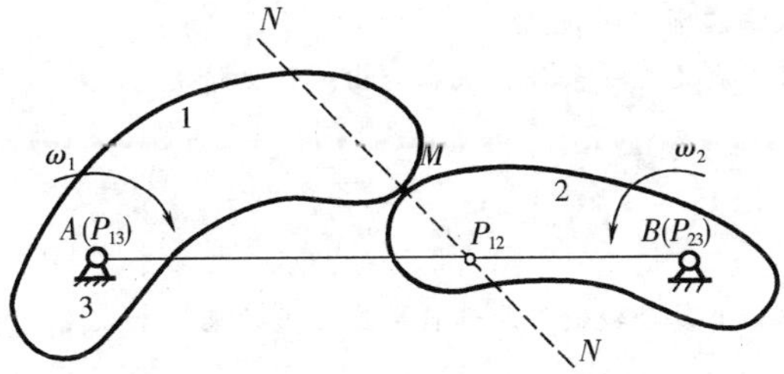

图 1-21

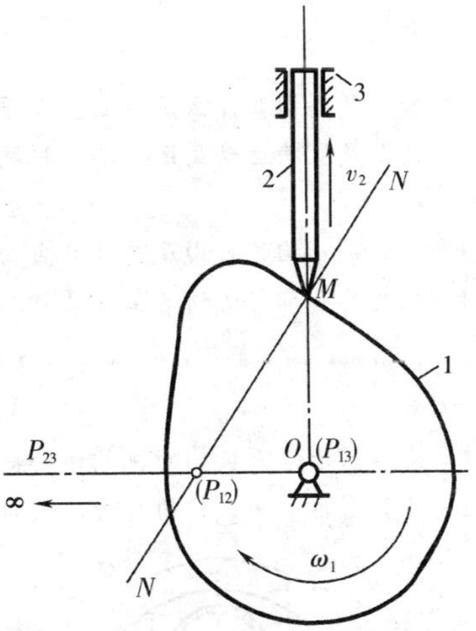

图 1-22

(2) 求线速度

以图 1-22 所示凸轮机构为例，已知凸轮 1 角速度 ω_1，求从动件 2 的线速度。先求两构件 1、构件 2 的相对瞬心 P_{12}，过接触点 M 作凸轮轮廓和从动件的公法线 NN，又因 P_{23} 在无穷远处，所以过 P_{13} 作导路方向的垂线得出瞬心连线 $P_{13}P_{23}$，它与公法线 NN 的交点即为相对瞬心 P_{12}。由此可得

$$v_2=(\overline{P_{13}P_{12}})\ \omega_1 \tag{1-4}$$

瞬心法的缺点是：当机构的构件很多时，瞬心的数目也很多，从而解题复杂；有时瞬心位于纸外，作图困难。

本章小结

(1) 首先要搞清楚机构、运动副、运动链、自由度与约束及机构具有确定运动的条件等基本概念。

(2) 机构运动简图可用于机构的运动分析和动力分析，而且机械设计之初也首先是设计机械的机构运动简图，所以对机构运动简图的绘制必须十分重视，能正确阅读和绘制是本专业人员的基本技能。绘制时只要搞清运动传递路线，分析构件数、运动副以及运动副所在的位置，就不难将其机构运动简图正确地绘制出来。

(3) 平面机构的自由度分析和计算也是本章学习的重点。复合铰链、局部自由度和虚约束的判断是正确计算自由度的关键。

(4) 在机构设计中，机构的运动分析有着十分重要的意义。只有经过详细的运动分析，才能很好地掌握机构的性能、充分发挥机械的功能。正确理解速度瞬心（包括绝对瞬心和相对瞬心）的概念，并能运用三心定理确定一般平面机构各瞬心的位置是机构运动分析的基

础。由瞬心的概念可知各种运动副的瞬心位置，由三心定理可求出基本平面机构的各瞬心位置。对复杂机构的分析，首先将复杂机构划分为若干个基本机构，再套用基本机构的各瞬心位置的分析方法，就可求出复杂机构的各瞬心位置，进而可计算出机构在某一位置时各构件的速度、加速度。

思考题

1-1 什么是高副？什么是低副？在平面机构中高副和低副各引入几个约束？

1-2 什么是机构运动简图？绘制机构运动简图的目的和意义是什么？绘制机构运动简图的步骤主要有哪些？

1-3 什么是机构的自由度？计算自由度应注意哪些问题？

1-4 机构具有确定运动的条件是什么？若不满足这一条件，机构会出现什么情况？

习题

1-1 绘制图示平面机构的机构运动简图。

1-2 计算图示平面机构的自由度（机构中如有复合铰链、局部自由度、虚约束，予以指出）。

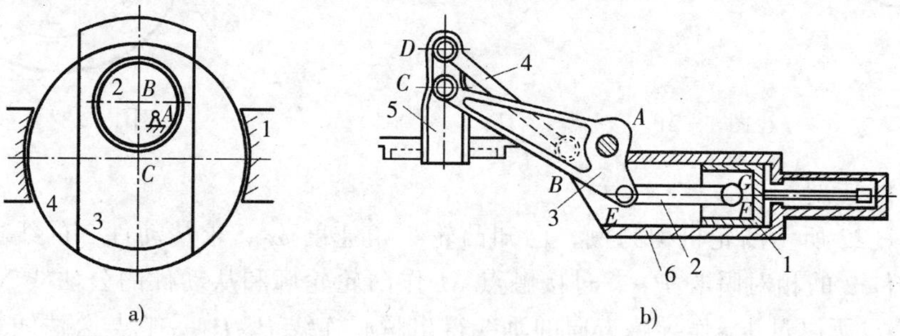

题 1-1 图

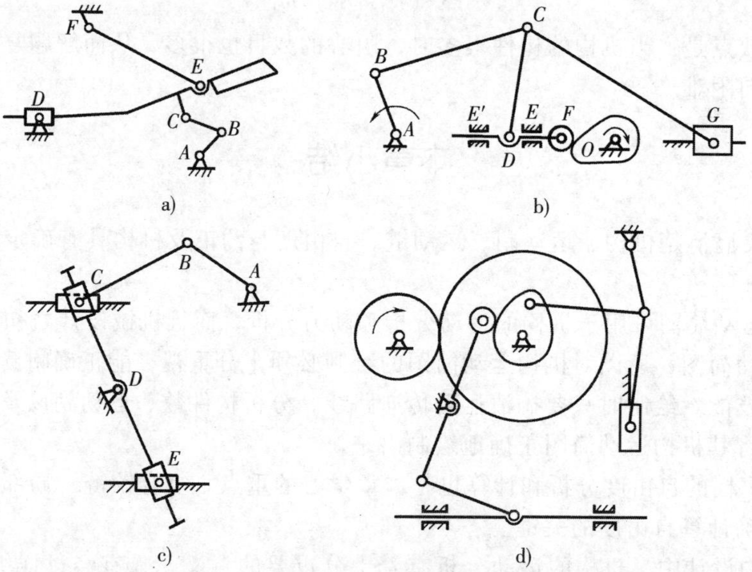

题 1-2 图

1-3　求出图示平面机构的全部瞬心。

1-4　图示正切机构中，$\omega_1 = 6$ rad/s，求构件 3 的速度 v_3。

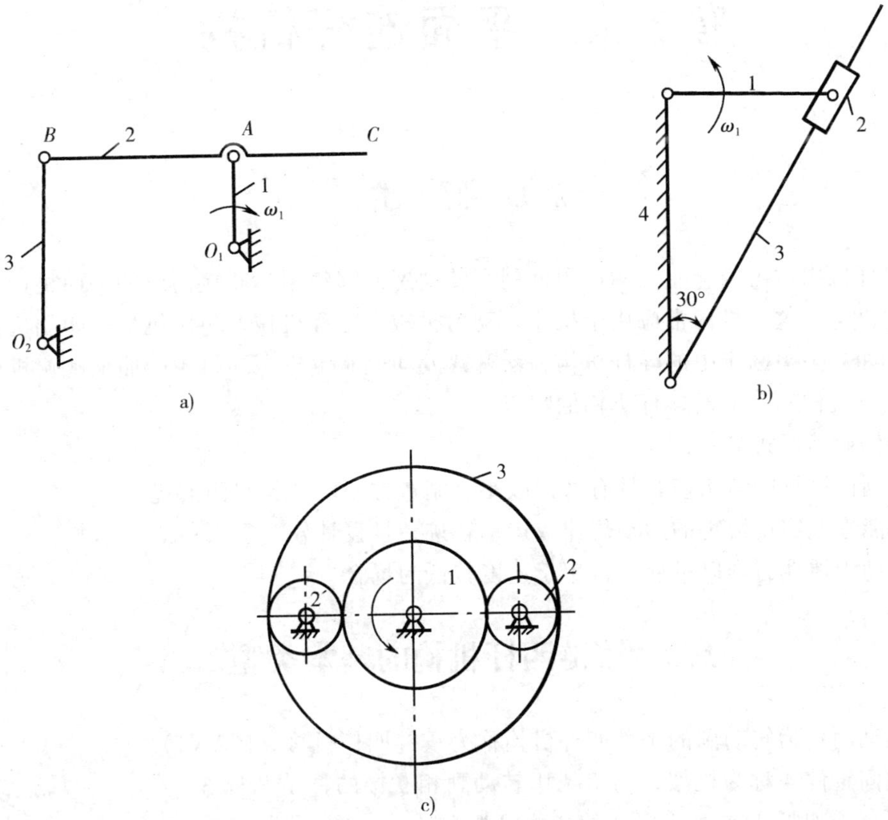

题 1-3 图

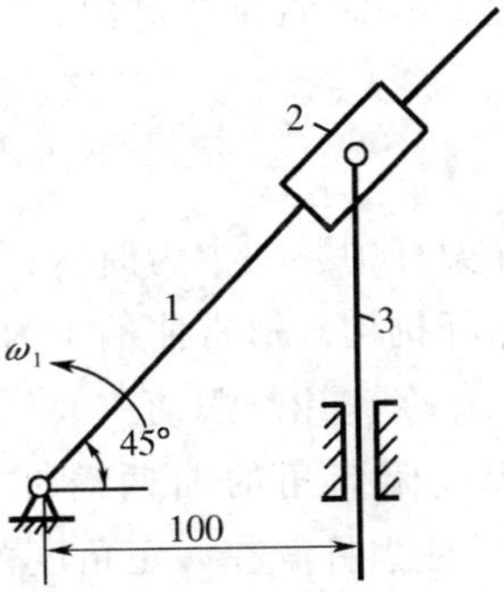

题 1-4 图

第 2 章　平面连杆机构

2.1　概　述

平面连杆机构是由若干刚性构件用低副（转动副或移动副）联接而成的平面机构，又称为平面低副机构。这类机构常应用于机床、动力机械、工程机械、包装机械、印刷机械或纺织机械中。如：牛头刨床中的导杆机构，活塞式发动机和空气压缩机中的曲柄滑块机构，包装机中的执行机构等。平面连杆机构的特点：

(1) 构件运动形式多样；

(2) 低副面接触的结构使其具有磨损减小、制造方便、几何封闭的优点；

(3) 只能近似实现给定的运动规律或运动轨迹，且设计较为复杂；

(4) 运动中惯性力难以平衡，常用于速度较低的场合。

2.2　铰链四杆机构的基本类型

所有运动副均为转动副的平面四杆机构称为铰链四杆机构（图2－1）。

机构的固定件 4 称为机架，与机架用转动副相联接的杆 1 和杆 3 称为连架杆，连架杆 1 或连架杆 3 如能绕机架上转动副作整周转动，则称为曲柄，如不能绕机架上转动副作整周转动，则称为摇杆，不与机架相连接的杆 2 称为连杆。

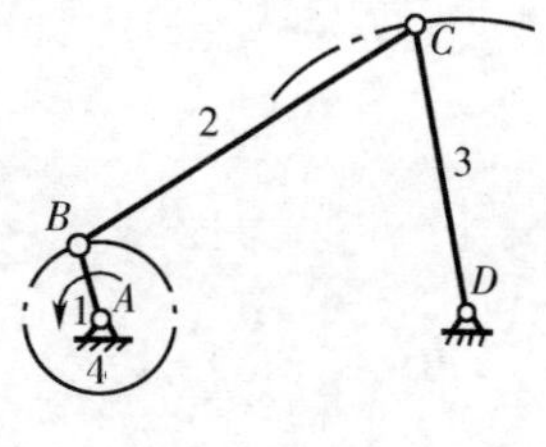

图 2－1　铰链四杆机构

铰链四杆机构共有三种基本型式：曲柄摇杆机构、双曲柄机构、双摇杆机构。

2.2.1　曲柄摇杆机构

在铰链四杆机构中，若两个连架杆中，一个为曲柄，另一个为摇杆，则此铰链四杆机构称为曲柄摇杆机构。通常曲柄 1 为原动件，并作匀速转动；而摇杆 3 为从动件，作变速往复摆动。

如图 2－2 所示为调整雷达天线俯仰角的曲柄摇杆机构。由曲柄 1缓慢地匀速转动，通过连杆 2，使摇杆 3 在一定角度范围内摆动，以调整天线俯仰角的大小。

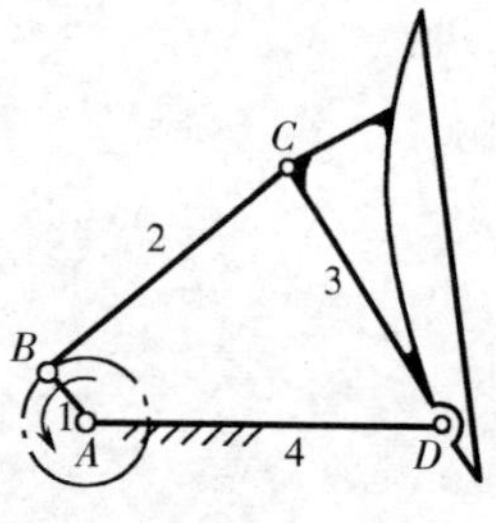

图 2－2　雷达俯仰角调整机构

2.2.2　双曲柄机构

在铰链四杆机构中，若两连架杆均为曲柄，则称为双曲柄机构。

图 2－3 所示的惯性筛中的构件 1、构件 2、构件 3、构件 4 组成的机构，以及图 2－4 所示的机车驱动轮联动机构，均为双曲柄机构。在惯性筛机构中，主轴曲柄 AB 等角速度回转一周，曲柄 CD 变角速度回转一周，进而带动筛子 6 往复运动筛选

物料。

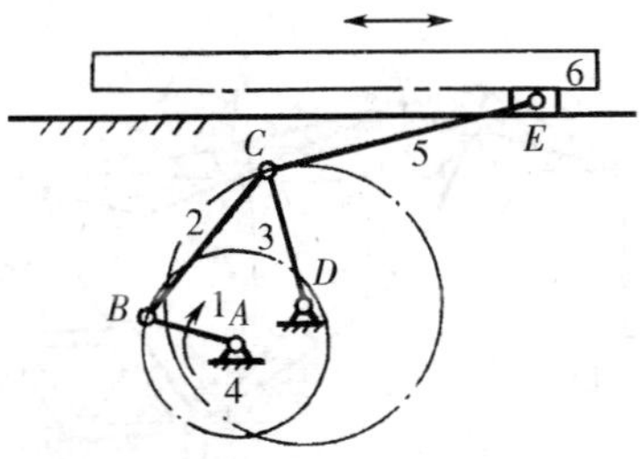

图 2-3　惯性筛

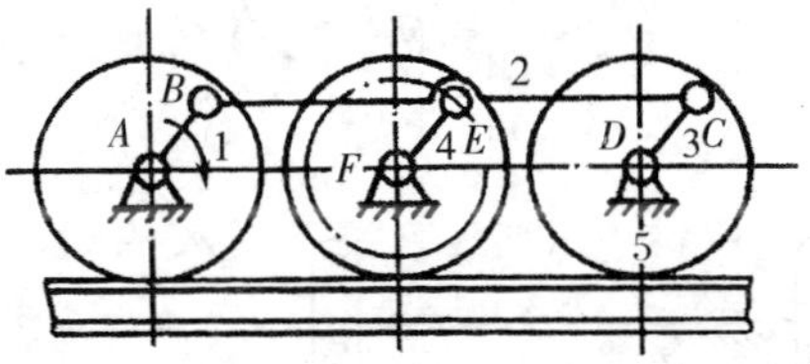

图 2-4　机车驱动轮联动机构

在双曲柄机构中，用得较多的是平行双曲柄机构，或称平行四边形机构，如图 2-5a 所示。这种机构的对边长度相等，组成平行四边形。当杆 1 等角速度转动时，杆 3 也以相同角速度同向转动，连杆 2 则作平移运动。必须指出，这种机构当四个铰链中心处于同一直线（如图中 AB_2C_2D 所示）上时，将出现运动不确定状态。例如在图 2-5a 中，当曲柄 1 由 AB_2 转到 AB_3 时，从动曲柄 3 可能转到 DC_3'，也可能转到 DC_3''。为了消除这种运动不确定状态，可以在主从曲柄上错开一定角度再安装一组平行四边形机构，如图 2-5b 所示。当上面一组平行四边形转到 $AB'C'D$ 共线位置时，下面一组平行四边形 $AB_1'C_1'D$ 却处于正常位置，故机构仍然保持确定运动。图 2-4 所示机车驱动轮联动机构，则是利用第三个平行曲柄来消除平行四边形机构在这种位置的运动不确定状态。

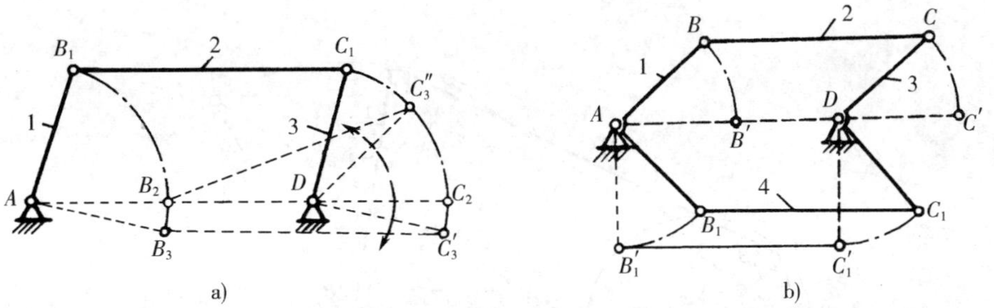

图 2-5　平行四边形机构

2.2.3　双摇杆机构

两连架杆均为摇杆的铰链四杆机构称为双摇杆机构。

图 2-6a 所示轮式车辆的前轮转向机构为双摇杆机构，该机构两摇杆长度相等，称为等腰梯形机构。车子转弯时，与前轮轴固联的两个摇杆的摆角 α 和 β 如果在任意位置都能使两前轮轴线的交点 P 落在后轴线的延长线上，则当整个车身绕 P 点转动时，四个车轮都能在地面上纯滚动，避免轮胎因滑动而加剧磨损。等腰梯形机构就能近似地满足这一要求。

图 2-6b 所示为用于鹤式起重机变幅的双摇杆机构。当摇杆 AB 摆动时，另一摇杆 CD 随之摆动，选用合适的杆长参数，可使悬挂点 E 的轨迹近似为水平直线，以免被吊重物作不必要的上下运动而造成的功耗。

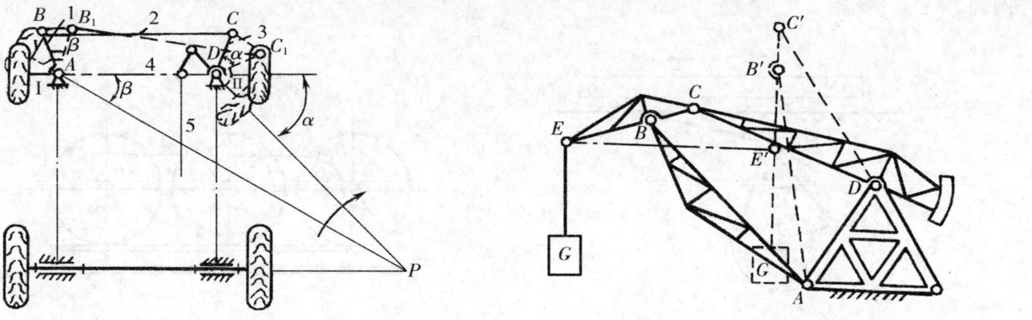

a)汽车前轮转向机构　　b)鹤式起重机变幅的双摇杆机构

图 2-6　双摇杆机构

2.3　铰链四杆机构的特性

2.3.1　铰链四杆机构曲柄存在条件

铰链四杆机构中是否存在曲柄，取决于机构各杆的相对长度和机架的选择。

首先，对存在一个曲柄的铰链四杆机构（曲柄摇杆机构）进行分析。如图 2-7 所示的机构中，杆 1 为曲柄，杆 2 为连杆，杆 3 为摇杆，杆 4 为机架，各杆长度以 l_1、l_2、l_3、l_4 表示。为了保证曲柄 1 整周回转，曲柄 1 必须能顺利通过与机架 4 共线的两个位置 AB' 和 AB''。

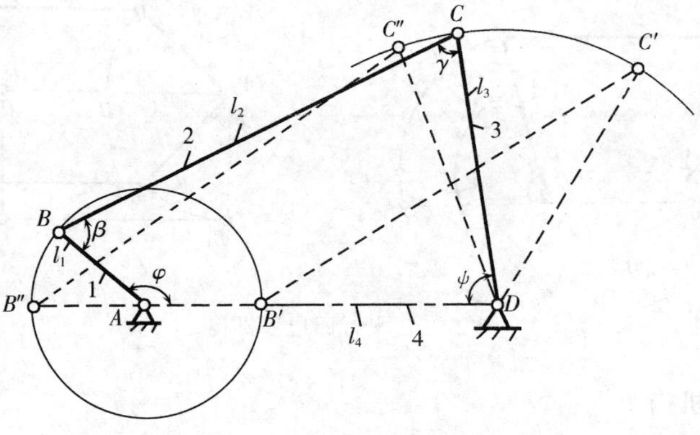

图 2-7　曲柄存在条件分析

当曲柄处于 AB' 位置时，形成三角形 $B'C'D$。根据三角形任意两边之和必大于（极限情况下等于）第三边的定理可得

$$l_2 \leqslant (l_4 - l_1) + l_3$$

$$l_3 \leqslant (l_4 - l_1) + l_2$$

即

$$l_1 + l_2 \leqslant l_3 + l_4 \qquad (2-1)$$

$$l_1 + l_3 \leqslant l_2 + l_4 \qquad (2-2)$$

当曲柄处于 AB'' 位置时，形成三角形 $B''C''D$。可写出以下关系式

$$l_1 + l_4 \leqslant l_2 + l_3 \qquad (2-3)$$

将式（2－1）、（2－2）、（2－3）两两相加可得

$$l_1 \leqslant l_2 \qquad l_1 \leqslant l_3 \qquad l_1 \leqslant l_4$$

上述关系说明：(1) 在曲柄摇杆机构中，曲柄是最短杆；(2) 最短杆与最长杆长度之和小于或等于其余两杆长度之和，是曲柄存在的必要条件。

下面进一步分析各杆间的相对运动。图 2－7 中最短杆 1 为曲柄，φ、β、γ 和 ψ 分别为相邻两杆间的夹角。当曲柄 1 整周转动时，曲柄与相邻两杆的夹角 φ、β 的变化范围为 0°～360°；而摇杆与相邻两杆的夹角 ψ、γ 的变化范围小于 360°的摆动。因此，当各杆长度不变（满足最短杆与最长杆长度之和小于或等于其余两杆长度之和）而取不同杆为机架时，可以得到不同类型的铰链四杆机构。如：

(1) 取最短杆相邻的构件（杆 4 或杆 2）为机架，最短杆 1 为曲柄，而另一连架杆 3 为摇杆，故图 2－8a 所示的两个机构均为曲柄摇杆机构。

(2) 取最短杆为机架，其连架杆 2 和 4 均为曲柄，故图 2－8b 所示为双曲柄机构①。

(3) 取最短杆的对边（杆 3）为机架，则两连架杆 2 和 4 都不能整周转动，故图 2－8c 所示为双摇杆机构。

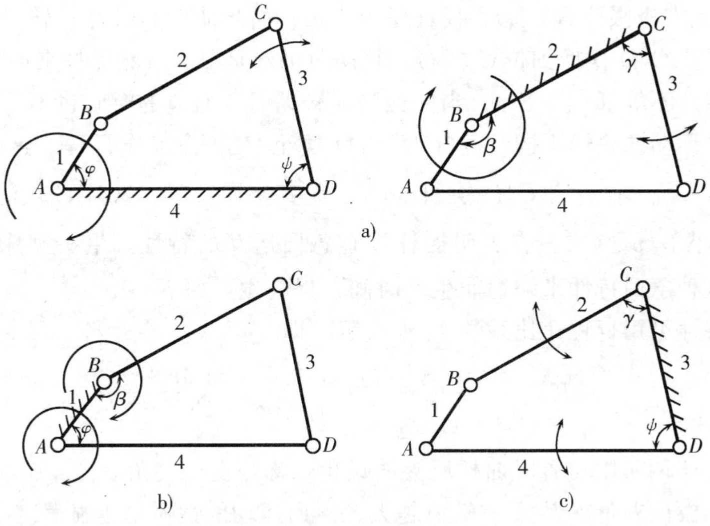

图 2－8　变更机架后机构的演化

如果铰链四杆机构中的最短杆与最长杆长度之和大于其余两杆长度之和，则该机构中不可能存在曲柄，无论取哪个构件作为机架，都只能得到双摇杆机构。

由上述分析可知，最短杆和最长杆长度之和小于或等于其余两杆长度之和是铰链四杆机构曲柄存在的必要条件。满足这个条件的机构究竟有一个曲柄、两个曲柄或没有曲柄，还需根据取何杆为机架来判断。

2.3.2　急回运动

如图 2－9 所示为一曲柄摇杆机构，其曲柄 AB 在转动一周的过程中，有两次与连杆 BC 共线。在这两个位置，铰链中心 A 与 C 之间的距离 AC_1 和 AC_2 分别为最短和最长，因而摇

① $l_1 = l_3$，$l_2 = l_4$ 的平行四边形机构，不论取任何一杆作机架，都是双曲柄机构。这是一个特例。

杆 CD 的位置 C_1D 和 C_2D 分别为其左右极限位置。摇杆在两极限位置间的夹角 ψ 称为摇杆的摆角。

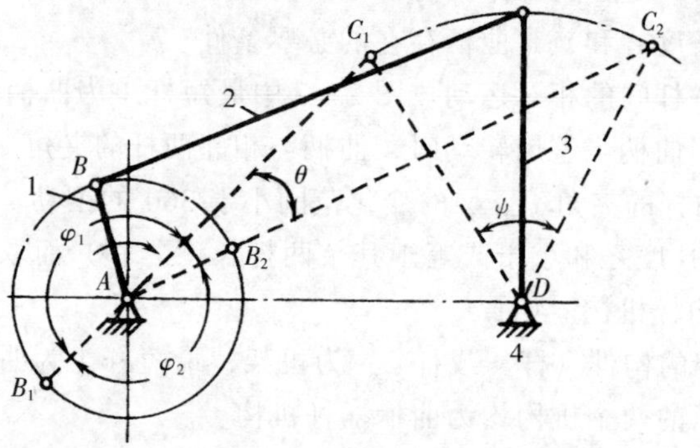

图 2-9 曲柄摇杆机构的急回特性

当曲柄由位置 AB_1 顺时针转到位置 AB_2 时，曲柄转角 $\varphi_1 = 180° + \theta$，这时摇杆由左极限位置 C_1D 摆到右极限位置 C_2D，摇杆摆角为 ψ；而当曲柄顺时针再转过角度 $\varphi_2 = 180° - \theta$ 时，摇杆由位置 C_2D 摆回到位置 C_1D，其摆角仍然是 ψ。虽然摇杆来回摆动的摆角相同，但对应的曲柄转角不等（$\varphi_1 > \varphi_2$）；当曲柄匀速转动时，对应的时间也不等（$t_1 > t_2$），从而反映了摇杆往复摆动的快慢不同。令摇杆 C_1D 摆至 C_2D 为工作行程，这时铰链 C 的平均速度是 $v_1 = \widehat{C_1C_2}/t_1$；摇杆自 C_2D 摆回至 C_1D 是其空回行程，这时 C 点的平均速度是 $v_2 = \widehat{C_1C_2}/t_2$，则显然有 $v_1 < v_2$，它表明摇杆具有急回运动的特性。牛头刨床、往复式运输机等机械就利用这种急回特性来缩短非生产时间，提高生产率。

急回运动特性可用行程速比系数 K 来表示，即

$$K = \frac{v_2}{v_1} = \frac{\widehat{C_1C_2}/t_2}{\widehat{C_1C_2}/t_1} = \frac{t_1}{t_2} = \frac{\varphi_1}{\varphi_2} = \frac{180° + \theta}{180° - \theta} \tag{2-4}$$

式中 θ 为摇杆处于两极限位置时曲柄所夹的锐角，称为极位夹角。

上式表明，极位夹角 θ 越大，K 值越大，急回运动的性质也越显著。

将式（2-4）整理后，可得极位夹角的计算公式

$$\theta = 180° \frac{K-1}{K+1} \tag{2-5}$$

当设计新机械时，总是根据该机械的急回要求先给出 K 值，然后由式（2-5）算出极位夹角 θ，再确定各构件的尺寸。

2.3.3 压力角和传动角

在生产中，不仅要求连杆机构能实现预定的运动规律，而且希望运转轻便，效率较高。图 2-10 所示的曲柄摇杆机构，如不计各杆质量和运动副中的摩擦，则连杆 BC 为二力杆，它作用于从动摇杆 3 上的力 F 是沿 BC 方向的。作用在从动件上的驱动力 F 与该力作用点绝对速度 v_c 之间所夹的锐角 α 称为压力角。由图可见，力 F 在 v_c 方向的有效分力为 $F' = F\cos\alpha$，这说明压力角越小，有效分力就越大。也即是说，压力角可作为判断机构传动性能的标志。在连杆设计中，为了度量方便，习惯用压力角 α 的余角 γ（即连杆和从动摇杆之间

所夹的锐角）来判断传力性能，γ 称为传动角。因 $\gamma=90°-\alpha$，所以 α 越小，γ 越大，机构传力性能越好；反之，α 越大，γ 越小，机构传力越费劲，传动效率越低。

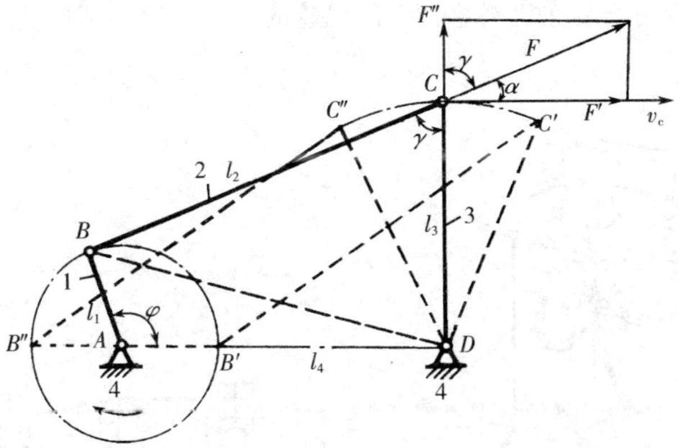

图 2-10　连杆机构的压力角和传动角

机构运转时，传动角是变化的，为了保证机构正常工作，必须规定最小传动角 γ_{min}的下限。对于一般机械，通常取 $\gamma_{min}\geqslant 40°$；对于颚式破碎机、冲床等大功率机械，最小传动角应当取大一些，可取 $\gamma_{min}\geqslant 50°$；对于小功率的控制机构和仪表，$\gamma_{min}$可略小于 40°。

出现最小传动角 γ_{min}的位置可分析如下：

由图 2-10 中△ABD 和△BCD 可分别写出

$$BD^2=l_1^2+l_4^2-2l_1l_4\cos\varphi$$

$$BD^2=l_2^2+l_3^2-2l_2l_3\cos\angle BCD$$

由此可得

$$\cos\angle BCD=\frac{l_2^2+l_3^2-l_1^2-l_4^2+2l_1l_4\cos\varphi}{2l_2l_3} \tag{2-6}$$

当 $\varphi=0°$ 和 180° 时，$\cos\varphi=+1$ 和 -1，$\angle BCD$ 角度为最小值$\angle BCD_{min}$和最大值$\angle BCD_{max}$。如上所述，传动角 γ 是用锐角表示的。当$\angle BCD$ 为锐角时，传动角 $\gamma=\angle BCD$，显然，$\angle BCD_{min}$也即是传动角的极小值；当$\angle BCD$ 为钝角时，传动角应以 $\gamma=180°-\angle BCD$ 来表示，显然，$\angle BCD_{max}$对应传动角的另一极小值。若$\angle BCD$ 由锐角变到钝角，则机构运动过程中，将在$\angle BCD_{min}$和$\angle BCD_{max}$位置两次出现传动角的极小值。二者中较小的一个即为该机构的最小传动角 γ_{min}。

2.3.4　死点位置

当传动角 $\gamma=0°$（或 $\gamma\approx 0°$）时，会出现什么现象？

例如，对于图 2-9 所示的曲柄摇杆机构，如以摇杆 3 为原动件，而曲柄 1 为从动件，则当摇杆摆到极限位置 C_1D 和 C_2D 时，连杆 2 与曲柄 1 共线。若不计各杆的质量，则这时连杆加给曲柄的力将通过铰链中心 A，此力对 A 点不产生力矩，因此不能使曲柄转动。机构的这种位置称为死点位置。死点位置会使机构的从动件出现卡死或运动不确定现象。为了消除死点位置的不良影响，可以对从动曲柄施加外力，或利用飞轮及构件自身的惯性作用，使机构顺利通过死点位置。

图 2-11a 所示为缝纫机的踏板机构，图 2-11b 为其机构运动简图。踏板 1（原动件）

往复摆动，通过连杆 2 驱使曲柄 3（从动件）作整周转动，再经过带传动使机头主轴转动。在实际使用中，缝纫机有时会出现踏不动或倒车现象，这就是由于机构处于死点位置引起的。在正常转动时，借助安装在机头主轴上的飞轮的惯性作用，可以使缝纫机踏板机构的曲柄冲过死点位置。

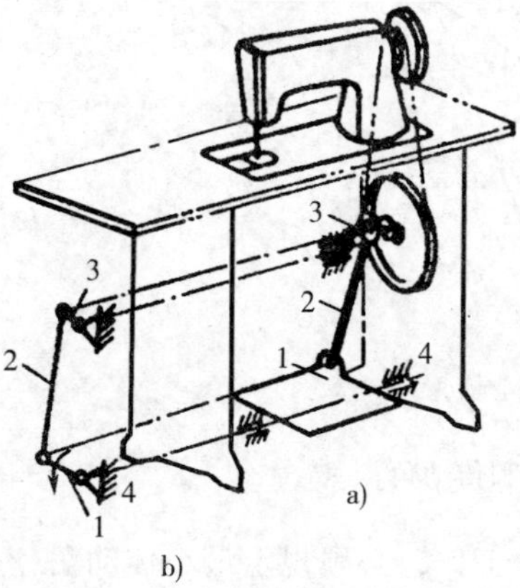

图 2－11　缝纫机踏板机构

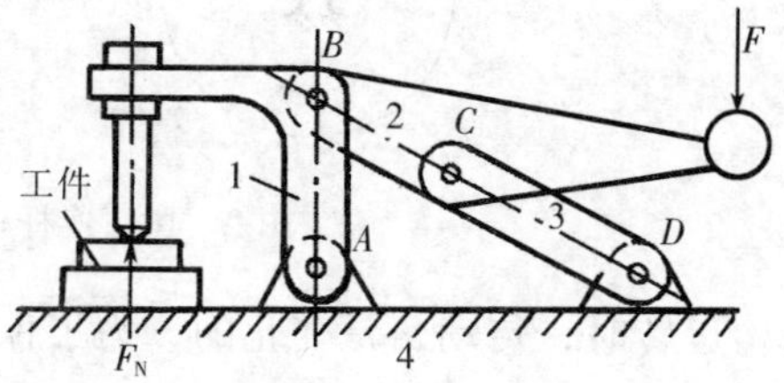

图 2－12　夹紧机构

死点位置对传动虽然不利，但是对某些夹紧装置却可用于防松。例如图 2－12 所示的铰链四杆机构，当工件 5 被夹紧时，铰链中心 B、C、D 共线，工件加在杆 1 上的反作用力无论多大，也不能使杆 3 转动。这就保证在去掉外力 F 之后，仍能可靠地夹紧工作。当需要取出工件时，只需向上扳动手柄，即能松开夹具。

2.4　铰链四杆机构的演化

铰链四杆机构可以演化为其他型式的四杆机构。演化的方式通常采用移动副取代转动副、变更机架、变更杆长和扩大回转副等途径。

2.4.1　移动副取代转动副的演化

移动副可以认为是转动副的一种特殊情况，即转动中心位于垂直于移动副导路的无限远处的一个转动副（图 2－13）。曲柄滑块机构就是用移动副取代曲柄摇杆机构中的转动副而演化得到的。如图 2－14a 所示的曲柄摇杆机构，铰链中心 C 的轨迹为以 D 为圆心和 l_3 为半径的圆弧 mm。若 l_3 增至无穷大，则如图 2－14b 所示，C 点轨迹变成直线。于是摇杆 3 演化为直线运动的滑块，转动副 D 演化为移动副，机构演化为如图 2－14c 所示的曲柄滑块机构。当滑块轨迹 mm 的延长线与回转中心 A 之间存在偏距 e（图 2－14d）时，则称为偏置曲柄滑块机构。当曲柄等速转动时，偏置曲柄滑块机构可实现急回运动。

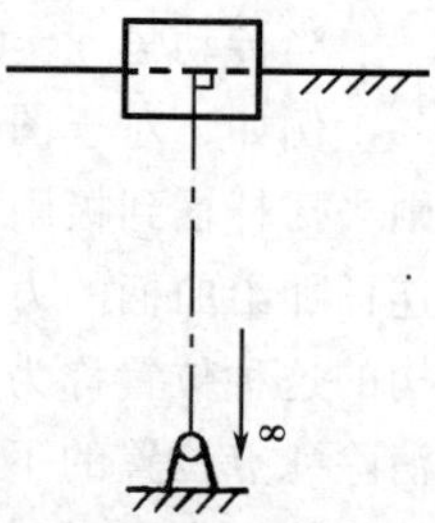

图 2－13

曲柄滑块机构广泛应用于活塞式内燃机、空气压缩机、冲床等机械中。

双滑块机构是具有两个移动副的四杆机构。可以认为是铰链四杆机构中的两杆长度趋于无穷大而演化成的。

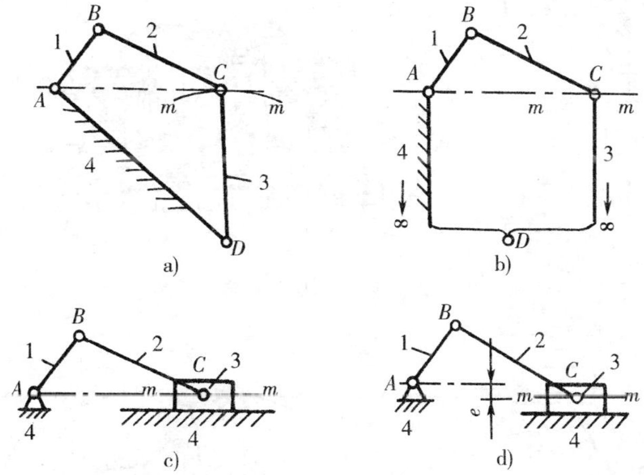

图 2－14　曲柄滑块机构

按照两个移动副所处位置的不同，可将双滑块机构分成四种型式。

(1) 两个移动副不相邻，如图 2－15 所示。这种机构从动件 3 的位移与原动件转角的正切成正比，故称为正切机构。

(2) 两个移动副相邻，且其中一个移动副与机架相关联，如图 2－16 所示。这种机构从动件 3 的位移与原动件转角的正弦成正比，故称为正弦机构。

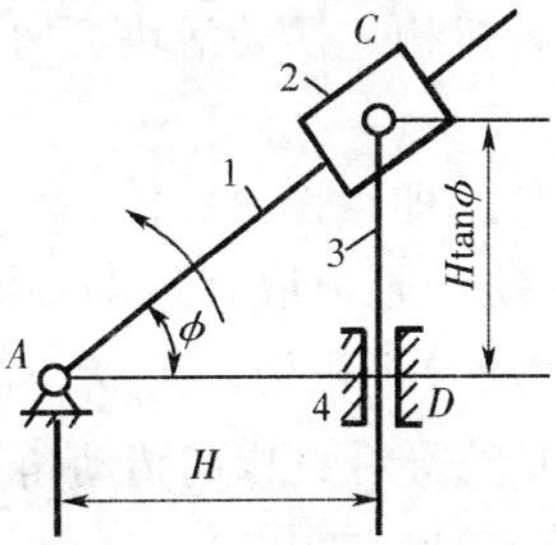

图 2－15　正切机构

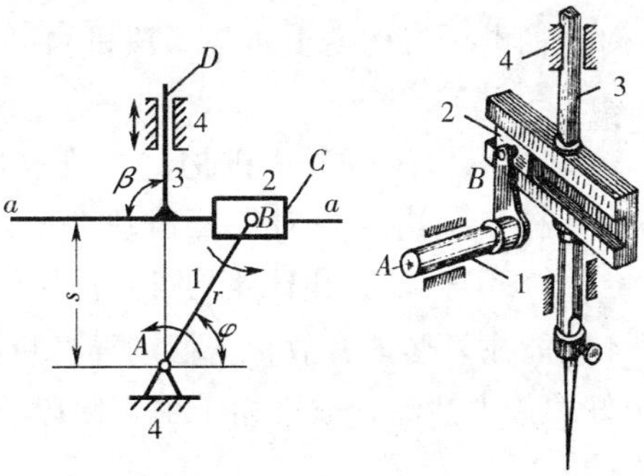

图 2－16　正弦机构

(3) 两个移动副相邻，且均不与机架相关联，如图 2－17a 所示。这种机构的主动件 2 与从动件 4 具有相等的角速度。图 2－17b 所示滑块联轴器就是这种机构的应用实例，它可用来连接中心线不重合的两根轴。

(4) 两个移动副都与机架相关联。图 2－18 所示椭圆仪就用到这种机构。当滑块 2 和 4 沿机架的十字槽滑动时，连杆 1 上的各点描绘出长短径不同的椭圆。

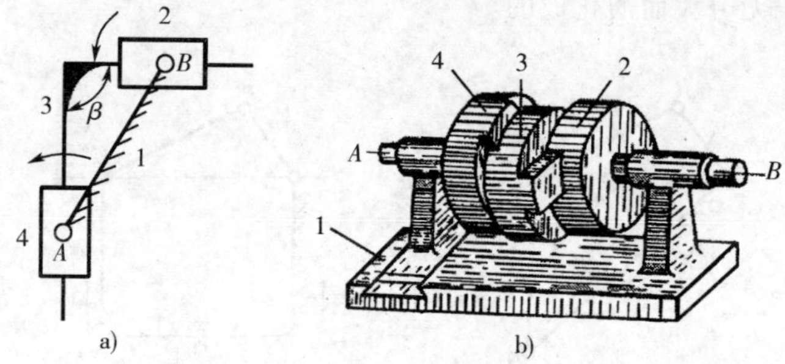

图 2－17　滑块联轴器

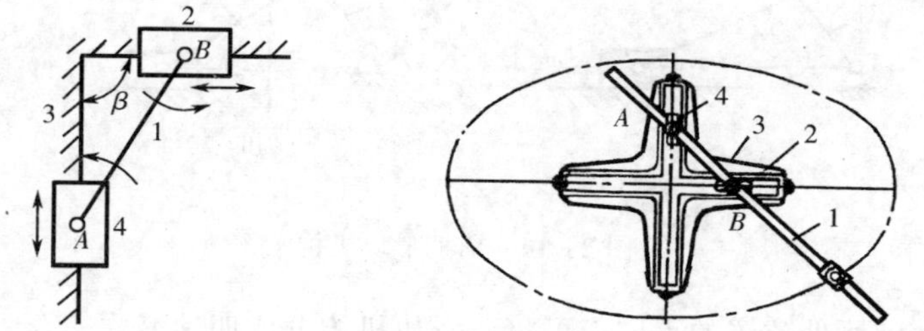

图 2－18　椭圆仪

2.4.2　变更机架的演化

如前所述，对一个曲柄摇杆机构变更机架，该机构可以演化为双曲轴柄机构、双摇杆机构和另一个曲柄摇杆机构（图 2－8）。

同样，对曲柄滑块机构变更机架，该机构可以演化为导杆机构、摆动滑块机构、固定滑块机构。

如图 2－19a 所示的曲柄滑块机构，若改取杆 1 为固定件，即得图 2－19b 所示导杆机构。杆 4 称为导杆，滑块 3 相对导杆滑块并一起绕 A 点转动。通常取杆 2 为原动件。当 $l_1 < l_2$时（图 2－19b），杆 2 和杆 4 均可整周回转，故称为转动导杆机构；当 $l_1 > l_2$ 时（图 2－20），杆 4 只能往复摆动，故称为摆动导杆机构。由图可见，导杆机构的传动角始终等于 90°，具有很好的传力性能，故常用于牛头刨床、插床和回转式油泵之中。

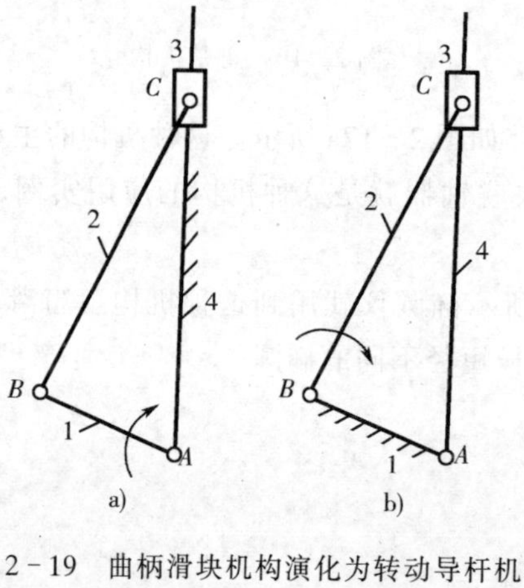

图 2－19　曲柄滑块机构演化为转动导杆机构

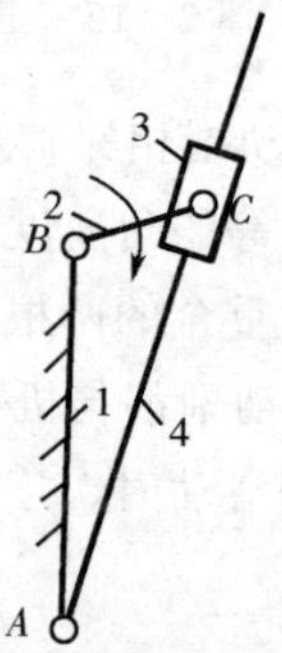

图 2－20　摆动导杆机构

在同样的曲柄滑块机构（图 2－21a）中，若取杆 2 为固定件，即可得图 2－21b 所示摆动滑块机构，或称摇块机构。这种机构广泛应用于摆缸式内燃机和液压驱动装置中。例如在图 2－22 所示卡车车厢自动翻转卸料机构中，当油缸 3 中的压力油推动活塞杆 4 运动时，车厢 1 便绕回转副中心 B 倾转，当达到一定角度时，物料就自动卸下。

在同样的曲柄滑块机构（图 2－23a）中，若取滑块 3 为固定件，即可得图 2－23b 所示固定滑块机构，或称为定块机构。这种机构常用于抽水唧筒（图 2－24）和抽油泵中。

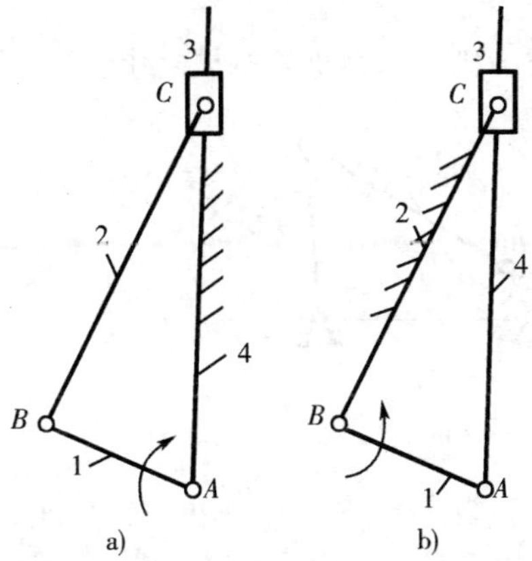

图 2－21　曲柄滑块机构演化为摇块机构

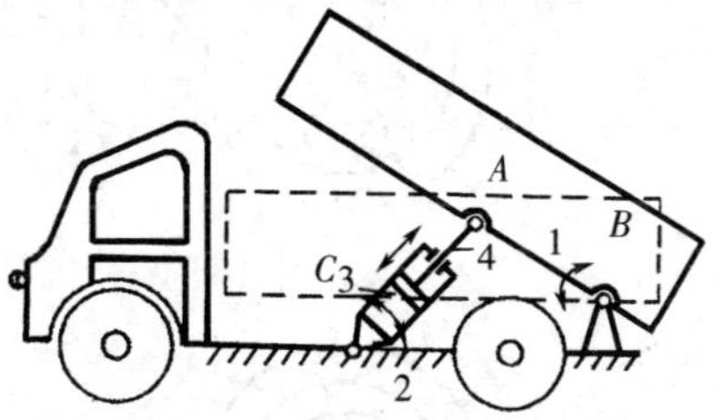

图 2－22　自卸机构

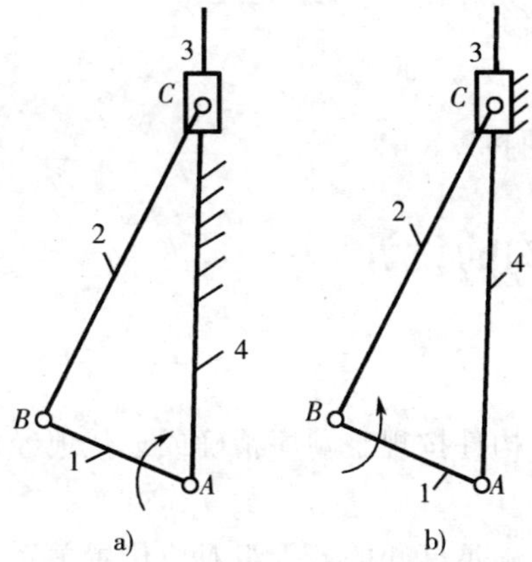

图 2－23　曲柄滑块机构演化为定块机构

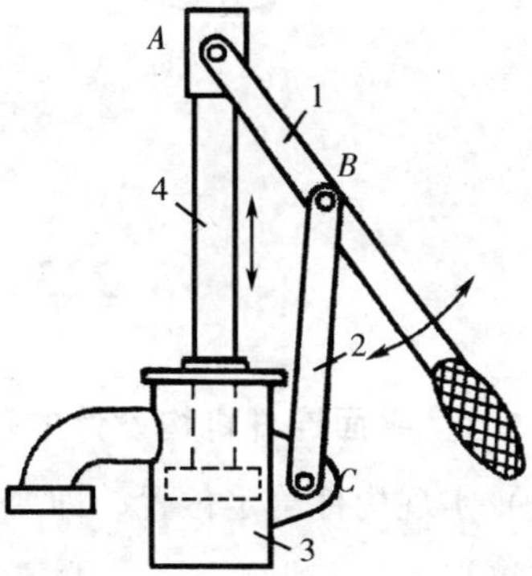

图 2－24　抽水唧筒

2.4.3　变更杆长的演化

如前所述，对于铰链四杆机构，各杆的相对长度不同，机构的类型可能不同。当满足曲柄存在条件时，该机构可能有曲柄。

此外，移动副取代转动副的演化也可以视为杆长趋于无穷大的演化。

2.4.4　扩大回转副的演化

图 2－25a 所示为偏心轮机构。杆 1 为圆盘，其几何中心为 B。因运动时该圆盘绕偏心 A 转动，故称为偏心轮。A、B 之间的距离 e 称为偏心距。按照相对运动关系，可画出该机构的运动简图，如图 2－25b 所示。

由图可知，偏心轮是回转副 B 扩大到包括回转副 A 而形成的，偏心距 e 即是曲柄的长度。同理，图 2－25c 所示偏心轮机构可用图 2－25d 来表示。

由上述变换可知，图 2－25a 和图 2－25c 所示机构与曲柄摇杆机构和曲柄滑块机构在运动学上是完全等效的，机构并没有实质性的变换。

曲柄做成偏心轮，增大了轴颈的尺寸，提高了偏心轴的强度和刚度，当轴颈位于中部时，还可安装整体式连杆，使结构简化。但由于偏心轮半径增大，机构运动时，摩擦力矩和摩擦损耗也增大。

偏心轮广泛应用于传力较大的剪床、冲床、颚式破碎机、内燃机等机械之中。

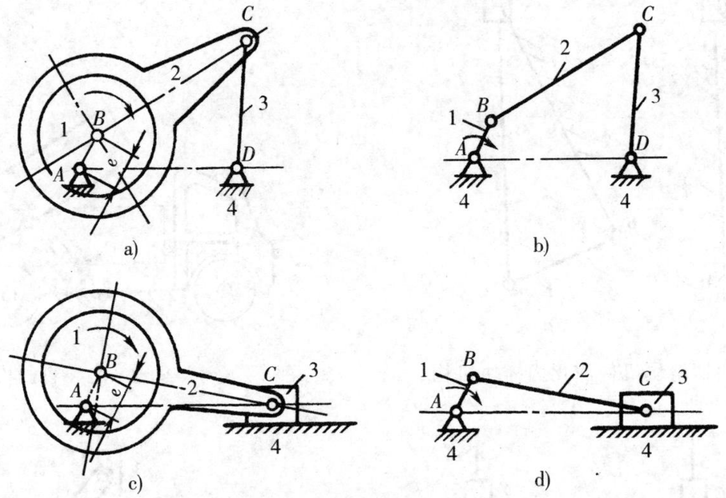

图 2－25　偏心轮机构

2.5　平面四杆机构的设计

2.5.1　平面连杆机构设计的基本问题

(1) 实现构件给定位置，即要求连杆机构能引导构件按规定顺序精确或近似地经过给定的若干位置。

(2) 实现已知运动规律，即要求主动件、从动件满足已知的若干组对应位置关系，包括满足一定的急回特性要求，或者在主动件运动规律一定时，从动件能精确或近似地按给定规律运动。

(3) 实现已知运动轨迹，即要求连杆机构中作平面运动的构件上某一点精确或近似地沿着给定的轨迹运动。

四杆机构设计的方法有解析法、几何作图法和实验法。作图法直观，解析法精确，实验法简便。以下对这些方法分别举例介绍。

2.5.2　按照给定的行程速比系数设计四杆机构

在设计具有急回运动特性的四杆机构时，通常按实际需要先给定行程速比系数 K 的数值，然后根据机构在极限位置的几何关系，综合有关辅助条件来确定机构运动简图的尺寸参数。

(1) 曲柄摇杆机构

已知条件：摇杆长度 l_3，摆角 ψ 和行程速比系数 K。

设计的实质是确定铰链中心 A 点的位置，定出其他三杆的尺寸 l_1、l_2 和 l_4。其设计步骤如下：

① 由给定的行程速比系数 K，按式 (2－5) 求出极位夹角 θ

$$\theta = 180^\circ\frac{K-1}{K+1}$$

② 如图 2－26 所示，任选固定铰链中心 D 的位置，由摇杆长度 l_3 和摆角 ψ，作出摇杆两个极限位置 C_1D 和 C_2D。

③ 连接 C_1 和 C_2，并作 C_2N 垂直于 C_1C_2。

④ 作 $\angle C_2C_1M = 90^\circ - \theta$，$C_2M$ 与 C_1N 相交于 P 点，由图可见，$\angle C_1PC_2 = \theta$。

⑤ 作 $\triangle PC_1C_2$ 的外接圆，在此圆上任取一点 A 作为曲柄的固定铰链中心。连接 AC_1 和 AC_2，因同一圆弧的圆周角相等，故 $\angle C_1AC_2 = \angle C_1PC_2 = \theta$。

⑥ 因极限位置处曲柄与连杆共线，故 $AC_1 = l_2 + l_1$，$AC_2 = l_2 - l_1$，从而得曲柄长度 $l_1 = \frac{1}{2}(AC_2 - AC_1)$。再以 A 为圆心和以 l_1 为半径作圆，交 C_1A 于 B_1，交 C_2A 于 B_2，即得 $B_1C_1 = B_2C_2 = l_2$ 及 $AD = l_4$。

由于 A 点是 $\triangle C_1PC_2$ 外接圆上任选的点，所以若仅按行程速比系数 K 设计，可得无穷多的解。A 点位置不同，机构传动角的大小也不同。如欲获得良好的传动质量，可按照最小传动角最优或其他辅助条件来确定 A 点的位置。

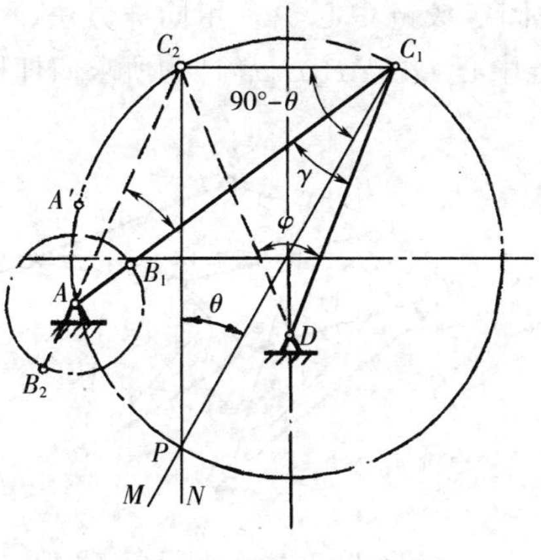

图 2－26　按 K 值设计曲柄摇杆机构

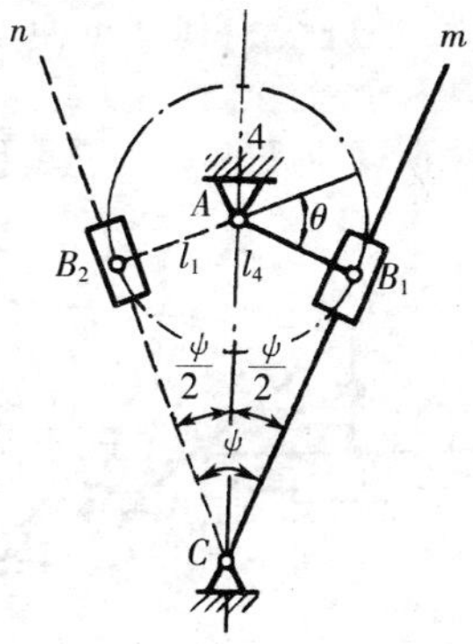

图 2－27　按 K 值设计导杆机构

(2) 导杆机构

已知条件：机架长度 l_4、行程速比系数 K。

由图 2－27 可知，导杆机构的极位夹角 θ 等于导杆的摆角 ψ，所需确定的尺寸是曲柄长度 l_1。其设计步骤如下：

① 由已知行程速比系数 K，按式 (2－5) 求得极位夹角 θ（也即是摆角 ψ）

$$\psi = \theta = 180^\circ\frac{K-1}{K+1}$$

② 任选固定铰链中心 C，以夹角 ψ 作出导杆两极限位置 Cm 和 Cn。

③ 作摆角 ψ 的平分线 AC，并在线上取 $AC=l_4$，得固定铰链中心 A 的位置。

④ 过 A 点作导杆极限位置的垂线 AB_1（或 AB_2），即得曲柄长度 $l_1=AB_1$。

2.5.3 按给定连杆位置设计四杆机构

图 2-28 所示为铸工车间翻台振实式造型机的翻转机构。它是应用一个铰链四杆机构来实现翻台的两个工作位置的。在图中实线位置Ⅰ，砂箱 7 与翻台 8 固联，并在振实台 9 上振实造型。当压力油推动活塞 6 时，通过连杆 5 使摇杆 4 摆动，从而将翻台与砂箱转到虚线位置Ⅱ。然后托台 10 上升接触砂箱，解除砂箱与翻台间的紧固联接。

今给定与翻台固联的连杆 3 的长度 $l_3=BC$ 及其两个位置 B_1C_1 和 B_2C_2，要求确定连架杆与机架组成的固定铰链中心 A 和 D 的位置，并求出其余三杆的长度 l_1、l_2 和 l_4。由于连杆 3 上 B、C 两点的轨迹是分别为以 A、D 为圆心的圆弧，所以 A、D 必分别位于 B_1B_2 和 C_1C_2 的垂直平分线上。故可得设计步骤如下：

(1) 根据给定条件，绘出连杆 3 的两个位置 B_1C_1 和 B_2C_2。

(2) 分别连接 B_1 和 B_2、C_1 和 C_2，并作 B_1B_2、C_1C_2 的垂直平分线 b_{12}、c_{12}。

(3) 由于 A 和 D 两点可在 b_{12} 和 c_{12} 两直线上任意选取，故有无穷多解。在实际设计时还可以考虑其他辅助条件，例如最小传动角、各杆尺寸所允许的范围或其他结构上的要求等。本机构要求 A、D 两点在同一水平线上，且 $AD=BC$。根据这一附加条件，即可惟一地确定 A、D 的位置，并作出所求的四杆机构 AB_1C_1D。

若给定连杆三个位置，要求设计四杆机构，其设计过程与上述基本相同。如图 2-29 所示，由于 B_1、B_2、B_3 三点位于以 A 为圆心的同一圆弧上，故运用已知三点求圆心的方法，作 B_1B_2 和 B_2B_3 的垂直平分线，其交点就是固定铰链中心 A。用同样方法，作 C_1C_2 和 C_2C_3 的垂直平分线，其交点便是另一固定铰链中心 D。AB_1C_1D 即为所求四杆机构。

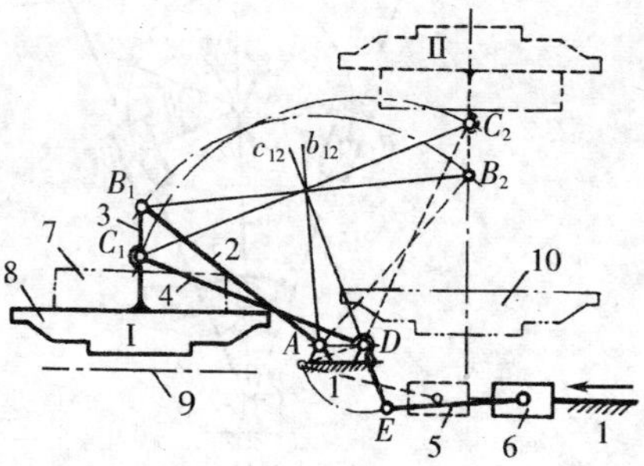

图 2-28 造型机的翻转机构

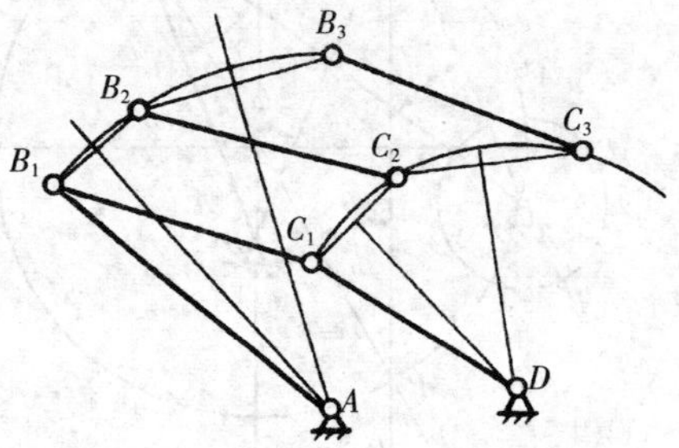

图 2-29 给定连杆三个位置的设计

2.5.4 按照给定两连架杆对应位置设计四杆机构

在图 2-30 所示的铰链四杆机构中，已知连架杆 AB 和 CD 的三对对应位置 φ_1，ψ_1；φ_2，ψ_2 和 φ_3，ψ_3，要求确定各杆的长度 l_1、l_2、l_3 和 l_4。

现以解析法求解。此机构各杆长度按同一比例增减时，各杆转角间的关系不变，故只需确定各杆的相对长度。取 $l_1=1$，则该机构的待求参数只有三个。

该机构的四个杆组成封闭多边形（图 2-30）。取各杆在坐标轴 x 和 y 上的投影，可得以下关系式

$$\left.\begin{aligned}\cos\varphi + l_2\cos\delta &= l_4 + l_3\cos\psi \\ \sin\varphi + l_2\sin\delta &= l_3\sin\psi\end{aligned}\right\} \tag{2-7}$$

将 $\cos\varphi$ 和 $\sin\varphi$ 移到等式右边，再把等式两边平方相加，即可消去 δ，整理后得

$$\cos\varphi = \frac{l_4^2 + l_3^2 + 1 - l_2^2}{2l_4} + l_3\cos\psi - \frac{l_3}{l_4}\cos\ (\psi - \varphi)$$

为简化上式，令

$$\left.\begin{aligned}P_0 &= l_3 \\ P_1 &= -l_3/l_4 \\ P_2 &= \frac{l_4^2 + l_3^2 + 1 - l_2^2}{2l_4}\end{aligned}\right\} \tag{2-8}$$

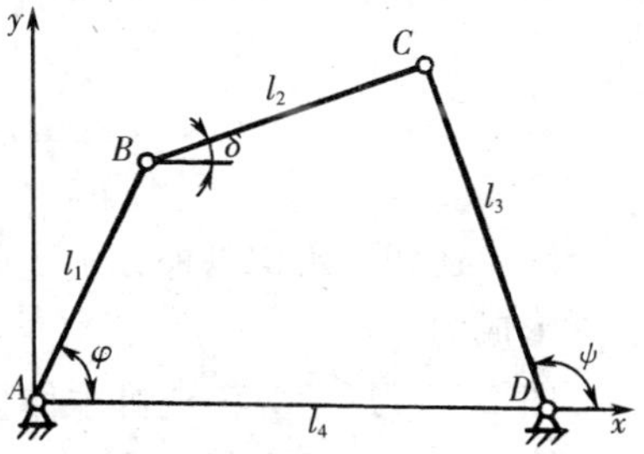

图 2-30　机构封闭多边形

则有

$$\cos\varphi = P_0\cos\psi + P_1\cos\ (\psi - \varphi)\ + P_2 \tag{2-9}$$

上式即为两连架杆转角之间的关系式。将已知的三对对应转角 φ_1、ψ_1；φ_2、ψ_2；φ_3、ψ_3 分别代入式（2-9）可得到方程组

$$\left.\begin{aligned}\cos\varphi_1 &= P_0\cos\psi_1 + P_1\cos\ (\psi_1 - \varphi_1)\ + P_2 \\ \cos\varphi_2 &= P_0\cos\psi_2 + P_1\cos\ (\psi_2 - \varphi_2)\ + P_2 \\ \cos\varphi_3 &= P_0\cos\psi_3 + P_1\cos\ (\psi_3 - \varphi_3)\ + P_2\end{aligned}\right\} \tag{2-10}$$

由方程组可以解出三个未知数 P_0、P_1 和 P_2。将它们代入式（2-8），即可求得 l_2、l_3、l_4。以上求出的杆长 l_1、l_2、l_3、l_4 可同时乘以任意比例常数，所得的机构都能实现对应的转角。

若仅给定连架杆两对位置，则方程组中只能得到两个方程，P_0、P_1、P_2 三个参数中的一个可以任意给定，所以有无穷个解。若给定连架杆的位置超过三对，一般没有精确解，可以用优化方法或数值逼近的方法求其近似解。

2.5.5　按照给定点的运动轨迹设计四杆机构

四杆机构运动时，其连杆作平面复杂运动，连杆上每一点都描出一条封闭曲线，称为连杆曲线。连杆曲线的形状随点在连杆上的位置和各杆相对尺寸的不同而变化。连杆曲线形状的多样性使它有可能用于实现复杂的轨迹。

如图 2-31 所示，平面连杆曲线是高阶曲线，所以设计四杆机构使其连杆的某点实现给

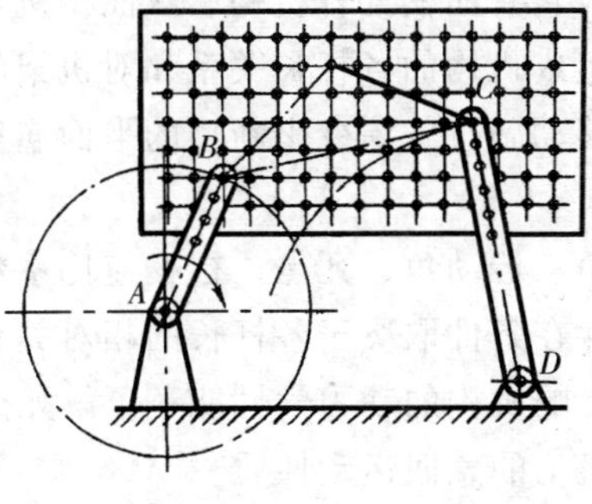

图 2-31　试画连杆曲线

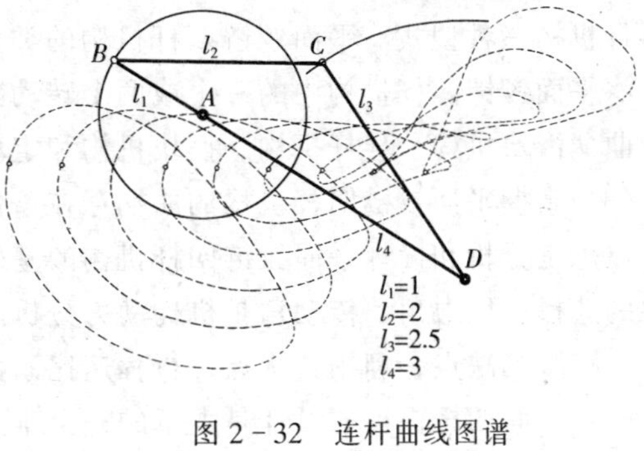

图 2-32　连杆曲线图谱

定的任意轨迹，是十分复杂的。为了便于设计，工程上常常利用事先编制的连杆曲线图谱（图 2－32）。从图谱中找出所需的曲线，便可直接查出该四杆机构的各尺寸参数。这种方法称为图谱法。

连杆曲线也可以在计算机上生成。

2.6 平面多杆机构简介

除上述四杆机构以外，生产中常见的一些多杆机构，可以看成是由若干个四杆机构组合扩展形成的。

图 2－33 所示为筛料机主体机构的运动简图。这个六杆机构也可看成由两个四杆机构组成。第一个机构是由原动曲柄 1、连杆 2、从动曲柄 3 和机架 4 组成的双曲柄机构；第二个机构是由曲柄 3（原动件）、连杆 5、滑块 6（筛子）和机架 4 组成的曲柄滑块机构。

如图 2－34 所示，牛头刨床主传动系统由平面六杆机构组成。

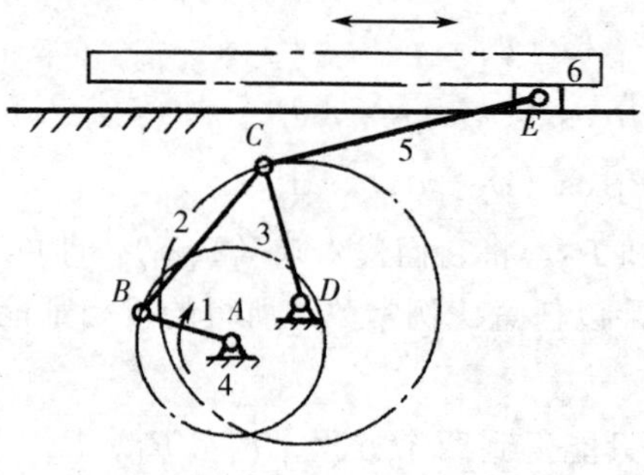

图 2－33 筛料机主体机构

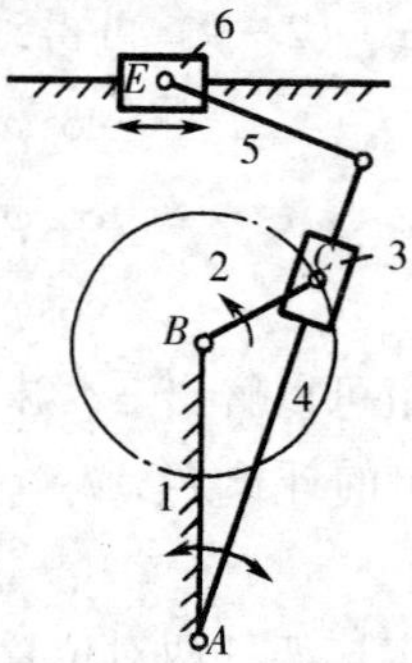

图 2－34 牛头刨床主传动系统

本章小结

（1）平面连杆机械的应用非常广泛，在日常生活和生产中经常遇到各种型式的连杆机构，尽管它们的外形千变万化，但经分析、演化，都可归为少数几种基本类型，所以在学习过程中，对四杆机构的基本型式及其演化这部分内容要特别注意。

（2）平面连杆机构的基本型式为平面铰链四杆机构，它有曲柄摇杆机构、双曲柄机构和双摇杆机构三种型式。平面铰链四杆机构的类型取决于组成机构的各杆长关系和对机架的选择。将平面铰链四杆机构中的一个或两个转动副演化为移动副，就演变出新型的平面连杆机构：曲柄滑块机构、导杆机构、摆块机构和定块机构等。

（3）掌握平面铰链四杆机构的曲柄存在条件、压力角、传动角、死点、行程速比系数等基本概念是分析和设计平面铰链四杆机构的基础。曲柄存在条件取决于各杆长的相对关系和机架的选择；压力角、传动角是机构动力分析的基础，影响机构的动力学性能；了解死点的特性，克服其缺点，利用其优点；行程速比系数反映了机构的急回运动性质。

（4）平面四杆机构的设计是本章的一个难点。不同的设计任务和设计要求，应采用不同的设计方法。图解法直观，易理解，常用于解决给定位置的设计任务。解析法精确，借助解析法程序和优化设计程序，可完成复杂要求的设计任务。

思考题

2-1　平面四杆机构的基本型式是什么？它有哪些演化型式？演化的方式有哪些？

2-2　什么是曲柄？铰链四杆机构曲柄存在的条件是什么？曲柄是否就是最短杆？

2-3　什么是行程速比系数？什么是极位夹角？什么是急回特性？三者之间关系如何？

2-4　什么是平面连杆机构的死点？举出避免死点和利用死点进行工作的例子。

2-5　平面铰链四杆机构的主要演化形式有哪几种？它们是如何演化来的？

2-6　平面四杆机构的设计方法有哪几种？它们的特点是什么？

2-7　曲柄滑块机构是否都有急回特性？为什么？

习题

2-1　根据尺寸和机架判断铰链四杆机构的类型。

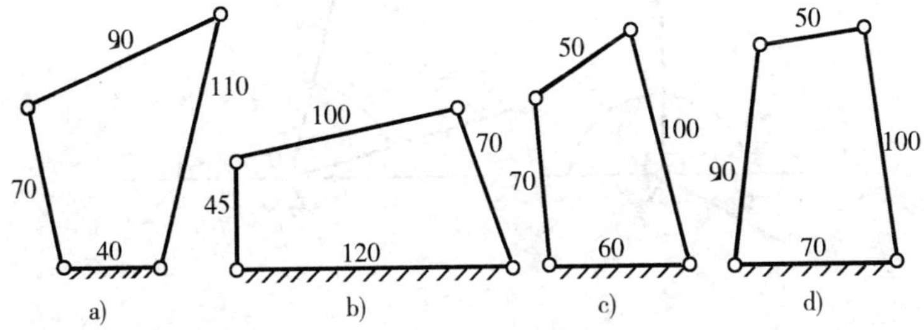

题 2-1 图

2-2　画出各机构的压力角和传动角。箭头标注的构件为原动件。

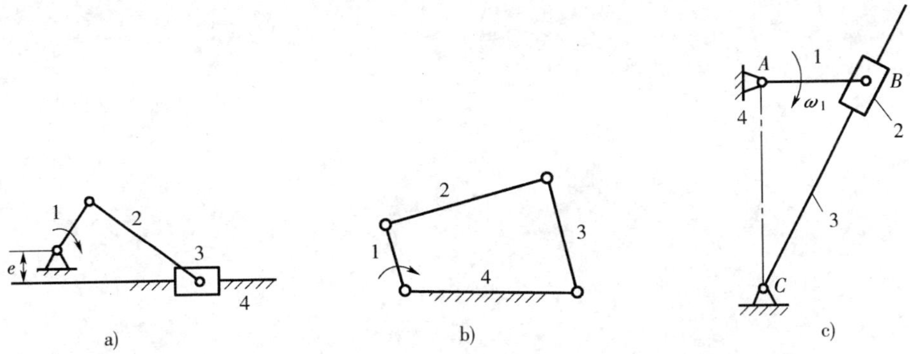

题 2-2 图

2-3　设计一曲柄摇杆机构，已知摇杆 CD 的长度 $l_{CD}=75\text{mm}$，行程速比系数 $K=1.5$，机架 AD 的长度 $l_{AD}=100\text{mm}$，摇杆的一个极限位置与机架的夹角 $\psi=45°$，求曲柄和连杆的长度 l_{AB}、l_{BC}。

2-4　图示为一电炉的炉门，关闭的位置为 E_1，开启的位置为 E_2，试设计一四杆机构来操作该炉门。相关尺寸见图。

2-5　用解析法设计一四杆机构，使两连架杆的对应转角关系近似实现已知函数 $y=\sin x$（$0\leqslant x\leqslant 90°$），建议取 $\alpha_0=90°$，$\varphi_0=105°$，$\alpha_m=120°$，$\varphi_m=60°$。

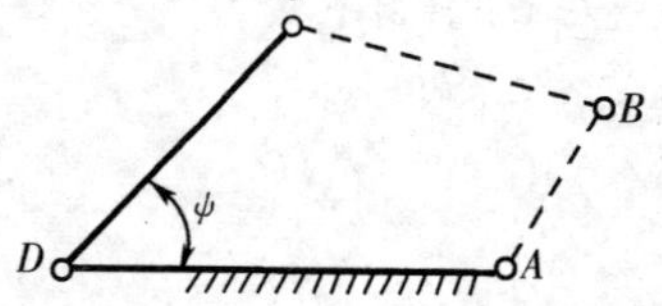

题 2-3 图

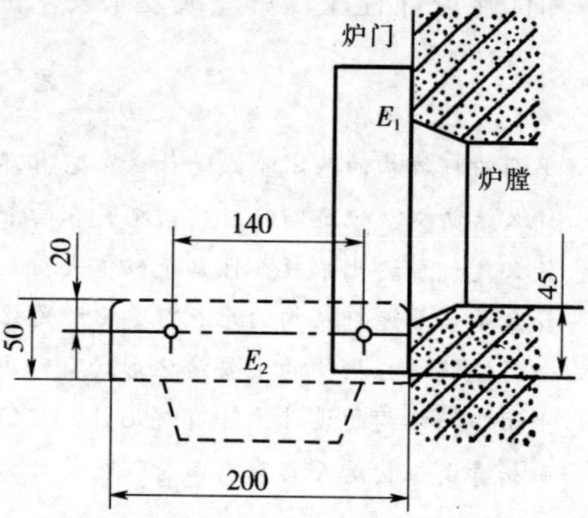

题 2-4 图

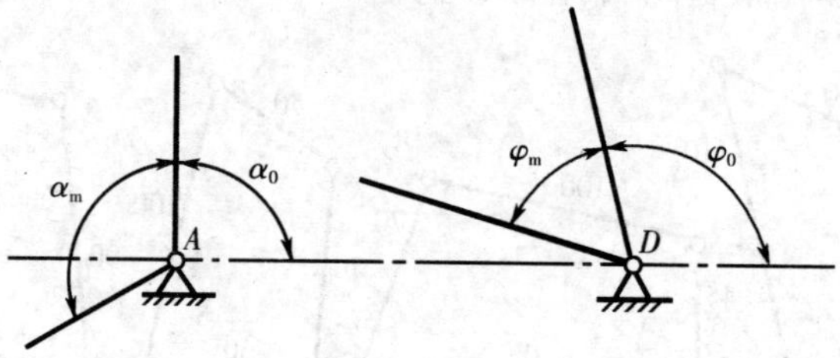

题 2-5 图

第 3 章　凸轮机构

3.1　凸轮机构的应用和分类

3.1.1　应用举例

低副机构一般只能近似实现给定的运动规律。若对从动件的位移、速度和加速度有严格要求，尤其当原动件作连续运动而从动件必须作间歇运动时，则以采用凸轮机构最为简便。凸轮机构是机械中的一种常用机构，在自动化和半自动化机械中应用非常广泛。

图 3-1 所示为内燃机配气凸轮机构。当具有一定曲线轮廓的凸轮 1 以等角速度回转时，它的轮廓迫使从动件 2（阀杆）按内燃机工作循环的要求启闭阀门。

图 3-2 所示为绕线机中用于排线的凸轮机构，当绕线轴 3 快速转动时，经齿轮带动凸轮 1 缓慢地转动，通过凸轮轮廓与尖顶 A 之间的作用，驱使从动件 2 往复摆动，因而使线均匀地缠绕在绕线轴上。

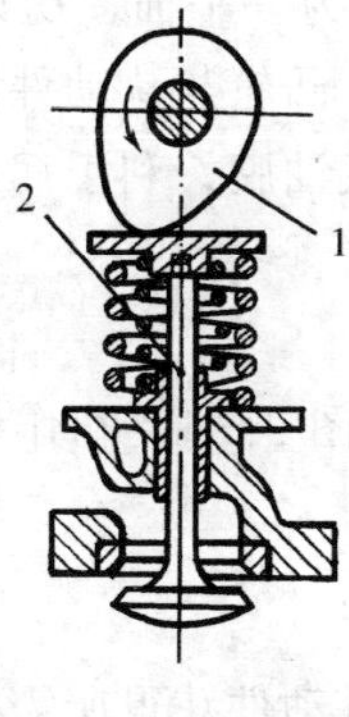

图 3-1　内燃机配气机构

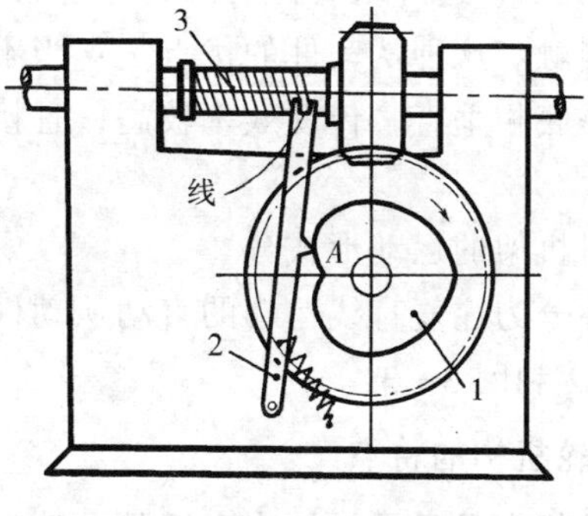

图 3-2　绕线机构

图 3-3 为自动机床上控制刀架运动的凸轮机构。当圆柱凸轮 1 回转时，凸轮凹槽侧面迫使杆 2 运动，以驱动刀架运动。凹槽的形状将决定刀架的运动规律。

从以上所举的例子可以看出：凸轮机构主要由凸轮、从动件和机架三个基本构件组成。凸轮是一个具有曲线轮廓或凹槽的构件，当它运动时，通过高副接触而使从动件获得任意预期的运动规律。

凸轮一般作连续等速转动，凸轮和从动件的接触可以靠弹簧力、重力或凹槽来实现，从动件可作连续或间歇的往复运动或摆动。

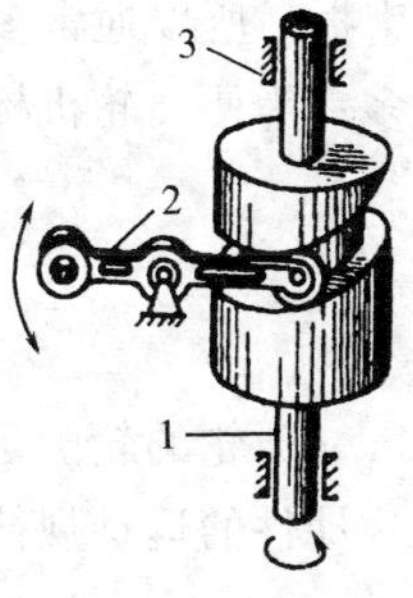

图 3-3　控制刀架的凸轮机构

3.1.2　凸轮机构分类

凸轮机构可根据凸轮的形状和从动件的型式进行分类。

（1）按凸轮的形状分

① 盘形凸轮

它是凸轮的最基本型式。这种凸轮是一个绕固定轴转动并且具有变化半径的盘形零件，如图 3－1 和图 3－2 所示。

② 移动凸轮

当盘形凸轮的回转中心趋于无穷远时，凸轮相对机架作直线运动，这种凸轮称为移动凸轮，如图 3－4 所示。

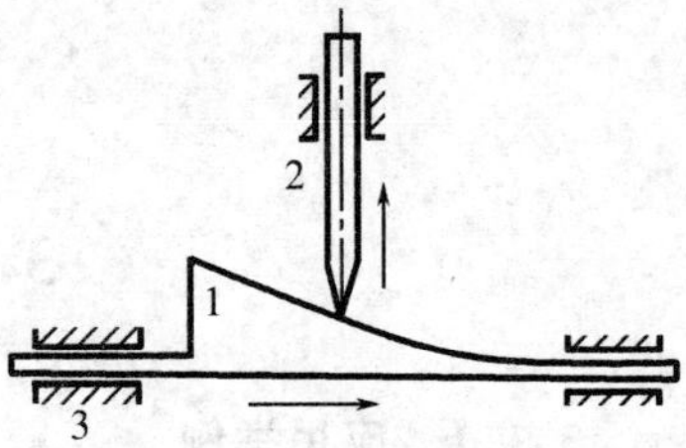

图 3－4 移动凸轮

③ 圆柱凸轮

将移动凸轮卷成圆柱体即成为圆柱凸轮，如图 3－3 所示。

(2) 按从动件的型式分

① 尖顶从动件

如图 3－2 和图 3－4 所示，尖顶能与任意复杂的凸轮轮廓保持接触，因而能实现任意预期的运动规律。但因为尖顶磨损快，所以只宜用于受力不大的低速凸轮机构中。

② 滚子从动件

如图 3－3 所示。在从动件的尖顶处安装一个滚子，成为滚子从动件，可以克服尖顶从动件易磨损的缺点。滚子从动件耐磨损，可以承受较大载荷，是最常用的一种从动件型式。

③ 平底从动件

如图 3－1 所示，这种从动件与凸轮轮廓表面接触的端面为一平面，所以它不能与凹陷的凸轮轮廓相接触。这种从动件的优点是：当不考虑摩擦时，凸轮与从动件之间的作用力始终与从动件的平底相垂直，传动效率较高，且接触面易于形成油膜，利于润滑，故常用于高速凸轮机构。

(3) 按相对机架的运动形式分

可把从动件分为往复直线运动的直动从动件（图 3－1 和图 3－4）和作往复摆动的摆动从动件（图 3－2 和图 3－3）。

3.1.3 凸轮机构的特点

凸轮机构的优点是只需设计出合适的凸轮轮廓，就可使从动件获得所需的运动规律，并且结构简单、紧凑，设计方便。它的缺点是凸轮轮廓与从动件之间为点接触或线接触，易于磨损，所以通常多用于传力不大的场合；与圆柱面和平面相比，凸轮轮廓的加工要困难得多；为使凸轮机构不过于笨重，从动件的行程不能过大。

3.2 从动件的常用运动规律

凸轮的轮廓是由从动件运动规律决定的。设计凸轮机构之前，首先应根据工作要求确定从动件的运动规律，然后按照这一运动规律设计凸轮轮廓曲线。

3.2.1 术语介绍

下面以尖顶直动从动件盘形凸轮机构为例（图 3－5），说明凸轮设计中常用的术语。

基圆：以凸轮轮廓曲线的最小向径 r_0 为半径所绘的圆。

基圆半径：凸轮轮廓曲线的最小向径 r_0。

推程：当尖顶与凸轮轮廓上的 A 点（基圆与轮廓 AB 的连接点）相接触时，从动件处于上升的起始位置。当凸轮以 ω_1 等角速沿逆时针方向回转 δ_t时，从动件尖顶被凸轮轮廓推动，以一定运动规律由距回转中心最近位置 A 到达位置 B'，这个过程称为推程。

行程：从动件在推程过程中所走过的距离 h。

推程运动角：从动件在推程过程中凸轮的转角 δ_t。

远休止角：当凸轮继续回转 δ_s时，以 O 点为中心的圆弧 BC 与尖顶相作用，从动件在最远位置停留不动。此时凸轮转过的角度 δ_s称为远休止角。

回程：凸轮继续回转 δ_h时，从动件以一定运动规律回到起始位置，这个过程称为回程。

回程运动角：从动件在回程过程中凸轮的转角 δ_h。

近休止角：当凸轮继续回转 $\delta_{s'}$时，从动件在最近位置停留不动。此时凸轮转过的角度 $\delta_{s'}$称为近休止角。

从动件位移线图：在直角坐标系中，以横坐标代表凸轮转角 δ_1，以纵坐标代表从动件位移 s_2，所得的从动件位移 s_2 与凸轮转角 δ_1 之间的关系曲线。因一般凸轮作等速转动，故横坐标同时也代表时间 t。

从动件运动线图：从动件位移线图及通过微分作出的从动件速度线图和加速度线图，统称为从动件运动线图。

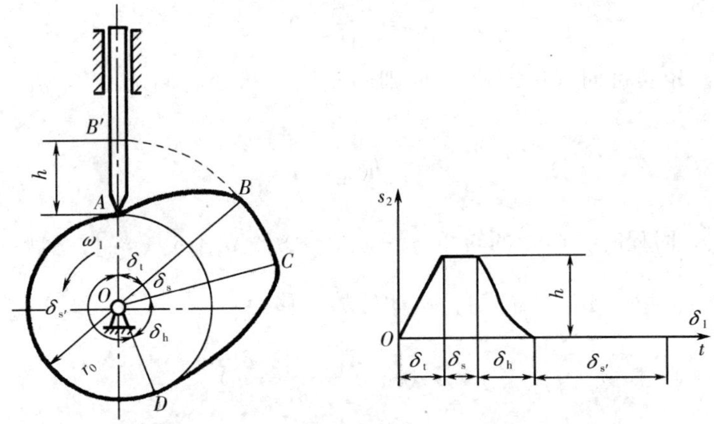

a) 凸轮机构示意图　　b) 从动件位移线图

图 3-5　尖顶直动从动件盘形凸轮机构

由以上分析可知，凸轮轮廓曲线的形状取决于从动件的位移线图。也就是说，从动件的不同运动规律决定了凸轮具有不同的轮廓曲线。

3.2.2　几种常见的从动件运动规律

(1) 多项式运动规律

从动件位移曲线用多项式表示的一般形式为

$$s_2 = c_0 + c_1\delta_1 + c_2\delta_1^2 + \cdots + c_n\delta_1^n \tag{3-1}$$

式中：c_i（$i=0, 1, 2, \cdots, n$）——$n+1$ 个系数，由给定的从动件运动规律根据边界条件确定。

多项式的方次 n 越高，意味着对从动件的运动要求越高，但方次越高，凸轮加工误差对从动件运动规律影响越显著，因此 n 大于 10 的多项式规律很少使用。下面介绍 n 为 1 和 2 时的从动件运动规律。

当 $n=1$ 时，从动件的运动规律为

$$s_2=c_0+c_1\delta_1 \tag{3-2}$$

因此，从动件的运动速度为

$$v_2=\frac{\mathrm{d}s_2}{\mathrm{d}t}=c_1\frac{\mathrm{d}\delta_1}{\mathrm{d}t}=c_1\omega_1 \tag{3-3}$$

一般凸轮以等角速度 ω_1 转动，所以从动件为等速运动规律。

设推程时凸轮转过推程运动角 δ_t，从动件行程为 h，则凸轮的运动时间为 $T=\delta_t/\omega_1$，因此从动件的运动速度为

$$v_2=\frac{h}{T}=\frac{h}{\delta_t}\omega_1 \tag{3-4}$$

比较上两式得 $c_1=h/\delta_t$。显然，初始条件为 $\delta_1=0$ 时，$s_2=0$，故 $c_0=0$。所以从动件的位移为

$$s_2=\frac{h}{\delta_t}\delta_1 \tag{3-5}$$

从动件的加速度为

$$a_2=\frac{\mathrm{d}v_2}{\mathrm{d}t}=0 \tag{3-6}$$

回程时，设凸轮转过回程运动角 δ_h，则凸轮回程运动时间为 $T'=\delta_h/\omega_1$，从动件运动速度为

$$v_2=-\frac{h}{T'}=-\frac{h}{\delta_h}\omega_1 \tag{3-7}$$

所以 $c_1=-h/\delta_h$。回程时，凸轮的转角 $\delta_1\in[\delta_t+\delta_s,\ \delta_t+\delta_s+\delta_h]$，初始条件为 $\delta_1=\delta_t+\delta_s$时，$s_2=h$，故 $c_0=h\left[1+\frac{\delta_t+\delta_s}{\delta_h}\right]$，从动件的位移为

$$s_2=h\left(1-\frac{\delta_1-\delta_t-\delta_s}{\delta_h}\right) \tag{3-8}$$

加速度为

$$a_2=0 \tag{3-9}$$

从动件作等速运动规律时，推程的运动线图如图 3-6 所示。从动件运动开始时，速度由零突变为一常数；运动终止时，速度由常数突变为零，因此从动件加速度及惯性力在理论上为无穷大（由于材料有弹性变形，实际上不可能达到无穷大），使机构受到强烈的冲击。这种由于惯性力无穷大突变而引起的冲击，称为刚性冲击。因此，这种运动规律不宜单独使用，在运动开始和终止段应当用其他运动规律过渡，以消除刚性冲击。

当 $n=2$ 时，从动件的运动规律为 $s_2=c_0+c_1\delta_1+c_2\delta_1^2$。因此，从动件的运动加速度为

$$a_2=\frac{\mathrm{d}^2s_2}{\mathrm{d}t^2}=2c_2$$

因此，从动件为等加速度运动规律。从动件采用这种运动规律，则可以在较短的时间内完成其行程。为使从动件在行程终了时的速度能逐渐减少为零，以避免刚性冲击，从动件在

后半程应做等减速运动。通常加速段和减速段加速度的绝对值相等，所以前半行程和后半行程用的时间相等，均为 $T/2$，对应的凸轮转角为 $\delta_t/2$。初始条件为 $\delta_1=0$ 时，$v_2=0$，$s_2=0$，故 $c_0=0$，$c_1=0$。由 $\frac{h}{2}=\frac{1}{2}a_2\left(\frac{T}{2}\right)^2$，$T=\delta_t/\omega_1$，得

$$a_2=\frac{4h}{T^2}=4h\left(\frac{\omega_1}{\delta_t}\right)^2 \tag{3-10}$$

故从动件的运动速度和位移分别为

$$v_2=\frac{4h\omega_1}{\delta_t^2}\delta_1 \tag{3-11}$$

$$s_2=\frac{2h}{\delta_t^2}\delta_1^2 \tag{3-12}$$

后半行程从动件作等减速运动，此时凸轮的转角是由 $\delta_t/2$ 开始到 δ_t 为止。加速度为

$$a_2=-\frac{4h}{\delta_t^2}\omega_1^2 \tag{3-13}$$

运动终止条件为 $\delta_1=\delta_t$ 时，$v_2=0$，$s_2=h$。不难导出运动的速度和位移为

$$v_2=\frac{4h\omega_1}{\delta_t^2}(\delta_t-\delta_1) \tag{3-14}$$

$$s_2=h-\frac{2h}{\delta_t^2}(\delta_t-\delta_1)^2 \tag{3-15}$$

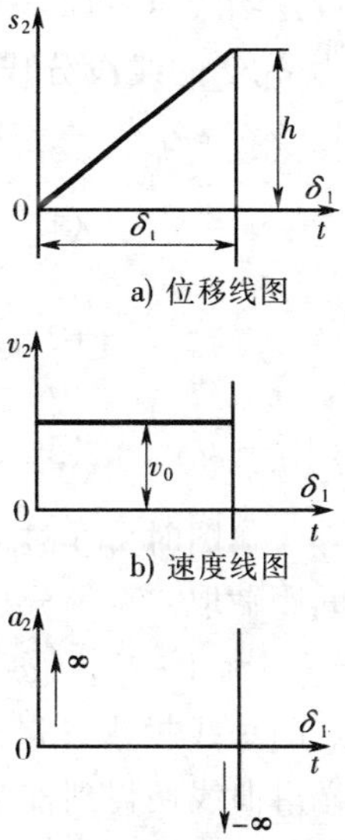

a) 位移线图　b) 速度线图　c) 加速度线图

图3-6　等速运动时从动件推程运动线图

同理，从动件在回程作等减速等加速运动时，前半程凸轮转角 $\delta_1\in[\delta_t+\delta_s,\ \delta_t+\delta_s+\delta_h/2]$，后半程凸轮转角 $\delta_1\in[\delta_t+\delta_s+\delta_h/2,\ \delta_t+\delta_s+\delta_h]$，由此得前半程从动件的运动方程为

$$s_2=h-\frac{2h}{\delta_h^2}(\delta_1-\delta_t-\delta_s)^2 \tag{3-16}$$

$$v_2=-\frac{4h\omega_1}{\delta_h^2}(\delta_1-\delta_t-\delta_s) \tag{3-17}$$

$$a_2=-\frac{4h\omega_1^2}{\delta_h^2} \tag{3-18}$$

后半程从动件的运动方程为

$$s_2=\frac{2h}{\delta_h^2}(\delta_t+\delta_s+\delta_h-\delta_1)^2 \tag{3-19}$$

$$v_2=-\frac{4h\omega_1}{\delta_h^2}(\delta_t+\delta_s+\delta_h-\delta_1) \tag{3-20}$$

$$a_2=\frac{4h\omega_1^2}{\delta_h^2} \tag{3-21}$$

图3-7为从动件作等加速等减速运动时的推程运动线图。由图知，这种运动规律在 O、m、e 各点处加速度出现有限值的突然变化，因此产生惯性力的突变，不过这一突变是有限的，其引起的冲击也是有限的。这种由于加速度发生有限值突变而引起的冲击称为柔性冲

击。正因为有柔性冲击，等加速等减速运动规律只适用于中速凸轮机构。

图 3－7 给出了从动件位移线图的画法。等加速段抛物线可按如下方法作图：在横坐标轴上将长度为 $\delta_t/2$ 的线段分成若干等分（图中为 3 等分），得 1、2、3 各点，过这些点作横轴的垂直线，并取

$$(1-1') = \frac{1}{9} \times \frac{h}{2}$$

$$(2-2') = \frac{4}{9} \times \frac{h}{2}$$

$$(3-3') = \frac{9}{9} \times \frac{h}{2} = \frac{h}{2}$$

作图时可在过 O 点的任意斜线 OO' 上，以任意间距截取 9 个等分点，连接直线 9－3″并作其平行线 4－2″和 1－1″，最后由 1″、2″、3″分别向过 1、2、3 点的垂线投影，得到 1′、2′、3′点，将这些点连成光滑曲线便得到前半段等加速运动的位移曲线。如图所示，用同样方法可绘出等减速段的位移曲线，从而绘出从动件推程时的位移线图。

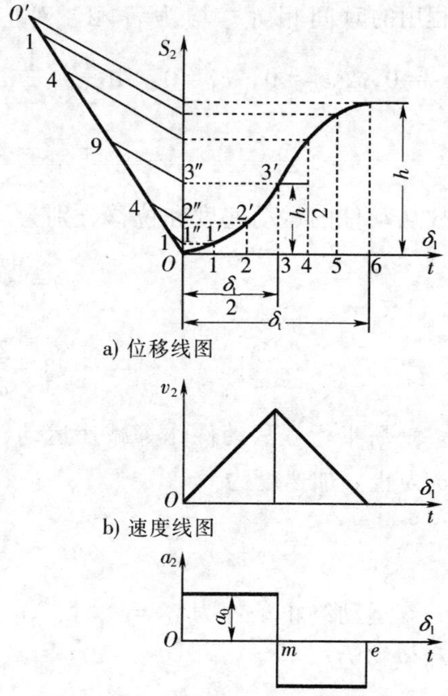

a) 位移线图

b) 速度线图

c) 加速度线图

图 3－7　等加速等减速运动

（2）三角函数运动规律

简谐运动规律和摆线运动规律是两种基本的三角函数运动规律。这里介绍简谐运动规律，三角函数其他运动规律可参考有关书籍。

当一个动点在圆周上作匀速运动时，它在这个圆的直径上的投影所构成的运动称为简谐运动。简谐运动规律位移线图的作法如下：以从动件的行程 h 为直径画半圆，并将此半圆分成若干等分（如图 3－8a 所示）得点 1″、2″、3″、…，然后把凸轮运动角 δ_t 也分成相应等分，再作垂直线 11′、22′、33′、…，并把圆周上的等分点投影到相应的垂直线上得点 1′、2′、3′、…，最后用光滑曲线连接这些点，即得到从动件的位移线图，其方程为

$$s_2 = \frac{h}{2}(1-\cos\theta)$$

由图可知，当 $\theta = \pi$ 时，$\delta_1 = \delta_t$，故 $\theta = \frac{\pi}{\delta_t}\delta_1$。由此可导出从动件推程作简谐运动的运动方程

$$s_2 = \frac{h}{2}\left[1-\cos\left(\frac{\pi}{\delta_t}\delta_1\right)\right] \tag{3-22}$$

$$v_2 = \frac{\pi h \omega_1}{2\delta_t}\sin\left(\frac{\pi}{\delta_t}\delta_1\right) \tag{3-23}$$

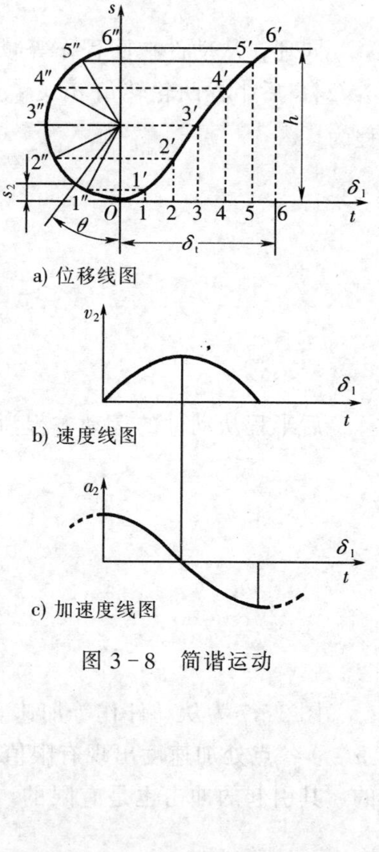

a) 位移线图

b) 速度线图

c) 加速度线图

图 3－8　简谐运动

$$a_2=\frac{\pi^2 h\omega_1^2}{2\delta_t^2}\cos\left(\frac{\pi}{\delta_t}\delta_1\right) \tag{3-24}$$

同理可求得从动件在回程作简谐运动的运动方程为

$$s_2=\frac{h}{2}\left[1+\cos\frac{\pi}{\delta_h}(\delta_1-\delta_t-\delta_s)\right] \tag{3-25}$$

$$v_2=-\frac{\pi h\omega_1}{2\delta_h}\sin\frac{\pi}{\delta_h}(\delta_1-\delta_t-\delta_s) \tag{3-26}$$

$$a_2=-\frac{\pi^2 h\omega_1^2}{2\delta_h^2}\cos\frac{\pi}{\delta_h}(\delta_1-\delta_t-\delta_s) \tag{3-27}$$

由加速度线图可见，一般情况下，这种运动规律的从动件在行程的始点和终点有柔性冲击；只有当加速度曲线保持连续时（如图 3-8c 虚线所示），这种运动规律才能避免冲击。

除上述几种运动规律之外，为了获得更好的运动特性，使加速度曲线保持连续而避免冲击，工程上还应用正弦加速度、高次多项式等运动规律，或者将几种运动规律结合起来加以应用。

3.3　图解法设计凸轮轮廓

在合理地选择从动件的运动规律之后，根据工作要求、结构所允许的空间、凸轮转向和凸轮的基圆半径，就可设计凸轮的轮廓曲线。设计方法通常有图解法和解析法。图解法简单、直观，但精度有限，因此作图法用于低速或精度要求不高的场合。解析法精度较高，适用于高速或要求较高的场合。本节介绍几种常见的凸轮轮廓的绘制方法。

3.3.1　绘制原理

当凸轮机构工作时，凸轮是运动的，而绘制凸轮轮廓时，却需凸轮与图纸相对静止。所以用图解法绘制凸轮轮廓曲线要利用相对运动原理。

图 3-9 为对心直动尖顶从动件盘形凸轮机构。当凸轮以等角速度 ω 逆时针转动时，从动件将在导路内完成预期的运动规律。根据相对运动原理，如果给整个机构附加上一个绕凸轮轴心 O 的公共角速度 $-\omega$，则机构各构件间的相对运动不变，但这样凸轮将静止不动，而从动件一方面随机架和导路以角速度 $-\omega$ 绕 O 点转动，另一方面又在导路中按原来的运动规律往复移动。由于尖顶始终与凸轮轮廓相接触，所以在从动件的这种复合运动中，其尖顶的运动轨迹就是凸轮轮廓曲线。这种按相对运动原理绘制凸轮轮廓曲线的方法称为“反转法”。

在已知从动件位移线图和基圆半径后，用“反转法”绘制凸轮轮廓，主要包含三个步骤：将凸轮的转角和从动件位移线图分成对应的若干等份；用“反转法”画出反转后从动件各导路的位置；根据所分的等份量得从动件相应的位移，从而得到凸轮的轮廓曲线。

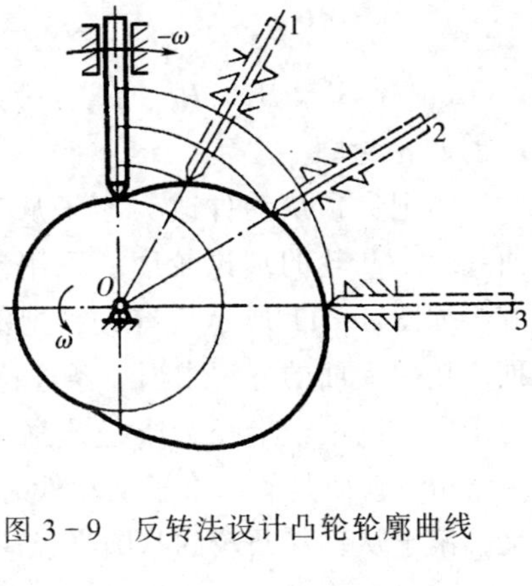

图 3-9　反转法设计凸轮轮廓曲线

3.3.2 几种常见的凸轮轮廓的绘制

（1）直线从动件盘形凸轮轮廓的绘制

图 3－10a 所示为从动件导路通过凸轮回转中心的尖顶对心直动从动件盘形凸轮机构。今已知从动件的位移线图（图 3－10b）、凸轮的基圆半径以及凸轮以等角速度 ω_1 逆时针转动，要求绘出此凸轮的轮廓。

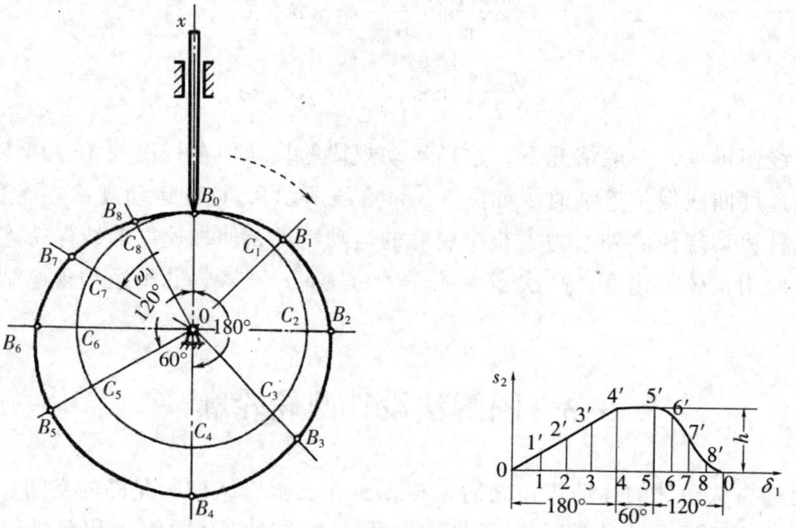

a) 绘制过程　　b) 从动件位移线图

图 3－10　直动从动件盘形凸轮轮廓曲线的绘制

根据“反转法”原理，可以按下述步骤绘制凸轮轮廓曲线：

① 以基圆半径为半径作基圆。此基圆与导路的交点 B_0 便是从动件尖顶的起始位置。

② 将位移线图的推程和回程所对应的转角分成若干等份（图中均为四等份）。

③ 自 OB_0 沿 ω_1 的反方向（即顺时针方向）取凸轮的转角，并与图 3－10b 的各等分相对应，得 C_1、C_2、C_3、…，连结 OC_1、OC_2、OC_3、…，它们便是机构反转后从动件导路的各个位置。

④ 量取对应的各个位移量，即取 $C_1B_1 = 11'$、$C_2B_2 = 22'$、$C_3B_3 = 33'$、…，得反转后尖顶的一系列位置 B_1、B_2、B_3、…。

⑤ 将 B_0、B_1、B_2、B_3、…连成光滑的曲线，便得到所要求的凸轮轮廓。

若把尖顶从动件改为滚子从动件时，则按上述方法求得的曲线称为凸轮的理论轮廓。采用滚子从动件时凸轮轮廓的设计方法如图 3－11 所示。首先，把滚子中心看作尖顶从动件的尖顶，按照上面的方法求出一条理论轮廓曲线 β_0，再以 β_0 上各点为中心，以滚子半径为半径，画一系列圆，最后作这些圆的包络线 β，它便是使用滚子从动件时凸轮的实际轮廓。值得注意的是，滚子从动件凸轮的基圆半径应当在理论轮廓上度量。

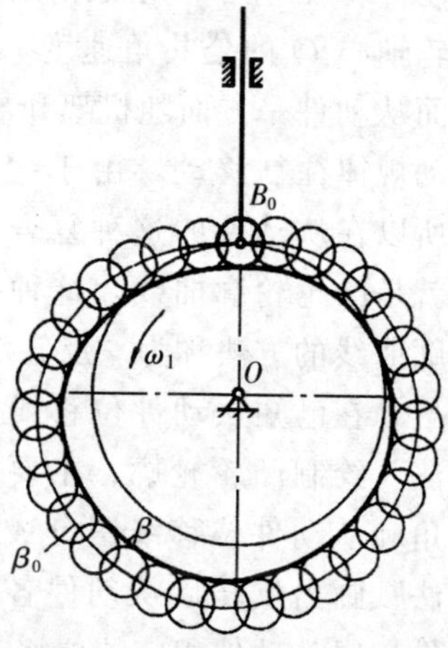

图 3－11　滚子从动件盘形凸轮

(2) 摆动从动件盘形凸轮轮廓的绘制

已知从动件的角位移线图（图 3-12b），凸轮与摆动从动件的中心距 l_{OA}，摆动从动件的长度 l_{AB}，凸轮的基圆半径 r_{min}，以及凸轮以等角速度 ω_1 逆时针回转，要求绘出此凸轮的轮廓。

用“反转法”绘制尖顶摆动从动件盘形凸轮轮廓曲线的步骤如下：

① 根据 l_{OA}定出 O 点与 A_0 点的位置，以 O 为圆心及以 r_{min}为半径作基圆，再以 A_0 为中心及 l_{AB}为半径作圆弧交基圆于 B_0 点，该点即为从动件尖顶的起始位置。δ_2^0 称为从动件的初位角。

② 将位移线图的推程和回程所对应的转角分成若干等份。

③ 以 O 点为圆心及 OA_0 为半径画圆，并沿 $-\omega_1$ 的方向取角 δ_t、δ_h、$\delta_{s'}$，且与图 3-12b 中的各等分相对应，得径线 A_1、A_2、A_3、…，这就是反转时摆杆中心的各个对应位置。

④ 画出摆动从动件相对于机架的一系列位置 A_1B_1、A_2B_2、A_3B_3、…，由图 3-12b 求出从动件摆角 δ_2 在不同位置的数值后，使 $\angle OA_1B_1 = \delta_2^0 + \delta_2^{\mathrm{I}}$、$\angle OA_2B_2 = \delta_2^0 + \delta_2^{\mathrm{II}}$、$\angle OA_3B_3 = \delta_2^0 + \delta_2^{\mathrm{III}}$、…。以 A_1、A_2、A_3、…为圆心、l_{AB}为半径画圆弧截 A_1B_1 于 B_1 点，截 A_2B_2 于 B_2 点，截 A_3B_3 于 B_3 点，…。

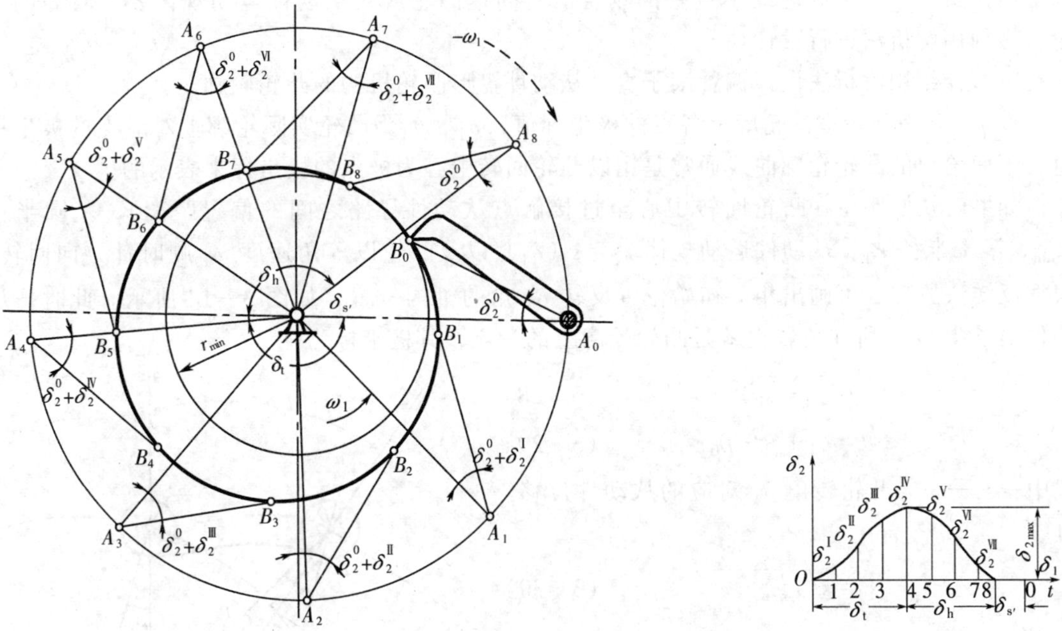

a) 绘图过程　　b) 从动件位移线图

图 3-12　尖顶摆动从动件盘形凸轮轮廓曲线的绘制

⑤ 最后将 B_0、B_1、B_2、B_3、…连成光滑曲线，便得到尖顶从动件的凸轮轮廓。

如果采用滚子，则上述凸轮轮廓为理论轮廓，只要在理论轮廓上选一系列点为中心，以滚子半径为半径画一系列圆，再作其包络线，便可求出相应的实际轮廓曲线。

(3) 对心直动平底从动件盘形凸轮

绘制对心直动平底从动件盘形凸轮轮廓时，把从动件导路中心线与从动件平底的交点作为尖顶从动件的顶点，按尖顶从动件盘形凸轮轮廓的绘制方法可作出平底从动件盘形凸轮的理论轮廓曲线。如图 3-13 所示，首先在平底上选一固定点 A_0，按照尖顶从动件凸轮轮廓绘制的方法，求出理论轮廓上一系列点 A_1、A_2、A_3、…，过这些点画出代表从动件平底的直线 A_1B_1、A_2B_2、A_3B_3、…，然后作这些平底的包络线，便得到凸轮的实际轮廓曲线。为了保证平底始终与轮廓接触，通过作图可以找出 A_0 在左右两侧距导路最远的两个切点，如图中位置 1、位置 6 是平底分别与凸轮轮廓相切于平底的最左位置和最右位置，平底中心距左右两侧的长度应分别大于 m 和 l。

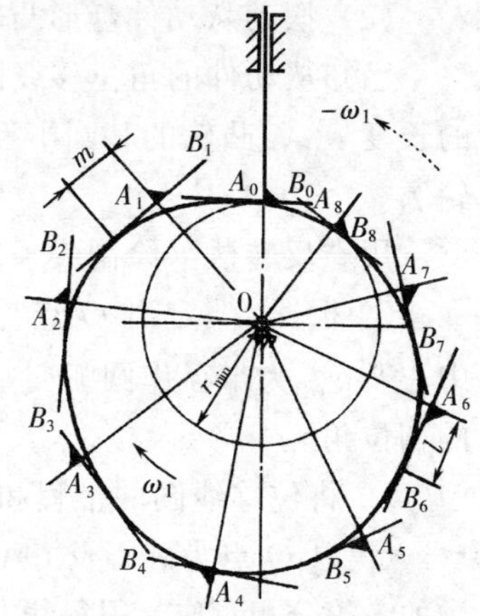

图 3-13　平底直动从动件盘形凸轮轮廓曲线的绘制

3.4　解析法设计凸轮轮廓简介

图解法绘制凸轮轮廓简便、直观，但作图误差较大，难以获得凸轮轮廓曲线上各点的精确坐标，所以只用于低速或不重要的场合。对高速凸轮或对从动件运动规律要求较高的凸轮，必须用解析法进行设计。

本节介绍用解析法设计偏置滚子直动从动件盘形凸轮机构的凸轮轮廓。

设 ρ、θ 为凸轮理论轮廓上各点的极坐标值，ρ_T、θ_T为凸轮实际轮廓上对应点的极坐标值，下面给出的凸轮轮廓曲线通常是用以凸轮回转中心为极点的极坐标来表示的。

如果已知偏距 e（凸轮回转中心至过接触点从动件导路之间的偏置距离），基圆半径 r_{min}，滚子半径 r_T，从动件运动规律 $s_2=s_2(\delta_1)$ 以及凸轮以等角速度 ω_1 顺时针方向回转。根据反转法原理，可画出相对初始位置反转 δ_1 角的机构位置，如图 3-14 所示。此时，从动件滚子中心 B 所在位置也就是凸轮轮廓上的一点，其极坐标为

$$\rho=\sqrt{(s_2+s_0)^2+e^2} \tag{3-28}$$

$$\theta=\delta_1+\beta-\beta_0 \tag{3-29}$$

式中：s_2——与凸轮转角 δ_1 对应的从动件位移。且

$$s_0=\sqrt{r_{min}^2-e^2} \tag{3-30}$$

$$\tan\beta_0=\frac{e}{s_0} \tag{3-31}$$

$$\tan\beta=\frac{e}{s_0+s_2} \tag{3-32}$$

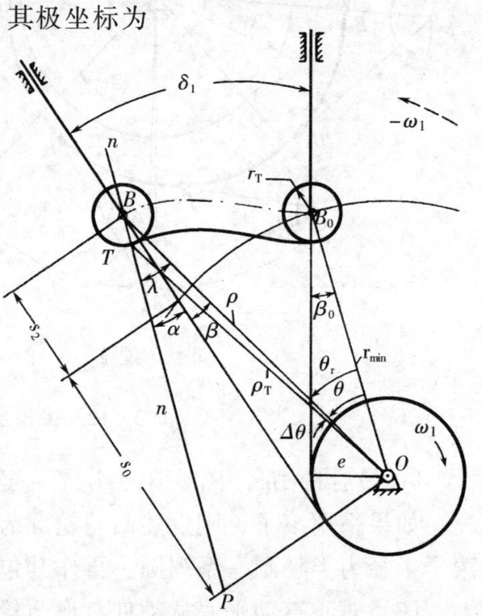

图 3-14　解析法设计凸轮轮廓原理图

由于凸轮实际轮廓曲线是理论轮廓曲线的等距曲线，所以两轮廓曲线对应点具有公共的曲率中心和法线。在图 3-14 中，过 B 点作理论轮廓的法线 nn 交滚子于 T 点，T 点就是实际轮廓上的对应点。同时，法线 nn 与过凸轮轴心 O 且

垂直于从动件导路的直线交于P点，P点就是凸轮与从动件的相对瞬心，且$l_{OP}=\frac{v_2}{\omega_1}$。于是从图中△$OPB$可得

$$\lambda=\alpha+\beta$$

其中

$$\tan\alpha=\frac{\frac{v_2}{\omega_1}-e}{s_2+s_0}=\frac{\frac{ds_2}{d\delta_1}-e}{s_2+s_0}$$

实际轮廓上对应点T的极坐标为

$$\rho_T=\sqrt{\rho^2+r_T^2-2\rho r_T\cos\lambda} \tag{3-33}$$

$$\theta_T=\theta+\Delta\theta \tag{3-34}$$

其中

$$\Delta\theta=\arctan\frac{r_T\sin\lambda}{\rho-r_T\cos\lambda} \tag{3-35}$$

在编制出相应的计算机程序后，就能计算出凸轮轮廓上各点的坐标，画出凸轮轮廓。通过修改设计参数，比较设计结果，可以选择出较好的设计方案。

3.5　设计凸轮机构应注意的问题

设计凸轮机构时，不仅要保证从动件实现预定的运动规律，还要求传动时受力良好、结构紧凑。选择凸轮滚子半径时，应考虑其对凸轮轮廓的影响；基圆半径是凸轮轮廓的一个重要参数，它对凸轮机构尺寸、受力、磨损和效率有重要的影响。

3.5.1　滚子半径的选择

凸轮理论轮廓曲线求出后，如果滚子半径选择不当，其实际轮廓曲线有可能出现失真。对图3-15所示的凸轮理论轮廓外凸部分，某处的曲率半径ρ_0与对应的实际轮廓的曲率半径ρ和滚子半径r之间的关系为$\rho=\rho_0-r$。如果$\rho_0>r$，则$\rho>0$，此时工作轮廓为一光滑曲线，如图3-15的A处；如果$\rho_0=r$，则$\rho=0$，此时工作轮廓在该处将出现尖点，极易磨损，不能使用，如图3-15的B处；如果$\rho_0<r$，则$\rho<0$，此时实际轮廓曲线发生相交，图中阴影部分的轮廓曲线在实际加工时将被切去，使这一部分运动规律无法实现，运动失真，如图3-15的C处。

因此，尽管增大滚子半径可以减小凸轮与滚子间的接触应力，但为了使凸轮轮廓在任何位置既不变尖也不相交，滚子半径必须小于理论轮廓外凸部分的最小曲率半径ρ_{min}。如果ρ_{min}过小，按上述条件选择的滚子半径太小而不能满足安装和强度要求，就应当加大凸轮基圆尺寸，重新设计凸轮轮廓曲线。理论轮廓的内凹部分对滚子半径的选择没有影响，此时工作轮廓的曲率半径ρ等于理论曲率半径ρ_0与滚子半径r之和，不论滚子半径大小如何，由

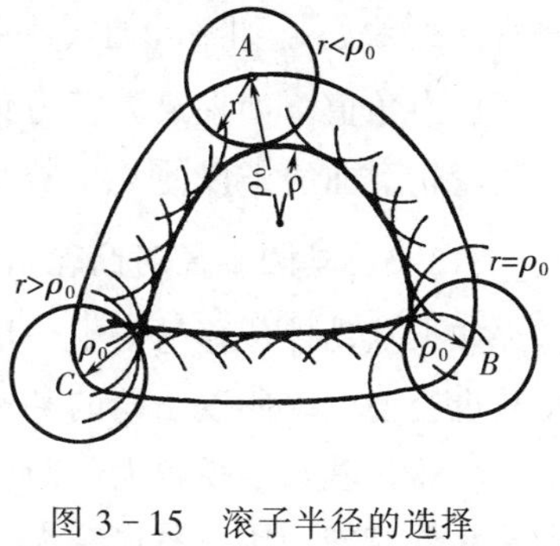

图3-15　滚子半径的选择

理论轮廓总可以作出实际轮廓。

3.5.2 压力角的校核

凸轮机构中，从动件运动方向和接触轮廓法线（或凸轮对从动件法向力）之间所夹的锐角称为压力角。

图 3-16 所示为尖顶直线从动件凸轮机构在推程的某个位置。当不考虑摩擦时，凸轮给予从动件的力 R 沿凸轮轮廓法线方向，故从动件运动方向与力 R 方向之间的夹角 α 即为压力角。R 可分解为两个力：沿从动件运动方向的有用分力 R' 和使从动件对导路产生侧向压力的有害分力 R''，且

$$R' = R\cos\alpha$$
$$R'' = R\sin\alpha$$

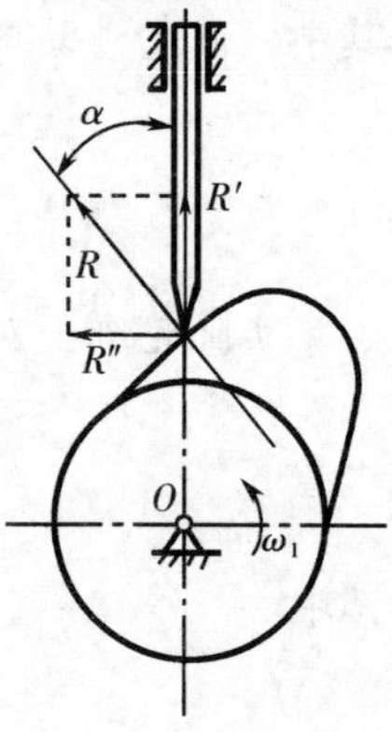

图 3-16 凸轮机构压力角

压力角是衡量有用分力和有害分力之比的重要参数。当 R 一定时，压力角 α 越大，则有害分力 R'' 越大，机构的效率越低。当 α 增大到一定程度，以致 R'' 所引起的摩擦阻力大于或等于有用分力 R' 时，无论凸轮加给从动件的作用多大，也不能使从动件运动，即出现自锁现象。机构开始自锁时的压力角就是机构所允许的极限压力角。因此，为了保证凸轮机构正常工作并具有一定的传动效率，必须对压力角加以限制。显然，凸轮轮廓曲线上各点的压力角是变化的，因此，在设计时应使凸轮机构的最大压力角不超过许用值 [α]，而许用压力角远小于极限压力角。因为当压力角增大到接近极限压力角时，纵使未发生自锁，也会导致驱动力急剧增大，轮廓磨损急剧加重，机构效率急剧下降。一般对于直动件凸轮机构推程中，取许用压力角 [α] $\leqslant 30°$；对于摆动从动件凸轮机构推程中，取许用压力角 [α] $\leqslant 30° \sim 45°$。从动件处于回程中，从动件实际上不是由凸轮推动，而是在弹簧或重力作用下返回的，因此回程不会出现自锁。故通常只须对凸轮机构推程的压力角进行校核。

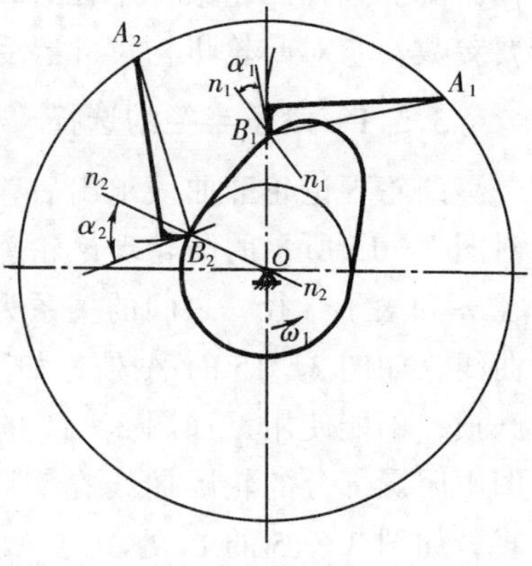

图 3-17 压力角的检验

在用图解法绘制完凸轮轮廓后，为了确保运动性能，应对轮廓各处的压力角进行校核，检查其最大压力角是否超过许用值。具体方法为：在凸轮理论轮廓曲线比较陡的地方取若干点，如图 3-17 中的 B_1、B_2、…点，作出过这些点的法线和从动件 B 点的运动方向线，求出它们之间所夹的锐角，如 α_1、α_2、…，看其中最大值是否超过许用压力角值。如果最大压力角 α_{max} 超过许用值，则应考虑修改设计，通常加大基圆半径重画凸轮轮廓曲线，以使 α_{max} 减小，或重新选择从动件运动规律。

3.5.3 基圆半径对凸轮机构的影响

如果从动件位移已给出，增大基圆半径，则凸轮上各点对应的向径也增大，凸轮机构的尺寸也会增大。所以凸轮的基圆半径应尽可能取得小些，以使所设计的凸轮机构尽可能紧凑些。显然，基圆半径越大，凸轮推程轮廓越平缓，压力角也越小；而基圆半径越小，凸轮推程轮廓越陡峻，压力角也越大，致使机构工作情况变坏。因此实际设计中，只是在保证凸轮

推程轮廓的最大压力角不超过许用值的前提下，考虑缩小凸轮的尺寸。

本章小结

(1) 凸轮机构的组成、分类及特点。凸轮机构由凸轮、从动件和机架三个基本构件组成。凸轮一般作连续等速转动，从动件可作连续或间歇往复运动或摆动。凸轮机构的种类很多，各具特色。凸轮机构的优点是只需设计出合适的凸轮轮廓，就可使从动件获得所需的运动规律，且结构简单、紧凑，设计方便。它的缺点是凸轮与从动件之间易于磨损；凸轮轮廓较复杂，加工困难；从动件的行程不能过大。

(2) 从动件常用的运动规律。凸轮的轮廓是由从动件运动规律决定的，因此了解从动件常用的运动规律及其特点是十分重要的。只有某种运动规律的加速度曲线是连续变化的，这种运动规律才能避免冲击。等速运动规律中某些点的加速度在理论上为无穷大，所以有刚性冲击；而等加速等减速运动规律中某些点的加速度会出现有限值的突然变化，所以有柔性冲击。

(3) 图解法绘制凸轮轮廓的基本方法。图解法绘制凸轮轮廓是按照相对运动原理来绘制的，也就是“反转法”。用“反转法”绘制凸轮轮廓主要包含三个步骤：将凸轮的转角和从动件位移线图分成对应的若干等份；用“反转法”画出反转后从动件各导路的位置；根据所分的等份量得从动件相应的位移，从而得到凸轮的轮廓曲线。

(4) 设计凸轮机构应注意的问题。在选择滚子半径时，必须保证滚子半径小于理论轮廓外凸部分的最小曲率半径；在确保运动不失真的情况下，可以适当增大滚子半径，以减小凸轮与滚子之间的接触应力。为了确保凸轮机构的运动性能，应对凸轮轮廓各处的压力角进行校核，检查其最大压力角是否超过许用值。如果最大压力角超过了许用值，一般可以通过增加基圆半径或重新选择从动件运动规律，以获得新的凸轮轮廓曲线，来保证凸轮轮廓上的最大压力角不超过压力角的许用值。

思考题

3-1　凸轮机构的应用场合是什么？凸轮机构的组成是什么？通常用什么办法保证凸轮与从动件之间的接触？

3-2　凸轮机构分成哪几类？凸轮机构有什么特点？

3-3　为什么滚子从动件是最常用的从动件型式？

3-4　凸轮机构从动件的常用运动规律有哪些？各有什么特点？

3-5　图解法绘制凸轮轮廓的原理是什么？为什么要采用这种原理？

3-6　什么情况下要用解析法设计凸轮的轮廓？

3-7　设计凸轮应注意哪些问题？

3-8　从现有的机器上找出两个凸轮机构应用实例，分析其类型和运动规律。

习　题

3-1　如图所示的偏置直动从动件盘形凸轮机构，AB 段为凸轮的推程轮廓曲线，请在图上标出从动件的行程 h、推程运动角 δ_t、远休止角 δ_s、回程运动角 δ_h、近休止角 $\delta_{s'}$。

3-2　已知一偏心直动从动件盘形凸轮机构（如图所示）。凸轮为一以 C 为中心的圆盘，试用图解法

在图上标出轮廓上 D 点与尖顶接触时的压力角。

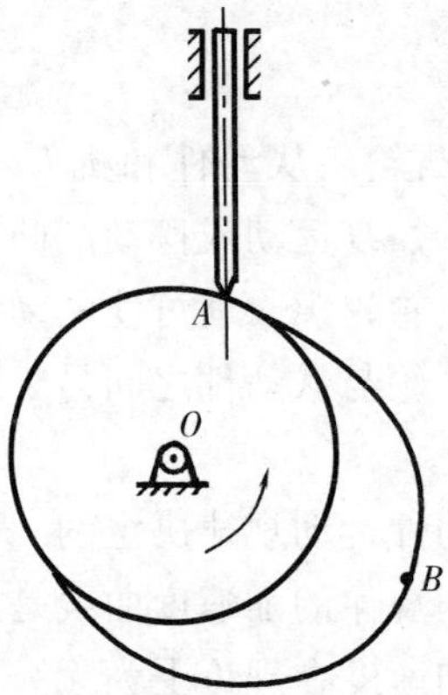

题 3－1 图

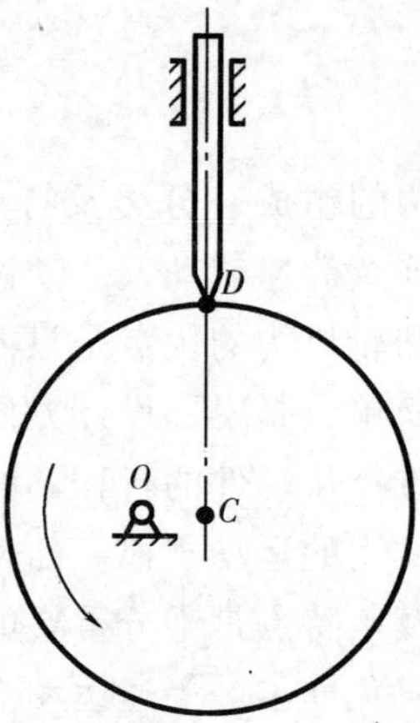

题 3－2 图

3－3 设计一对心直动尖顶从动件盘形凸轮机构。已知凸轮的基圆半径 $r_{min}=30mm$，凸轮逆时针等速回转。在推程中，凸轮转过 150°时，从动件等速上升 50mm；凸轮继续转过 30°时，从动件保持不动。在回程中，凸轮转过 120°时，从动件以简谐运动规律回到原处；凸轮转过其余 60°时，从动件又保持不动。试用作图法绘制从动件的位移曲线图及凸轮的轮廓曲线。

3－4 设计一对心直动滚子从动件盘形凸轮机构。已知凸轮的基圆半径 $r_{min}=40mm$，滚子直径 $r_T=10mm$。凸轮逆时针等速回转。在推程中，凸轮转过 140°时，从动件按简谐运动规律上升 30mm；凸轮继续转过 40°时，从动件保持不动。在回程中，凸轮转过 120°时，从动件以等加速等减速运动规律回到原处；凸轮转过其余 60°时，从动件又保持不动。试用作图法绘制从动件的位移曲线图及凸轮的轮廓曲线。

3－5 试设计一对心直动平底从动件盘形凸轮机构。已知基圆半径 $r_{min}=50mm$。从动件平底与其导路垂直。凸轮以等角速度顺时针转动。从动件运动规律同题 3－4。试用作图法绘制盘形凸轮的轮廓曲线。

3－6 设计一尖顶摆动从动件盘形凸轮机构。已知凸轮以等角速度逆时针转动，基圆半径 $r_{min}=30mm$，凸轮转动中心与摆杆摆动中心间的中心距为 75mm，摆杆的最大摆动角为 30°，推程摆杆顺时针摆动。从动件运动规律如下：$\delta_t=180°$，$\delta_s=0$，$\delta_h=120°$，$\delta_{s'}=60°$，从动件推程以简谐运动规律摆动，回程以等加速等减速运动规律返回原处。试绘制从动件位移曲线和凸轮的轮廓曲线。

3－7 对于题 3－4 的凸轮机构设计问题，试用解析法通过计算机程序计算凸轮的理论廓线和实际廓线(按每 10°一点计算廓线的极坐标值)。

第 4 章　齿轮机构

4.1　齿轮机构的特点及类型

在现代机器中齿轮机构是最重要的传动机构之一，它也是历史上应用最早的传动机构之一。齿轮传动与摩擦轮传动、带传动、链传动等比较，具有多方面的优点，所以应用范围很广。

4.1.1　齿轮机构的优缺点

齿轮机构的主要优点有：(1) 适用的圆周速度和功率范围广；(2) 传动效率较高；(3) 瞬时传动比稳定；(4) 工作寿命较长；(5) 工作可靠性较高；(6) 可实现平行轴、任意角相交轴或交错轴之间的传动等。其主要的缺点有：(1) 要求较高的制造和安装精度，成本较高；(2) 要求专用的齿轮加工设备；(3) 不适宜远距离两轴之间的传动等。

4.1.2　齿轮机构的分类

齿轮机构的分类一般按两轴的相对位置和齿向进行分类。分类的层次结构如下（图 4-1）：

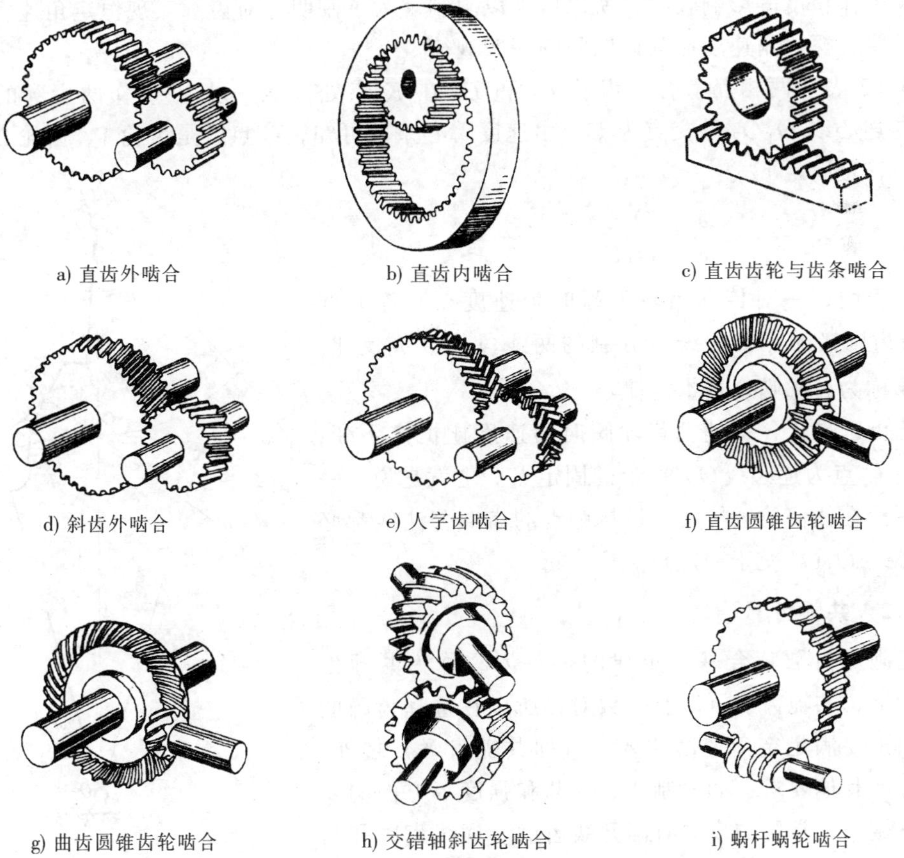

a) 直齿外啮合　b) 直齿内啮合　c) 直齿齿轮与齿条啮合

d) 斜齿外啮合　e) 人字齿啮合　f) 直齿圆锥齿轮啮合

g) 曲齿圆锥齿轮啮合　h) 交错轴斜齿轮啮合　i) 蜗杆蜗轮啮合

图 4-1　齿轮机构的类型

- 齿轮机构
  - 两轴平行的齿轮机构（平面齿轮机构）——圆柱齿轮机构
    - 直齿
      - 外啮合
      - 内啮合
      - 齿轮与齿条啮合
    - 斜齿
      - 外啮合
      - 内啮合
      - 齿轮与齿条啮合
    - 人字齿
  - 两轴不平行的齿轮机构（空间齿轮机构）
    - 两轴相交的齿轮机构（圆锥齿轮机构）
      - 直齿
      - 曲齿
    - 两轴交错的齿轮机构
      - 交错轴斜齿轮
      - 蜗杆蜗轮

4.2 齿廓啮合基本定律

4.2.1 齿轮啮合基本定律

齿轮传动的最基本的要求之一是其瞬时角速度之比必须保持恒定，否则，当主动轮匀速转动时，从动轮的角速度为变数，从而产生动载荷。这种动载荷对齿轮传动的寿命、振动、噪声以及工作精度等影响较大，所以应加以限制。为了阐明一对齿廓实现恒定角速度比的条件，有必要先探讨角速度比与齿廓间的一般规律。

图 4-2 表示两相互啮合的齿廓 E_1 和 E_2 在 K 点处接触。过 K 点作两齿廓的公法线 nn，它与连心线 O_1O_2 的交点为 C。由速度瞬心条件可知，C 点就是齿轮 1、齿轮 2 的相对速度瞬心，且满足下式

$$\frac{\omega_1}{\omega_2}=\frac{O_2C}{O_1C} \tag{4-1}$$

上式表明，一对传动齿轮的瞬时角速度与其连心线 O_1O_2 被齿廓接触点公法线所分割的两线段长度成反比。这个规律称为齿廓啮合基本定律。

由此可以推论，欲使两齿轮瞬时角速度比恒定不变，就必须使 C 点为连心线 O_1O_2 上的固定点。也就是说，一对齿廓不论在任何位置接触，过接触点的齿廓公法线都必须与连心线 O_1O_2 交于一定点。

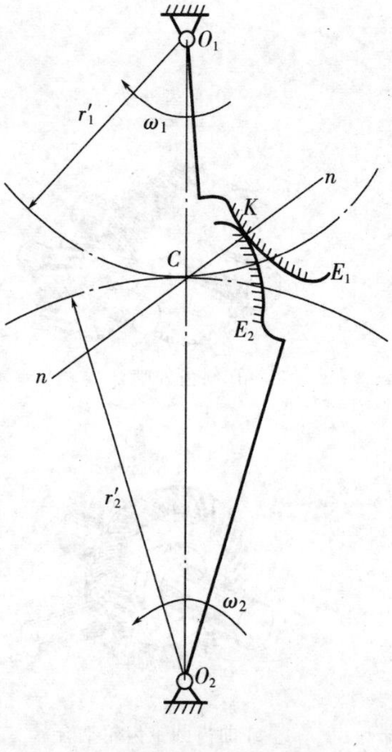

图 4-2 齿轮啮合基本定律

4.2.2 共轭齿廓

凡能满足齿廓啮合基本定律的一对齿廓称为共轭齿廓。实际上，共轭齿廓可以有无数对，所以在选择齿廓曲线时，除了要满足定角速度比要求（即共轭齿廓）之外，还必须考虑其他要求，如：制造、安装和强度等方面的要求。在机械中，常用的齿廓有渐开线齿廓、摆线齿廓和圆弧齿廓等，其中以渐开线齿廓应用最广。

4.2.3　节点和节圆

过齿廓接触点的公法线 nn 与连心线 O_1O_2 的交点 C 称为节点。过节点 C 所作的两个相切的圆称为节圆。由于两齿轮在节点处的相对速度等于零，所以一对齿轮传动时，可以看作一对节圆在作纯滚动。由图 4-2 可知，一对外啮合齿轮的中心距恒等于其两节圆的半径和。

4.3　渐开线性质及渐开线齿廓

4.3.1　渐开线的形成

当一直线在一圆周上作纯滚动时，该直线上任一点的轨迹称为该圆的渐开线，这个圆称为基圆，而该直线称为渐开线的发生线。如图 4-3 所示，发生线从位置Ⅰ-Ⅰ沿逆时针方向在半径为 r_b 的基圆圆周上作纯滚动转到Ⅱ-Ⅱ时，其上任一点 A 的轨迹 AK 为一渐开线。

4.3.2　渐开线的性质

由渐开线形成的过程可知，渐开线具有如下的性质：

(1) 当发生线从位置Ⅰ-Ⅰ滚动到位置Ⅱ-Ⅱ时，因它与基圆之间为纯滚动，没有相对滑动，所以，$\overline{NK}=\overset{\frown}{NA}$。

(2) 当发生线在位置Ⅱ-Ⅱ处沿基圆作纯滚动时，N 点是它的速度瞬心，因此直线 NK 是渐开线上 K 点的法线，且线段 NK 为其曲率半径，N 点为其曲率中心。又因发生线始终与基圆相切，所以渐开线上任意一点的法线必与基圆相切。

(3) 渐开线齿廓上某点的法线（压力方向线），与齿廓上该点速度方向线所夹的锐角 α_k，称为该点的压力角。设基圆半径为 r_b，由图 4-3 可知

$$\cos\alpha_k=\frac{ON}{OK}=\frac{r_b}{r_k} \tag{4-2}$$

上式表示渐开线齿廓上各点压力角不等，r_k 越大，其压力角越大。

(4) 渐开线的形状取决于基圆的大小。大小相等的基圆其渐开线的形状相同，大小不等

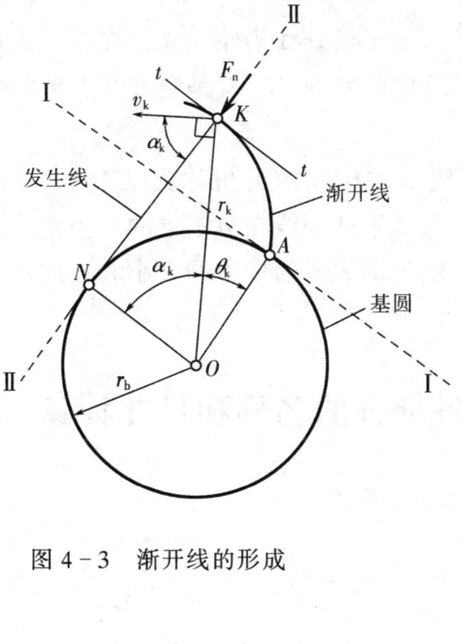

图 4-3　渐开线的形成

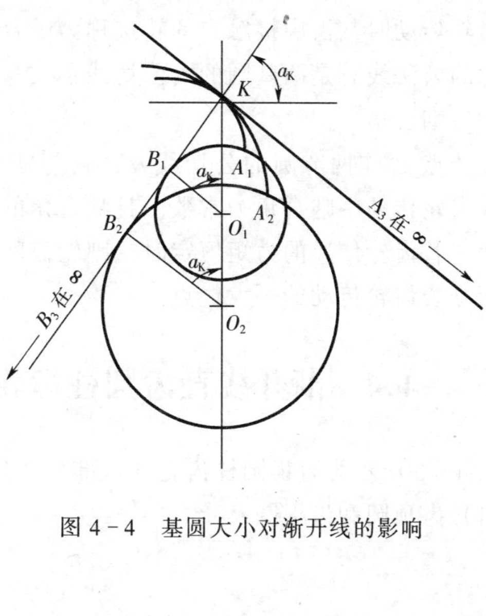

图 4-4　基圆大小对渐开线的影响

的基圆其渐开线形状不同。如图 4－4 所示，取大小不等的两个基圆使其渐开线上压力角相等的点在 K 点相切。由图可见，基圆越大，它的渐开线在 K 点的曲率半径越大。当基圆半径趋于无穷大时，其渐开线将成为垂直于 N_3K 的直线，它就是渐开线齿条的齿廓。

（5）基圆内无渐开线。

4.3.3 渐开线齿廓及啮合特点

图 4－5 中所示两渐开线齿廓 E_1 和 E_2，当两齿廓在任意点 K 处接触时，过 K 点作两齿廓的公法线 nn 与两轮连心线交于 C 点。由渐开线的特性可知，nn 必同时与两基圆相切，也就是说，过啮合点所作的齿廓公法线是两基圆的内公切线。齿轮传动时基圆位置不变，同一方向的内公切线只有一条，它与连心线交点的位置也是不变的，即无论两齿廓在何处接触，过接触点所作齿廓公法线均通过连心线上同一点 C，故渐开线齿廓满足定角速比要求。

两齿轮的角速比又称传动比，且角速比等于两轮的转速比。传动比常用 i 表示。

在图 4－5 中，一对齿轮的传动比

$$i=\frac{n_1}{n_2}=\frac{\omega_1}{\omega_2}=\frac{r_2'}{r_1'}=\frac{r_{b_2}}{r_{b_1}} \qquad (4-3)$$

上式所示，渐开线齿轮的传动比等于两轮基圆半径的反比。

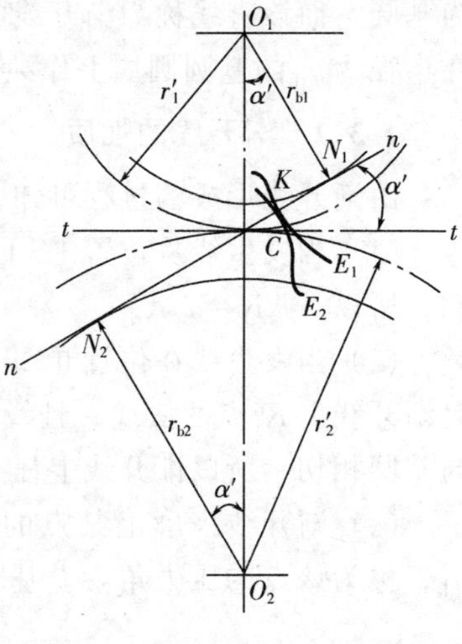

图 4－5 渐开线齿廓定角速比证明

由图还可以看出渐开线齿廓啮合的一些特点：

（1）可分性

当一对渐开线齿轮制成后，其基圆半径是不会改变的，由式（4－3）可知，即使两轮中心距稍有改变时，其角速比仍保持原值不变。这种性质称为渐开线齿轮的可分性。在实际制造、安装和使用时，由于种种原因可能造成中心距的变化（一般是变大），但由于渐开线具有可分性，故仍能保持良好的传动性能。此外，利用渐开线齿轮的可分性还可以设计变位齿轮。因此，可分性是渐开线齿轮的一大优点。

（2）啮合线

齿轮传动时其齿廓接触点的轨迹称为啮合线。对于渐开线齿轮，无论在哪一点接触，接触齿廓的公法线总是两基圆的内公切线 N_1N_2。因此直线 N_1N_2 就是渐开线齿廓的啮合线。

（3）啮合角

过节点 C 作两节圆的公切线 tt，它与啮合线 N_1N_2 间的夹角称为啮合角。由图可知，渐开线齿轮传动中啮合角为常数。且啮合角的数值等于渐开线在节圆上的压力角。由于啮合角不变，若齿轮传递的力矩恒定时，则轮齿间、轴与轴承间的压力的大小和方向均不变，这也是渐开线齿轮传动的一大优点。

4.4 渐开线直齿圆柱齿轮各部分的名称和尺寸计算

图 4－6 所示为直齿圆柱齿轮的一部分，各部分名称如下：

（1）齿顶圆和齿根圆

齿顶所确定的圆称为齿顶圆，其直径用 d_a 表示；由齿槽底部所确定的圆称为齿根圆，其直径用 d_f 表示。

(2) 齿槽宽、齿厚和齿距

相邻两齿之间的空间称为齿槽，在任意 r_K 的圆周上，轮齿槽两侧齿廓之间的弧长称为该圆的齿槽宽，用 e_K 表示；轮齿两侧齿廓之间的弧长称为该圆的齿厚，用 s_K 表示；相邻的两齿同侧齿廓之间的弧长称为该圆的齿距，用 p_K 表示。所以 $p_K = s_K + e_K$。

设齿轮的齿数为 z，则根据齿距定义可知

$$\pi d_K = p_K z$$

故

$$d_K = \frac{p_K}{\pi} z \qquad (4-4)$$

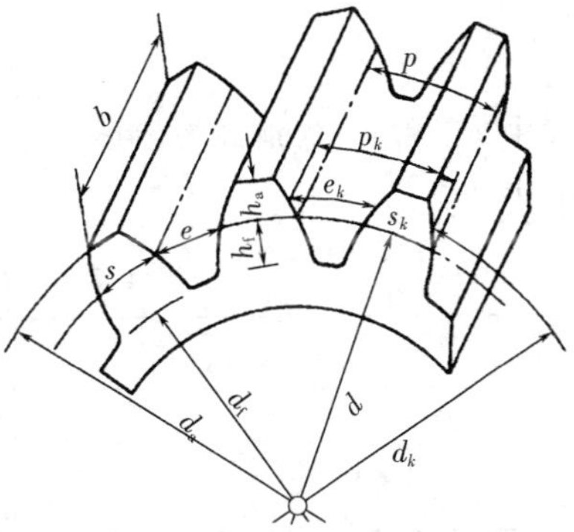

图 4-6　齿轮各部分名称

(3) 分度圆、压力角和模数

由上式可知，在不同直径的圆周上，比值 p_K/π 是不同的，又由渐开线特性可知，在不同直径的圆周上，齿廓各点的压力角也是不等的。为了便于设计、制造及互换，我们将齿轮上某一圆周上的比值和该圆上的压力角均设定为标准值，这个圆就称为分度圆，其直径用 d 表示。分度圆上的压力角简称为压力角，以 α 表示。分度圆上的 p/π 比值称为模数，以 m 表示，即 $m = p/\pi$。模数是齿轮几何计算的基础，显然，m 越大，则 p 越大，即轮齿就越大。分度圆直径 $d = mz$。

(4) 标准压力角和标准模数系列

我国规定的标准压力角为 20°。对于一些特殊用途的齿轮，压力角也可以是非标准的，如：航空齿轮压力角为 25°。表 4.1 列出了我国规定的标准模数系列（部分）。

表 4.1　标准模数系列（摘自 GB/T1357-1987）　mm

第一系列	1	1.25	1.5	2	2.5	3	4	5	6
	8	10	12	16	20	25	32	40	50
第二系列	1.75	2.25	2.75	(3.25)	3.5	(3.75)	4.5	5.5	(6.5)
	7	9	(11)	14	18	22	28	36	45

(5) 分度圆的齿距、齿厚和齿槽宽

齿轮上的分度圆是一个十分重要的圆，为了便于说明，对于分度圆上的齿距、齿厚和齿槽宽等，直接称为齿距 p、齿厚 s 及齿槽宽 e 等，分度圆上的各参数的代号也都不带下标，即

$$p = s + e = \pi m \qquad (4-5)$$

(6) 齿顶高、齿根高和全齿高

在轮齿上，介于齿顶圆和分度圆之间的部分称为齿顶，其径向高度称为齿顶高，用 h_a 表示。介于齿根圆和分度圆之间的部分称为齿根，其径向高度称为齿根高，用 h_f 表示。齿顶圆与齿根圆之间轮齿的径向高度称为全齿高，用 h 表示，即

$$h = h_a + h_f \qquad (4-6)$$

(7) 齿顶高系数和径向间隙系数

若将齿顶高和齿根高分别用模数表示，则

$$\left.\begin{aligned} h_a &= h_a^* m \\ h_f &= (h_a^* + c^*)\ m \end{aligned}\right\} \quad (4-7)$$

式中 h_a^* 和 c^* 分别称为齿顶高系数和径向间隙系数。对于圆柱齿轮，这两个系数的标准值如表 4.2 所示：

表 4.2 渐开线圆柱齿轮的齿顶高系数和径向间隙系数

	正常齿制	短齿制
h_a^*	1.0	0.8
c^*	0.25	0.3

(8) 齿顶圆直径 d_a、齿根圆直径 d_f 和基圆直径 d_b

齿顶圆直径 d_a、齿根圆直径 d_f 和基圆直径 d_b 的计算公式为

$$\left.\begin{aligned} d_a &= d + 2h_a = (z + 2h_a^*)m \\ d_f &= d - 2h_f = (z - 2h_a^* - 2c^*)m \\ d_b &= d\cos\alpha \end{aligned}\right\} \quad (4-8)$$

(9) 标准齿轮

分度圆上齿厚与齿槽宽相等，且齿顶高和齿根高均为标准值的齿轮称为标准齿轮，否则称为修正齿轮或称为变位齿轮。因此，对于标准齿轮有

$$s = e = p/2 = \pi m/2 \quad (4-9)$$

4.5 渐开线标准齿轮的啮合传动

4.5.1 正确啮合的条件

齿轮传动时，它的每一对齿仅啮合一段时间便要分离，再由后一对齿接替。如图 4-7 所示，当前一对齿在啮合线上 K 点处接触时，其后一对齿应在啮合线的另一点 K' 处接触，这样，前一对齿分离时，后一对齿才能不间断地接替传动。

为了保证前后两对齿能够同时在啮合线上接触，轮 1 和轮 2 相邻两齿同侧齿廓沿法线的距离 K_1K_1' 和 K_2K_2' 应相等。即

$$\overline{K_1K_1'} = \overline{K_2K_2'} \quad (4-10)$$

设两轮的模数、压力角和基圆齿距分别为 m_1、m_2、α_1、α_2、p_{b_1}、p_{b_2}，则根据渐开线的性质，可得正确啮合的条件

$$m_1\cos\alpha_1 = m_2\cos\alpha_2 \quad (4-11)$$

由于模数和压力角均已标准化，所以要满足上式就必须使

$$\left.\begin{aligned} m_1 &= m_2 = m \\ \alpha_1 &= \alpha_2 = \alpha \end{aligned}\right\} \quad (4-12)$$

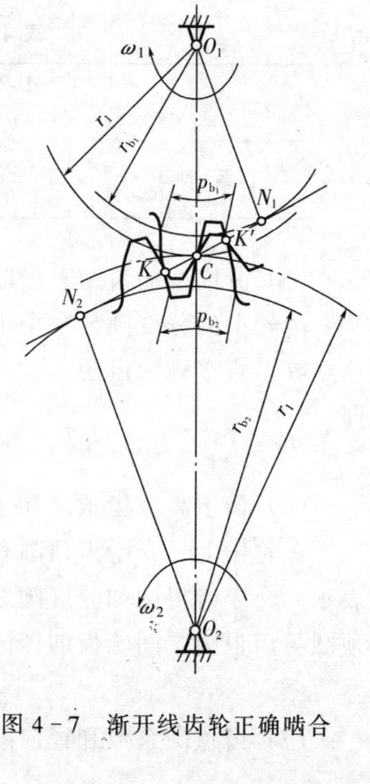

图 4-7 渐开线齿轮正确啮合

上式表明，渐开线齿轮的正确啮合条件是两轮的模数和压力角必须分别相等。

4.5.2　标准中心距

齿轮传动时，一轮节圆上的齿槽宽与另一轮节圆上的齿厚之差称为齿侧间隙。在齿轮传动中，为了消除反向传动空程和减少撞击，要求齿侧间隙为零。因此，在齿轮设计中，正确安装的齿轮都按无齿侧间隙的理想情况计算其名义尺寸，如图4-8所示。

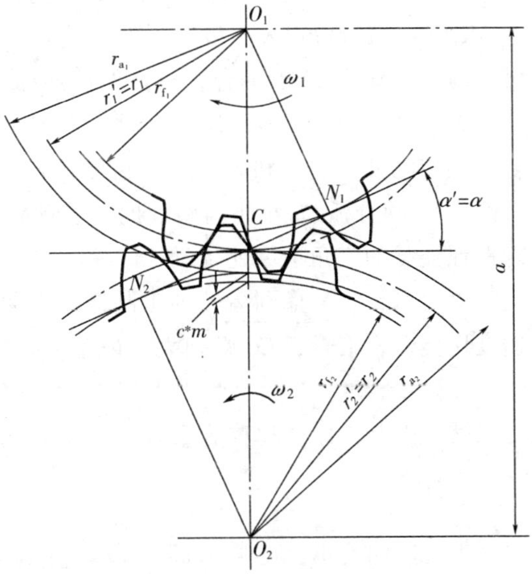

图4-8　标准齿轮的正确安装

由于标准齿轮分度圆上的齿厚和齿槽宽相等，且正确啮合的一对渐开线齿轮的模数和压力角相等，所以若使分度圆与节圆重合(也就是说，两轮的分度圆相切)，则齿侧间隙为零。一对标准齿轮分度圆相切时的中心距称为标准中心距，以 a 表示，即

$$a = r_1' + r_2' = r_1 + r_2 = \frac{m}{2}\ (z_1 + z_2) \tag{4-13}$$

4.5.3　压力角与啮合角

分度圆和压力角是单个齿轮所具有的参数，而节圆和啮合角只有在一对齿轮啮合时才出现。标准齿轮只有在分度圆与节圆重合时，压力角与啮合角才相等，否则，压力角与啮合角不相等。例如，当一对齿轮实际中心距 a' 大于标准中心 a 时，则啮合角 α' 大于压力角 α。

4.5.4　重合度

(1) 实际啮合线段和理论啮合线段

如图4-9所示一对齿轮传动，当一对齿廓开始啮合时，应是主动轮的齿根部分与从动轮的齿顶接触，所以开始啮合点是从动轮的齿顶圆与啮合线 N_1N_2 的交点 A。当两轮继续转动时，啮合点位置沿啮合线 N_1N_2 向下移动。终止啮合点是主动轮的齿顶圆与啮合线 N_1N_2 的交点 E。线段 AE 为啮合点的实际轨迹，故称为实际啮合线段。而 N_1N_2 线段为理论上可能的最大的啮合线段，称为理论啮合线段。

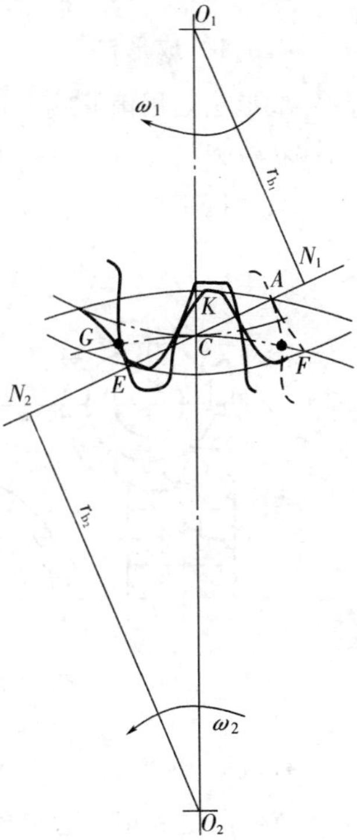

图4-9　重合度

为了保证传动的连续性，齿轮传动的任何瞬时，都要有一对或一对以上的齿相啮合。由啮合线特点可知，若相邻两啮合点间的距离大于实际啮合线段的长度，则两点不会同时啮合。

(2) 啮合弧

一对齿从开始啮合到终止啮合，分度圆上某一点所经过的弧线距离称为啮合弧，图中圆弧$\overset{\frown}{FG}$就是啮合弧。

如图 4-9 所示，我们将啮合弧$\overset{\frown}{FG}$与齿距 p 的大小分三种情况进行分析：

① 当啮合弧$\overset{\frown}{FG}$大于齿距 p 时，当前一对齿正要在终止啮合点 E 处分离时，后一对齿已经在啮合线上 K 点啮合，故能保证连续正确传动。

② 当啮合弧$\overset{\frown}{FG}$等于齿距 p 时，当前一对齿正要分离时，后一对在啮合线上正要进入啮合，故传动处于连续和不连续的临界状态。

③ 当啮合弧$\overset{\frown}{FG}$小于齿距 p 时，当前一对齿分离后，后一对齿还没有进入啮合，所以不能保证连续的定角速度比传动。

由此可见，考虑到齿轮加工制造、安装误差等的存在，为了保证渐开线齿轮连续以定角速度比传动，啮合弧$\overset{\frown}{FG}$必须大于齿距 p。

(3) 重合度

啮合弧与齿距之比称为重合度，用 ε 表示。齿轮连续定角速度比传动的条件就是

$$\varepsilon = \frac{\overset{\frown}{FG}}{p} > 1 \tag{4-14}$$

重合度的大小，反映出同时啮合齿对数的多少。对于标准齿轮传动，其重合度恒大于 1,重合度的详细计算公式可参阅有关的机械设计手册。

4.6 渐开线齿廓的加工原理及变位齿轮的概念

渐开线齿廓的切齿方法，按其原理可分为成形法和范成法两类。

4.6.1 成形法

成形法是用渐开线齿形的成形铣刀直接切出齿形。常用的刀具有盘形铣刀（图 4-10）和指状铣刀（图 4-11）两种。这种切齿方法简单，不需要专用机床，但生产率低，精度差，只适用于单件及精度要求不高的齿轮加工。

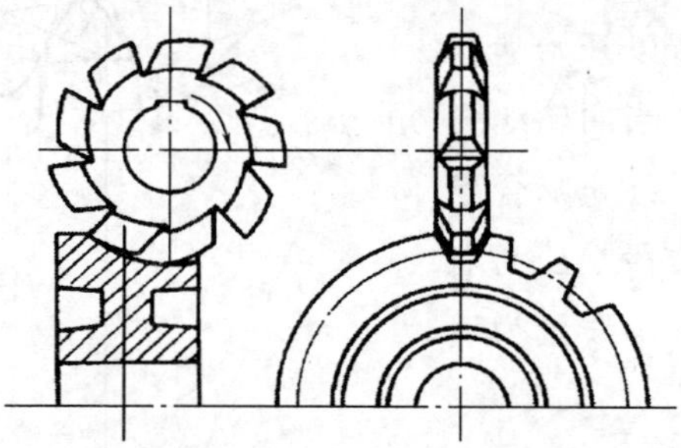

图 4-10 成形法切齿（盘形铣刀）

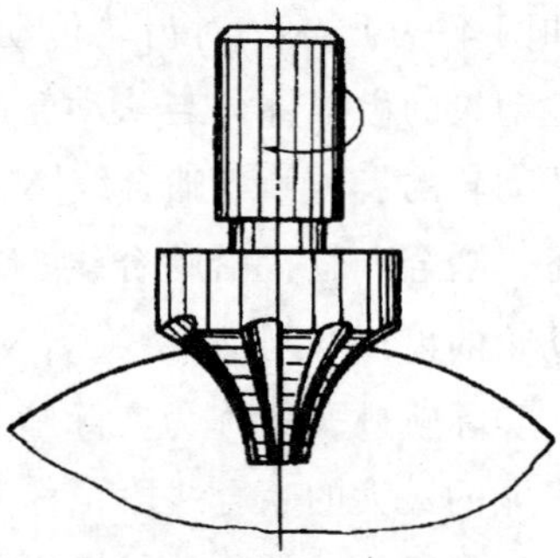

图 4-11 成形法切齿（指状铣刀）

4.6.2 范成法

范成法是利用一对齿轮互相啮合时其共轭齿廓互为包络线的原理来切齿的。按切齿刀具不同可分为以下几种：

(1) 齿轮插刀

齿轮插刀的形状如图 4－12 所示，刀具的下端面形如齿轮，但刀具顶部比正常齿高出 c^*m，以便切出径向间隙部分。插齿时，刀具沿轮坯轴线方向作往复运动，同时使刀具与轮坯满足一定的角速比传动，直至全部齿槽切削完成。

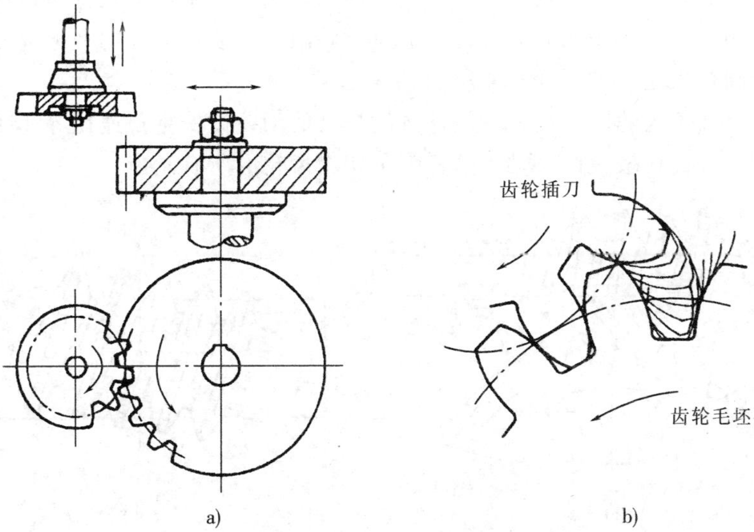

图 4－12　齿轮插刀切齿

当插齿刀的齿廓为渐开线时，所插制的齿轮也是渐开线。根据正确啮合条件，被切齿轮的模数和压力角必定与插刀的模数和压力角相等，所以用同一把插刀加工出的齿轮不论齿数多少都能正确啮合。

(2) 齿条插刀

用齿条插刀切齿是模仿齿轮与齿条的啮合过程。如图 4－13 所示，齿条插刀的形状如齿条，但齿顶比正常的齿条高出 c^*m。切制渐开线齿轮的齿条齿廓为一直线（如图 4－13b 所示），在与中线平行的任一直线上，它们都具有相同的齿距 $p=\pi m$（即相同的模数）和相同的齿廓压力角（20°）。

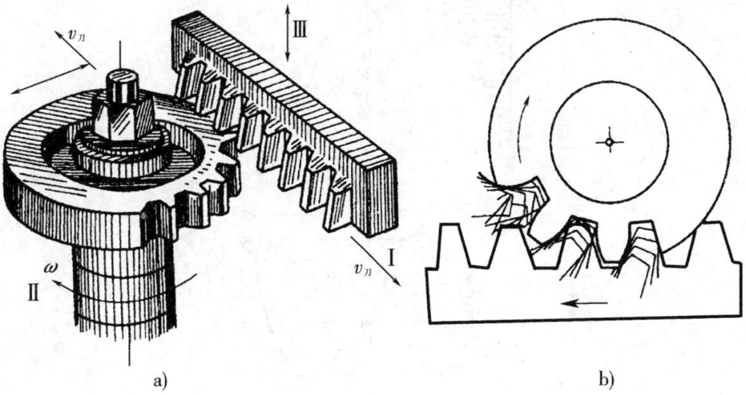

图 4－13　齿条插刀的切齿

在切齿过程中，刀具的中线应与轮坯分度圆相切并保持纯滚动。这样切成的齿轮，分度圆齿厚与分度圆齿槽宽相等，即 $s=e=\pi m/2$，且模数和压力角与刀具的模数和压力角分别相等。

(3) 齿轮滚刀

用齿轮插刀和齿条插刀切削齿轮时，只能间断切削，故生产率较低。目前广泛采用齿轮滚刀，能连续切削，生产率较高。另外，通过调整滚刀安装位置，同一把滚刀既能切削直齿也能切削斜齿圆柱齿轮，如图 4-14 所示。

用齿轮滚刀加工齿轮时，滚刀和轮坯各绕自己的轴线按一定角速比等速回转，同时滚刀又沿轮坯的轴线方向作缓慢的移动，这样就可切出齿轮的所有轮齿。

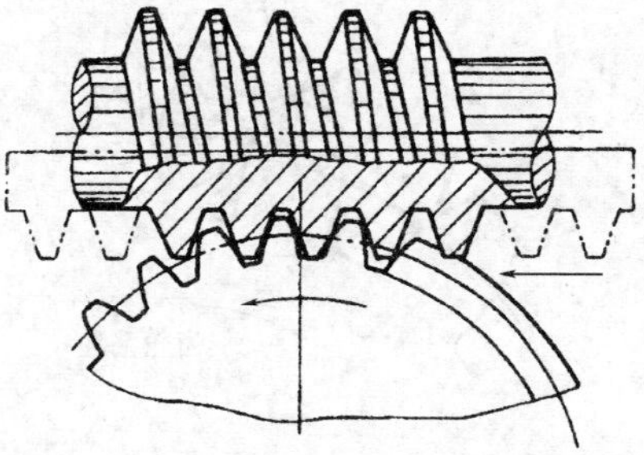

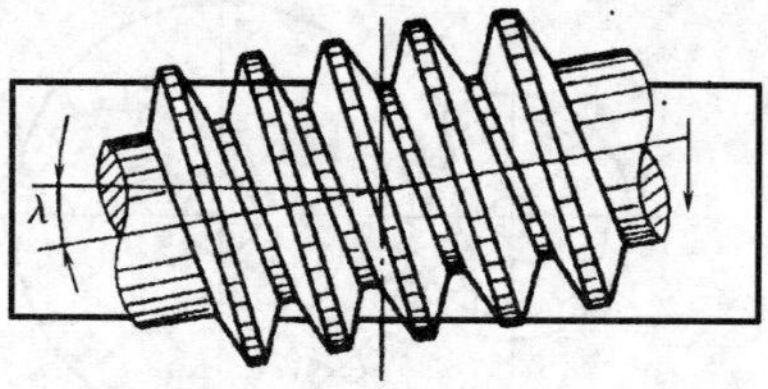

图 4-14 滚刀切齿

4.6.3 根切现象和最少齿数

(1) 根切现象

用范成法加工齿轮时，若刀具的齿顶线或齿顶圆与啮合线的交点超过被切齿轮的极限点，则刀具的齿顶将切去齿轮齿根渐开线齿廓的一部分，这种现象称为根切现象。如图 4-15 所示，根切现象将使轮齿的弯曲强度大大减弱，重合度也有所降低，对传动的质量很不利，故应避免根切现象的出现。

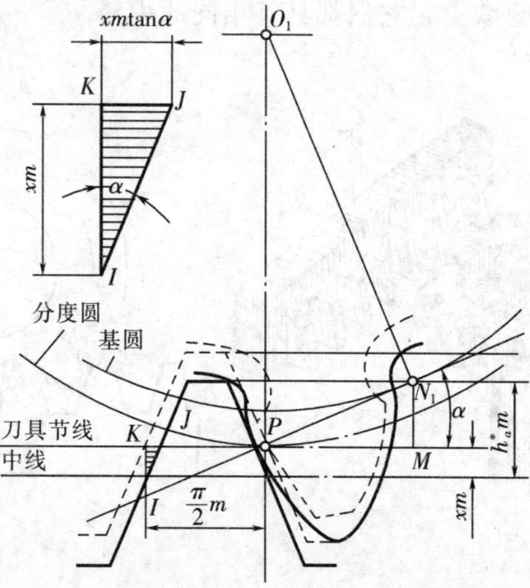

图 4-15 根切现象

（2）最少齿数

标准齿轮是否发生根切取决于其齿数的多少。线段 PO_1 表示被切齿轮的分度圆半径，其 N_1 点在齿顶线下方，故该轮必发生根切。当齿数增多时，分度圆半径增大，轮坯中心上移，且极限点也上移至齿顶线上方的 N_1 处，从而避免根切，即齿数应满足 $z \geqslant 2h_a^*/\sin^2\alpha$。

标准齿轮欲避免根切，其齿数 z 必须大于或等于不根切的最少齿数 $z_{min} = 2h_a^*/\sin^2\alpha$。对于 $\alpha = 20°$ 和 $h_a^* = 1$ 的正常齿制标准渐开线齿轮，当用齿条刀具加工时，其最少齿数 $z_{min} = 17$，若允许略有根切，则最少齿数可取 14。

4.6.4　变位齿轮

（1）标准齿轮存在的缺点

标准齿轮存在的主要缺点：① 标准齿轮的齿数必须大于或等于最少齿数 z_{min}，否则会产生根切；② 标准齿轮不适用于实际中心距不等于标准中心距的场合；③ 一对互相啮合的标准齿轮，小齿轮齿根厚度小于大齿轮齿根厚度，故大小齿轮的抗弯能力存在着差别。

为了弥补上述渐开线标准齿轮的不足，我们可以采用变位齿轮。

（2）变位齿轮的基本原理

由图 4－16 可见，当根切现象发生时，刀具的中心线与齿轮的分度圆相切，而刀具的齿顶线超出了极限点 N_1，如果将刀具向外移一段距离 xm，使其齿顶线正好通过极限点 N_1，则切出的齿轮就可以摆脱根切现象。这时与齿轮分度圆相切并作纯滚动的直线是与刀具平行的另一条直线（称为分度线）。这样切制的齿轮称为变位齿轮。

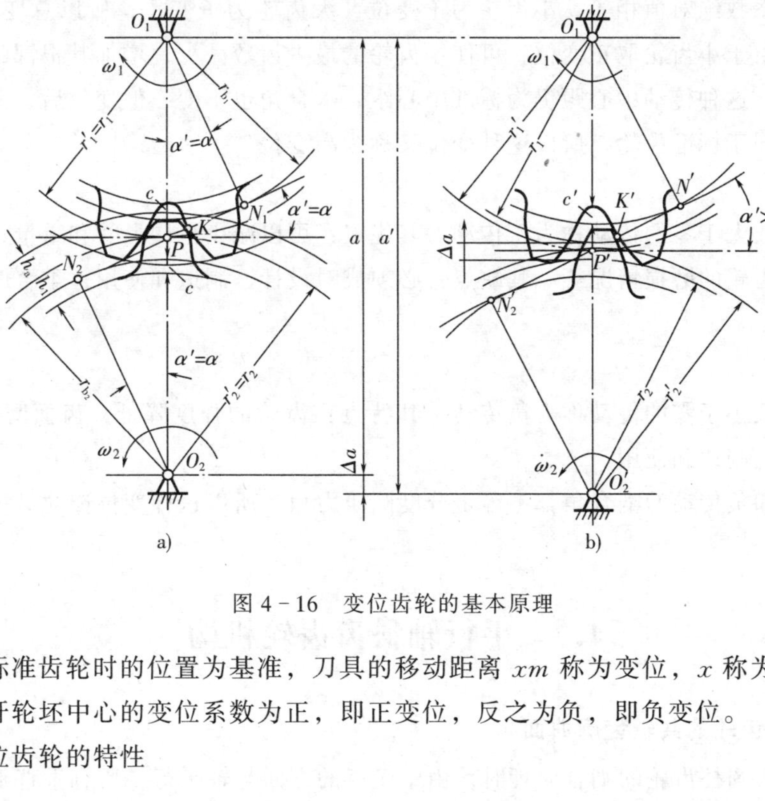

图 4－16　变位齿轮的基本原理

以切制标准齿轮时的位置为基准，刀具的移动距离 xm 称为变位，x 称为变位系数，并规定刀具离开轮坯中心的变位系数为正，即正变位，反之为负，即负变位。

（3）变位齿轮的特性

在切制变位齿轮时，刀具上总有一条分度线与齿轮的分度圆相切并保持纯滚动。由于刀具上任一分度线的齿距 p、模数 m 和刀具角均相等，所以变位齿轮的齿距、模数和压力角仍等于刀具的齿距、模数和压力角。

变位齿轮的分度圆直径和基圆直径均保持不变，所以变位后的角速比和定角速比的性质也保持不变。

由于刀具的位移，刀具分度线上的齿槽宽和齿厚不等，所以此时与分度线相切并保持作纯滚动的被切齿轮的分度圆上的齿厚和齿槽也不等。对于变位为 xm 的变位齿轮，如图 4-15 所示，分度圆上的齿厚增加了 $2ab$，而齿槽宽则减小了 $2ab$，其中

$$ab = xm\tan\alpha \tag{4-15}$$

所以变位齿轮分度圆齿厚和齿槽宽的计算公式分别为

$$s = \frac{\pi m}{2} + 2xm\tan\alpha \tag{4-16}$$

$$e = \frac{\pi m}{2} - 2xm\tan\alpha \tag{4-17}$$

上式对正负变位均适用，计算时 x 应代入正负号。

由此可知，当采用正变位时，可以制出齿数小于标准齿轮的 $z_{\min}$ 且无根切的齿轮，又由于正变位还能增加齿厚，所以可以提高轮齿的弯曲强度。

(4) 变位齿轮传动的类型

① 零传动

两轮变位系数绝对值相等，小齿轮为正变位，大齿轮为负变位，所以总变位系数为零，故称零传动。由于小齿轮取正变位，可使小齿轮的最少齿数减少，增加其根部的厚度，从而提高传动质量。这种传动中心距仍为标准中心距，啮合角也不变，但变位后，两轮的齿顶高和齿根高已不同于标准齿轮，所以这种变位又称为高变位。

② 正传动

总变位系数大于零的传动称为正传动。其优点：可以减少机构尺寸和重量；提高轮齿的强度；改善了齿轮的磨损情况等。其缺点：必须成对设计、制造和使用；重合度减少；齿顶易变尖。

③ 负传动

总变位系数小于零的传动称为负传动。其特点：齿轮的强度降低；齿面磨损情况变坏；必须成对设计、制造和使用。

因正传动和负传动的啮合角都不等于分度圆压力角，所以这种变位传动又称为角变位齿轮传动。

4.7 平行轴斜齿齿轮机构

4.7.1 斜齿轮的共轭齿廓曲面

在研究直齿圆柱齿轮的啮合原理时，由于轮齿的方向与轴平行，所有垂直于轴的平面内

齿的情形完全相同，所以只须研究齿轮端面就可以了。但实际上齿轮是有一定的宽度的。因此直齿圆柱齿轮的齿廓曲面是发生平面 S 在基圆柱上作纯滚动时，其上与基圆柱母线 N_1N_1 平行的某一条直线 KK 所展成的渐开线曲面。

斜齿圆柱齿轮齿廓曲面的形成方法与直齿圆柱齿轮相同，只是直线 KK 不平行于 N_1N_1 而与它成一个角度 β_b。如图 4－17 所示，当发生面 S 沿基圆柱作纯滚动时，KK 线上任一点的轨迹都是基圆柱的一条渐开线，而整个直线 KK 也展出一个渐开线曲面。

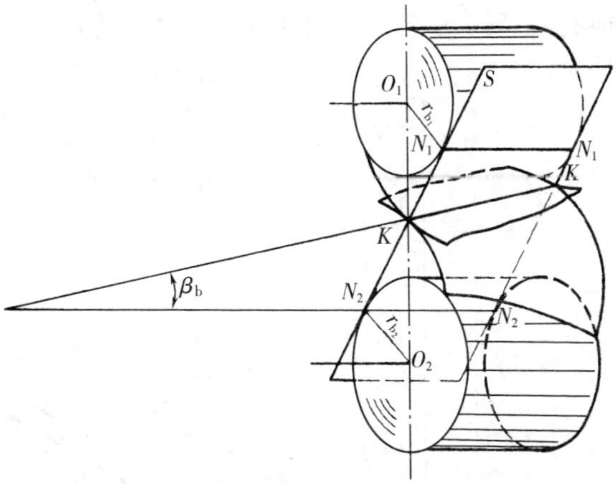

图 4－17　斜齿渐开线齿轮的齿廓曲面

一对互相啮合的斜齿圆柱齿轮共轭齿廓曲面的形成方法如图 4－17 所示。当平面 S 分别沿两轮基圆柱作纯滚动时，S 面上与 N_1N_1 及 N_2N_2 倾斜一个角度的直线 KK 便展出两个共轭的渐开螺旋面，该两个渐开螺旋面即为两轮的齿廓曲面。当这两个齿廓曲面啮合传动时，它们的接触线在平面 S 内平行移动，因此平面 S 又是该两齿轮的啮合面。

4.7.2　平行轴渐开线斜齿轮正确啮合的条件

由斜齿轮齿廓曲面的形成可知，齿轮端面的齿廓曲线为渐开线，从端面来看，渐开线斜齿轮传动就相当于渐开线直齿轮传动，所以它满足定角速比的要求。

平行轴渐开线斜齿轮外啮合正确啮合的条件是：除了满足两轮齿的模数和压力角必须分别相等之外，两轮分度圆柱螺旋角 β（简称螺旋角）也必须大小相等，方向相反，即一为左旋，另一为右旋。

4.7.3　斜齿轮各部分名称和几何尺寸计算

斜齿轮的几何参数分为端面参数和法向参数。如图 4－18 所示，着重分析端面参数与法向参数之间的关系。

（1）法向齿距 p_n和端面齿距 p_t之间的关系为

$$p_n = p_t\cos\beta \tag{4-18}$$

（2）法向模数 m_n和端面模数 m_t，因齿距与模数满足 $p=\pi m$，所以两者之间的关系为

$$m_n = m_t\cos\beta \tag{4-19}$$

（3）法向压力角和端面压力角，如图 4－19 所示，应满足如下关系式

$$\tan\alpha_n = \tan\alpha_t \cos\beta \tag{4-20}$$

一对斜齿轮传动在端面上相当于一对直齿轮传动，所以可将直齿轮的几何计算公式用于斜齿轮的端面。

4.7.4 斜齿轮法向参数为标准值

国标规定斜齿轮的法向参数（法向模数 m_n，法向压力角 α_n，法向齿顶高系数和法向径向间隙系数）取为标准值。而端面参数应与法向参数要满足一定的关系，所以端面参数不为标准值。在计算斜齿轮几何参数时，一般应先算出端面系数，再进行几何参数计算。

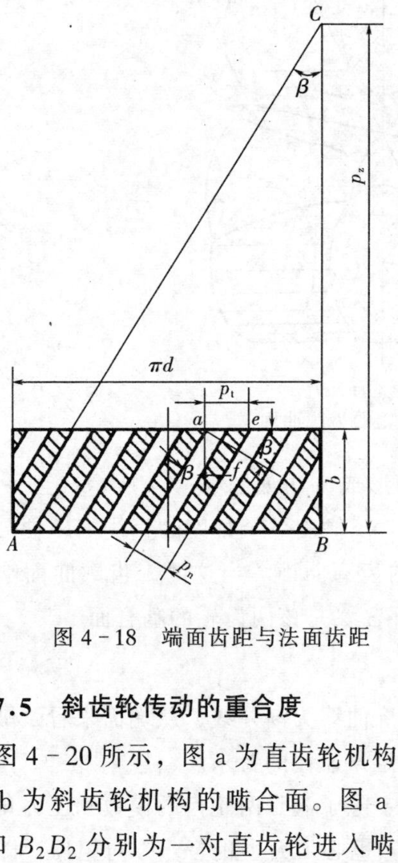

图 4-18 端面齿距与法面齿距

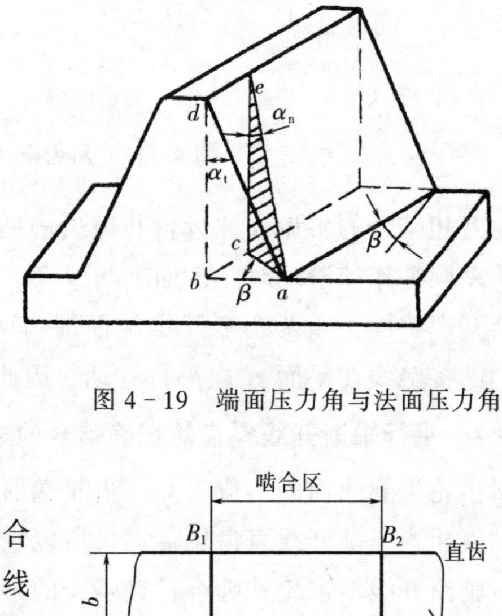

图 4-19 端面压力角与法面压力角

4.7.5 斜齿轮传动的重合度

如图 4-20 所示，图 a 为直齿轮机构的啮合面，图 b 为斜齿轮机构的啮合面。图 a 中直线 B_1B_1 和 B_2B_2 分别为一对直齿轮进入啮合和脱离啮合的位置，其区域称为轮齿的啮合区。直齿轮齿沿整个齿宽同时进入啮合并同时脱离啮合。

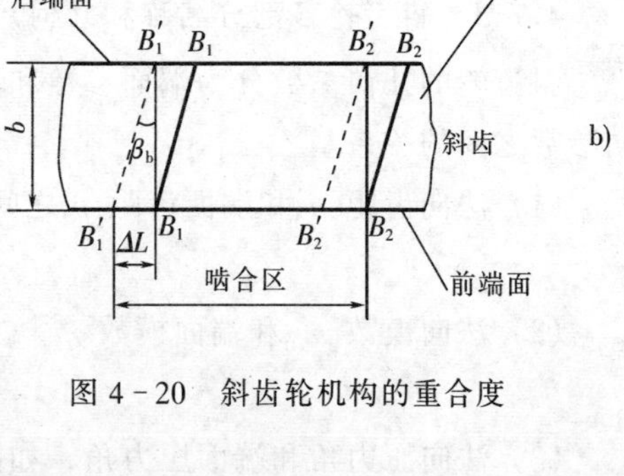

图 4-20 斜齿轮机构的重合度

对斜齿轮机构来说，轮齿也是在 B_1B_1 处进入啮合，但在齿宽方向上是逐渐进入啮合，同样在 B_2B_2 处脱离也是逐渐的。这样斜齿轮的实际啮合区是从最初一端的进入啮合到最后另一端的脱离啮合，显然，斜齿轮的啮合区比直齿轮增大了 ΔL。因此，斜齿轮的重合度 ε_γ 比直齿轮的大，它由端面重合度 ε_α 和轴面重合度 ε_β 两部分

组成，即

$$\varepsilon_\gamma = \varepsilon_\alpha + \varepsilon_\beta \tag{4-21}$$

式中

$$\varepsilon_\alpha = \frac{L}{p_{bt}} = \frac{\overline{B_1 B_2}}{p_{bt}}, \quad \varepsilon_\beta = \frac{\Delta L}{p_{bt}}$$

其中 p_{bt}为斜齿轮的端面基圆节距。

对于外啮合斜齿轮机构，端面重合度 ε_α 的计算公式为

$$\varepsilon_\alpha = \frac{1}{2\pi}\left[z_1\left(\tan\alpha_{at_1} - \tan\alpha_t'\right) + z_2\left(\tan\alpha_{at_2} - \tan\alpha_t'\right)\right] \tag{4-22}$$

式中 α_t'为端面啮合角。当为标准齿轮机构且正确安装时，$\alpha_t' = \alpha_t$。α_{at_1}和 α_{at_2}分别为两齿轮的齿顶圆端面压力角，其值分别为

$$\left.\begin{aligned} \cos\alpha_{at_1} &= \frac{z_1\cos\alpha_t}{z_1 + 2h_{an}^*\cos\beta} \\ \cos\alpha_{at_2} &= \frac{z_2\cos\alpha_t}{z_2 + 2h_{an}^*\cos\beta} \end{aligned}\right\} \tag{4-23}$$

斜齿轮的轴面重合度 ε_β 的计算公式为

$$\varepsilon_\beta = \frac{b\tan\beta_b}{\pi m_t\cos\alpha_t} = \frac{b\sin\beta}{\pi m_n} \tag{4-24}$$

由上式可知，平行轴斜齿轮机构的重合度随齿轮宽 b 和螺旋角 β 的增大而增大，因此承载能力大，传动平稳。

4.7.6 斜齿轮的当量齿数

由前面直齿圆柱齿轮的分析可知，轮齿的齿形与齿轮的齿数有关，同一模数下不同齿数的齿形不同，所以齿形是用成形法加工选择铣刀的依据，另外在进行强度计算时也要用到齿形。对于斜齿轮而言，必须知道斜齿轮的法向齿形。由于法向齿形较为复杂，所以通常采用近似方法进行研究。

如图 4-21 所示，沿斜齿轮分度圆上齿廓的任一点 P 切轮齿的法面 nn，该分度圆柱在切面上呈一椭圆。其长半轴为 $a = d/2\cos\beta$，短半轴为 $b = d/2$。椭圆在 P 点处的曲率半径为

$$\rho = \frac{a^2}{b} = \frac{d}{2\cos^2\beta} \tag{4-25}$$

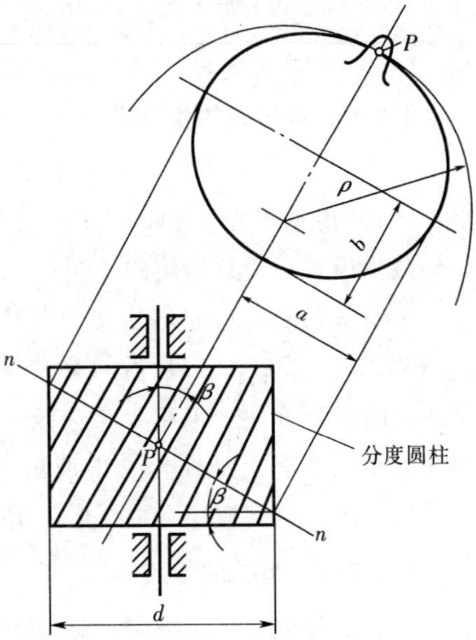

图 4-21 斜齿轮的当量齿轮

以 ρ 为分度圆半径，以 m_n为模数，取标准压力角 α 作一直齿圆柱齿轮，其齿形即可认为近似于斜齿轮的法向齿形。该直齿圆柱齿轮称为斜齿轮圆柱齿轮的当量齿轮，其齿数称为当量齿数，用 z_v表示，即

$$z_v=\frac{2\rho}{m_n}=\frac{d}{m_n\cos^2\beta}=\frac{m_n z}{m_n\cos^3\beta}=\frac{z}{\cos^3\beta} \tag{4-26}$$

式中 z 为斜齿轮的实际齿数。正常齿标准斜齿轮不发生根切的最少齿数 z_{min} 可由当量直齿轮的最少齿数 z_{vmin} 计算出来，即

$$z_{min}=z_{vmin}\cos^3\beta \tag{4-27}$$

渐开线正常齿标准斜齿圆柱齿轮的几何尺寸计算见表 4.3。

表 4.3 渐开线正常齿标准斜齿圆柱齿轮的几何尺寸计算

序号	名　　称	符　号	计算公式及参数选择
1	端面模数	m_t	$m_t=\frac{m_n}{\cos\beta}$（$m_n$ 为标准值）
2	螺旋角	β	一般取 $\beta=8°\sim20°$
3	端面压力角	α_t	$\alpha_t=\arctan\frac{\tan\alpha_n}{\cos\beta}$（$\alpha_n$ 为标准值）
4	分度圆直径	d_1、d_2	$d_1=m_t z_1=\frac{m_n z_1}{\cos\beta}$，$d_2=m_t z_2=\frac{m_n z_1}{\cos\beta}$
5	齿顶高	h_a	$h_a=m_n$
6	齿根高	h_f	$h_f=1.25m_n$
7	全齿高	h	$h=h_a+h_f=2.25m_n$
8	顶　隙	c	$c=h_f-h_a=0.25m_n$
9	齿顶圆直径	d_{a_1}、d_{a_2}	$d_{a_1}=d_1+2h_a$，$d_{a_2}=d_2+2h_a$
10	齿根圆直径	d_{f_1}、d_{f_2}	$d_{f_1}=d_1-2h_f$，$d_{f_2}=d_2-2h_f$
11	中心距	a	$a=\frac{d_1+d_2}{2}=\frac{m_t}{2}(z_1+z_2)=\frac{m_n(z_1+z_2)}{2\cos\beta}$

4.7.7 斜齿轮的优缺点

与直齿轮传动相比，斜齿轮传动的主要优点是：（1）传动平稳、噪声小；（2）重合度较大；（3）最少齿数小于直齿轮的 z_{min}。

主要缺点是：（1）斜齿受力时将产生轴向分力 F_a（如图 4-22a）；（2）齿间滑动增大。克服斜齿轮缺点的主要方法：采用人字齿轮，使两边产生的轴向力相互抵消，如图 4-22b 所示。但人字齿轮加工比较困难，精度较低，主要用于重型机械中。

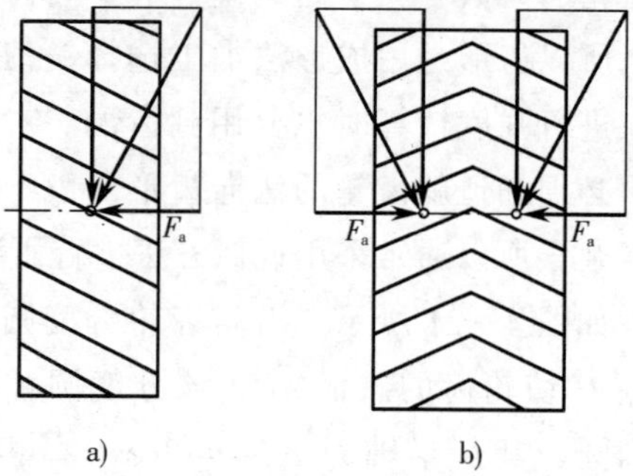

图 4-22　斜齿上的轴向作用力

4.7.8 斜齿轮的螺旋角

由上述分析可知，斜齿轮螺旋角 β 的大小对斜齿轮传动的性能影响较大。若太小，则不能充分体现斜齿轮的优点；若太大，则会产生过大的轴向力，所以设计时一般取 $\beta=8°\sim20°$。

4.8　圆锥齿轮机构

4.8.1　圆锥齿轮概述

圆锥齿轮用于传递两相交轴之间的运动。一对圆锥齿轮的啮合运动相当于一对节圆锥作纯滚动。与圆柱齿轮的参数相应，圆锥齿轮参数有节圆锥、分度圆锥、齿顶圆锥、齿根圆锥和基圆锥等。

图 4-23 所示为一对标准圆锥齿轮，设 δ_1 和 δ_2 分别为小齿轮和大齿轮的分度圆锥角，$\Sigma=\delta_1+\delta_2$ 为两轴线的交角，因

$$r_1=OP\sin\delta_1,\qquad r_2=OP\sin\delta_2$$

故传动比

$$i=\frac{\omega_1}{\omega_2}=\frac{z_2}{z_1}=\frac{r_2}{r_1}=\frac{\sin\delta_2}{\sin\delta_1}\tag{4-28}$$

在大多数情况下，$\Sigma=90°$，这时

$$i=\frac{\omega_1}{\omega_2}=\frac{z_2}{z_1}=\frac{r_2}{r_1}=\cot\delta_1=\tan\delta_2\tag{4-29}$$

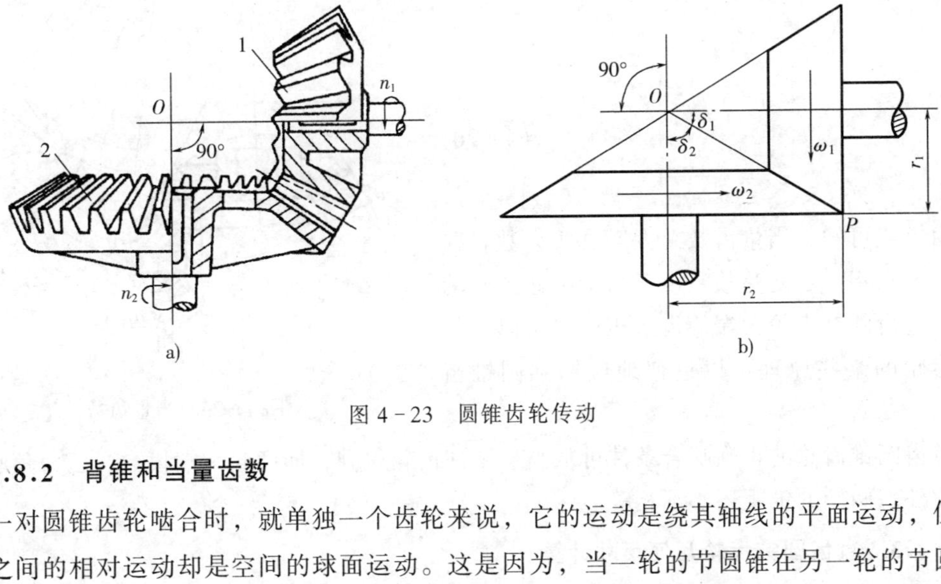

图 4-23　圆锥齿轮传动

4.8.2　背锥和当量齿数

一对圆锥齿轮啮合时，就单独一个齿轮来说，它的运动是绕其轴线的平面运动，但是两齿轮之间的相对运动却是空间的球面运动。这是因为，当一轮的节圆锥在另一轮的节圆锥上作纯滚动时，前者上任一点至锥顶的距离始终不变，所以它在空间的轨迹是球面曲线。由此可见，圆锥齿轮的齿廓曲线是球面曲线。直齿圆锥齿轮的齿廓曲线为球面渐开线。因为球面不能展成平面，所以采用近似方法加以研究。

(1) 背锥

图 4-24 所示为一个圆锥齿轮的轴向半剖面图，*OAB* 表示分度圆锥。*EA* 和 *FA* 为球面齿形的齿顶高和齿根高。过 *A* 点作 $AO_1\perp AO$ 交圆锥齿轮的轴线于 O_1 点，再以 OO_1 为轴线及以 O_1A 为母线作圆锥 O_1AB。这个圆锥称为辅助圆锥或称为背锥。显然背锥与球面切

于圆锥齿轮大端的分度圆上。在背锥上自 A 点取齿顶高和齿根高得 E' 和 F' 点。由图可见，在 A 点附近背锥与球面很接近，因此可以近似地用背锥上的齿形来代替球面上的齿形，通过将锥面展成平面，对圆锥齿轮进行近似研究。

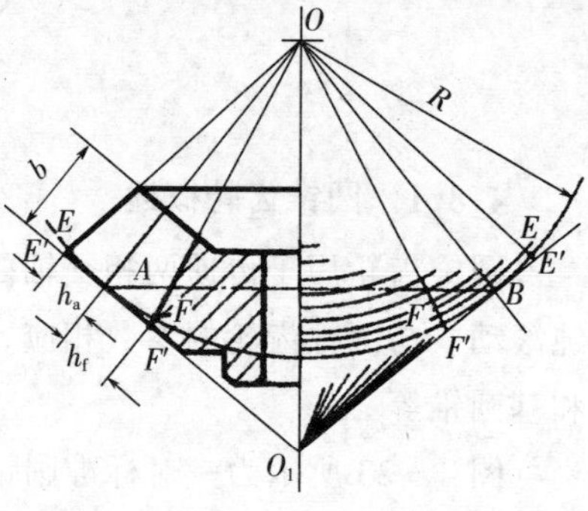

图 4-24 背 锥

(2) 当量齿数

分别作一对圆锥齿轮的分度圆锥和背锥，再将两背锥展成平面后即得到两个扇形齿轮。该扇形齿轮的模数、压力角、齿顶高、齿根高及齿数 z_1、z_2 就是圆锥齿轮的相应参数。扇形齿轮的分度圆半径 r_{v1} 和 r_{v2} 就是背锥的锥距。现将两扇形齿轮补成完整的圆柱齿轮，这个完整齿轮的齿数 z_{v1} 和 z_{v2} 称为该两圆锥齿轮的当量齿数，以补足的完整齿轮作的两圆柱齿轮称为两圆锥齿轮的当量圆柱齿轮。当量齿数计算公式如下

$$r_{v1}=\frac{r_1}{\cos\delta_1}=\frac{mz_1}{2\cos\delta_1}=\frac{mz_{v1}}{2}$$

故得

$$\left.\begin{aligned} z_{v1}&=\frac{z_1}{\cos\delta_1} \\ z_{v2}&=\frac{z_2}{\cos\delta_2} \end{aligned}\right\} \tag{4-30}$$

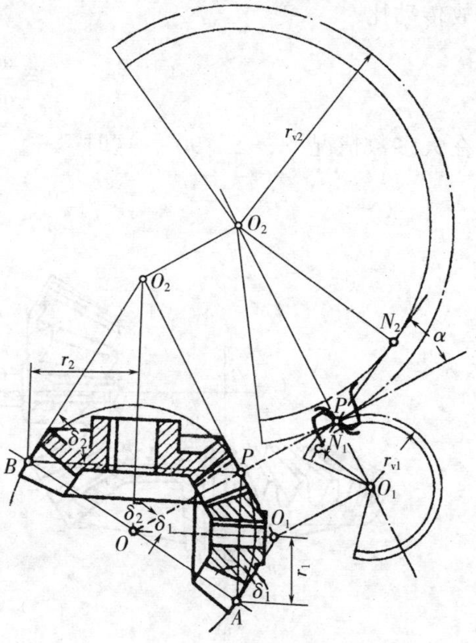

图 4-25 当量齿数

由上式可知，当量齿数总大于真实齿数，并且当量齿数不一定是整数。由于当量圆柱齿轮的齿形与直齿圆锥齿轮大端的齿形相近，所以直齿圆柱齿轮的某些原理可以近似地应用到圆锥齿轮上。

直齿圆锥齿轮的正确啮合条件可从当量圆柱齿轮得到，即两轮大端模数、压力角必须相等。此外，两轮的锥距还必须相等。

4.8.3 直齿圆锥齿轮几何尺寸计算

在设计直齿圆锥齿轮传动时，可按式(4-29)求出两轮的分度圆锥角。通常直齿圆锥齿轮的齿高由大端到小端逐渐收缩，称为收缩齿圆锥齿轮。这类齿轮按顶隙不同又可分为不等顶隙收缩齿(图 4-26a)和等顶隙收缩齿(图 4-26b)两种。由于等顶隙收缩齿增加了小端的顶隙，改善了润滑状况，同时还可降低小端的齿高，提高小端轮齿的弯曲强度，故 GB/T12369-1990 规定采用等顶隙圆锥齿轮传动。

图 4-26 为一对标准直齿圆锥齿轮。其节圆锥与分度圆锥重合，轴交角 $\Sigma=90°$。它的各部分名称和几何尺寸计算公式见表 4.4。

直齿圆锥齿轮的几何计算是以大端为标准的。齿宽 b 不宜选得过大，当齿宽过大时，小端的齿就很小，它对提高强度作用不大，且加工困难，所以齿宽最佳范围为 $(0.25\sim0.3)R$，其中 R 是锥距。

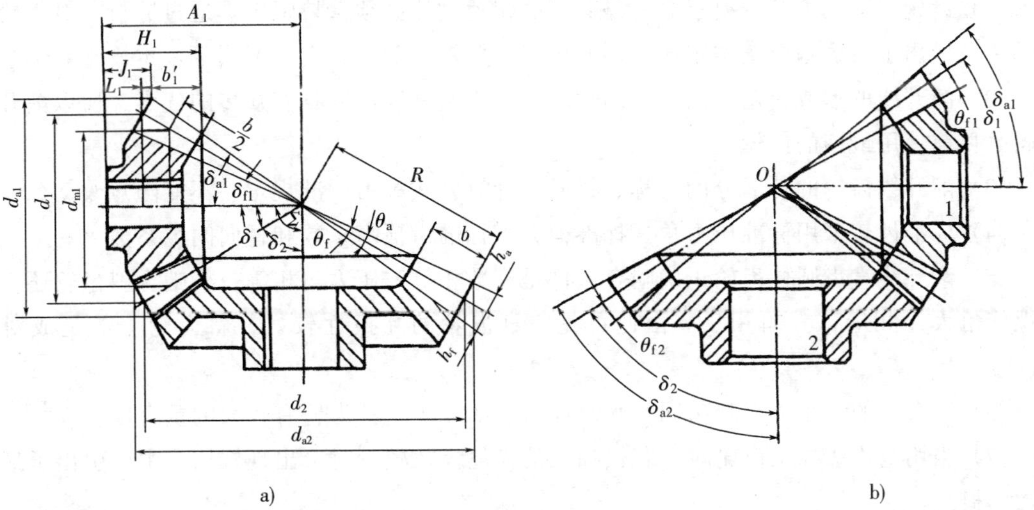

图4-26　标准直齿圆锥齿轮啮合

表4.4　$\Sigma=90^\circ$ 标准直齿圆锥齿轮的几何尺寸计算

序号	名　称	符　号	计算公式	
1	分度圆锥角	δ	$\delta_1=\cot\dfrac{z_2}{z_1}$，$\delta_2=90^\circ-\delta_1$	
2	齿顶高	h_a	$h_a=h_a^*m\quad(h_a^*=1)$	
3	齿根高	h_f	$h_f=(h_a^*+c^*)m\quad(c^*=0.2)$	
4	分度圆直径	d	$d_1=mz_1$，$d_2=mz_2$	
5	齿顶圆直径	d_a	$d_{a1}=d_1+2h_a\cos\delta_1$，$d_{a2}=d_2+2h_a\cos\delta_2$	
6	齿根圆直径	d_f	$d_{f1}=d_1+2h_f\cos\delta_1$，$d_{f2}=d_2-2h_f\cos\delta_2$	
7	锥　距	R	$R=\dfrac{d_1}{2\sin\delta_1}=\dfrac{d_2}{2\sin\delta_2}=\dfrac{m}{2}\sqrt{z_1^2+z_2^2}$	
8	齿顶角	θ_a	正常收缩齿	$\tan\theta_a=\dfrac{h_a}{R}$
9	齿根角	θ_f	$\tan\theta_f=\dfrac{h_f}{R}$	
10	顶锥角	δ_a	正常收缩齿	$\delta_a=\delta+\theta_a$
			等顶隙收缩齿	$\delta_{a1}=\delta_1+\theta_{f2}$ $\delta_{a2}=\delta_2+\theta_{f1}$
11	根锥角	δ_f	$\delta_f=\delta-\theta_f$	
12	当量齿数	z_v	$z_{v1}=\dfrac{z_1}{\cos\delta_1}$，$z_{v2}=\dfrac{z_2}{\cos\delta_2}$	
13	分度圆齿厚	s	$s=\dfrac{\pi m}{2}$	
14	齿　宽	b	$b\leqslant\dfrac{R}{3}$	

本章小结

（1）齿轮传动的最基本要求之一是其瞬时角速度比必须保持恒定。通过分析一对齿轮的传动关系导出了齿廓啮合基本定律，同时引出了共轭齿廓、节点和节圆等基本概念。

（2）渐开线的形成决定了渐开线的性质，由于渐开线齿廓具有众多的优点，所以渐开线齿轮是目前使用最广的齿轮。

（3）渐开线齿轮的各部分的名称、符号和计算公式等由标准规定，不能随意改动。

（4）标准齿轮采用标准压力角、标准模数、标准齿顶高系数和径向间隙系数。

（5）渐开线直齿圆柱齿轮正确啮合条件是模数相等、压力角相等，外啮合斜齿轮还应满足螺旋角大小相等，方向相反。由此可见，直齿轮的互换性较好，斜齿轮一般是成对设计的。

（6）重合度的大小，反映出同时啮合齿对数的多少，斜齿轮有较大的重合度。

（7）当用范成法加工齿轮时，若被加工的齿轮齿数较少时会出现根切，由此引出了最少齿数的概念。

（8）变位齿轮的许多的优点，在实际齿轮机构中广泛采用，应进一步了解这部分知识。

（9）斜齿轮的法面参数为标准的，端面参数与法面参数存在一定的关系。斜齿轮的端面仍为渐开线齿轮，所以渐开线直齿轮的计算公式可以直接用于斜齿轮的端面齿轮尺寸计算。

思考题

4-1 什么是齿廓啮合的基本定律？

4-2 渐开线的性质有哪些？

4-3 标准齿轮应具备哪些条件？

4-4 齿轮正确啮合的条件是什么？

4-5 重合度的基本概念是什么？

4-6 常见的渐开线齿廓的切齿方法有哪两种？其特点是什么？

4-7 什么是最少齿数？有何对策？

4-8 变位齿轮的基本概念是什么？

4-9 什么是斜齿轮的当量齿数？如何计算？

4-10 什么是圆锥齿轮的背锥？当量齿数如何计算？

习题

4-1 已知渐开线基圆半径 $r_b=35$mm，求半径为 $r_k=55$mm 处渐开线的压力角 α_k 和曲率半径 ρ_k 各为多少？

4-2 已知一对外啮合标准直齿圆柱齿轮的标准中心距 $a=160$mm，齿数 $z_1=20$，$z_2=60$，求模数和分度圆直径 d_1、d_2。

4-3 已知一正常齿制直齿圆柱齿轮，$m=3$mm，$z=25$，试分别求出分度圆直径、基圆直径、齿顶圆直径和齿根圆直径，并求出齿顶圆上渐开线齿廓的曲率半径和压力角。

4-4　一对正确安装的标准直齿圆柱齿轮和齿条啮合，齿轮的齿数 $z=25$，模数 $m=5\text{mm}$，若齿轮的转速 $n=50\text{r/min}$，试求齿条的移动速度。

4-5　在某渐开线标准斜齿圆柱齿轮传动中，已知 $z_1=18$，$z_2=35$，$m_n=3\text{mm}$，$\beta=15°$，齿宽 $b=30\text{mm}$，$h_{an}^*=1$，$c_n^*=0.25$。求：(1) 分度圆直径 d_1、d_2、中心距 a；(2) 当量齿数 z_{v1}、z_{v2}。

4-6　某设备上有一对斜齿轮传动。已知 $z_1=18$，$z_2=36$，$m_n=2.5\text{mm}$，中心距 $a=68\text{mm}$，$\alpha_n=20°$，$h_{an}^*=1$，$c_n^*=0.25$，求这对斜齿轮的螺旋角应为多少？(螺旋角应精确到度、分、秒。)

4-7　已知一对等顶隙收缩齿标准直齿圆锥齿轮传动，齿数 $z_1=20$，$z_2=38$，模数 $m=4\text{mm}$，分度圆压力角 $\alpha=20°$，齿顶高系数 $h_a^*=1$，齿顶间隙系数 $c^*=0.2$，轴交角 $\Sigma=90°$。求两锥齿轮的齿顶圆锥角 δ_{a1}、δ_{a2}及其他主要尺寸。

第 5 章　轮　系

在齿轮机构一章中着重讨论了一对齿轮的啮合原理和运动设计方法。但在实际的机器中，从主动轴输入到从动轴输出之间常常采用一系列相互啮合的齿轮相连，这种多齿轮的传动装置称为轮系。

在轮系这一章中，将着重讨论轮系的类型、传动比计算以及几种特殊的行星传动机构。

5.1　轮系的类型

轮系可分为两种类型：定轴轮系和周转轮系。

(1) 定轴轮系

如图 5－1 所示轮系，传动时每个齿轮的几何轴线都是固定的，这种轮系称为定轴轮系。

(2) 周转轮系

在轮系传动时，至少有一个齿轮的几何轴线绕另一齿轮的几何轴线转动的轮系，称为周转轮系。如图 5－2 所示的周转轮系中。内齿轮 3 固定不变，当摇动手柄 H 时，齿轮 2 将绕 H 轴线回转，同时齿轮 2 与齿轮 1 和齿轮 3 啮合。

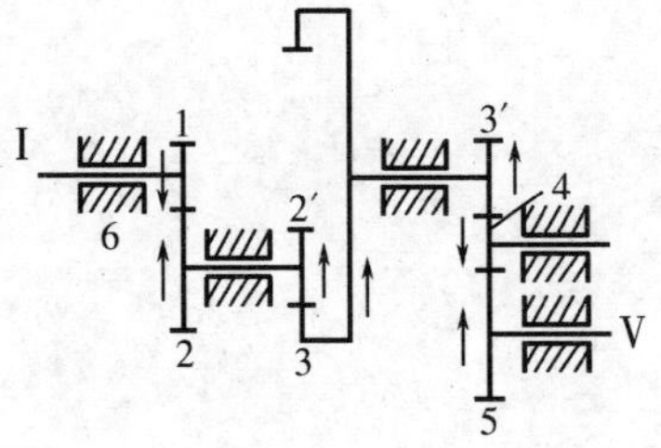

图 5－1　定轴轮系

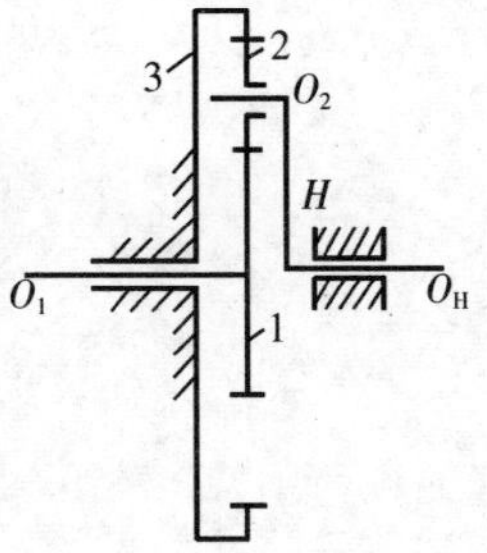

图 5－2　周转轮系

5.2　定轴轮系及其传动比

5.2.1　轮系的传动比

在轮系中，输入轴与输出轴的角速度（或转速）比称为轮系的传动比，用 i_{ab}表示。下标 a、b 分别为输入轴和输出轴的代号，即

$$i_{ab}=\frac{\omega_a}{\omega_b}=\frac{n_a}{n_b} \tag{5-1}$$

在轮系的传动比分析计算时，不仅要确定传动比的数值，而且还要确定各齿轮的转向。所以在传动比计算时引入符号，这样才能完整地表达输入轴与输出轴之间的关系。

5.2.2 一对齿轮传动的传动比分析

以一对圆柱齿轮传动为例，传动类型分为：外啮合和内啮合。如图 5-3a 和图 5-3b 所示，在一对外啮合齿轮传动中，两齿轮的转向相反；而在一对内啮合齿轮传动中，两齿轮的转向一致。对定轴轮系而言，两轮转向一致，则传动比取正号“+”；转向相反，则取负号“-”。这样由一对圆柱齿轮啮合组成的传动，其传动比为

$$i_{12}=\frac{\omega_1}{\omega_2}=\frac{n_1}{n_2}=\mp\frac{z_2}{z_1} \tag{5-2}$$

其中，当外啮合时取负号“-”；内啮合时取正号“+”。另外，还可以采用在图上标箭头的方法，确定轮系中各轮的转向。一对圆锥齿轮传动时，如图 5-3c 所示，表示转向的箭头或同时指向节点或同时背离节点。蜗轮的转向取决于蜗杆的转向和螺旋线方向，如图 5-3d 所示。

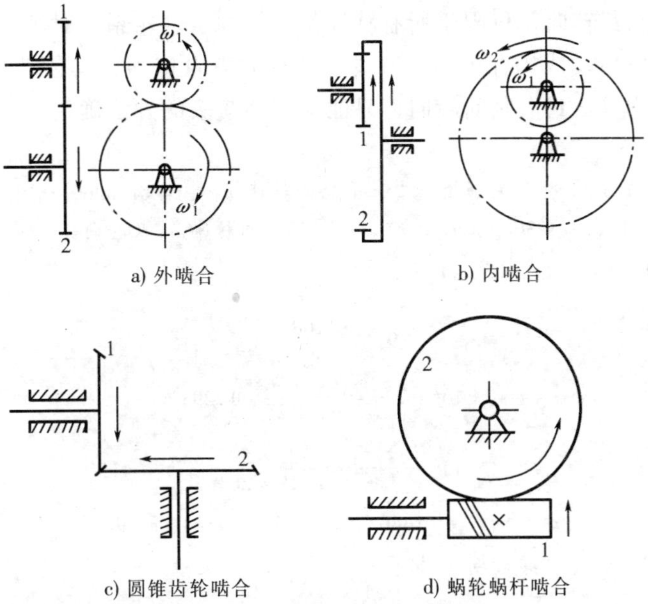

图 5-3 一对齿轮传动的转动方向

5.2.3 定轴轮系传动比分析

在图 5-1 所示的定轴轮系中，若Ⅰ轴为输入轴，Ⅴ轴为输出轴，试计算输入轴与输出轴的转动比，即传动比 i_{15}。设已知各轮的齿数和转速，则该轮系的传动比为

$$i_{12}=\frac{n_1}{n_2}=-\frac{z_2}{z_1};\qquad i_{23}=\frac{n_2}{n_3}=\frac{n_{2'}}{n_3}=\frac{z_3}{z_{2'}};$$

$$i_{34}=\frac{n_3}{n_4}=\frac{n_{3'}}{n_4}=-\frac{z_4}{z_{3'}};\qquad i_{45}=\frac{n_4}{n_5}=-\frac{z_5}{z_4} \tag{5-3}$$

$$i_{15}=i_{12}i_{23}i_{34}i_{45}=(-1)^3\frac{z_2z_3z_4z_5}{z_1z_{2'}z_{3'}z_4}=(-1)^3\frac{z_2z_3z_5}{z_1z_{2'}z_{3'}}$$

由上式可得出如下结论：

(1) 定轴轮系的传动比等于组成轮系的各对啮合齿轮传动比的连乘积；

(2) 传动比的正负号，则取决于轮系中外啮合齿轮的对数。当传动比为负时，说明输入

轴的转向与输出轴的转向相反；当传动比为正时，则转向相同。

5.2.4 惰　轮

图 5 - 1 所示轮系中，齿轮 4 和两齿轮同时啮合，对前一级齿轮传动来说它是从动轮，对后一级传动来说它是主动轮，它的齿数不影响传动比的大小，但它却使轮系中增加了一对外啮合齿轮，从而改变了传动比的符号，即改变了最终齿轮的转向。这种齿轮称为惰轮或过桥齿轮。

5.2.5 定轴轮系传动比计算一般式

可将上述分析的结果推广到一般的情况，得定轴轮系传动比计算一般式。设 1 为定轴轮系的输入轴，N 为定轴系的输出轴，m 为轮系中外啮合次数。则

$$i_{1N}=\frac{n_1}{n_N}=(-1)^m\frac{\text{所有从动轮齿数的乘积}}{\text{所有主动轮齿数的乘积}} \tag{5-4}$$

式中，用 $(-1)^m$ 判断转向，仅限于所有轴线都平行的定轴轮系。对于轮系中含有圆锥齿轮传动、交错轴斜齿轮传动或蜗杆传动等轴线不平行的齿轮传动，其传动比的计算式（5 - 4）仍可使用，但不能用 $(-1)^m$ 判断转向，只能采用画箭头的方法确定。

【例题 5 - 1】 在图 5 - 1 所示定轴轮系中，Ⅰ轴的转速 $n_1=1440\text{r/min}$，$z_1=19$，$z_2=32$，$z_{2'}=28$，$z_3=59$，$z_{3'}=28$，$z_4=19$，$z_5=36$，求 i_{12}、i_{35}、i_{15}，Ⅴ轴的转速 n_5 及转向。

【解】 按图 5 - 1 所示，由式（5 - 4）得：

$$i_{12}=-\frac{z_2}{z_1}=-\frac{32}{19}=-1.68;$$

$$i_{35}=(-1)^2\frac{z_4 z_5}{z_{3'} z_4}=\frac{z_5}{z_{3'}}=\frac{36}{28}=1.29;$$

$$i_{15}=(-1)^3\frac{z_2 z_3 z_5}{z_1 z_{2'} z_{3'}}=-\frac{32\times59\times36}{19\times28\times28}=-4.56$$

$$n_5=n_1/i_{15}=1440/(-8.13)=-316\ \text{r/min}$$

Ⅴ轴的转速 $n_5=316\text{r/min}$，转向与 n_1 相反。

5.3 周转轮系及其传动比

5.3.1 周转轮系的组成

图 5 - 4a 所示的周转轮系，主要有如下几个构件组成：

（1）行星轮

在轮系中，轴线位置绕固定轴线转动的齿轮 2，称为行星轮。因为它既要自转又要公转，似行星运转，故由此得名。

（2）转臂

支持行星轮作自转和公转的构件 H 称为转臂或行星架。

（3）中心轮

轴线位置固定的齿轮 1 称为中心轮或太阳轮。

应当注意，构成单个周转轮系，中心轮的数目不超过两个，转臂只有一个，且转臂与两

中心轮的几何线必须重合，否则周转轮系不能转动。

5.3.2 差动轮系和行星轮系

(1) 差动轮系

当周转轮系中两个中心轮均可转动时，则称为差动轮系（如图 5-4b）。在差动轮系中，活动构件数 $n=4$，$p_L=4$，$p_H=2$，则轮系的自由度 $F=3\times4-2\times4-2=2$，即需要两个原动件。也就是说输出端的转速取决于两输入端的转速，差动也就由此得名。

(2) 行星轮系

在周转轮系中，只有一个中心轮可以转动时，则称为行星轮系（如图 5-4c）。在行星轮系中，活动构件数 $n=3$，$p_L=3$，$p_H=2$，$F=3\times3-2\times3-2=1$，即只需一个原动件。

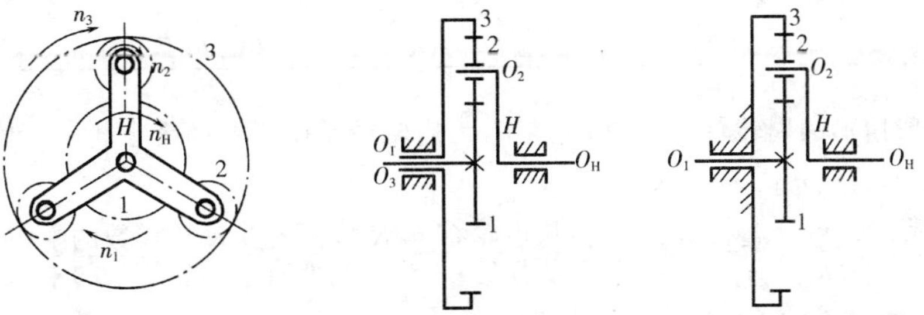

a) 周转轮系　　b) 差动轮系　　c) 行星轮系

图 5-4 周转轮系、差动轮系和行星轮系

5.3.3 周转轮系传动比的计算

(1) 基本思想

由于周转轮系中行星轮的运动既有自转又有公转，所以其传动比不能直接采用求解定轴轮系传动比的方法来计算。为了解决周转轮系的传动比计算问题，应设法将其转化成定轴轮系（即设法使转臂变为固定不变），再采用定轴轮系的传动比计算公式进行计算。由相对运动原理可知，对周转轮系加一个附加的公共转动后，周转轮系构件间的相对运动并不改变。设 n_H为转臂 H 的转速，当轮系加上一个大小与转速 n_H相同、方向与 n_H相反的公共转速 $-n_H$后，转臂 H 便静止不动了，而各构件的相对运动并不改变。这样所有齿轮的几何轴线的位置全部固定不变，原来的周转轮系便转化为定轴轮系，这个定轴轮系称为原周转轮系的转化轮系，如图 5-5 所示。运用相对运动原理将周转轮系转化成假想的定轴轮系，然后计算传动比的方法，称为相对速度法或反转法。

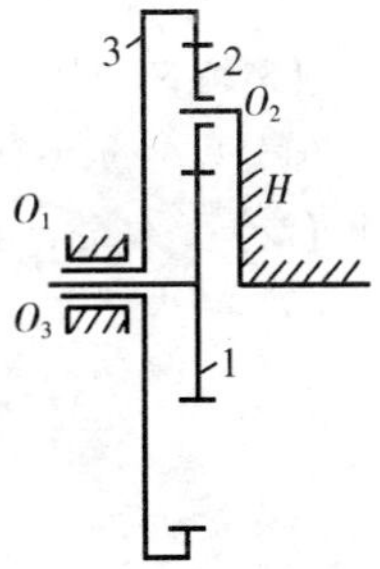

图 5-5 转化轮系

(2) 计算方法

对于周转轮系中的各构件，原来的转速和转化轮系中的转速列在表 5.1 中。

转化轮系中的各转速的右上方都带有上标 H，表示这些转速是对转臂 H 的相对转速。

由于转化轮系可以视为定轴轮系，所以根据定轴轮系的传动比定义，齿轮 1 和齿轮 3 的传动比 i_{13}^H为

$$i_{13}^{H}=\frac{n_1^H}{n_3^H}=\frac{n_1-n_H}{n_3-n_H}=-\frac{z_3}{z_1} \tag{5-5}$$

应当注意，i_{13}和 i_{13}^{H}是不同的，前者为实际周转轮系的传动比，而后者是转化轮系的传动比。

表 5.1 周转轮系原转速与转化轮系中的转速对照表

构件	构件原转速	转化轮系中的转速
1	n_1	$n_1^H=n_1-n_H$
2	n_2	$n_2^H=n_2-n_H$
3	n_3	$n_3^H=n_3-n_H$
H	n_H	$n_H^H=n_H-n_H=0$

对于一般情形的周转轮系，设 n_G和 n_K为周转轮系中任意两个齿轮 G 和K 的转速，它们与转臂 H 的转速 n_H之间的关系为

$$i_{GK}^{H}\frac{n_G-n_H}{n_K-n_H}=(-1)^m\frac{\text{从齿轮}G\text{至}K\text{间所有从动轮齿数的乘积}}{\text{从齿轮}G\text{至}K\text{间所有主动轮齿数的乘积}} \tag{5-6}$$

式中 m 为齿轮G 至K 间外啮合的次数。

在用上式进行计算时，应注意以下几点：

① G 为输入构件，K 为输出构件，从 G 到K 中间的各齿轮传动的主从关系应按这一假定去判定；

② 公式只适用于齿轮 G、K 和转臂H 的轴线互相平行的场合，因为只有平行，两轴转速才能代数相加；

③ 在计算转速时，已知转速的代入应注意转速的正负号。可以先假定一个转向为正，然后，对于转向与正转向一致的转速取正号，相反转向时，转速取负号。

【例题 5-2】 在图 5-6 所示的行星轮系中，各轮的齿数为：$z_1=27$，$z_2=18$，$z_3=61$，已知 $n_1=2900\text{r/min}$，求行星架 H 的转速 n_H和转向。

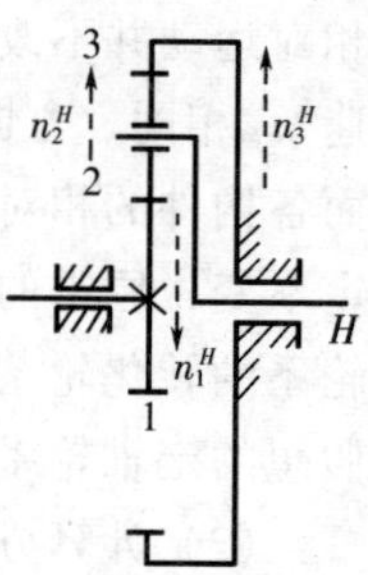

图 5-6 行星轮系

【解】 假定行星架固定，画出转化轮系中各轮的转向（用虚线箭头表示），由式(5-6)得

$$i_{13}^{H}=\frac{n_1^H}{n_3^H}=\frac{n_1-n_H}{n_3-n_H}=(-1)\ \frac{z_2z_3}{z_1z_2}$$

$$\frac{n_1-n_H}{0-n_H}=(-1)\ \frac{61}{27}$$

解得

$$i_{1H}=\frac{n_1}{n_H}=1+\frac{61}{27}\approx 3.26$$

设 n_1 的转向为正，则

$$n_H=\frac{n_1}{i_{1H}}=\frac{2900}{3.26}=890\ \text{r/min}$$

n_H的转向和 n_1 相同。

【例题 5-3】 在图 5-7 所示圆锥齿轮差动轮系中，各轮的齿数为：$z_1=60$，$z_2=40$，$z_{2'}=z_3=20$，

已知 $n_1=n_3=120\text{r/min}$，转向如图所示，求行星架 H 的转速 n_H 和转向。

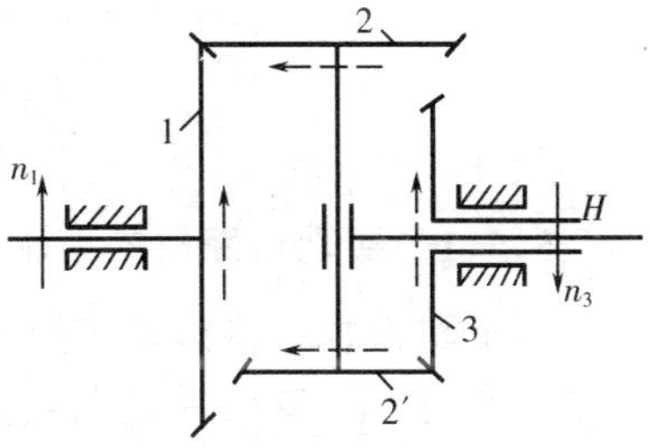

图 5-7　差动轮系

【解】　设 n_1 转向为正，因 n_3 转向与 n_1 相反，故 n_3 为负。由式（5-4）得

$$i_{13}^H=\frac{n_1^H}{n_3^H}=\frac{n_1-n_H}{n_3-n_H}=(-1)^2\frac{z_2z_3}{z_1z_{2'}}$$

$$\frac{120-n_H}{-120-n_H}=(-1)^2\frac{40}{60}$$

$$n_H=600\text{r/min}$$

n_H 的转向与 n_1 相同。

5.4　混合轮系及其传动比

在机械中，常会遇到定轴轮系与一个或几个周转轮系混在一起的混合轮系。在进行传动比计算时，整个混合轮系不可能化为一个定轴轮系，所以只能先将混合轮系拆成单个周转轮系和一个或几个定轴轮系，然后列出各轮系传动比计算方程，最后联立解出所指定齿轮间的传动比。

正确拆出各个轮系的关键是拆出轮系中的全部单个周转轮系。由于单个周转轮系是由行星轮、转臂、中心轮构成，所以拆分时先从行星轮入手，再找出转臂，最后确定中心轮。各个周转轮系拆出后，剩下的就是定轴轮系。

【例题 5-4】　如图 5-8 所示混合轮系，已知：$z_1=23$，$z_2=39$，$z_{2'}=19$，$z_3=16$，$z_4=55$，Ⅰ为输入轴，H 为输出轴，求 $i_{\text{I}H}$。

【解】　由图可知，混合轮系可拆成一定轴轮系（由轮 1、轮 2 组成）和一行星轮系（由其他轮组成）。传动比可分解为：$i_{\text{I}H}=i_{12}\cdot i_{2'H}$。

在定轴轮系中

$$i_{12}=\frac{n_1}{n_2}=-\frac{z_2}{z_1}=-\frac{39}{23}=-1.696$$

在行星轮系中

$$i_{2'4}^H=\frac{n_{2'}-n_H}{n_4-n_H}=(-1)\frac{z_4}{z_{2'}}$$

$$\frac{n_{2'}-n_H}{0-n_H}=-\frac{55}{19}$$

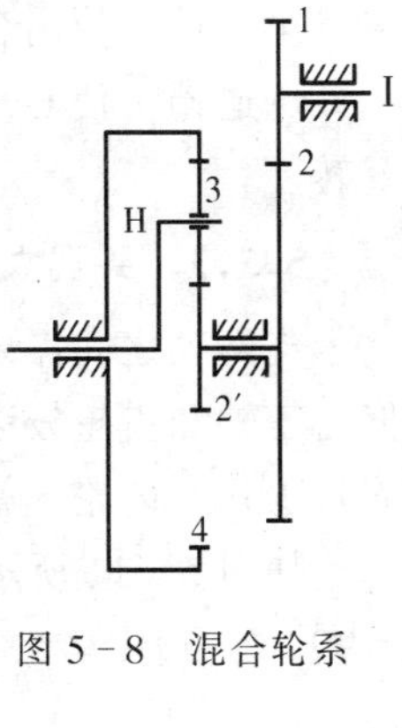

图 5-8　混合轮系

所以

$$i_{2'H}=\frac{55}{19}+1=3.895$$

即　$$i_{\text{I}H}=i_{12}\cdot i_{2'H}=-1.696\times3.895=-6.61$$

负号表明输入轴Ⅰ与输出轴 H 的转向相反。

5.5 轮系的典型应用

5.5.1 实现远距离的两轴之间的齿轮传动

当主动轴和从动轴之间的距离较远时，如果仅用一对齿轮来传动，会使齿轮的尺寸较大，所产生的不良后果是明显的。若改用轮系来传动，则可以克服这一缺点，如图 5-9 所示。

5.5.2 实现变速齿轮传动

当主动轴转速不变时，利用轮系可使从动轴获得多种工作转速。在汽车、机床等许多设备中都需要这种变速传动。

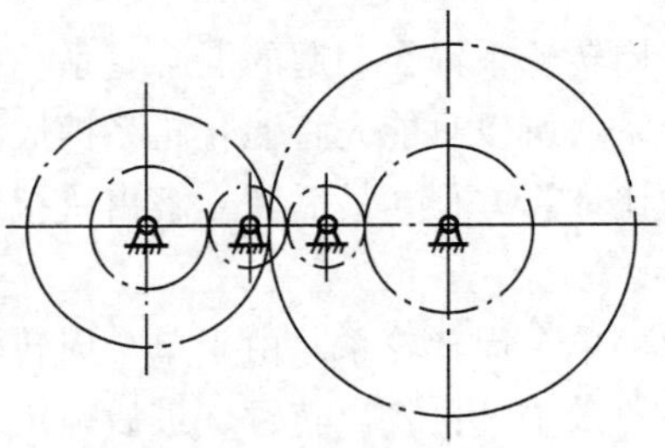

图 5-9 相距较远的两轴传动

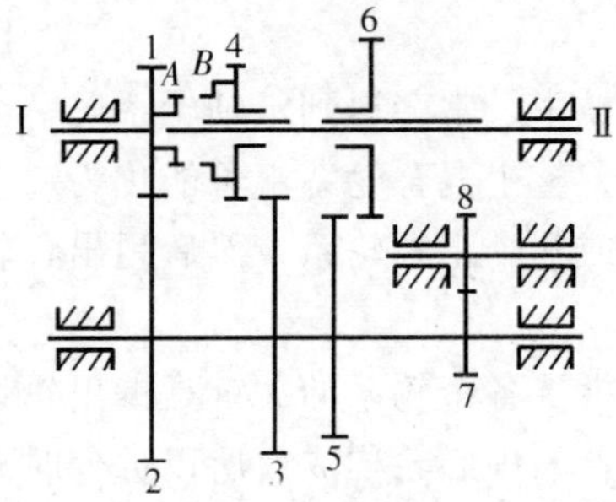

图 5-10 齿轮变速箱

如图 5-10 所示为一齿轮变速箱，图中Ⅰ轴为动力输入轴，Ⅱ轴为输出轴。齿轮 4、齿轮 6 为滑动齿轮，$A-B$ 为牙嵌式离合器。利用该变速箱，输出轴可得到四档不同的转速：

第一档 使 6 与 5 啮合，4（离合器 B）松开；

第二档 使 4 与 3 啮合，6 松开；

第三档 使离合器 B 嵌合，6 松开；

倒退档 使 6 与 8 啮合，4（离合器 B）松开。此时，由于有惰轮 8 的作用，输出轴Ⅱ反转。

5.5.3 实现大传动比齿轮传动

当两轴之间需要很大的传动比时，虽也可以采用定轴轮系来实现，但由于轴和齿轮较多，结构复杂，不宜实现。若采用行星轮系，则只需较少几个齿轮，就可获得很大的传动比。

如图 5-11 所示行星轮系，当 $z_1=100$，$z_2=101$，$z_{2'}=100$，$z_3=99$ 时，其传动比 i_{H1} 可达 1000。由式(5-5)得

$$i_{13}^{H}=\frac{n_1^H}{n_3^H}=\frac{n_1-n_H}{n_3-n_H}=(+)\frac{z_2 z_3}{z_1 z_{2'}}$$

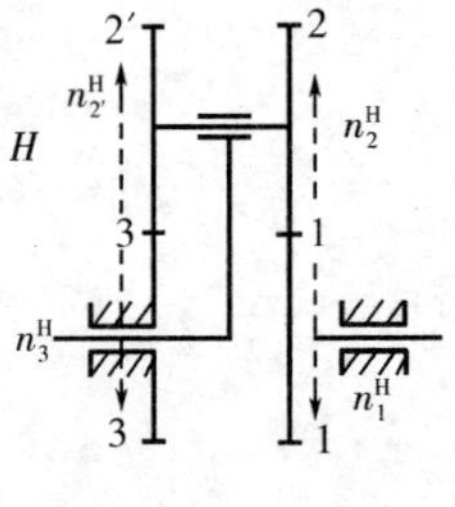

图 5-11 大传动比行星轮系

代入已知数据，解得

$$\frac{n_1 - n_H}{0 - n_H} = (-1)^2 \frac{101 \times 99}{100 \times 100}$$

$$i_{1H} = \frac{1}{10000}$$

即

$$i_{H1} = 10000$$

5.5.4 实现合成运动和分解运动

(1) 合成运动

两个输入运动合成一个输出运动。最简单的合成运动机构如图 5-12 所示。由式(5-5)可得传动比计算公式

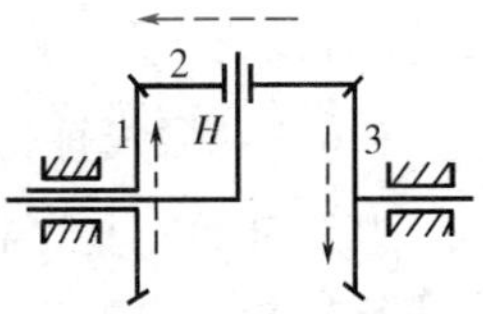

图 5-12 加法机构

$$\frac{n_1 - n_H}{n_3 - n_H} = -\frac{z_3}{z_1}$$

当 $z_1 = z_3$ 时，代入上式化简后得

$$n_H = 0.5 \times (n_1 + n_3)$$

由此可见，转臂 H 的转角等于齿轮 1 和齿轮 3 转角和的一半，所以这种机构又称为加法机构。

(2) 分解运动

一个输入运动分为两个输出运动。图 5-13 所示为汽车后桥差速器。当汽车拐弯时，由于左右两轮所走距离不同，为使车轮与地面间不发生滑动以减少轮胎的磨损，一般在汽车后桥上增加一个差速器，发动机输入的转速通过差速器再分配到两轮上，两轮上的速度根据汽车行驶情况自动调整。

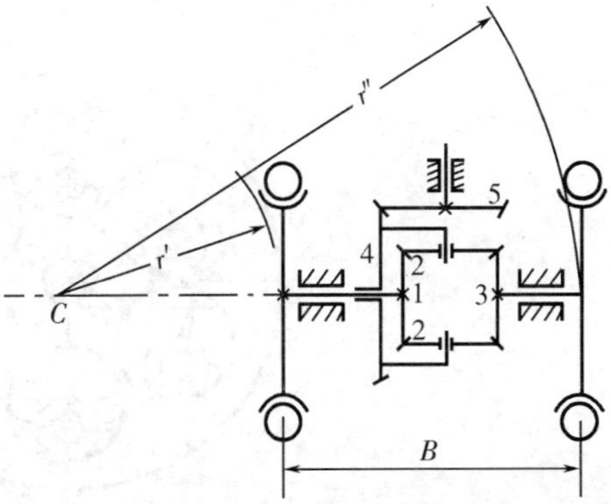

图 5-13 汽车后桥差速器

差动轮系的分解运动特性在动力传动系统中得到广泛应用。

5.6 几种特殊的行星传动简介

5.6.1 渐开线少齿差行星齿轮减速器

渐开线少齿差行星齿轮减速器是行星轮系的一种典型结构型式，如图 5-14 所示。它与前述的各种行星轮系的不同点是：它输出的运动是行星轮的绝对转动，而前述的各种行星轮系的输出运动是中心轮的绝对运动。

由行星轮系传动比计算公式 (5-5) 可求出

$$i_{HV} = i_{H2} = \frac{1}{i_{2H}} = \frac{1}{1 - i_{21}^H} = \frac{1}{1 - \frac{z_1}{z_2}} = -\frac{z_2}{z_1 - z_2}$$

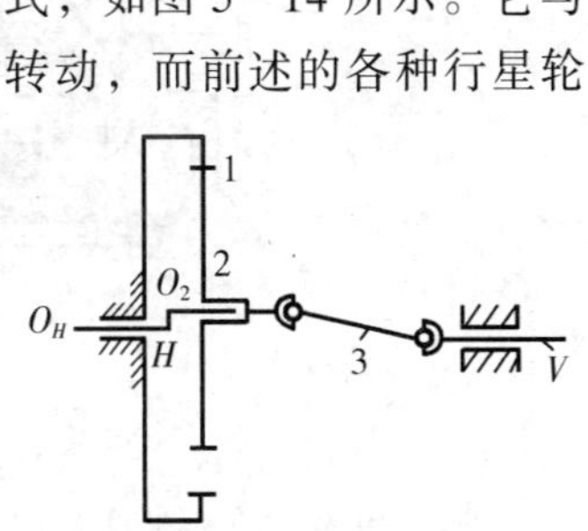

图 5-14 少齿差行星齿轮减速器

上式表明，当齿轮 1 和齿轮 2 的齿数差 $z_1 - z_2$ 很小时，传动比 i_{HV} 很大。当 $z_1 - z_2 = 1$ 时，该行星齿轮减速器的传动比 $i_{HV} = -z_2$。

由于行星轮中心与输出轴Ⅴ中心有偏差，故应采用等角速比机构，常见的等角速比机构有：双万向联轴节、十字槽联轴节及孔销输出机构联接。双万向联轴节的轴向尺寸较大，而十字槽联轴节的效率低，所以通常采用孔销输出机构，如图 5-15 所示。

渐开线少齿差行星减速器的优点是：(1) 传动比大（可达 135）；(2) 结构简单，体积小，重量轻；(3) 效率高（$\eta=0.80\sim0.94$）。其主要缺点是：(1) 同时啮合的齿少，其受力情况较差；(2) 受结构的限制，必须用非标准的正变位齿轮；(3) 结构较复杂。

5.6.2 摆线针轮行星减速器

摆线针轮行星减速器的结构如图 5-16 所示。1 为固定在机壳上的中心轮（针轮）。2 为摆线行星轮，它的齿形是延长外摆线的等距曲线。3 为连接两行星轮和输出轴的孔销输出机构。4 为输入轴。5 为固连在 4 上的双偏心套，它们一起构成行星传动的系杆。6 为输出轴。

从结构上看，中心轮（针轮）的齿数和摆线行星轮齿数的差为 1，所以摆线针轮行星减速器是一种一齿差行星减速器。其传动比也为 $i_{HV}=-z_2$。

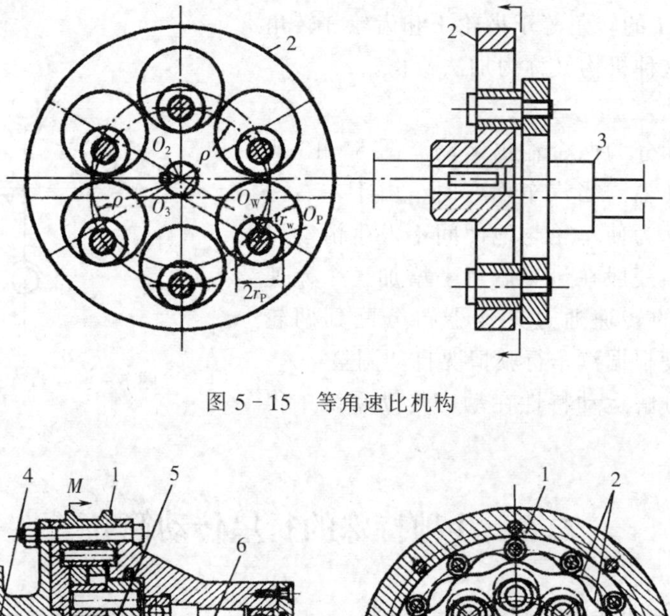

图 5-15 等角速比机构

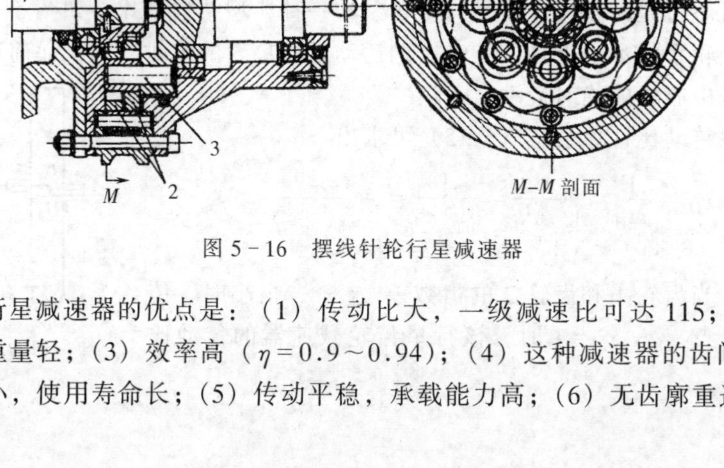

图 5-16 摆线针轮行星减速器

摆线针轮行星减速器的优点是：(1) 传动比大，一级减速比可达 115；(2) 结构较简单，体积小，重量轻；(3) 效率高（$\eta=0.9\sim0.94$）；(4) 这种减速器的齿间啮合为高副滚动，所以磨损小，使用寿命长；(5) 传动平稳，承载能力高；(6) 无齿廓重迭干涉现象。其缺点是：(1) 必须采用等角速比机构；(2) 工艺复杂，制造精度要求高，必须采用专用的机床和刀具来加工摆轮。

5.6.3　谐波齿轮传动

谐波传动的主要组成部分如图 5－17 所示。H 为波发生器，它相当于中心轮；2 为柔轮，可产生较大的弹性变形，它相当于行星轮。

按照波发生器上装的滚轮数目，可有双波传动和三波传动等，而最常用的是双波传动，如图 5－17 所示。谐波齿轮传动的齿数差应等于波数或波数的整数倍。

图 5－17　谐波传动

谐波齿轮传动的主要优点是：(1) 传动比大，可达 250；(2) 承载能力高，运动误差小，无冲击；(3) 效率高（$\eta=0.69\sim0.96$）；(4) 结构简单，零件少，体积小，重量轻；(5) 不需要等角速比机构。主要缺点是：(1) 柔轮周期地发生变形，容易发生疲劳损坏；(2) 传动比不能小于 35；(3) 起动力矩大；(4) 瞬时传动比不是常数。

本章小结

(1) 本章介绍了轮系的分类和应用，通过学习要掌握定轴轮系、周转轮系以及混合轮系传动比的计算方法和转向的确定方法，并对新型行星齿轮传动及特点有所了解。

(2) 本章学习的重点是轮系的传动比计算和转向的判定。在运用反转法计算周转轮系的传动比时，应十分注意转化轮系传动比计算式中的转向正负号的确定，并区分行星轮系和差动轮系的传动比计算的特点。

(3) 混合轮系传动比计算的要点是如何正确拆分出各个基本轮系，拆分的关键是先找出轮系中的周转轮系部分。

(4) 轮系的组成情况和运动传递内容十分丰富。在掌握基本轮系和典型轮系的基础上，可创新设计出功能独特的混合轮系。

思 考 题

5－1　定轴轮系与周转轮系的主要区别是什么？行星轮系和差动轮系有何区别？

5－2　定轴轮系中传动比大小和转向的关系如何？

5－3　什么是惰轮？它有何用途？

5－4　什么是转化轮系？如何通过转化轮系计算出周转轮系的传动比？

5－5　如何区别转化轮系的转向和周转轮系的实际转向？

5－6　怎样求混合轮系的传动比？分解混合轮系的关键是什么？如何拆分？

5－7　观察日常生活周围的机器，各举出一个定轴轮系和周转轮系，并计算出传动比和转向。

习　题

5－1　在图示的轮系中，已知 $z_1=15$，$z_2=23$，$z_{2'}=15$，$z_3=31$，$z_{3'}=15$，$z_4=33$，$z_{4'}=2$（右旋），

$z_5=60$，$z_{5'}=20$（$m=4$mm），若 $n_1=500$r/min，求齿条 6 线速度 v 的大小和方向。

5-2 在图示齿轮系中，已知 $z_1=z_2=19$，$z_{3'}=26$，$z_4=30$，$z_{4'}=20$，$z_5=78$，齿轮 1 与齿轮 3 同轴线，求齿轮 3 的齿数及传动比 i_{15}。

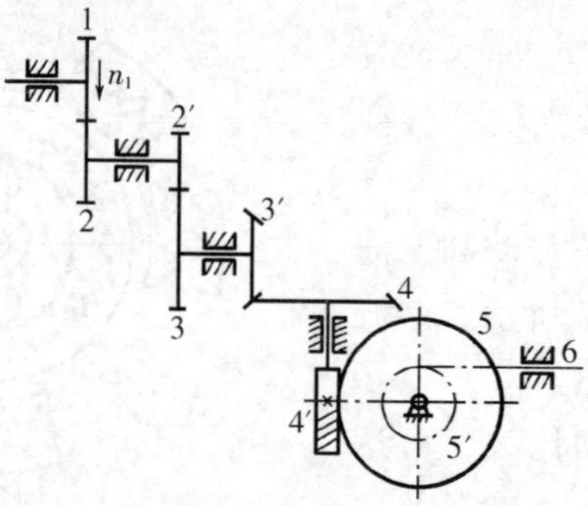

题 5-1 图

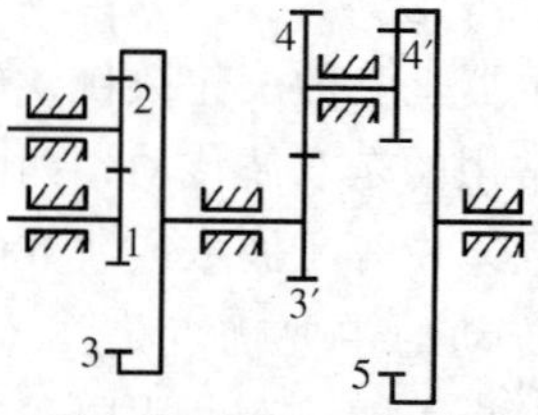

题 5-2 图

5-3 在图示的钟表传动示意图中，E 为擒纵轮，N 为发条盘，S、M 及 H 分别为秒针、分针和时针。设 $z_1=72$，$z_2=12$，$z_3=64$，$z_4=8$，$z_5=60$，$z_6=8$，$z_7=60$，$z_8=6$，$z_9=8$，$z_{10}=24$，$z_{11}=6$，$z_{12}=24$，求秒针与分针的传动比 i_{SM}及分针与时针的传动比 i_{MH}。

5-4 图示车床变速箱中，移动三联齿轮 a 可使齿轮 3′和 4′、3″和 4″啮合，又移动双联齿轮 b，可使齿轮 5′和 6′啮合。已知各轮的齿数为 $z_1=42$，$z_2=58$，$z_{3'}=38$，$z_{4'}=42$，$z_{5'}=50$，$z_{6'}=48$，电动机转速为 1450r/min。试求此种情况下输出轴转速的大小和方向。

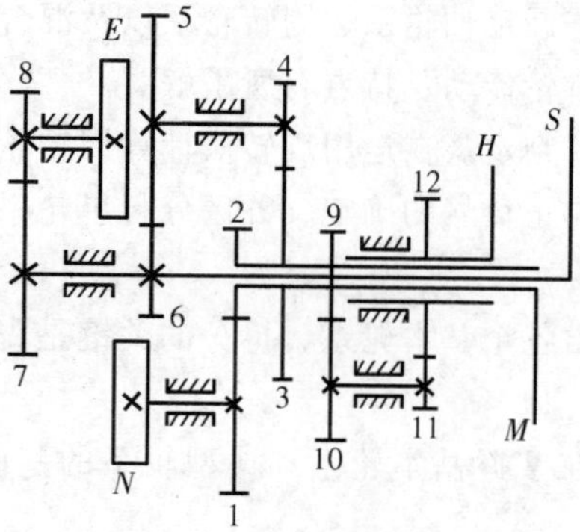

题 5-3 图

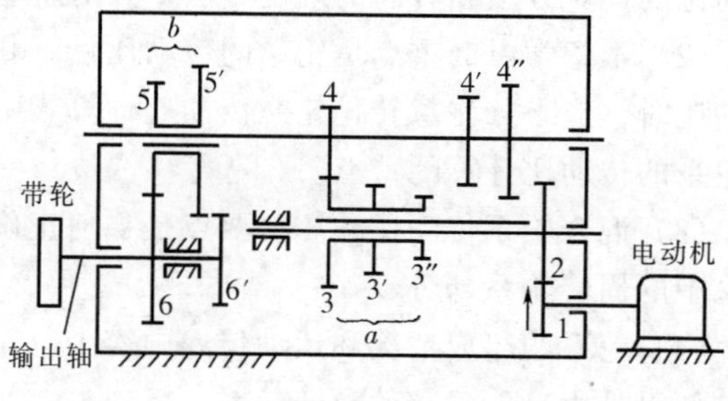

题 5-4 图

5-5 在图示的行星减速装置中，已知 $z_1=z_2=17$，$z_3=51$。当手柄转过 90°时转盘 H 转过多少度？

5-6 在图示的差动齿轮系中，已知各轮齿数 $z_1=15$，$z_2=25$，$z_{2'}=20$，$z_3=60$。若 $n_1=200$r/min，$n_3=50$r/min，且转向相同，试求行星架 H 的转速 n_H。

5-7 在图示的手动葫芦中，S 为手动链轮，H 为起重链轮。已知 $z_1=21$，$z_2=29$，$z_{2'}=14$，$z_3=55$，求传动比 i_{SH}。

5-8 在图示极大传动比减速器中，蜗杆 1 和齿轮 1′为同一构件，蜗杆 5 及齿轮 5′也为同一构件，蜗杆 1 和 5 均为单头右旋，$z_1=101$，$z_2=99$，$z_{2'}=z_4$，$z_{4'}=100$，$z_{5'}=100$。求传动比 i_{1H}。

5-9 求图示轮系的传动比 i_{14}，已知 $z_1=z_{2'}=25$，$z_2=z_3=20$，$z_H=100$，$z_4=20$。

5-10 图示齿轮系中，动力由轴Ⅰ输入，轴Ⅱ输出。已知 $z_1=12$，$z_2=51$，$z_{2'}=49$，$z_3=75$，$z_4=12$，$z_5=73$。求（1）$i_{ⅠⅡ}$；（2）若齿轮 2 的齿数改为 $z_2=50$，求 $i_{ⅠⅡ}$。

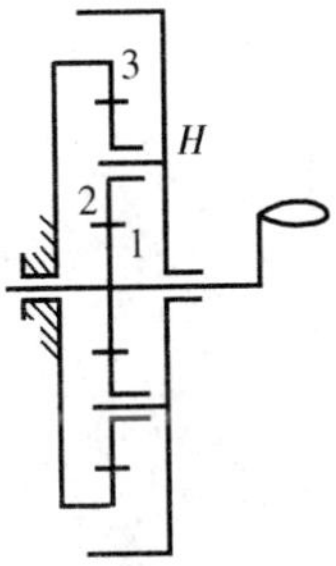

题 5－5 图

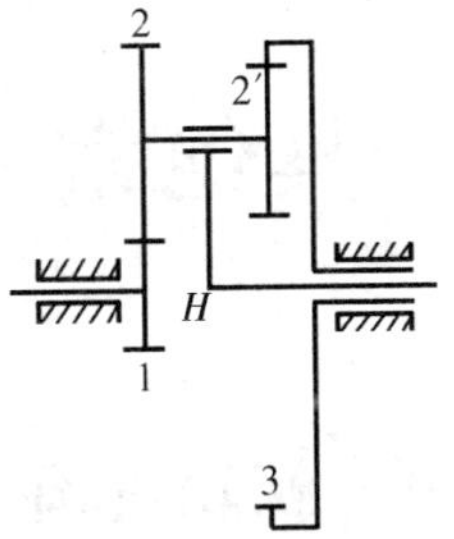

题 5－6 图

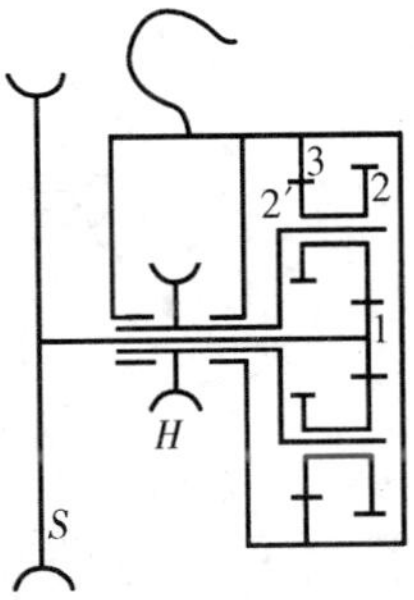

题 5－7 图

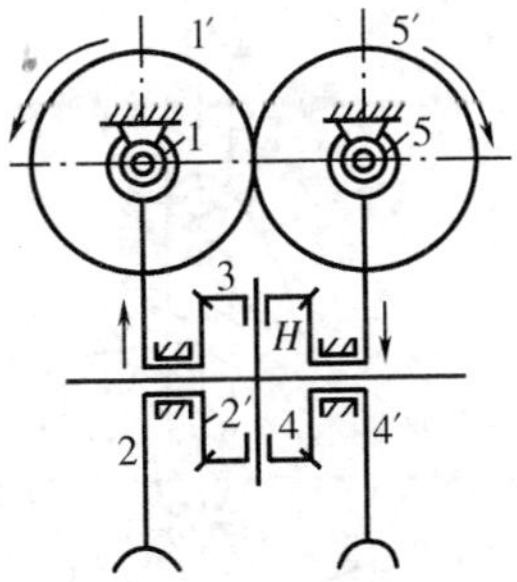

题 5－8 图

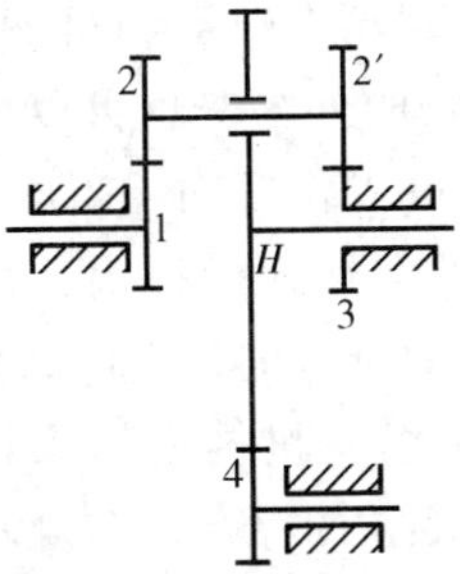

题 5－9 图

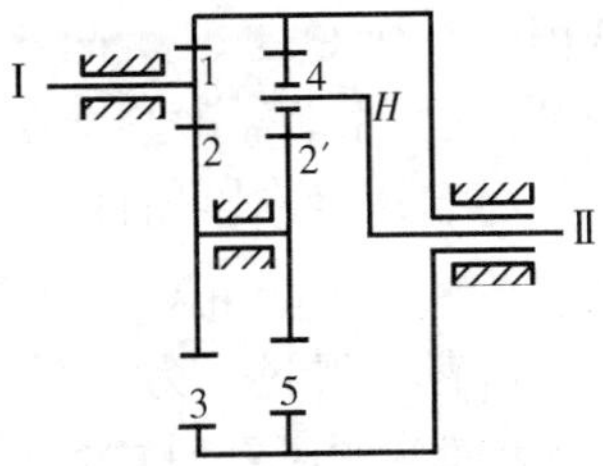

题 5－10 图

5－11 在图示镗床镗杆进给机构中，各轮的齿数 $z_1=60$，$z_4=z_{3'}=z_2=30$，螺杆的导程 $p_z=6\text{mm}$，且为右旋螺纹，设所有齿轮的模数相同，当被切工件的右旋螺纹的导程 $p_z'=2\text{mm}$ 时，齿轮 2′和 3 的齿数各为多少？

5－12 在图示混合齿轮系中，设已知各轮的齿数，试计算其传动比 $i_{\text{I}\,\text{II}}$。

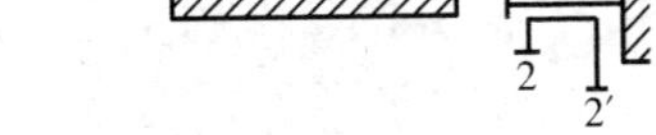

题 5－11 图

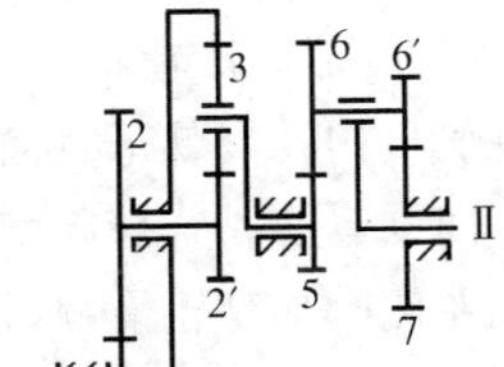

题 5－12 图

第 6 章　其他常用机构

6.1　棘轮机构

6.1.1　棘轮机构的基本组成及工作原理

如图 6-1 所示，棘轮机构主要由棘轮、棘爪和机架组成。棘轮 3 固定在轴 O 上，其轮齿分布在轮的外缘（也可以分布在内缘或端面），原动件 1 铰接在轴 O 上可以作摆动。当原动件 1 逆时针方向摆动时，原动件 1 上的棘爪 4 插入齿槽内，使棘轮随原动件转过一定的角度；当原动件顺时针方向摆动时，棘爪 4 则在棘轮齿背上滑过。为了阻止棘轮回转，机构中加入止动棘爪 5。当棘轮欲顺时针回转时，由于棘爪 5 的存在，使棘轮静止不动。当原动件连续地往复摆动时，棘轮只作单向的间歇运动。

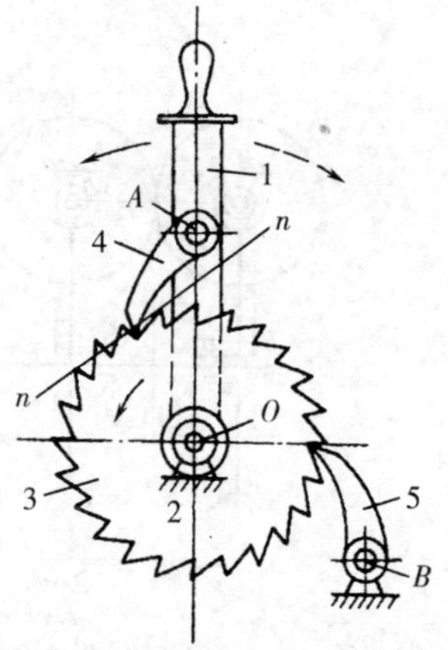

图 6-1　棘轮机构

6.1.2　棘轮机构的常见类型

（1）双动式棘轮机构

图 6-2 所示为双动式棘轮机构。原动件往复摆动都能使棘轮沿同一方向间歇转动。驱动棘爪可制成直的或带钩的形式。

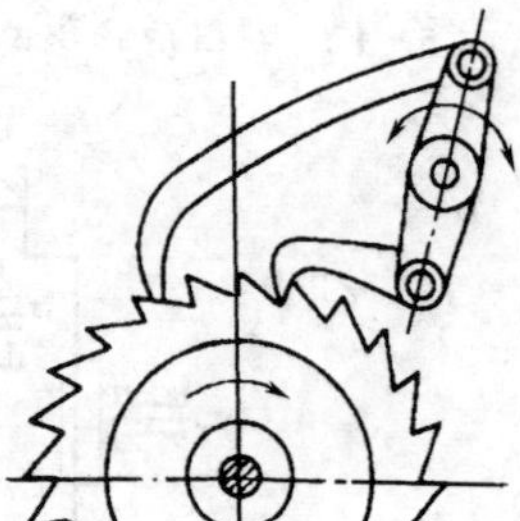
图 6-2　双动式棘轮机构

（2）可变向棘轮机构

图 6-3 所示为两种可变向棘轮机构。对于 a）所示类型的棘轮机构，当棘爪 B 在右边位置时，棘轮将沿逆时针方向作间歇运动；当棘爪 B 翻到左边时，棘轮将沿顺时针方向作间歇运动。对于 b）所示类型的棘轮机构，当棘爪直面在左侧，斜面在右侧时，棘轮沿逆时针方向作间歇运动，若提起棘爪翻转 180°后再插入，使直面在右侧，斜面在左侧时，棘轮沿顺时针方向作间歇运动。这种棘轮机构常用于牛头刨床工作台的进给装置中。

（3）摩擦式棘轮机构

齿式棘轮机构转动时，棘轮的转角都是相邻两齿所夹中心角的整数倍。为了实现棘轮转角的任意性，可采用无棘齿的棘轮机构，如图 6-4 所示。这种机构通过棘爪 1 与棘轮 2 之间的摩擦力来实现传动，故也称为摩擦式棘轮机构。这种机构工作时噪声较少，但其接触面间容易发生滑动。为了增加摩擦力，可以将棘轮做成槽形。

6.1.3　用棘轮机构实现超越运动

棘轮机构除了常用于实现间歇运动外，还可用于实现超越运动，以图 6-5 所示超越式棘轮机构为例说明超越运动的工作的原理。设棘轮 3 和内圈 5 均按顺时针方向转动，当内圈 5 转速大于外圈 3 转速时，棘爪 4 将在棘轮齿背上滑过，从而实现内圈的超越运动；当外圈

3 转速欲超过内圈 5 转速时，由于棘爪 4 的作用，迫使内圈与外圈同速转动。自行车后轴上就安装有这样的超越式棘轮机构。

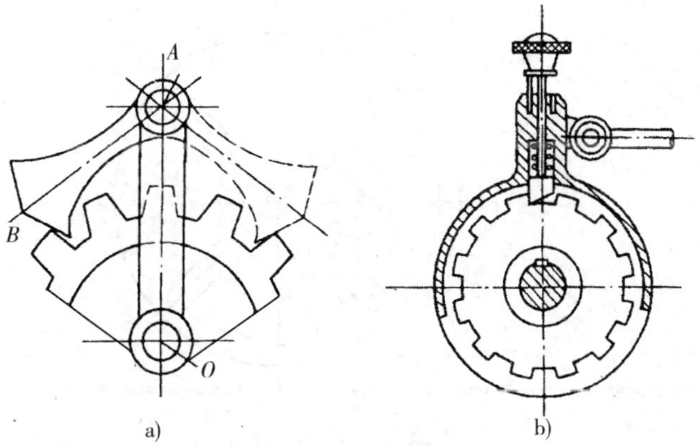

图 6－3　可变向棘轮机构

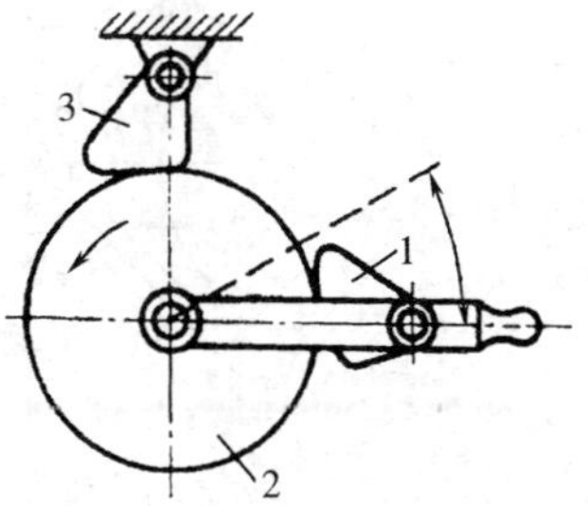

图 6－4　摩擦式棘轮机构

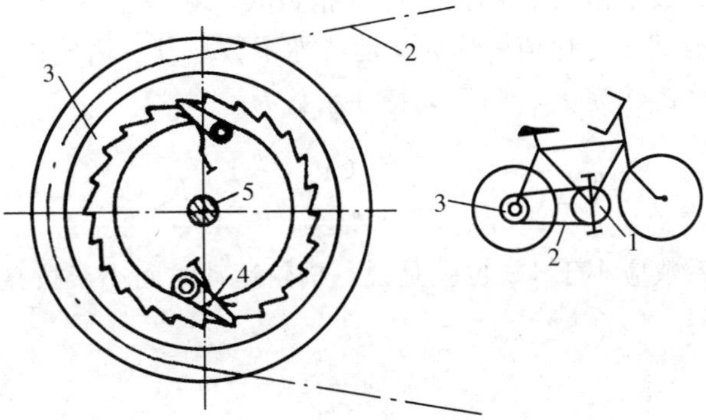

图 6－5　超越式棘轮机构

6.2　槽轮机构

6.2.1　槽轮机构的组成及工作原理

槽轮机构又称马尔他机构，如图 6－6 所示。它是由槽轮 2、带有圆柱销的拨盘 1 和机架组成。当拨盘 1 作匀速转动时，驱使槽轮 2 作间歇运动。当圆柱销进入槽轮槽时，拨盘上的圆柱销将带动槽轮转动。拨盘转过一定角度后，圆柱销将从槽中退出。为了保证圆柱销下一次能正确地进入槽内，必须采用锁止弧将槽轮锁住不动，直到下一个圆柱销进入槽后才放开，这时槽轮又可随拨盘一起转动，即进入下一个运动循环。

平面槽轮机构有两种型式：外槽轮机构（如图 6－6）和内槽轮机构（如图 6－7）。

槽轮机构构造简单，机构效率较高。由于圆柱销是沿圆周切向进入和退出槽的，所以槽轮机构运动平稳。槽轮机构被广泛用于自动机床、自动机械上的转位机构、电影放映机卷片机构等。

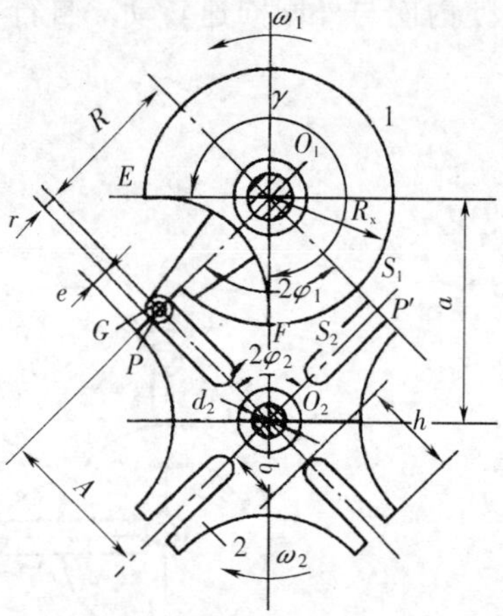

图 6-6 槽轮机构

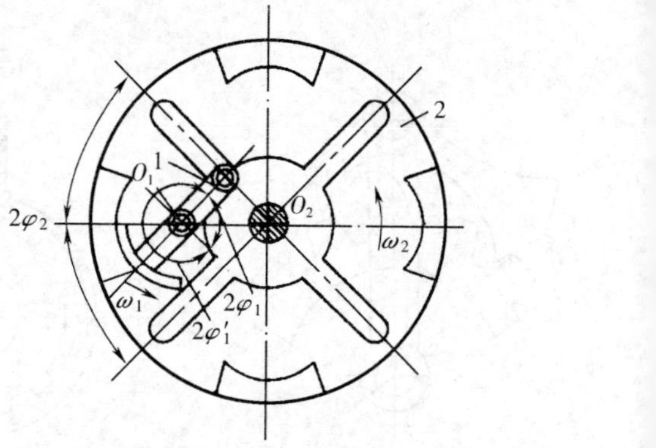

图 6-7 内槽轮机构

6.2.2 槽轮机构的主要参数

槽轮机构的主要参数是槽数 z 和拨盘圆柱销数 K。在一个运动循环内，槽轮 z 的运动时间 t_m 对拨盘 1 运动时间 t 之比值 τ 称为运动特性系数。设一槽轮机构，槽轮上有 z 个槽，拨盘上均匀分布的圆柱销数为 K，则运动特性系数为

$$\tau=\frac{Kt_m}{t}=\frac{2K\varphi_1}{2\pi}=\frac{K\left(\pi-\frac{2\pi}{z}\right)}{2\pi}=\frac{K(z-2)}{2z} \tag{6-1}$$

另外，运动特性系数应小于 1，也就是说，槽轮运动时间小于拨盘的运动时间，即槽轮的间歇时间，由上式得

$$K<\frac{2z}{z-2} \tag{6-2}$$

由上式可知，当 $z=3$ 时，圆柱销的数目可以为 1～5，当 $z=4$ 或 5 时，圆柱销数可为 1～3,而当 $z\geqslant6$ 时，圆柱销的数目可为 1 或 2。一般槽数取为 4～8。

6.3 不完全齿轮机构

如图 6-8 所示为不完全齿轮机构。不完全齿轮机构的主动轮一般为只有一个或几个齿的不完全齿轮，从动轮可以是普通的完整齿轮，也可以是一个不完全齿轮。这样当主动轮的有齿部分作用时，从动轮随主动轮转动，当主动轮无齿部分作用时，从动轮应停止不动，因而当主动轮作连续回转运动时，从动轮可以得到间歇运动。为了防止从动轮在停止期间的运动，一般在从动轮上制有锁止弧。

不完全齿轮机构与其他机构相比，结构简单，制造方便，从动轮的运动时间和静止时间的比例可不受机构结构的限制。但由于齿轮传动为定传动比运动，所以从动轮从静止到转动或从转动到静止时，速度有突变，冲击较大，所以一般只用于低速或轻载场合。如用于高速运动，可以采用一些附加装置（如图 6-9 所示，具有瞬心线附加杆的不完全齿轮机构）来降低因从动轮速度突变而产生的冲击。

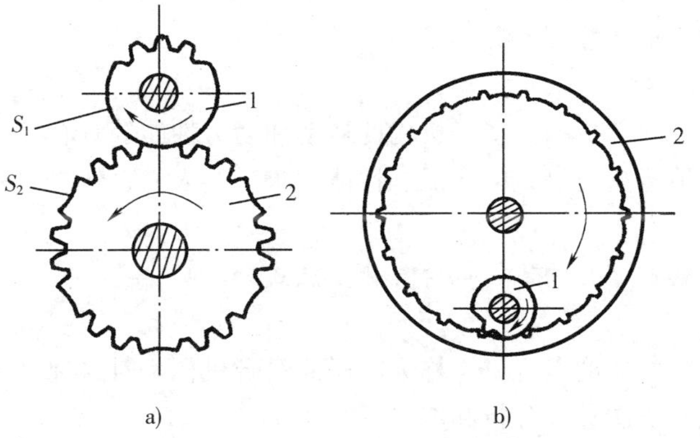

图 6-8　不完全齿轮机构

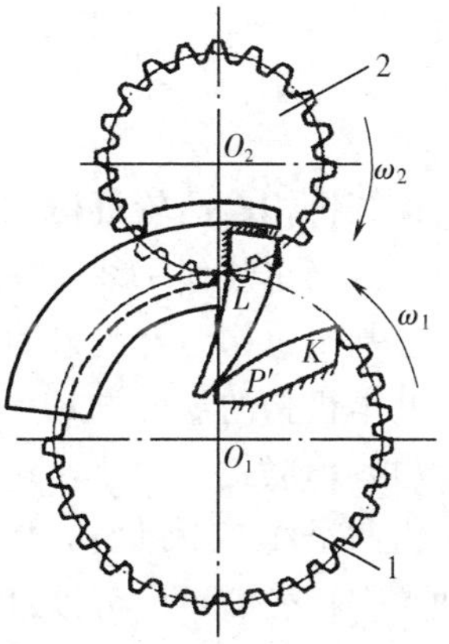

图 6-9　具有瞬心线附加杆不完全齿轮机构

6.4　凸轮间歇运动机构

凸轮间歇运动机构一般有两种型式。

(1) 圆柱凸轮间歇运动机构

该机构由凸轮 1、转盘 2 和机架组成，如图 6-10 所示。凸轮为具有曲线槽的圆柱体，转盘 2 端面上有若干个滚子。当凸轮转动时，凸轮曲线槽推动滚子转过一定角度。设凸轮为匀速转动，通过改变曲线槽设计，就可以得到预定运动规律的间歇运动。

(2) 蜗杆凸轮间歇运动机构

凸轮形似蜗杆，滚子分布在转盘的圆柱面上，形似蜗轮。设凸轮为匀速转动，通过设计不同的凸轮曲线突脊，就可以得到预定运动规律的间歇运动，如图 6-11 所示。

凸轮间歇运动机构运转可靠，传动平稳，转盘可以实现任何运动规律，可以满足高速运转的要求。凸轮间歇运动机构常用于需要间歇转位的分度装置中和要求步进动作的机械中。

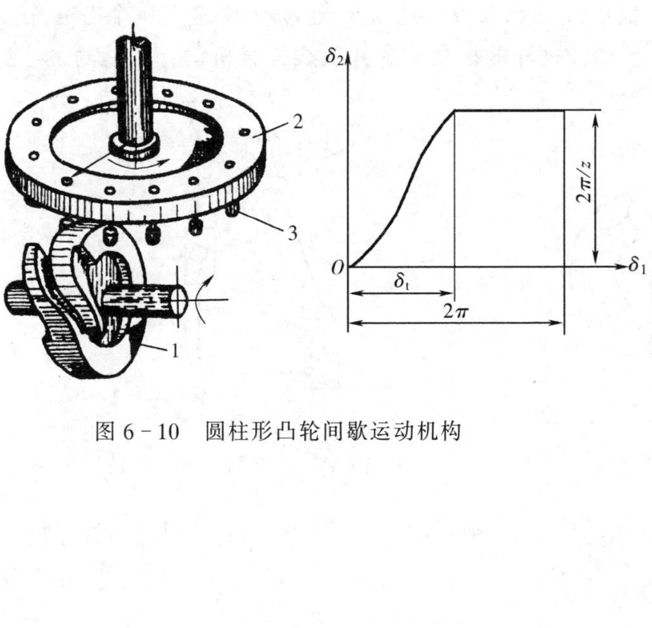

图 6-10　圆柱形凸轮间歇运动机构

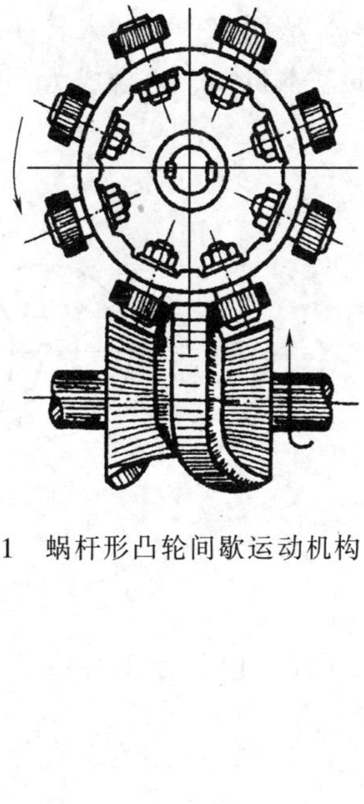

图 6-11　蜗杆形凸轮间歇运动机构

6.5 组合机构

连杆机构、凸轮机构、齿轮机构和间歇机构等基本机构的运动和动力性能等具有一定的局限性。当单独使用某一种基本机构不能满足机械的功能、性能要求时，人们自然想到采用由几种基本机构组合起来的组合机构。

基本机构的组合方式有四种：串联式、并联式、复合式和叠加式。

（1）串联式

由两个或两个以上的基本机构串联而成的组合机构称为串联式组合机构。对这种机构分析和综合比较简单，可以对串联的机构依次进行分析和综合。

图6-12所示的组合机构是由一个曲柄摇杆机构（1-2-3）和一个曲柄滑块机构（3′-5-6）串联组合而成的，即将曲柄摇杆机构的摇杆3与曲柄滑块机构的曲柄3′固接在一起。输入构件1的角速度 ω_1 和输出构件6的移动速度 v 之间的运动规律是由这两个机构的运动规律确定的。图6-13是由双曲柄机构和槽轮机构串联组合，经过合理优化设计，可使组合机构的运动、动力性能较一般的槽轮机构有较大的改善。

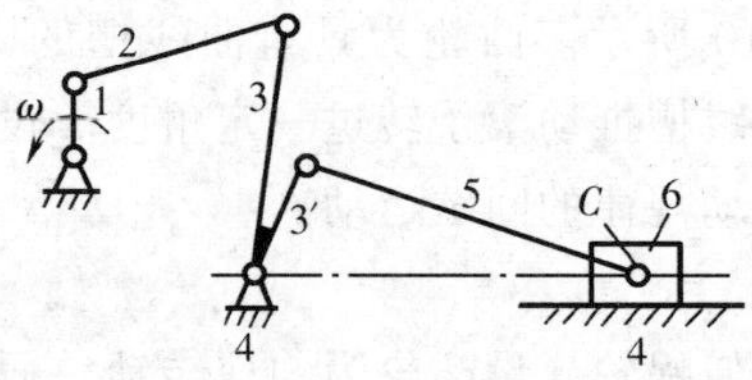

图6-12 串联式组合机构

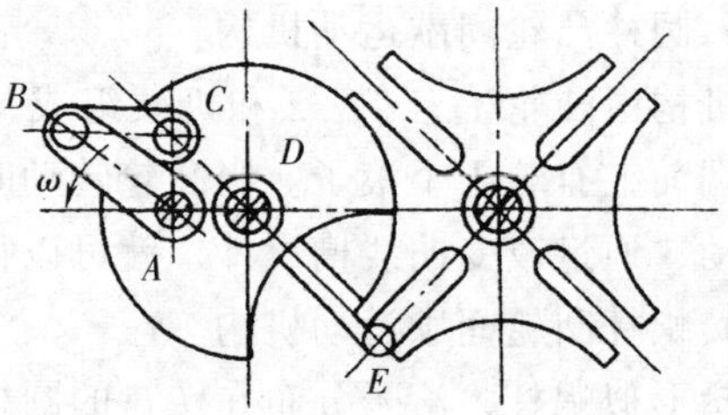

图6-13 双曲柄机构和槽轮机构的串联组合

（2）并联式

并联式组合机构是将原动件的一个运动同时输入给 n 个并列布置的单个自由度的基本机构，从而将一个输入转换成 n 个输出。一般来说，这 n 个运动又被输入一个有 n 个自由度的基本机构，再合成为一个输出运动，这样的机构称为并联式组合机构，常见的 $n=2$。

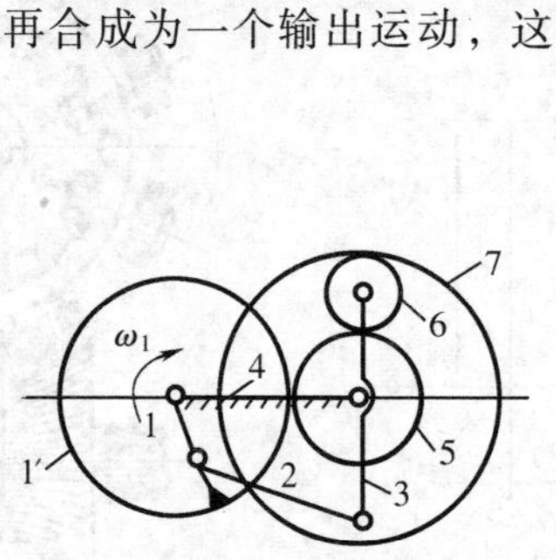

图6-14 并联式组合机构

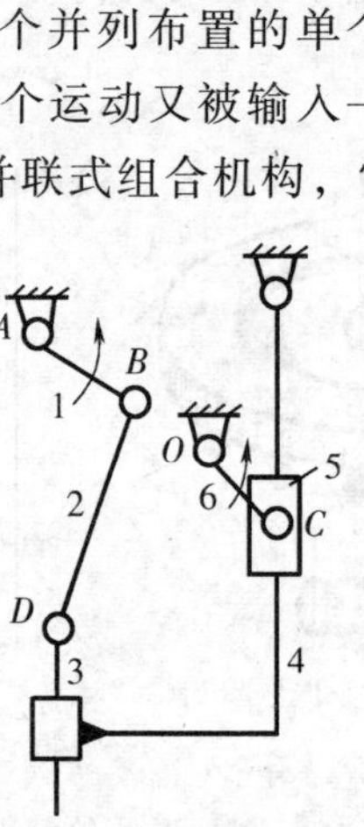

图6-15 钉扣机的针杆传动机构

图6-14所示的并联式组合机构是由一个定轴轮系（1′-5-4）、一个曲柄摇杆机构（1-

2－3－4）和一个差动轮系（5－6－7－3－4）所组成。原动件的转动（ω_1）由齿轮 1′和曲柄 1 分别输入轮系和曲柄摇杆机构，它们的输出（ω_3、ω_5）再由差动轮系合成为一个输出转动（ω_7）。图 6－15 是钉扣机的针杆传动机构，由曲柄滑块机构和摆动导杆机构并联组合而成，原动件分别为曲柄 1 和曲柄 6，从动件是针杆 3，可以实现平面复杂运动用以完成钉扣动作。

（3）复合式

一个具有两个自由度的基本机构和一个附加在其上的基本机构并接在一起组合形成的机构称为复合式组合机构。

图 6－16 所示为凸轮—连杆机构。图中 A、B、C、D 构成一个五杆机构，具有两个自由度。再引入一个固定凸轮机构，并将 C 点的运动轨迹限定在凸轮的外轮廓上。此机构输出构件滑块 D 的行程比单一凸轮机构推杆行程可增大多倍，且凸轮机构压力角还可控制在许用值范围内。

（4）叠加式

将一个机构安装在另一个机构的某个运动构件上而组合形成的机构称为叠加式组合机构。叠加式组合机构的输出运动是由若干个机构输出运动合成。叠加式机构组合的主要功能是实现特定的输出，完成复杂的动作。

图 6－17 所示为一液压挖掘机，由 3 套液压摆缸机构叠加组成。通过 3 套机构的独立运动，最终使铲斗 10 完成复杂的挖掘动作。

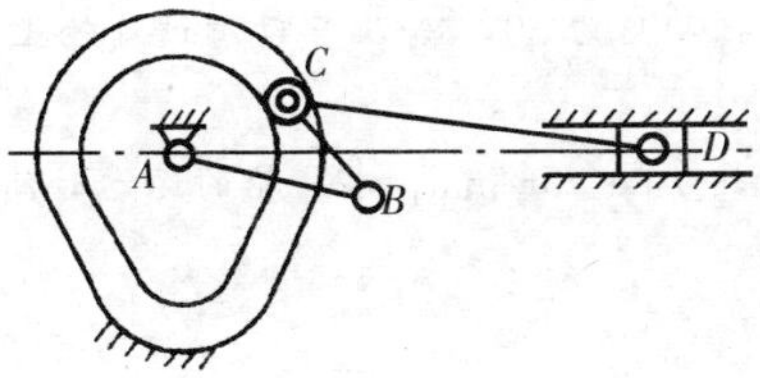

图 6－16　复合式组合机构

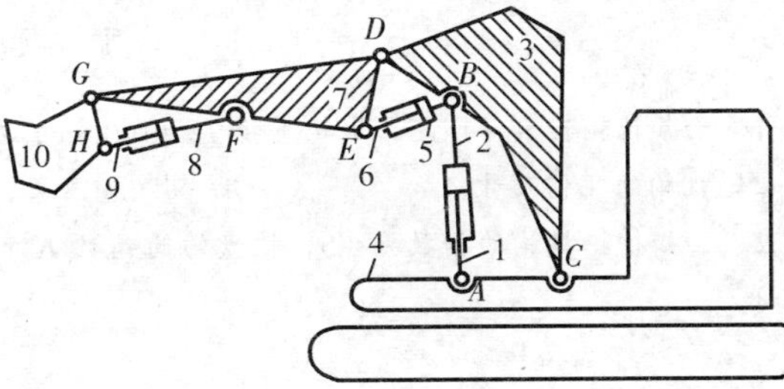

图 6－17　叠加式组合机构

本章小结

（1）连杆机构、凸轮机构、齿轮机构、轮系，以及棘轮机构、槽轮机构、不完全齿轮机构和凸轮间歇运动机构等，是构成机械运动的常见基本机构。通过学习应掌握各种机构的特点和运动规律；通过比较，掌握各机构间的相同点和不同点。设计时，同一个运动规律，可以由多种不同的机构实现，应根据设计要求的运动规律，首先应选定某种运动机构，再进行机构的参数设计。也可以选定多个机构进行设计，再比较各自的性能指标，最终确定选用哪个机构。

（2）除了已学的机构外，还有大量的不常用的机构和特殊用途的机构，平时应注意观察，了解并掌握这些机构的特点，充实机构知识。另外，与平面机构相对应的空间机构（如空间槽轮机构等），种类也十分丰富，也应注意了解和掌握。

（3）当单一基本机构不能满足设计要求时，可考虑采用组合机构。一般来说，组合机构能完成复杂的运动规律，同一个运动规律，能实现的组合机构更多，选择、设计难度更大。

另外，机构越复杂、构成机构的构件越多，机构的可靠性就越低，制造成本就越高。所以，应综合评价一个组合机构的优劣。

（4）在机械的创新设计中，机构的创新设计占据十分重要的地位。掌握基本机构的特点和机构组合的基本方法，是机械创新设计的前提和基础。

思考题

6-1 常见的棘轮机构有哪几种型式？各具有什么特点？

6-2 观察自行车后轮轴上的棘轮机构和牛头刨床上用于进给的棘轮机构，分别说出各是哪种棘轮机构及工作原理。

6-3 槽轮机构中槽轮槽数与拨盘上圆柱销数应满足什么关系？为什么要在拨盘上加上锁止弧？

6-4 选定一机器，分析其中槽轮机构的槽数和圆柱销数，说明为什么在此要用槽轮机构，是否可以采用其他机构替换。

6-5 举出一不完全齿轮机构实例，说明其工作原理及作用。

6-6 圆柱形凸轮间歇运动机构与蜗杆形凸轮间歇运动机构有何区别？

6-7 凸轮间歇运动机构的运动规律如何确定？如何实现？设计运动规律时应注意哪些问题？

6-8 棘轮机构、槽轮机构、不完全齿轮机构和凸轮间歇运动机构是常用的四种间歇运动机构，通过对比，说出它们在运动平稳性、加工工艺性和经济性等方面各具有哪些优缺点，各适用于什么场合。

6-9 组合机构的组合方式有哪几种？请各举出一应用实例。

习题

6-1 已知棘轮齿数 $z=15$，棘轮直径 $D=100\text{mm}$，原动件摆动角为30°，每次摆动滑过棘轮上两齿，试确定棘轮机构的几何尺寸。

6-2 已知槽轮机构的槽数 $z=5$，拨盘的圆销数 $K=1$，转速 $n_1=75\text{r/min}$，求槽轮的运动时间 t_m和静止时间 t_s。

第 7 章　机械的动力性能

机械的动力性能，是指机械在克服阻力做功或实现能量转换时的动力性能。一般来说，如果一台机器工作时表现出工作平稳、速度稳定、冲击振动小、噪声低、损耗少、发热少、效率高等，即认为此机器具有良好的动力性能。

机械的动力性能主要与机械内各运动构件的动力学因素有关，涉及到机械在外力作用下的受力情况、做功情况和运动状态等问题。本章将讨论与机械动力性能有关的几个主要问题：(1) 回转件的平衡；(2) 速度波动及调节；(3) 机械效率。

7.1　回转件的平衡

7.1.1　回转件平衡的目的

在机械中大量存在着绕固定轴线回转的构件，这类构件称为回转件（或称为转子）。由理论力学可知，一偏离回转中心距离为 $\boldsymbol{r}$、质量为 m 并以角速度 ω 转动的转子，所产生的离心力 $\boldsymbol{F}$ 为

$$\boldsymbol{F} = m\boldsymbol{r}\omega^2 \tag{7-1}$$

当离心力（或力系的合力、合力偶矩）不等于零时，它的方向随着回转件的转动而发生周期性的变化，同时，离心力（合力、合力偶矩）对轴承施加一个附加的动压力，并使整个机械产生周期性的振动。这种振动往往使机械的可靠性、精度等降低，零件材料易疲劳损坏而使零件寿命缩短，振动产生的噪声对周围的设备、建筑、环境等都有较大的影响和破坏。对于高速、重载、精密机械来说，这个问题更加突出。因此，调整回转件的质量分布，使回转件工作时离心力系达到平衡，以消除附加动压力，尽可能减轻由离心力而产生的机械振动，这就是回转件平衡的目的。

一般机械中使用的回转件工作时变形较小，可以忽略不计，这种回转件称为刚性回转件，而对于工作时变形较大的回转件，一般称为挠性回转件。刚性回转件和挠性回转件的平衡原理和方法各不相同，本节仅讨论刚性回转件的平衡原理和方法，有关挠性回转件的平衡原理和方法请参阅有关的文献资料。

7.1.2　回转件的平衡计算

对于绕固定轴线转动的回转件，若已知组成该回转件的各质量的大小和位置，就可以计算出合力矩的大小和方向，同时这也显示出平衡所需的质量（称为平稳质量）的大小和位置。另外，根据组成回转件的各质量分布是否处于同一个平面，其平衡原理和方法略有不同。下面分两种情况进行分析。

(1) 质量分布在同一回转面内

对于轴向尺寸较小的零件，也称为盘状零件，如飞轮、砂轮等，其质量分布可以近似认为在同一回转面内。当回转件匀速转动时，各质量所产生的离心力构成同一平面内交于回转

中心点的力系。如果该力系不平衡，则它们的合力不等于零。为了使力系达到平衡，只需在同一平面内加上一个平衡质量，使其所产生的离心力等于原离心力的合力且方向相反。这样，加上一个平衡质量后，由回转件上各质量所产生的离心力组成的力系就达到平衡。即

$$\boldsymbol{F} = \boldsymbol{F}_b + \sum \boldsymbol{F}_i = 0 \tag{7-2}$$

式中 $\boldsymbol{F}$、$\boldsymbol{F}_b$和$\sum \boldsymbol{F}_i$ 分别表示总离心力、平衡质量的离心力和原有质量离心力的合力。代入离心力计算式，并消除 ω 后，可得

$$m\boldsymbol{e}\omega^2 = m_b\boldsymbol{r}_b\omega^2 + \sum m_i\boldsymbol{r}_i\omega^2 = 0$$

$$m\boldsymbol{e} = m_b\boldsymbol{r}_b + \sum m_i\boldsymbol{r}_i = 0 \tag{7-3}$$

式中：m、$\boldsymbol{e}$ 为回转件的总质量和总质心的向径；m_b、$\boldsymbol{r}_b$为平衡质量及其质心的向径；m_i、$\boldsymbol{r}_i$ 为原有各质量及其质心的向径（如图 7-1）。

由上式可知，当回转速度一定时，离心力的大小和方向只与各个质量的大小和向径有关，我们把质量与向径的乘积称为质径积。

当回转件平衡后，$e=0$，即总质心与回转轴线重合，此时回转件质量对回转轴线的静力矩 $mge=0$，这说明该回转件可以在任意位置保持静止，而不会自行转动，我们将这种平衡称为静平衡（工业上也称单面平衡）。

静平衡的条件是：分布于该回转件上各个质量的离心力（或质径积）的向量和等于零，即回转件的质心与回转轴线重合。

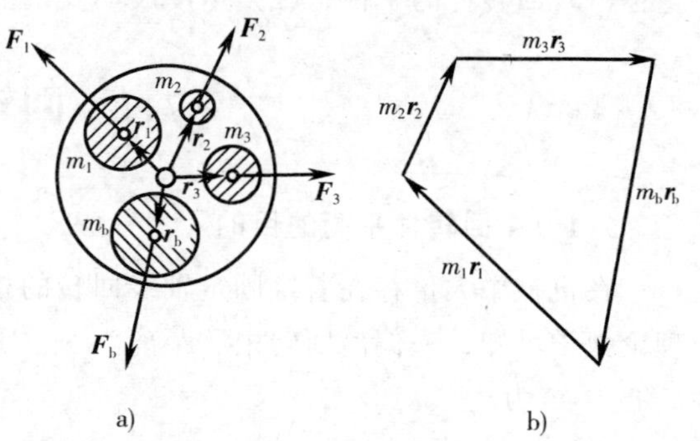

图 7-1　静平衡向量图解法

求平衡质量的大小和向径的方法有三种：解析法、图解法和试验法。解析法精确，图解法直观，试验法实用。下面由例题简述解析法和图解法的具体求解方法。

【例题 7-1】 已知同一回转面内的不平衡质量 m_1，m_2，m_3（kg）及其向径 $\boldsymbol{r}_1$，$\boldsymbol{r}_2$，$\boldsymbol{r}_3$（m），求应加的平衡质量 m_b及其向径 $\boldsymbol{r}_b$。

【解】 由（7-3）得

$$m_b\boldsymbol{r}_b + m_1\boldsymbol{r}_1 + m_2\boldsymbol{r}_2 + m_3\boldsymbol{r}_3 = 0$$

式中只有 $m_b\boldsymbol{r}_b$为未知，解析法是采用分别向 x、y 轴投影，分别求出 $m_b\boldsymbol{r}_b$在 x、y 轴上的分量，再解出具体数值。而图解法采用向量多边形求解，如图 7-1b 所示。

静平衡试验法是利用静平衡架找出不平衡质径积的大小和方向，并由此确定平衡质量的大小和位置，使质心移到回转轴线上以达到静平衡。图 7-2 所示为导轨式静平衡架。架上两根互相平行的钢制刀口形导轨被安装在同一水平面内。试验时将回转件的轴放在导轨上。若回转件偏心，则由于重力的作用，回转件将在导轨上发生滚动。待到滚动停止时，质心 S 即处于最低位置，由此可确定质心的偏移方向。然后再在质心的反方向加一适当的平衡质量，并逐步调整其大小或径向位置，直到该回转件在任意位置都能保持静止。这时所加的平衡质量与其向径的乘积就是该回转件欲达到平衡所需加的质径积。导轨式静平衡架简单可靠，其精度也能满足一般机械生产的需要。

(2) 质量分布不在同一回转面内

对于轴向尺寸较大的回转件，即称为轴类零件，如电动机的转子、机床主轴等，其质量分布不能近似地认为是位于同一回转面内。这类回转件转动时产生的离心力不再是平面力系，而是空间力系。因此，单靠在某一回转面内加一平衡质量的静平衡方法不能使这类回转件转动时达到平衡。

图 7-2　导轨式静平衡架

对于轴类零件，可能存在着静平衡但动不平衡的情况。如图 7-3 所示，设有两个质量 m_1、m_2 分布于相距 l 的两个回转面内，若 $m_1\boldsymbol{r}_1+m_2\boldsymbol{r}_2=0$ 成立，则回转件满足静平衡条件，但因两质量不在同一回转面内，当回转件转动时，两质量产生的离心力将产生一个力偶，该力偶使回转件仍处于动不平衡的状态。因此对于轴向尺寸较大的回转件，必须使其各质量产生的离心力的合力和合力偶矩都等于零，只有这样才能达到平衡。

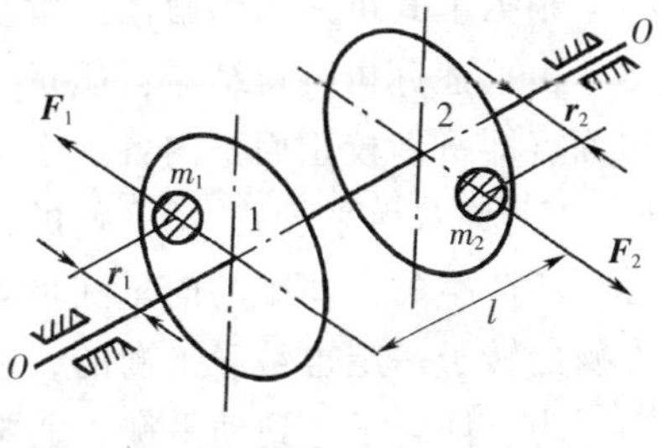

图 7-3　静平衡但动不平衡的转子

对于动不平衡的转子进行平衡时，一般的方法是先选定两个辅助平面（也称平衡校正面），再将各个质量按其所在平面与两辅助平面的距离的比值，按比例将质量分解到两辅助平面上，最后再采用静平衡的方法使这两个辅助平面达到静平衡。如图 7-4 所示。

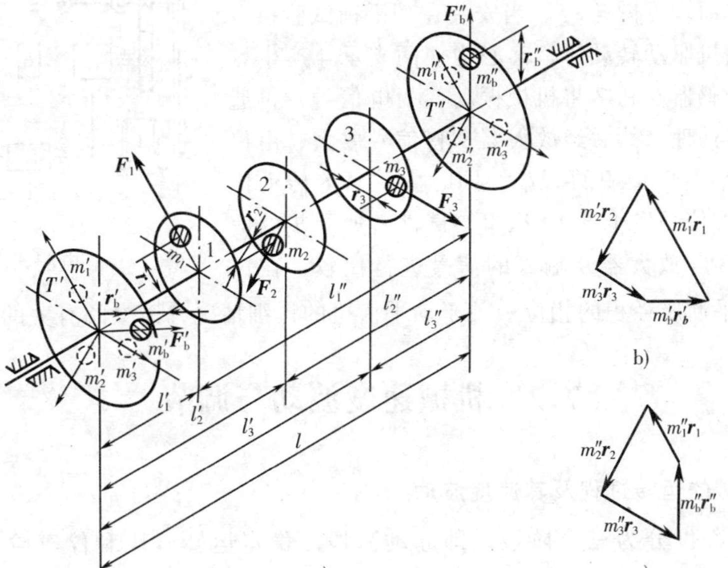

图 7-4　不同回转面内质量的平衡

设回转件的不平衡质量 m_1、m_2、m_3 分布在 1、2、3 三个平面内，选定两个辅助平面 T' 和 T''。按平行力分解原理，可将某平面内的质量 m_i 分解到两辅助平面内，得 $m_{i'}$ 和 $m_{i''}$。对于 m_1、m_2、m_3，分解计算得

$$m_1' = \frac{l_1''}{l}m_1 \qquad m_1'' = \frac{l_1'}{l}m_1$$

$$m_2' = \frac{l_2''}{l}m_2 \qquad m_2'' = \frac{l_2'}{l}m_2$$

$$m_3' = \frac{l_3''}{l}m_3 \qquad m_3'' = \frac{l_3'}{l}m_3$$

对两辅助平面内的质量进行静平衡，得

$$m_b'\boldsymbol{r}_b' + m_1'\boldsymbol{r}_1 + m_2'\boldsymbol{r}_2 + m_3'\boldsymbol{r}_3 = 0$$

$$m_b''\boldsymbol{r}_b'' + m_1''\boldsymbol{r}_1 + m_2''\boldsymbol{r}_2 + m_3''\boldsymbol{r}_3 = 0$$

根据上式可采用图解法或解析法求出两平面上平衡质量的质径积。

由上述分析可得结论：质量分布不在同一回转面内的回转件，只要分别在任选的两个回转面（即平衡校正面）内各加上适当的平衡质量，就能达到完全平衡。这种平衡称为动平衡（工业上称双面平衡）。动平衡的条件是：回转件上各个质量的离心力的向量和等于零，且离心力所产生的力偶矩的向量和也等于零。显然动平衡条件中包含了静平衡条件，也就是说动平衡的转子一定也是静平衡的，但静平衡的转子不一定是动平衡的。

为了使转子达到动平衡，通常采用动平衡试验法，即将回转件在动平衡试验机上运转，然后在两个选定的平面内分别找出所需的质径积的大小和方位，通过逐步调整，最终使转子达到动平衡。

动平衡试验机的种类很多，最常用的是电测式动平衡试验机，其工作原理见图 7-5。当安装在动平衡试验机上的转子 5 由电动机驱动转动时，离心力使两支承 4 产生振动。利用测振传感器 6 和 7 将机械振动变为电信号，再通过校正器 8 进行处理，然后经放大器 9 将信号放大，由仪表 10 指示出不平衡质径积的大小。同时由一对等传动比齿轮 11 带动基准信号发生器 12 产生与试件转速同步的信号，经鉴相器 13 与放大器 9 输入的信号进行比较，在仪表 14 上指示不平衡质径积的相位。关于动平衡机的详细情况，请参阅有关的文献和资料。

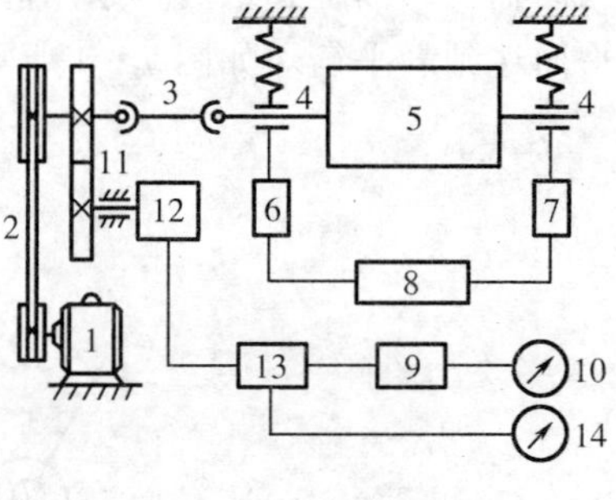

图 7-5 电测式动平衡试验机

7.2 机械速度波动与调节

7.2.1 机械的运转过程及其速度波动

机械运转过程可分为三个阶段，即起动阶段、稳定运转阶段和停车阶段，如图 7-6 所示。

根据能量守恒定律，机械在运转过程中的任一时间间隔内，作用在其上的力所作的功等于机械动能的增量。即

$$W_d - W_r = E_2 - E_1 \tag{7-4}$$

式中：W_d、W_r分别为该时间间隔内驱动力所作的功和阻力所作的功；E_1、E_2 分别为机械在该时间间隔内开始和结束时的动能。$W_d - W_r$值的不同，机械的速度变化也不同。分三种

情况：

(1) 当 $W_d - W_r = 0$ 时，称为恒功，则机械为匀速运动；

(2) 当 $W_d - W_r > 0$ 时，称为盈功，则机械作增速运动；

(3) 当 $W_d - W_r < 0$ 时，称为亏功，则机械作减速运动。

一般来说，机械工作在稳定运转阶段时，由于受多方面因素的影响，其速度也是波动的，如图 7－6b 所示。当机械工作速度发生变化时，机械中将产生附加的动载荷，会造成机械的振动，这样会降低机械的效率、可靠性和精度，影响机械零件的强度和寿命等。机械速度的波动对机械将产生不良后果，应加以控制。

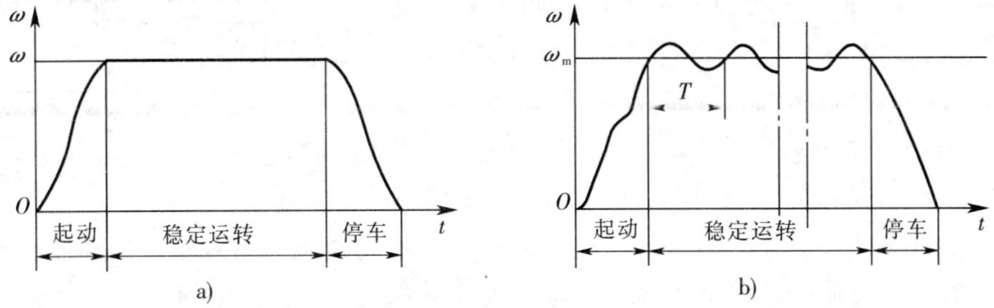

图 7－6　机械运转过程

7.2.2　周期性速度波动和调节

当外力（驱动力和阻力）作周期性变化时，机械的运动速度（如主轴的角速度）也会作周期性的波动。另外，在一个运动周期 T 内，当驱动力所作的功与阻力所作的功相等时，以主轴回转为例，角速度的波动如图 7－7 所示。由图可见，在周期中的某个时刻，驱动力所作的功与阻力所作的功并不相等，因而造成了速度的波动，但速度的平均值还是稳定在一定值上。

对于周期性速度波动，调节的主要方法是在机械中加入一个转动惯量很大的回转件——飞轮，以增加系统的转动惯量来减小速度变化的幅度。

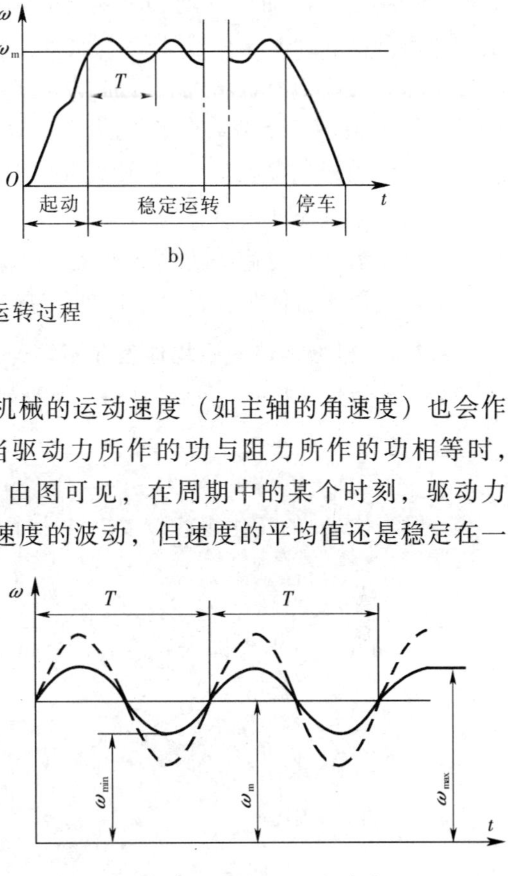

图 7－7　周期性速度波动

飞轮调速原理：机械作变速稳定运转时，当驱动功大于阻力功出现盈功时，飞轮将多余的动能贮存起来，以免原动件的转速增加太多；反之，当驱动功小于阻力功出现亏功时，飞轮将贮存的动能释放出来，以使原动件的转速降低不大。这样可以减小机械运转速度变化的幅度。

飞轮动能的变化计算公式如下

$$\Delta E = \frac{1}{2}J\ (\omega^2 - \omega_0^2) \tag{7-5}$$

由式（7－5）可知，在动能变化值相同时，飞轮的转动惯量 J 越大，角速度 ω 的波动越小。图 7－7 中虚线为没有安装飞轮时的速度波动，实线是安装飞轮后的速度波动。

7.2.3　非周期性速度波动和调节

当外力（驱动力和阻力）的变化是随机的、不规则的，没有一定的周期性时，机械速度也呈非周期性波动。当盈功过多时，速度可能变得太快；当亏功过多时，速度可能变得太慢。为此，必须调节驱动力作功和阻力作功的比值，此时飞轮已不能满足要求，只能采用特殊的装置使驱动力所作的功随阻力作功的变化而变化，并使两者趋于平衡，以使机械平稳运转。这种特殊的装置称为调整器。

图 7-8 所示为机械式离心调速器的工作原理简图。由工作介质驱动的原动机 2 带动工作机 1 转动，通过一对圆锥齿轮传动使调速器主轴回转。原动机 2 的驱动功与工作介质供给量的大小成正比。当工作机的载荷减小时，原动机驱动功大于工作机阻力功，机组的转速升高。此时，调速器的主轴转速也随之升高，同时重球 5 的离心力也增大，并带动 6、7 上移，通过杠杆 8 使节流阀 9 下降，从而使进入原动机的介质减少，减少原动机的驱动功，使驱动力矩与阻力矩相适应。反之，当载荷增大时，通过重球离心力的减小，增大介质的输入量，提高原动机的驱动功，从而使输入功与输出功趋于平衡，以保证速度的稳定。

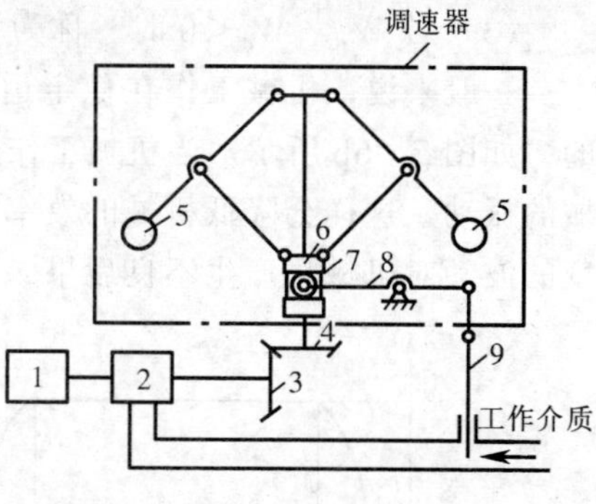

图 7-8 离心调速器工作原理图

机械式调速器体积大、灵敏度低，现多数已改由自动控制系统来实现。

7.2.4 机械运转的平均速度和不均匀系数

若已知机械主轴角速度随时间变化的规律时，一个周期角速度的变化平均值 ω_m 为

$$\omega_m = \frac{1}{T}\int_0^T \omega dt \tag{7-6}$$

一般来说 ω_m 的变化规律较复杂，为了便于计算，在工程上平均值 ω_m 计算式改为

$$\omega_m = \frac{\omega_{max} + \omega_{min}}{2} \tag{7-7}$$

式中 ω_{max} 和 ω_{min} 分别为机械的最大角速度和最小角速度。为了衡量机械速度波动的相对程度，引入不均匀系数 δ，即

$$\delta = \frac{\omega_{max} - \omega_{min}}{\omega_m} \tag{7-8}$$

若已知 ω_m 和 δ，则

$$\left.\begin{aligned} \omega_{max} &= \omega_m \left(1 + \frac{\delta}{2}\right) \\ \omega_{min} &= \omega_m \left(1 - \frac{\delta}{2}\right) \end{aligned}\right\} \tag{7-9}$$

各种不同的机械对速度波动有不同的要求，即根据设计要求规定不同的不均匀系数 δ 的许用值。几种常见机械的不均匀系数的取值范围见表 7.1。

表 7.1 不均匀系数 δ 的取值范围

机械名称	破碎机	冲床和剪床	压缩机和水泵	减速器	交流发电机
δ	0.10～0.20	0.05～0.15	0.03～0.05	0.015～0.020	0.002～0.003

7.3　机器的机械效率

当机器运动时，总有一部分驱动力所做的功是用于克服一些有害阻力的，这些功称为损失功。机器的损失功与输出功之和等于输入功，即

$$W_d = W_r + W_f \tag{7-10}$$

式中：W_d为输入功；W_r为输出功；W_f为损失功。用 η 来衡量机器对能量有效利用的程度，即

$$\eta = \frac{W_r}{W_d} = 1 - \frac{W_f}{W_d} = 1 - \zeta \tag{7-11}$$

式中

$$\zeta = \frac{W_f}{W_d} \tag{7-12}$$

称 η 为机器的机械效率或简称效率，而 ζ 则称为损失系数。

机器的效率也可以用驱动力和有效阻力的功率来表示。当机器作匀速稳定运动时，任一时刻机器的输出功率与输入功率之比就是该机器的机械效率。

在机械中，由于一定存在有损失功 W_f，所以机械效率 $\eta<1$。由前述可知，当机械自锁时，其机械效率将恒小于或等于零。此时，机械因自锁已根本不能做功，故 η 已没有一般效率的意义，它只表明机械自锁的程度。

本章小结

（1）机械的惯性载荷将严重影响机械工作的平稳性，影响机械的运动质量，降低机械零件的工作寿命，同时还将引起机械本身及周围环境的冲击和振动，甚至造成非常危险的后果。惯性载荷与速度有关，对于高速运转的机械来说，应十分重视惯性载荷问题。另外，造成构件的质心偏离回转中心的原因很多，如：几何形状、制造精度、安装误差、材质不匀等。当测出不平衡量（质径积）和方位后，一般采用增减质量法进行平衡。但也有的机器其工作原理就是利用惯性载荷的。

（2）机械的速度波动是绝对的、普遍存在的，而速度恒定是相对的。不同的机械对速度稳定性的要求也是不同的。当机器对速度有控制要求时，应增加调速功能。调速的方法不外乎是通过改变驱动力所做的功或改变阻力所做的功来实现。

（3）机械的效率主要取决于组成机械的机构效率，不同机构的效率有其一定的范围。在设计传递动力的机械时，应选用机械效率较高的机构；对于传递运动的装置，可采用效率相对较低的机构。对于同一种机构，不同的材料、不同的制造精度、不同的工作环境，其机械效率也不同。从提高机械效率的角度来说，应尽可能地提高机构的效率和减少组成机械的机构数。

思考题

7-1　为什么要对转子进行动平衡？

7-2 静平衡和动平衡有何不同？各用于何种转子？

7-3 如何进行平衡计算？如何进行平衡实验？

7-4 从日常生活中找出两个动平衡实例。

7-5 机械的速度为什么会波动？

7-6 机械的周期性速度波动和非周期性速度波动有何不同？可用什么方法来调节？

7-7 如何计算简单机器的机械效率？如何计算复杂机器的机械效率？

习 题

7-1 已知圆盘上有四个偏置质量，$m_1=10\text{kg}$，$m_2=14\text{kg}$，$m_3=20\text{kg}$，$m_4=18\text{kg}$，$r_1=40\text{mm}$，$r_2=100\text{mm}$，$r_3=70\text{mm}$，$r_4=40\text{mm}$，试计算平衡质径积和方位。

7-2 已知圆盘上存在两个位于半径 $r=250\text{mm}$ 上的不平衡质量 $m_1=3\text{kg}$，$m_2=5\text{kg}$，圆盘在轴承间偏置，尺寸如图所示，转速为 $n=1440\text{r/min}$，试求两支承上的动反力。

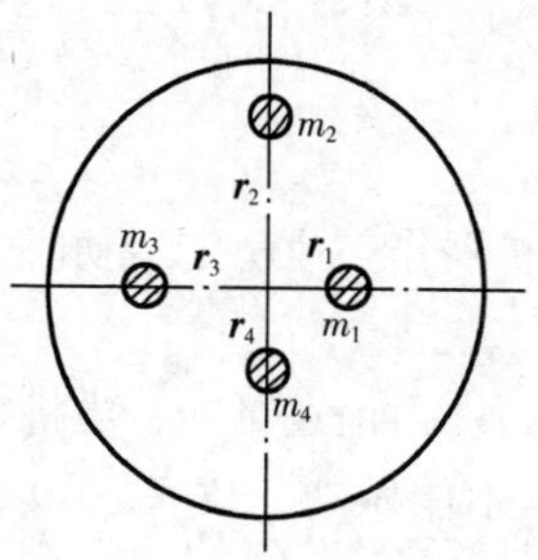

题 7-1 图

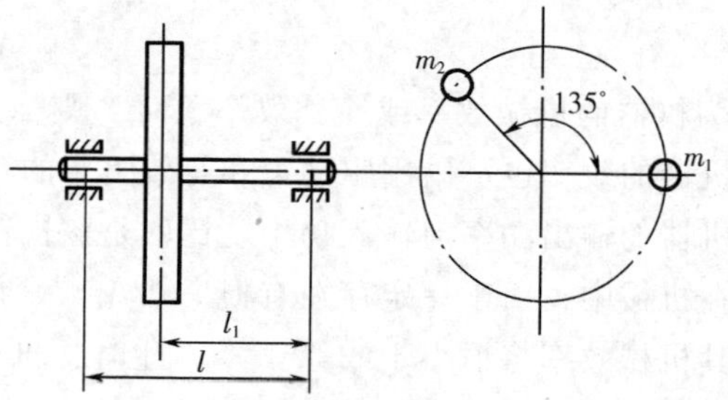

题 7-2 图

7-3 在图示的刚性转子中，已知三个偏心质量 $m_1=20\text{kg}$，$m_2=30\text{kg}$，$m_3=40\text{kg}$，偏心距 $r_1=r_2=r_3=90\text{mm}$，方位如图所示。若取Ⅰ、Ⅱ为平衡基面，平衡质量的偏心距 $r_{b\text{I}}=r_{b\text{II}}=110\text{mm}$，试求平衡质量 $m_{b\text{I}}$、$m_{b\text{II}}$ 的大小和方位。

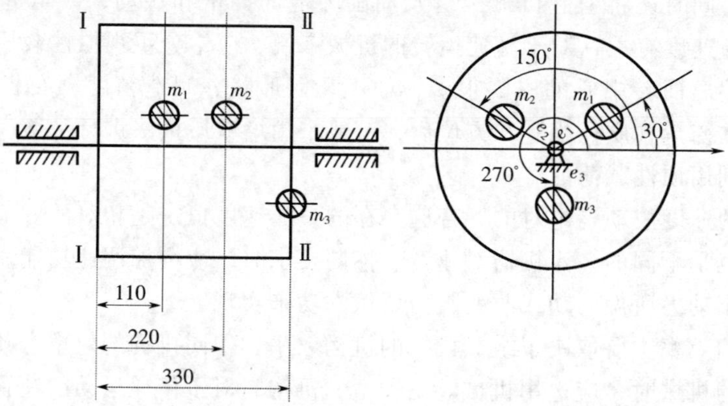

题 7-3 图

第 8 章　机械零件设计概论

机械设计主要是从机械零件的工作原理、承载能力、构造和维护等多方面论述通用机械零件的设计问题。设计的主要任务是合理确定零件的形状，选择合适的零件材料，以及设计出的零件制造方便，即零件具有良好的工艺性等。本章主要介绍机械零件设计、计算中的一些共性问题。

8.1　概　述

8.1.1　机械零件设计的基本要求

机械设计的基本要求是：在满足预期功能的前提下，性能好、效率高、成本低，在预定使用期限内安全可靠、操作方便、维修简单等。

机械零件设计的基本要求是：在满足机械整体性能、功能要求的前提下，工作可靠、成本低。另外，在机械零件设计时，不能仅着眼于零件的本身，还必须正确处理零件与部件的关系，以及零件与整机的关系。

8.1.2　机械零件的失效、工作能力和承载能力

机械零件由于某种原因而不能正常工作时，称为失效。在不发生失效的条件下，零件所能安全工作的限度，称为工作能力。一般来说，零件的工作能力是对载荷而言的，所以习惯上也称为承载能力。

零件失效可能有以下几种形式：(1) 断裂；(2) 过大的弹性变形；(3) 塑性变形；(4) 工作表面的过度磨损或损伤；(5) 发生强烈的振动；(6) 联接的松弛；(7) 摩擦打滑等。

8.1.3　机械零件的设计准则

机械零件的失效形式有多种多样，但归纳起来主要有以下几方面问题：(1) 强度问题；(2) 刚度问题；(3) 耐磨性问题；(4) 振动稳定性问题；(5) 温度的影响问题等。

不同的问题对应于不同的设计准则，就一般形式而言，设计准则可归纳为以下形式：

$$计算值 \leqslant 许用值$$

对于强度问题，设计准则为：

$$计算应力 \leqslant 许用应力$$

对于刚度问题，设计准则为：

$$计算变形量 \leqslant 许用变形量$$

等等。

8.1.4　机械零件的设计方法和设计步骤

某一个或某一类零件工作时可能出现的主要失效形式有一个或几个。零件设计时，应针对零件的主要失效形式，运用相应的设计准则，确定零件的主要形状和主要尺寸。

机械零件的设计方法可分为：设计计算法和校核计算法。

设计计算一般可分为以下步骤：

（1）拟定零件的计算简图；

（2）确定作用在零件上的载荷；

（3）选择合适的材料和热处理；

（4）根据零件可能出现的主要失效形式，选用相应的设计准则，根据计算确定零件的形状和主要尺寸；

（5）绘制零件图，并标注必要的技术要求。

由于在设计计算时，零件上的许多参数还没确定，致使计算无法进行。一般的处理方法是用假设值带入计算，再将结果与假设值相比。当假设值与结果相符时，则设计结果可以接受；不相符时，则要重选假设值，再次进行计算。

校核计算法是先根据技术资料、经验数据等，初步拟定零件的形状和主要尺寸，然后再选用相应的设计准则进行校核计算。当计算值与许用值相近，且满足设计准则条件时，拟定的形状和主要尺寸就可作为设计结果。当计算值与许用值相距较大，或不能满足设计准则条件时，则应修改拟定参数，重新进行校核计算。

当零件的形状和主要尺寸确定后，其余的尺寸、参数一般可根据其他要求（如：工艺要求、结构要求等）进行设计或选定。

8.2 机械零件设计要点

在机械零件设计时，除了要满足设计准则外，设计人员还必须处理好如下问题：（1）材料及热处理问题；（2）公差与配合、表面粗糙度问题；（3）工艺性问题；（4）标准化及系列化问题等。

8.2.1 材料及热处理问题

用于制造机械零件的材料可分为金属材料和非金属材料。金属材料中主要有：铸铁、碳素钢、合金钢、铸钢，以及有色金属，如：铜合金、铝合金等。非金属材料，如：塑料、橡胶等。下面简单介绍几种机械中常用的金属和非金属材料。

（1）铸铁

它是脆性材料，通常采用铸造方式铸成形状复杂的零件。铸铁具有较好的减振性、耐磨性、切削性，且成本低廉，因此在机械制造中被广泛采用。

（2）碳素钢

这类钢一般具有高的强度、韧性和可塑性，并可通过热处理方法改善材料的机械性能和加工性能。零件毛坯可采用锻造、冲压、焊接或铸造等方法获得，因此应用极为广泛。碳素钢按其含碳量可分为：低碳钢（<0.25%）、中碳钢（0.3%～0.5%）和高碳钢（0.55%～0.7%），一般来说，含碳量越高，材料的强度和弹性越好，但塑性和韧性越差。

（3）合金钢

合金钢是在钢中添加合金元素以改善钢的性能。例如：镍能提高强度而不降低钢的韧性；铬能提高硬度、高温强度、耐腐蚀性和耐磨性等。合金钢的优良机械性能不仅取决于添加的化学成分，而且在更大程度上取决于适当的热处理。

（4）铜合金

由于纯铜的机械性能较差，所以机械中一般采用铜合金。铜合金主要有青铜和黄铜两种。黄铜是铜和锌的合金，并含有少量的锰、铝、镍等，它具有较好的流动性和可塑性，所以可以进行辗压和铸造。青铜的减摩性和抗腐蚀性较好，也可辗压和铸造。

(5) 橡胶

弹性好，能吸振，常用作吸振、减振的弹性元件。此外，橡胶还可用作密封元件。

(6) 塑料

各种塑料具有不同的特点，但其共性主要有较好的耐腐蚀性、绝缘性、减摩性等，且易于制成各种形状复杂的零件，目前在机械制造中广泛使用。

材料热处理是改善材料机械性能的重要手段，主要用于对钢制零件的处理。同一种材料，经不同的热处理后，其机械性能有时相差很大。常用的热处理方法有以下几种：淬火、正火、调质、表面处理等。

8.2.2 公差与配合、表面粗糙度问题

(1) 公差与配合问题

对于大规模生产的零件要求具有互换性，以便在装配时不需要选择和不用附加加工，就能达到预期的技术要求。为此，必须保证零件的尺寸、几何形状、相互位置以及表面粗糙度的一致性，即必须使尺寸介于两个允许的极限尺寸之间，这两个极限尺寸之差称为公差。当两个零件相互装配时，就形成了一个配合，公差的大小一般由配合的要求而定。下面以孔与轴的配合简要介绍相配圆柱表面的公差与配合。

如图 8-1 所示，设计给定的尺寸称为基本尺寸，零线代表基本尺寸的位置。由代表上下偏差的两条直线所限定的区域称为公差带。同一基本尺寸的孔与轴的结合称为配合。根据公差带的相对位置，配合分为间隙配合、过渡配合和过盈配合三大类。

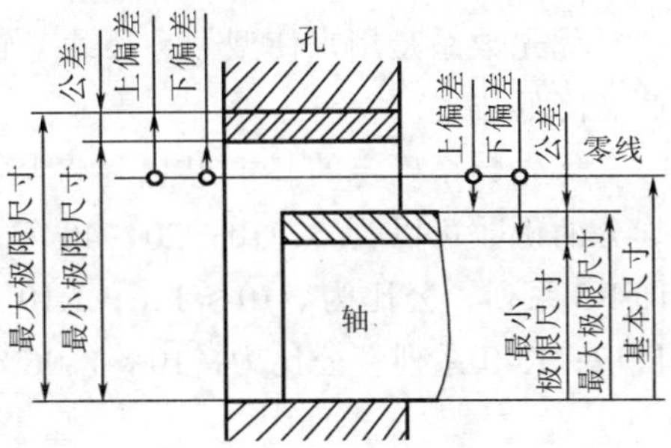

图 8-1 配合的种类

(2) 表面粗糙度问题

表面粗糙度是指零件的微观几何形状误差。它主要是由于机械加工后在零件表面留下微小的凹凸不平的刀痕。评定表面粗糙度的方法之一是在取样长度 l 上测量轮廓算术平均偏差 R_a，即

$$R_a = \frac{1}{l}\int_0^l |y|\,dx \tag{8-1}$$

近似为

$$R_a = \frac{1}{n}\sum_{i=1}^{n} |y_i|$$

表面粗糙度对零件的使用性能影响很大。随着粗糙度的增大，实际接触面积减少而局部压强增大，将加速磨损，同时粗糙度的增大将降低联接的承载能力、降低零件的疲劳强度等。另外，随着零件的精度要求提高，要求的表面粗糙度 R_a 值越小，加工费用将迅速上升。因此在保证使用性能要求的前提下，应选用较大的表面粗糙度。

8.2.3 工艺性问题

零件的工艺性问题主要是指设计出的零件是否可以制造出来，以及零件的制造费用是否经济。在具体生产条件下，如果设计的机械零件便于加工且加工费用较低，就称这样的零件具有良好的工艺性。零件的工艺性要求主要有：

(1) 毛坯选择合理

机械零件的毛坯来源主要有：直接利用型材、铸造、锻造、冲压和焊接等。选择什么样的毛坯取决于生产技术条件，如：生产批量、材料性能和加工能力等。

(2) 结构简单合理

设计零件的结构形状时，最好采用最简单的表面（如平面、圆柱面等）和简单表面的组合，并尽量使加工表面数目最少和加工面积最小。

(3) 规定适当的制造精度和表面粗糙度

零件的制造精度和表面粗糙度的提高，将使零件的加工费用迅速上升，所以设计时，精度的确定应适当。

零件的工艺性要求除上述几项外，还有许多。为了设计出工艺性较好的零件，还需多多参阅有关的文献资料。

8.2.4 优先数系和标准化问题

优先数系是用来使型号、尺寸、转速、功率等量值得到合理的分级。这样可便于组织生产和降低成本。

优先数系确定的基本思想是将某个数值段按等比划分成若干份。一般数值段取为 10，划分的份数可以为 5、10、20、40 等。GB/T321 - 1980 规定的优先数系有四个基本系列，即 R5 系列，公比为$\sqrt[5]{10}\approx1.6$；R10 系列，公比为$\sqrt[10]{10}\approx1.25$；R20 系列，公比为$\sqrt[20]{10}\approx1.12$；R40 系列，公比为$\sqrt[40]{10}\approx1.06$。表 8.1 所示为 R5 和 R20 系列的优先数系。

表 8.1 R5 和 R20 优先数系

R5	1、1.6、2.5、4、6.3、10
R20	**1**、1.12、1.25、1.4、**1.6**、1.8、2、2.24、**2.5**、2.8、3.15、3.55、**4**、5、5.6、6、**6.3**、7.1、8、9、**10**

优先数系中的任何一个数值称为优先数，在确定分级数值时，必须最大限度地采用优先数。对于大于 10 的优先数可以乘上 10、100、1000 等。

标准化问题是指以制订标准和贯彻标准为主要内容的全部活动过程。标准化的原则是统一、简化、协调、选优(优化)。将生产的产品或零件加以标准化具有重大的意义。在产品、零件的制造上可以实现专业化大批量生产，进而可提高产品质量和降低产生成本；在设计方面，采用标准化零部件，可以减轻设计工作量；在产品管理、使用、维修等方面，标准化产品和零件都具有很大的优越性。

我国将标准分为四级：国家标准、行业标准、地方标准和企业标准。在无特殊需要的设计中，必须采用这些标准或标准件（即标准化的零件、部件，简称标准零部件）。

我国现已参加了国际标准化组织(International Organization for Standardization，简称 ISO)，并积极鼓励采用国际标准，近年来颁布的国家标准许多都已采用相应的国际标准。

8.3　机械零件的强度

8.3.1　常用名词定义

在理想的平稳工作条件下作用在零件上的载荷称为名义载荷。然而机器在运转时，由于工作环境的不同、运转速度的不断变化等原因而使零件受到了各种附加载荷，通常引入载荷系数 K（当只考虑工作情况的影响时，则称为工况系数，一般用 K_A表示）。载荷系数与名义载荷的乘积，称为计算载荷。一般来说载荷系数是一个大于 1 的数，这样计算载荷就大于或等于名义载荷。按名义载荷求得的应力称为名义应力，按计算载荷求得的应力称为计算应力。

由零件的设计准则可知，对于强度问题，是否满足设计要求的准则是计算应力≤许用应力。即

$$\sigma \leqslant [\sigma]; \qquad \tau \leqslant [\tau] \tag{8-2}$$

式中 $[\sigma]$、$[\tau]$ 为许用正应力和许用切应力，其计算式

$$[\sigma] = \frac{\sigma_{lim}}{S}; \qquad [\tau] = \frac{\tau_{lim}}{S} \tag{8-3}$$

式中 S 为安全系数。S 是一个大于 1 的数值，它的大小取决于设计要求和设计人员对设计的认识程度。σ_{lim}、τ_{lim}分别为极限正应力和极限切应力。

对于不同性质的材料，其极限应力的选取是不一样的。对于脆性材料，极限值取为强度极限；对于塑性材料，极限值取为屈服极限；对于在复杂应力状态下的材料，极限值则应根据材料力学中所述的强度理论来确定。另外，同一种材料用于不同的零件或同一种零件的不同尺寸时，零件材料的极限应力有时也不同，所以零件的材料极限应力一般都采用实验的方法测出。由此可见，许用应力取决于应力的种类、零件材料的极限应力和安全系数等。

按随时间变化的情况，应力可分为静应力和变应力。不随时间变化的应力称为静应力，实际上纯粹的静应力是不存在的，但如应力变化缓慢、在零件的整个使用期内应力变化次数较少时，则可以看作为静应力。随时间变化而变化的应力称为变应力。关于静应力的强度理论，已在材料力学中详细讨论过，这里就不再讨论。下面就变应力问题作一简单讨论。

8.3.2　变应力及其变应力下的许用应力

对变应力而言，具有周期性的变应力称为循环变应力，机械零件所受应力多数为循环变应力，如图 8－2 所示。为了便于分析，引入平均应力 σ_m和应力幅 σ_a两概念。

$$\sigma_m = \frac{\sigma_{max} + \sigma_{min}}{2}; \qquad \sigma_a = \frac{\sigma_{max} - \sigma_{min}}{2} \tag{8-4}$$

式中：σ_m为平均应力；σ_a为应力幅。

应力循环中的最小应力与最大应力之比，可以用来表示变应力中应力变化的特征，通常称为变应力的循环特性，用 r 表示，见表 8.2。

表 8.2　变应力的循环特性 r

循环特性 r	应力名称	条　　件
$r = -1$	对称循环变应力	$\sigma_{max} = -\sigma_{min}$
$r = 0$	脉动循环变应力	$\sigma_{max} \neq 0$；$\sigma_{min} = 0$
$r = +1$	静应力	$\sigma_{max} = \sigma_{min}$

在变应力作用下，零件的损坏形式主要是疲劳断裂。疲劳断裂不同于一般静力断裂，它是损伤到一定程度后，即裂纹扩展到一定程度后，才发生的突然断裂。疲劳断裂的发生，不仅与变应力的最大值有关，而且还与应力循环作用的次数有关。

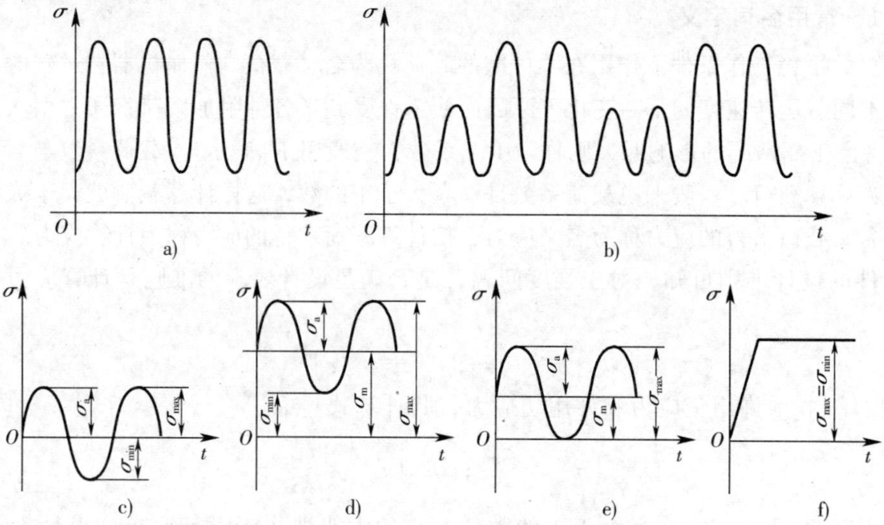

图 8-2 变应力的类型

将零件发生疲劳断裂时的应力 σ 和变应力循环作用次数 N 之间的关系曲线称为疲劳曲线。如图 8-3 所示横坐标为循环次数 N，纵坐标为断裂时的循环应力 σ_{max}。

疲劳曲线主要分为三个区：静应力区、有限寿命区和无限寿命区。当零件承受变应力的作用次数少于 10^3 时，处于静应力区，即零件虽然受变应力作用，但由于应力作用次数太少，所以可以将变应力中的最大应力按静应力处理。当应力作用次数 N 大于某个值 N_0 时，曲线趋于水平，即可以认为变应力处于无限寿命区，也就是说变应力作用不会发生疲劳断裂。这个 N_0 称为循环基数，对应于 N_0 的应力称为材料的疲劳极限。通常用 σ_{-1} 表示材料在对称循环变应力下的疲劳极限。

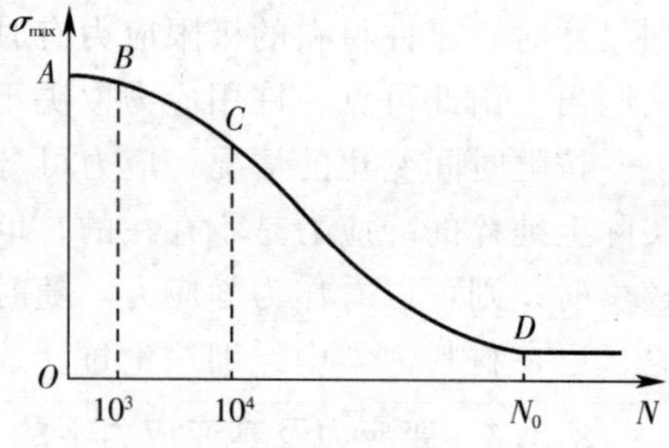

图 8-3 疲劳曲线

对于材料的疲劳曲线中有限寿命区的曲线可以用下式描述

$$\sigma_r^m N = C \qquad (N < N_0)$$

而无限寿命区的曲线可以近似认为是一条水平直线

$$\sigma_r = \sigma_{r\infty} \qquad (N > N_0)$$

由有限寿命区的曲线方程可知，对于有限寿命区中的某一应力循环次数 N（$N < N_0$），满足下列方程

$$\sigma_{-1N}^m N = \sigma_{-1}^m N_0 = C$$

式中：σ_{-1N} 为对应于循环次数 N 的疲劳极限；C 为常数；m 为随应力状态而变的幂指数（弯曲时 $m=9$）。当已知材料的循环基数 N_0，以及材料的疲劳极限应力 σ_{-1}，就可以算出对应于循环次数为 N 的疲劳极限值

$$\sigma_{-1N}=\sigma_{-1}\sqrt[m]{\frac{N_0}{N}} \tag{8-5}$$

在变应力作用下，材料的极限应力应取为材料的疲劳极限。另一方面，由于机械零件的形状、绝对尺寸和表面状态对疲劳极限的影响较大，为此，引入了应力集中系数 k_σ、尺寸系数 ε_σ 和表面状态系数 β，所以，机械零件在对称和脉动变应力作用下的许用应力为

$$[\sigma_{-1}]=\frac{\varepsilon_\sigma\beta\sigma_{-1}}{k_\sigma S}\quad 和 \quad [\sigma_0]=\frac{\varepsilon_\sigma\beta\sigma_0}{k_\sigma S}$$

式中：S 为安全系数；σ_0、σ_{-1} 分别为材料的脉动循环疲劳极限和对称循环疲劳极限。k_σ、ε_σ 及 β 的数值可查相关的设计手册。

安全系数的确定一般应根据应力种类和材料特性而定，也可按下列原则确定：

(1) 在静应力下，塑性材料以屈服极限为极限应力，安全系数 $S=1.2\sim2.0$，塑性好的材料选小值，塑性差的材料选大值；

(2) 在静应力下，脆性材料以强度极限为极限应力，安全系数 $S=3\sim4$；

(3) 在变应力下，以疲劳极限为极限应力，安全系数 $S=1.7\sim2.5$。

8.4　机械零件的接触强度

在机械零件接触中，除了面接触外，还大量存在着线接触和点接触的情况。下面以图 8-4 所示的两个轴线平行的圆柱体外接触模型为例，简单介绍一下接触强度问题。

如图 8-4 所示，受力前，两圆柱体的接触线与轴线相平行；受力后，由于材料的弹性变形，接触线变成宽度为 $2b$ 的一个矩形面。此时接触面上应力向量的分布呈半椭圆柱形。初始接触线处的压应力最大，两边最小。以此最大压应力代表两零件间接触受力后的应力，称为接触应力，用符号 σ_H 表示。接触应力计算是一个弹性力学问题。对于线接触，弹性力学给出的接触应力公式为

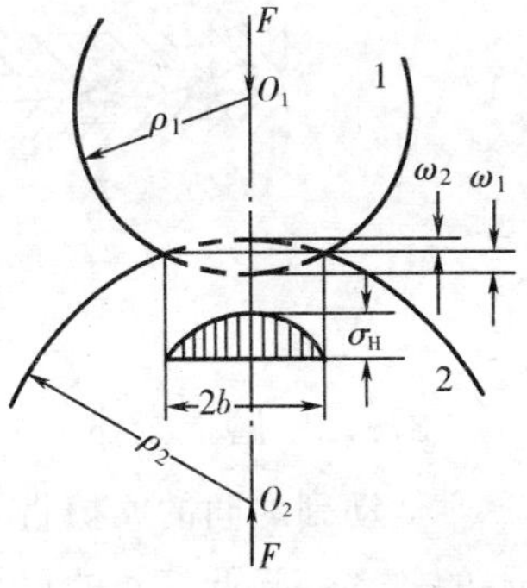

图 8-4　两圆柱体外接触受力后的变形与应力分析

$$\sigma_H=\sqrt{\frac{F\left(\dfrac{1}{\rho_1}\pm\dfrac{1}{\rho_2}\right)}{\pi b\left[\dfrac{1-\mu_1^2}{E_1}+\dfrac{1-\mu_2^2}{E_2}\right]}} \tag{8-6}$$

式中：F——作用于接触面上的总压力；

b——初始接触线长度；

ρ_1、ρ_2——分别为零件 1 和零件 2 初始接触线处的曲率半径，通常令 $\frac{1}{\rho_\Sigma}=\frac{1}{\rho_1}\pm\frac{1}{\rho_2}$，称为综合曲率；而 $\rho_\Sigma=\frac{\rho_1\rho_2}{\rho_2\pm\rho_1}$ 称为综合曲率半径，其中正号用于外接触，负号用于内接触；

μ_1、μ_2——分别为零件 1 和零件 2 材料的泊松比；

E_1、E_2——分别为零件 1 和零件 2 材料的弹性模量。

一般来说，工作时接触点在不断改变位置，所以零件上的任一点处的接触应力只能在 0

到 σ_H之间改变，可见，接触应力是一个脉动循环变应力。在进行接触疲劳强度计算时，极限应力也应是一个脉动循环的极限接触应力。

8.5 摩擦、磨损及润滑概述

8.5.1 摩擦概述

摩擦可分为两大类：内摩擦和外摩擦。发生在物质内部、阻碍分子间相对运动的摩擦叫做内摩擦。当相互接触的两个物体发生相对滑动或有相对滑动的趋势时，在接触表面上产生的阻碍相对滑动的摩擦叫做外摩擦。仅有相对滑动趋势的摩擦称为静摩擦；相对滑动中的摩擦称为动摩擦。根据位移形式的不同，摩擦可分为滑动摩擦和滚动摩擦。下面仅分析金属表面间的滑动摩擦。

根据摩擦面间存在润滑剂的情况，滑动摩擦又可分为以下几种（如图 8-5 所示）：

（1）干摩擦是指表面间无任何润滑剂或保护物的纯金属接触时的摩擦；

（2）边界摩擦是指摩擦表面被吸附的边界膜隔开，摩擦性质取决于边界膜和表面的吸附性能时的摩擦；

（3）流体摩擦是指摩擦表面被流体膜隔开，摩擦性质取决于流体内部分子间粘性阻力的摩擦；

（4）混合摩擦是指摩擦状态处于边界摩擦及流体摩擦的混合状态时的摩擦。

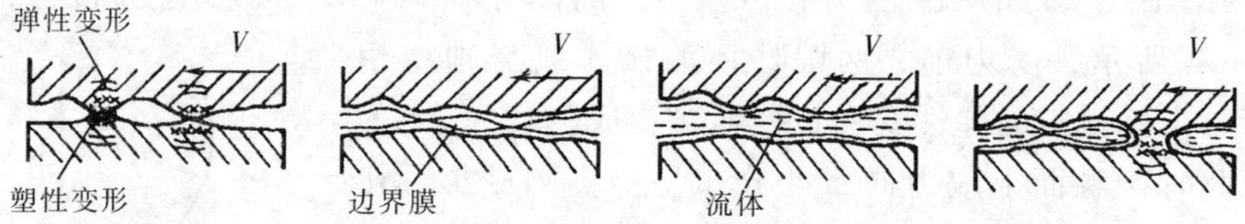

a) 干摩擦　b) 边界摩擦　c) 流体摩擦　d) 混合摩擦

图 8-5　摩擦状态

8.5.2 磨损概述

运动副之间的摩擦将导致零件表面材料的逐渐丧失或迁移，即形成磨损。磨损会影响机器的效率，降低工作的可靠性，甚至促使机器提前报废。另一方面，工程上也有不少利用磨损作用的场合，如精加工中的磨削及抛光、机器的“磨合”过程等都是磨损的有用方面。

一个零件的磨损过程大致可分为三个阶段，如图 8-6 所示，即：（1）磨合阶段；（2）稳定磨损阶段；（3）剧烈磨损阶段。

磨合阶段包括摩擦表面轮廓峰的形状变化和表面材料被加工硬化两个过程。由于机械零件加工后的表面总具有一定的粗糙度，在磨合初期，只有很少的轮廓峰接触，因此接触面上真实应力很大，使接触轮廓峰压碎和塑性变形，同时薄的表层被冷却硬化，原有的轮廓峰逐渐局部或完全消失，产生出形状和尺寸均不同于原样的新轮廓峰。

磨合后的稳定粗糙度是给定摩擦条件（材料、压力、温度、润滑剂与润滑条件）下最佳粗糙度，它与原始粗糙度无关，并以磨损量最少为原则。

在稳定磨损阶段内，零件在平稳而缓慢的速度下磨损，它标志着摩擦条件保持相对恒定。这个阶段的长短就代表零件使用寿命的长短。

经过稳定磨损阶段后，零件的表面遭到破坏，运动副中的间隙增大，引起额外的动载荷，出现噪声和振动。这样就不能保证良好的润滑状态，摩擦副的温升便急剧增大，磨损速度也急剧增大。

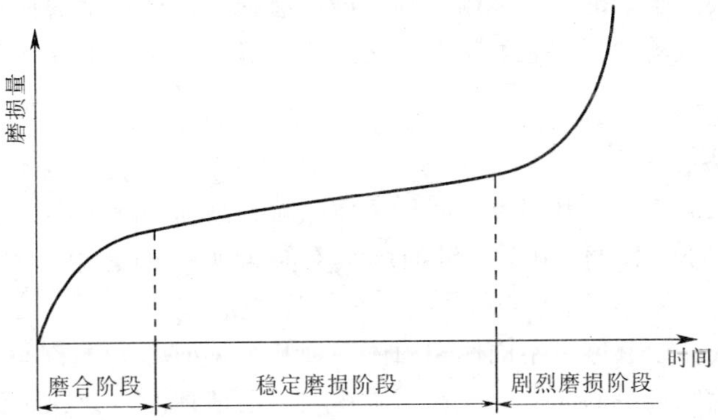

图 8-6　磨损曲线

在机器使用中磨损是不可避免的，针对上述磨损的三个阶段，在设计或使用机器时，应该力求缩短磨合期，延长稳定磨损期，推迟剧烈磨损的到来。

为实现上述目的，就必须对形成磨损的机理有所了解。

磨损分类大体上有两种。一种是根据磨损结果来分类：点蚀磨损、胶合磨损、擦伤磨损；另一种根据磨损机理来分类：粘附磨损、磨粒磨损、疲劳磨损、流体磨粒磨损、流体侵蚀磨损、机械化学磨损、微动磨损。下面扼要介绍一些常见的磨损。

(1) 粘附磨损

当摩擦表面的轮廓峰在相互作用的各点处发生“冷焊”后，在相对滑动时，材料从一个表面迁移到另一个表面，便形成了粘附磨损。

(2) 磨粒磨损

外部进入摩擦面间的游离硬颗粒或硬的轮廓峰尖在较软材料表面上犁出很多沟纹，此时被移去的材料，一部分流动到沟纹的两旁，一部分则形成一连串的碎片脱落下来成为新的游离颗粒，这样的微切削过程就叫磨粒磨损。

(3) 疲劳磨损

疲劳磨损是指由于摩擦表面材料微体积在重复变形时疲劳破坏而引起的机械磨损。当两表面接触时，如果接触应力超过材料相应的接触疲劳极限，就会在零件工作表面或表面下一定深度处形成疲劳裂纹，随着裂纹的扩展与相互连接，就造成许多微粒从零件工作表面上脱落下来，致使表面上出现许多月牙形浅坑，形成疲劳磨损或疲劳点蚀。

(4) 流体磨粒磨损

流体磨粒磨损是指由流动的液体或气体中所夹带的硬质物体或硬质颗粒作用引起的机械磨损。

(5) 流体侵蚀磨损（冲蚀磨损）

流体侵蚀磨损是指由液流或气流的冲蚀作用引起的机械磨损。近年来，由于燃气涡轮机的叶片、火箭发动机的尾喷管这样一些部位的破坏，才引起人们对这种磨损形式的特别注意。

(6) 机械化学磨损（腐蚀磨损）

机械化学磨损是指由机械作用及材料与环境的化学作用或电化学作用共同引起的磨损。

(7) 微动磨损

人们还把一种甚为隐蔽的，由粘附磨损、磨粒磨损、机械化学磨损和疲劳磨损共同形成的复合磨损形式称为微动磨损。它发生在名义上相对静止、实际上存在循环的微幅相对滑动的两个紧密接触的表面上。

8.5.3 润滑概述

在摩擦面间加入润滑剂，其优点：降低摩擦，减轻磨损，保护零件不遭锈蚀，采用循环润滑时还能起到散热降温的作用，润滑油膜具有缓冲吸振的能力，润滑脂还可起到密封作用。

润滑剂可分为气体、液体、半固体和固体四种基本类型。

液体润滑剂是应用最广的润滑剂，包括矿物油、动植物油、合成油和各种乳剂；半固体润滑剂主要是指各种润滑脂；固体润滑剂是任何可以形成固体膜以减少摩擦阻力的物质；任何气体都可作为气体润滑剂，其中用得最多的是空气，它主要用在气体轴承中。

润滑油的粘度可定性地定义为它的流动阻力，它是润滑油最重要的性能之一。粘度又有动力粘度、运动粘度和条件粘度之分。国标规定采用润滑油在40℃时的运动粘度中心值作为润滑油的新牌号。各种润滑油的粘度随温度变化而发生十分明显的变化。温度上升，润滑油的粘度下降。润滑油受温度影响的程度可用粘度指数(VI)表示。粘度指数值越大，表明粘度随温度的变化越小，即润滑油的粘-温性能越好。压力对润滑油的粘度影响不大，一般不予考虑。

润滑脂是另一类最常用的润滑剂。它是润滑油与稠化剂(如钙、锂、钠等金属皂)的膏状混合物。根据调制润滑脂所用皂基的不同，润滑脂主要有以下几类：

(1) 钙基润滑脂具有良好的抗水性，但耐热能力差，工作温度不宜超过55℃～65℃。

(2) 钠基润滑脂具有较高的耐热性，工作温度可达120°，但抗水性差，比钙基润滑脂有更好的防锈能力。

(3) 锂基润滑脂的抗水性、耐热性均较好，而且有较好的机械安定性，是一种多用途的润滑脂。

(4) 铝基润滑脂具有良好的抗水性，对金属表面有高的吸附能力，所以可起到很好的防锈作用。

润滑脂的主要质量指标有：锥(针)入度(或稠度)和滴点。

一般机械中最常用的润滑油和润滑脂的牌号、性能及适用的场合等有关资料，请参阅有关的设计手册或文献资料。

为了提高油的品质和使用性能，常在油中加入某些分量虽少，但对润滑剂性能的改善起巨大作用的物质，这些物质称为添加剂。添加剂的作用：(1) 提高润滑剂的油性、极压性和在极端工作条件下更有效的工作能力；(2) 推迟润滑剂的老化变质，延长其正常使用寿命；(3) 改善润滑剂的物理性能，如降低凝点、消除泡沫、提高粘度、改进其粘-温特性等。

润滑油或润滑脂的供应方法在设计中是很重要的，尤其是油润滑时的供应方法与零件在工作时所处润滑状态有着密切的关系。

向摩擦表面加入润滑油的方法可分为：

（1）间歇式

通过手工用油壶或油枪向注油杯内注油；注油杯的形式有：压配式注油杯（图 8－7）和旋套式注油杯（图 8－8）。

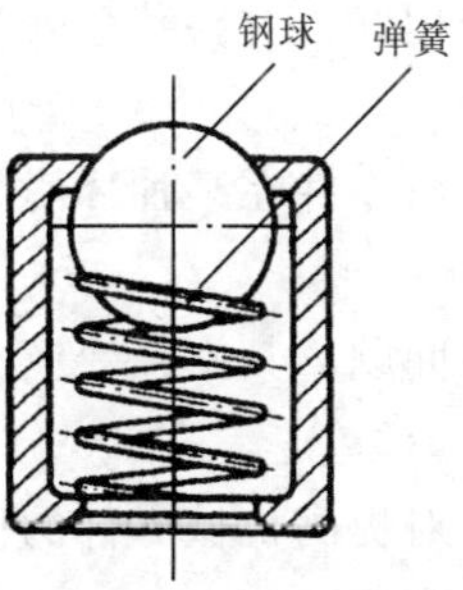

图 8－7　压配式注油杯

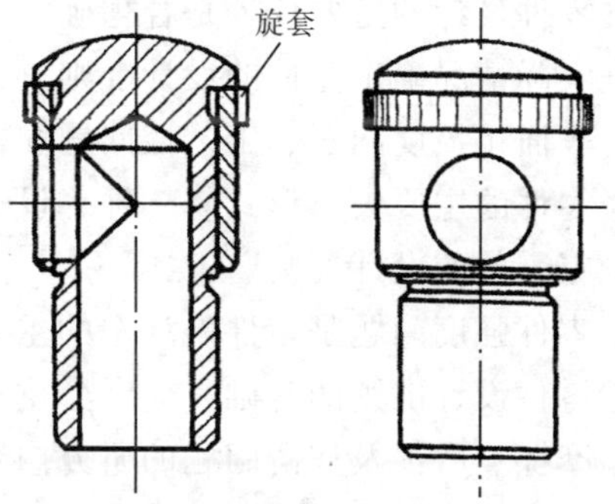

图 8－8　旋套式注油杯

（2）连续式

连续式供油方法主要有：旋套式注油杯（图 8－9）、油环润滑（图 8－10）、飞溅润滑、压力循环润滑等。

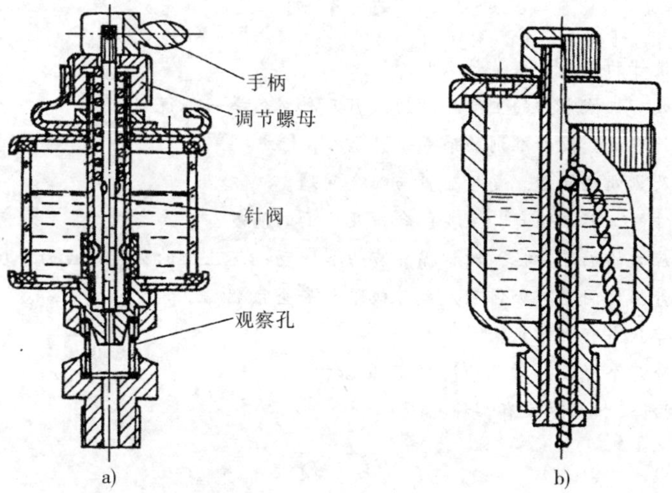

图 8－9　旋套式注油杯

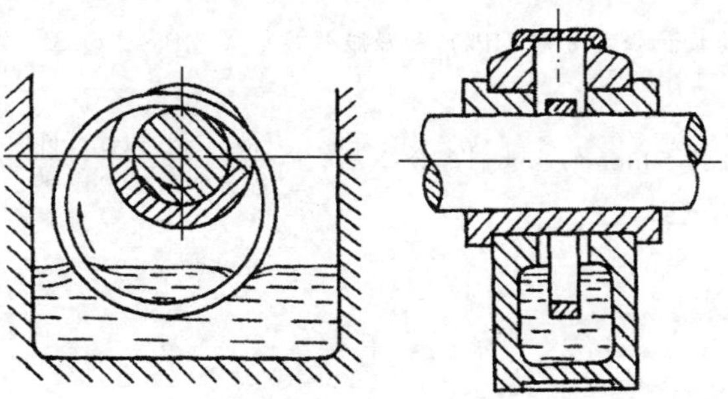

图 8－10　油环润滑

本章小结

(1) 机械零件设计的主要任务是合理确定零件的形状和尺寸，选择适当的零件材料。设计时，应根据实际情况确定零件的设计准则，此外，还要处理好：材料及热处理问题、公差与配合问题、表面粗糙度问题、工艺性问题和标准化问题等。

(2) 机械零件的主要失效形式有 7 种，设计时，应分析出零件在某种环境下的主要失效形式，据此确定零件的设计准则。

(3) 机械零件强度问题是零件设计中的主要问题和重要问题。其中，变应力下的疲劳极限问题是建立零件设计准则的基础，应十分重视。

(4) 关于摩擦、磨损及润滑问题的研究内容十分丰富，对提高机械零件的使用寿命、改善工作环境等有着十分重要的意义，应进一步充实这方面的内容。

(5) 机械整机设计、机械零件设计都存在一个继承和发展的问题，只有了解和掌握了已有知识和方法后，才有可能进行创新和发展。所以，第一步的任务是学习现有的知识和方法，通过观察、收集、总结、实践，积累设计经验，提高自身的设计素质。

思考题

8-1 机械零件设计的基本要求是什么？

8-2 什么是失效？机械零件的主要失效形式有几种？各举一例说明。

8-3 什么是设计准则？设计准则的通式是什么？

8-4 复习材料及热处理问题。复习公差与配合问题。

8-5 什么是零件的工艺性问题？主要包含哪几方面的问题？

8-6 什么是变应力的循环特性？对称循环应力和脉动循环应力的循环特性为多少？

8-7 什么是疲劳强度问题？如何确定疲劳极限和安全系数？

8-8 主要的摩擦状态有哪四种？

8-9 磨损过程分几个阶段？常见的磨损有哪几种？

8-10 常见的润滑油加入方法有哪种？

习题

8-1 钢的常用热处理方法有：退火、正火、淬火、调质和表面淬火等，试对其加以说明，并简述其应用。

8-2 试查下列材料的抗拉强度 σ_b (MPa) 和屈服强度 σ_s (MPa)：Q235、45、40MnB、HT200、ZAl-Si12。

8-3 试写出基本尺寸为 50mm 的基孔制配合公差值：$\frac{H8}{f7}$、$\frac{H8}{h7}$、$\frac{H7}{n6}$、$\frac{H7}{s6}$。

第 9 章　联　接

机器是零部件通过联接实现的有机组合体。在机械中，联接是指为实现某种功能，使两个或两个以上的零件相互接触，并以某种方式保证一定的位置关系。如果被联接件间相互位置固定，不能作相对运动，称为静联接，能作相对运动的则称为动联接（如铰链等）。习惯上，机械设计中的联接通常指的是静联接，简称联接。本章讨论的联接主要指静联接。

联接的方法很多，有些联接需要专门的联接件，如箱体与箱盖的螺纹联接，轴与轴上零件（如齿轮、带轮）的键联接。联接件又称紧固件，常见的有螺栓、螺母、键、销等；有些联接则不需要专门的联接件，如靠被联接件本身变形形成的过盈联接、利用分子结合力形成的焊接和粘接等。

联接可分为可拆联接和不可拆联接。可拆联接是不需损坏联接件中的任一零件就可拆开的联接，故多次装拆无损其使用性能，常见的有螺纹联接、键联接和销联接等。不可拆联接是至少会损坏联接中某一部分才能拆开的联接，常见的有焊接、粘接等。

根据使用的广泛性，本章着重介绍螺纹联接和键联接，对销联接、焊接、粘接、过盈联接、弹性环联接和成形联接只作简单介绍。另外，由于螺旋传动也是利用螺纹零件工作的，所以在本章内一并讨论。

9.1　螺纹的形成、分类和参数

9.1.1　螺纹的形成

如图 9－1 所示，把底边长为 πd_1 的直角三角形绕在直径为 d_1 的圆柱体上，并使底边 ab 和圆柱体底边重合，则三角形斜边 ac 在圆柱体上形成一条螺旋线。若取一平面图形，使其一边与圆柱体的母线贴合，沿着螺旋线运动，并保持该图形始终通过圆柱体的轴线，就得到螺纹。

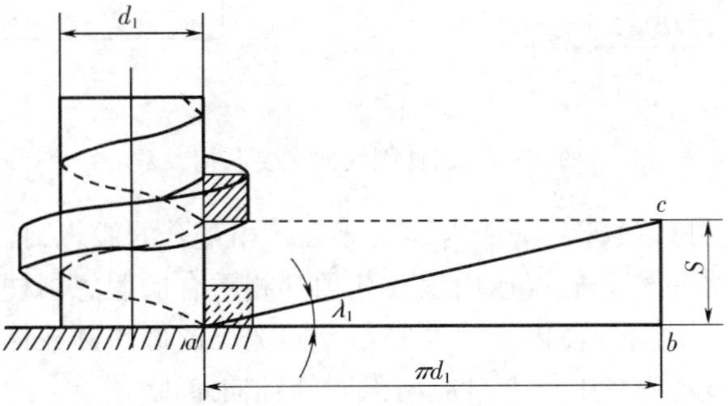

图 9－1　螺纹的形成

9.1.2　螺纹的分类

根据平面图形的形状，螺纹可分为三角形、矩形、梯形和锯齿形螺纹（图 9－2）等。

根据螺旋线的绕行方向，可分为左旋螺纹和右旋螺纹，规定将螺纹直立时螺旋线向右上升为右旋螺纹（图 9－3a），向左上升为左旋螺纹（图 9－3b）。机械制造中一般采用右旋螺纹，有特殊要求时，才采用左旋螺纹。

根据螺旋线的数目，可分为单线螺纹（图 9－3a）和等距排列的多线螺纹（图 9－3b）。为了制造方便，螺纹一般不超过 4 线。

此外，根据母体的形状，可分为圆柱螺纹和圆锥螺纹；根据螺纹的分布，可分为内螺纹和外螺纹，两者旋合组成螺纹副或称螺旋副。

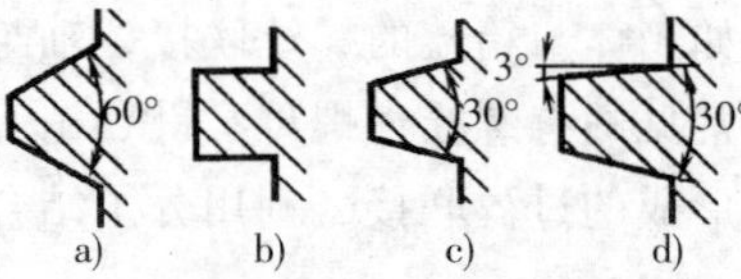

a) 三角形螺纹　b) 矩形螺纹
c) 梯形螺纹　d) 锯齿形螺纹

图 9－2　螺纹的牙型

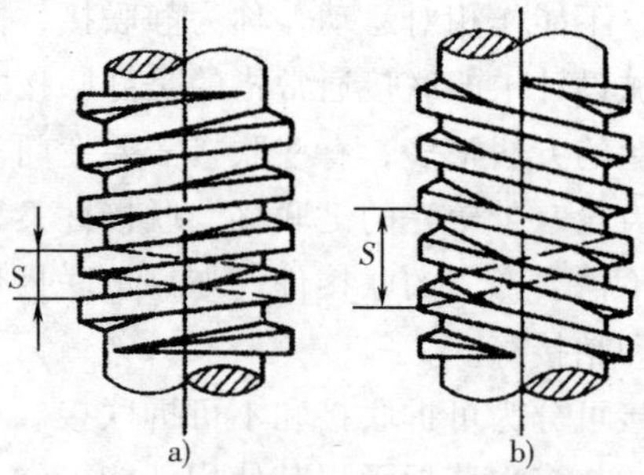

a) 单线右旋螺纹　b) 双线左旋螺纹

图 9－3　不同旋向和线数的螺纹

9.1.3　螺纹的参数

现以圆柱螺纹为例，说明螺纹的主要几何参数（图 9－4a）。

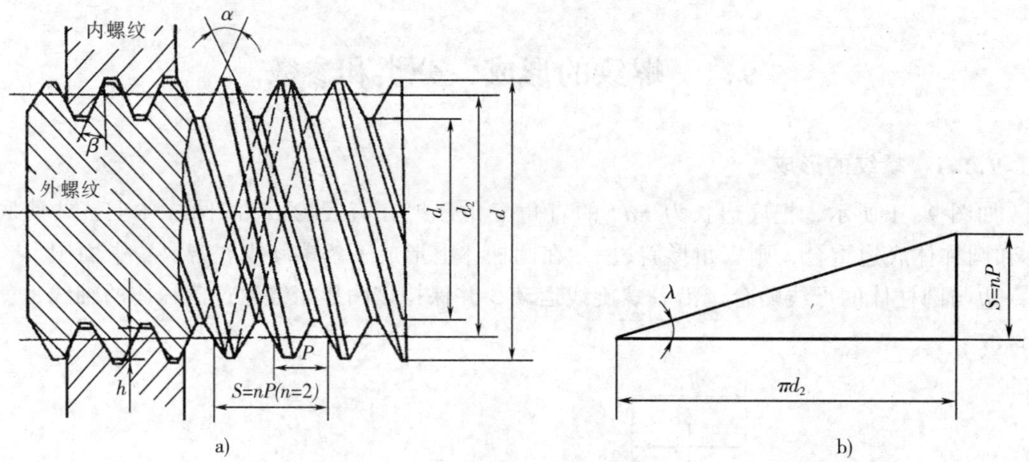

图 9－4　圆柱螺纹的主要几何参数

（1）大径 d①：与外螺纹牙顶（或内螺纹牙底）相重合的假想圆柱体的直径。

（2）小径 d_1：与外螺纹牙底（或内螺纹牙顶）相重合的假想圆柱体的直径。

（3）中径 d_2：螺纹轴向剖面内，牙厚等于牙间宽处的假想圆柱体的直径。

（4）螺距 P：相邻两牙在中径上对应两点间的轴向距离。

（5）导程 S：同一条螺旋线上相邻两牙在中径线上对应两点间的轴向距离。设螺纹线数为 n，则有 $S=nP$。

①在普通螺纹基本牙型中，外螺纹各直径用小写字母表示，内螺纹各直径用大写字母表示。

(6) 升角 λ：中径为 d_2 的圆柱上，螺旋线的切线与垂直于螺纹轴线的平面间的夹角（图 9-4b）。

$$\tan\lambda = \frac{S}{\pi d_2} = \frac{nP}{\pi d_2} \tag{9-1}$$

(7) 牙型角 α：螺纹轴向剖面内螺纹牙两侧边的夹角。

(8) 牙型斜角 β：牙型侧边与螺纹轴线垂线间的夹角。对于对称牙型 $\beta = \alpha/2$。

(9) 螺纹牙的工作高度 h：内外螺纹旋合后，螺纹接触面在垂直于螺纹轴线方向上的距离。

9.2 螺纹副的受力、效率和自锁分析

9.2.1 螺纹副的受力分析

(1) 矩形螺纹

螺纹副中，螺母所受到的轴向载荷 Q 是沿螺纹各圈分布的（图 9-5a），为便于分析，用集中载荷 Q 代替，并设 Q 作用于中径为 d_2 的圆周的一点上（图 9-5b）。这样，当螺母相对于螺杆等速旋转时，可看作为一滑块（螺母）沿着以螺纹中径 d_2 展开、斜度为螺纹升角 λ 的斜面上等速滑动（图 9-6）。

匀速拧紧螺母时，相当于以水平力推力 F 推动滑块沿斜面等速向上滑动（图 9-6a）。设法向反力为 N，则摩擦力为 fN，f 为摩擦系数，ρ 为摩擦角，$\rho = \arctan f$。由于滑块沿斜面上升时，摩擦力向下，故总反力 R 与 Q 的夹角为 $\lambda + \rho$。由力的平衡条件可知，R、F 和 Q 三力组成力封闭三角形，由图可得

$$F = Q\tan(\lambda + \rho) \tag{9-2}$$

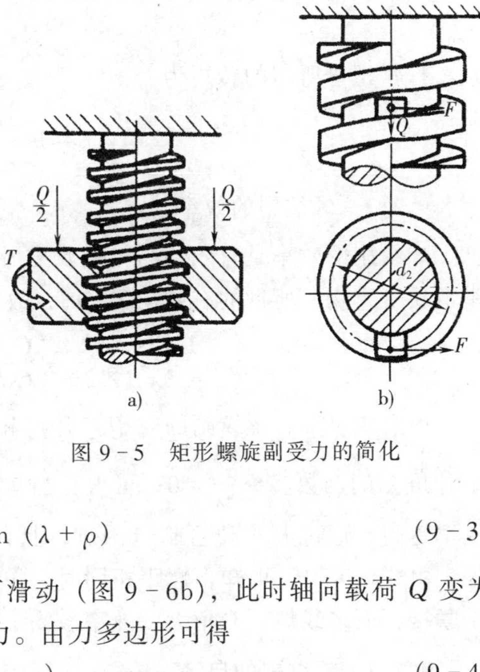

图 9-5 矩形螺旋副受力的简化

拧紧螺母所需的力矩为

$$T = F\frac{d_2}{2} = \frac{Qd_2}{2}\tan(\lambda + \rho) \tag{9-3}$$

匀速放松螺母时，相当于滑块沿斜面等速向下滑动（图 9-6b），此时轴向载荷 Q 变为驱动力，而 F 变为维持滑块等速下滑所需的平衡力。由力多边形可得

$$F = Q\tan(\lambda - \rho) \tag{9-4}$$

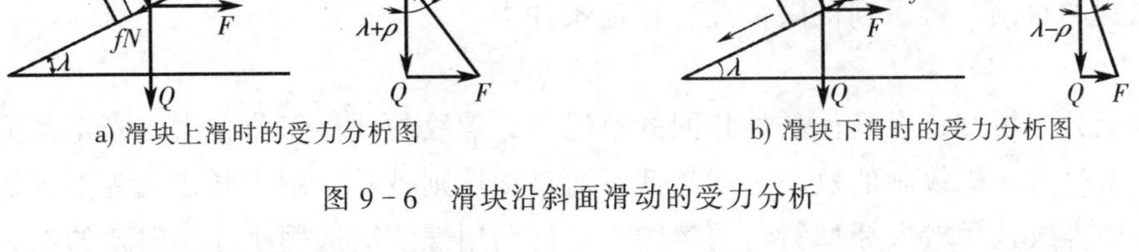

a) 滑块上滑时的受力分析图

b) 滑块下滑时的受力分析图

图 9-6 滑块沿斜面滑动的受力分析

（2）非矩形螺纹

非矩形螺纹是指牙型斜角 $\beta\neq 0^\circ$ 的三角形螺纹、梯形螺纹和锯齿形螺纹等。

对比图 9－7a 和图 9－7b 可知，若略去升角的影响，在轴向载荷 Q 作用下，非矩形螺纹比矩形螺纹的法向力大。若把法向力的增加看作摩擦系数的增加，则非矩形螺纹的摩擦阻力可以写为

$$\frac{Q}{\cos\beta}f=\frac{f}{\cos\beta}Q=f'Q$$

式中：f'——当量摩擦系数，即

$$f'=\frac{f}{\cos\beta}=\tan\rho' \quad 或 \quad \rho'=\arctan f'$$

ρ'——当量摩擦角。

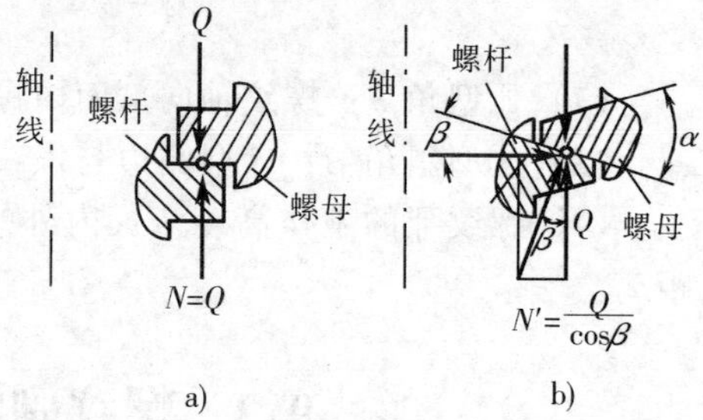

图 9－7 矩形螺纹与非矩形螺纹的受力比较

把图 9－6 中的 fN 改为 $f'N$，ρ 改为 ρ'，就可以像矩形螺纹那样分析非矩形螺纹。

当滑块沿非矩形螺纹等速上升时

$$F=Q\tan(\lambda+\rho') \tag{9-5}$$

当滑块沿非矩形螺纹等速下滑时

$$F=Q\tan(\lambda-\rho') \tag{9-6}$$

拧紧螺母所需的转矩为

$$T=F\frac{d_2}{2}=\frac{Qd_2}{2}\tan(\lambda+\rho') \tag{9-7}$$

9.2.2 螺纹副的效率

螺纹副的效率是有效功与输入功之比。按拧紧螺母一圈计算，则输入功为 $2\pi T$，而升举滑块（重物）所做的有效功为 QS，故螺纹副效率为

$$\eta=\frac{QS}{2\pi T}=\frac{Q\times\pi d_2\tan\lambda}{2\pi\times Qd_2\tan(\lambda+\rho')/2}=\frac{\tan\lambda}{\tan(\lambda+\rho')} \tag{9-8}$$

由上式可知，螺纹副的效率与升角和当量摩擦角有关，当量摩擦角 ρ' 一定时，效率只是升角 λ 的函数。令 $\frac{d\eta}{d\lambda}=0$，可得，当 $\lambda=45^\circ-\frac{\rho'}{2}$ 时效率最高。$\lambda<45^\circ-\frac{\rho'}{2}$ 时，升角越大，效率越高，但过大的升角制造困难，且效率增加也不明显，所以一般 λ 角不大于 25°。另外，由式（9－1）可知，螺距相同时，单线螺纹升角小（一般小于 5°），易于自锁，故多用于联接，而多线螺纹升角大，效率较高，多用于传动。

9.2.3 螺纹副的自锁

由式（9－6）可知，当 $\lambda<\rho'$ 时 F 为负值，这表明要使滑块下滑必须改变 F 的方向，即必须施加推力，否则单凭轴向载荷 Q 的作用，无论它有多大，滑块都不会下滑，这种现象称为螺纹副的自锁。考虑到极限情况，自锁条件为

$$\lambda\leqslant\rho' \tag{9-9}$$

由以上分析可知，在其他条件相同的情况下，螺纹的牙型斜角越大，当量摩擦系数和当量摩擦角就越大，螺纹副的效率也就越低，而自锁性则越好，用于联接就越不容易松动。因此，联接用螺纹选用较大牙型斜角的螺纹，而传动用螺纹则选用小牙型斜角的螺纹。

9.3 机械设备常用螺纹

机械设备中常用的螺纹主要有三角形螺纹、矩形螺纹、梯形螺纹和锯齿形螺纹。三角形螺纹主要用于联接，矩形、梯形和锯齿形螺纹主要用于传动。除矩形螺纹外，其他三种螺纹均已标准化。

9.3.1 三角形螺纹

三角形螺纹牙型角大，自锁性能好，而且牙根厚、强度高，故多用于联接。常用的有普通螺纹、英制螺纹和圆柱管螺纹。

(1) 普通螺纹

国家标准中，把牙型角 $\alpha=60°$ 的三角形米制螺纹称为普通螺纹（图 9-8a），大径 d 为公称直径。同一公称直径可以有多种螺距的螺纹，其中螺距最大的称为粗牙螺纹，其余都称为细牙螺纹（图 9-8b），粗牙螺纹应用最广。细牙螺纹的小径大、升角小，因而自锁性能好、强度高，但不耐磨、易滑扣，适用于薄壁零件、受动载荷的联接和微调机构的调整。普通螺纹的基本尺寸见表 9.1 和表 9.2。

表 9.1 直径、螺距（GB/T193-1981）和粗牙普通螺纹的基本尺寸（GB/T196-1981） mm

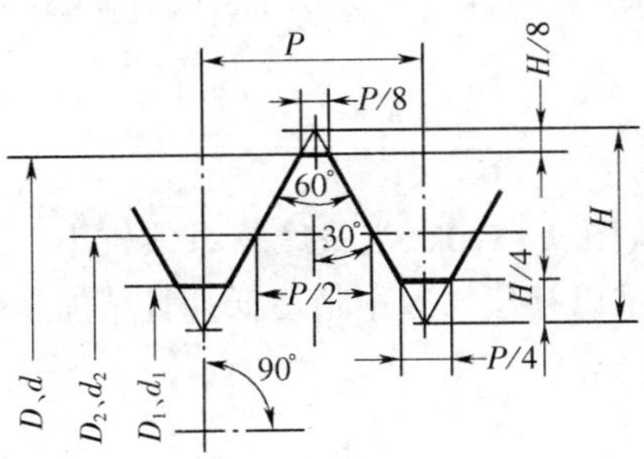

$H=0.866P$

$d_2=d-0.6495P$

$d_1=d-1.0825P$

D、d——内、外螺纹大径

D_2、d_2——内、外螺纹中径

D_1、d_1——内、外螺纹小径

P——螺距

标记示例：

M24（粗牙普通螺纹，直径 24mm，螺距 3mm）

M24×1.5（细牙普通螺纹，直径 24mm，螺距 1.5mm）

公称直径（大径）	粗牙			细牙
D、d	螺距 P	中径 D_2、d_2	小径 D_1、d_1	螺距 P
3	0.5	2.675	2.459	0.35
4	0.7	3.545	3.242	
5	0.8	4.480	4.134	0.5
6	1	5.350	4.918	0.75
8	1.25	7.188	6.647	1，0.75
10	1.5	9.026	8.376	1.25，1，0.75
12	1.75	10.863	10.106	1.5，1.25，1
(14)	2	12.701	11.835	1.5，1.25，1
16	2	14.701	13.835	1.5，1
(18)	2.5	16.376	15.294	2，1.5，1
20	2.5	18.376	17.294	
(22)	2.5	20.376	19.294	
24	3	22.052	20.752	
(27)	3	25.052	23.752	
30	3.5	27.727	26.211	

注：括号内的公称直径为第二系列。

表 9.2 细牙普通螺纹基本尺寸

mm

螺距 P	中径 D_2、d_2	小径 D_1、d_1	螺距 P	中径 D_2、d_2	小径 D_1、d_1	螺距 P	中径 D_2、d_2	小径 D_1、d_1
0.35	$d-1+0.773$	$d-1+0.621$	1	$d-1+0.350$	$d-2+0.918$	2	$d-2+0.701$	$d-3+0.835$
0.5	$d-1+0.675$	$d-1+0.459$	1.25	$d-1+0.188$	$d-2+0.647$	3	$d-2+0.052$	$d-4+0.752$
0.75	$d-1+0.513$	$d-1+0.188$	1.5	$d-1+0.026$	$d-2+0.376$	4	$d-3+0.402$	$d-5+0.670$

（2）英制螺纹

牙型角 $\alpha=55°$，以英寸为单位，螺距以每英寸的牙数表示，也有粗牙、细牙之分。主要是英国、美国等国使用，国内一般仅在修配中使用。

（3）圆柱管螺纹

牙型角 $\alpha=55°$，牙顶呈圆弧形，旋合螺纹间无径向间隙，紧密性好，公称直径为管子的公称通径（图 9-8c），广泛用于水、煤气、润滑等管路系统联接中。

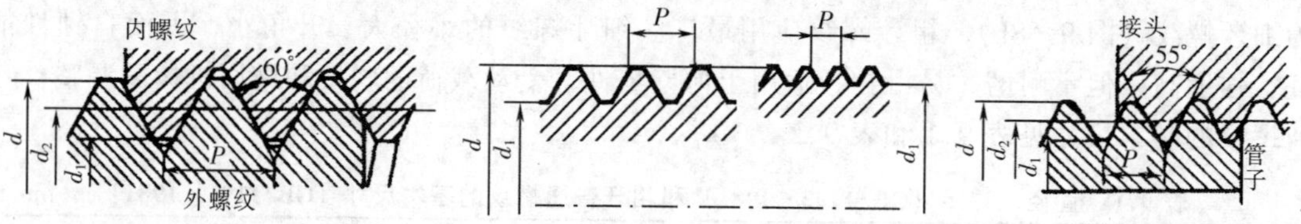

a) 普通螺纹　　b) 粗牙和细牙螺纹对比　　c) 55°圆柱管螺纹

图 9-8 三角形螺纹

9.3.2 矩形螺纹

牙型为正方形，牙型角 $\alpha=0°$，牙厚为螺距的一半（图 9-9a），当量摩擦系数较小，效率较高，但牙根强度较低，螺纹磨损后造成的轴向间隙难以补偿，对中精度低，且精加工较困难，因此，这种螺纹已较少采用。

9.3.3 梯形螺纹

牙型为等腰梯形，牙型角 $\alpha=30°$（图 9-9b），效率比矩形螺纹低，但易于加工，对中性好，牙根强度较高，当采用剖分螺母时还可以消除因磨损而产生的间隙，因此广泛应用于螺旋传动中。

9.3.4 锯齿形螺纹

工作面牙型斜角为 3°，非工作面牙型斜角为 30°（图 9-9c），兼有矩形螺纹效率高和梯形螺纹牙根强度高的优点，但只能承受单向载荷，适用于单向承载的螺旋传动。

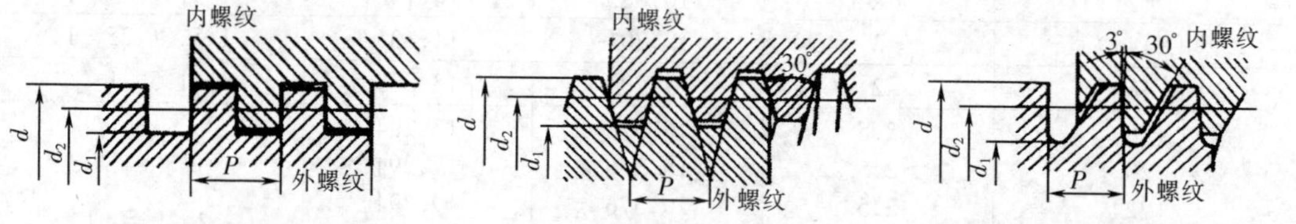

a) 矩形螺纹　　b) 梯形螺纹　　c) 锯齿形螺纹

图 9-9 传动螺纹

【例题9-1】 假设图9-5所示为一螺旋机构用螺纹副，工作时螺杆固定，螺母转动。已知螺纹副采用单线标准梯形螺纹，公称直径 $d=24\text{mm}$，螺距 $P=5\text{mm}$，中径 $d_2=21.5\text{mm}$，工作时螺母所承受的轴向载荷为 $Q=1\text{kN}$，设螺纹副中的摩擦系数 $f=0.1$，问：(1) 该螺旋机构是否有自锁性？(2) 螺纹副的传动效率为多少？(3) 求匀速转动螺母所需转矩。

【解】 (1) 螺纹副的自锁性

螺纹升角为

$$\lambda=\arctan\frac{nP}{\pi d_2}=\arctan\frac{1\times 5}{21.5\pi}=4.23^\circ$$

梯形螺纹的牙型斜角 $\beta=\alpha/2=15^\circ$，故当量摩擦角为

$$\rho'=\arctan\frac{f}{\cos\beta}=\arctan\frac{0.1}{\cos 15^\circ}=5.91^\circ$$

因 $\lambda<\rho'$，故该螺旋机构具有自锁性。

(2) 螺纹副的传动效率

由式（9-8）可知，该螺纹副的传动效率为

$$\eta=\frac{\tan\lambda}{\tan(\lambda+\rho')}=\frac{\tan 4.23^\circ}{\tan(4.23^\circ+5.91^\circ)}=0.41$$

(3) 转动螺母所需转矩

由式（9-7）可知，匀速转动螺母时所需转矩 T 为

$$T=\frac{Qd_2}{2}\tan(\lambda+\rho')=\frac{1\times 10^3\times 21.5\times 10^{-3}}{2}\tan(4.23^\circ+5.91^\circ)=1.92\quad \text{N}\cdot\text{m}$$

故该螺旋机构具有自锁性，螺纹副的传动效率为0.41，匀速转动螺母所需转矩为1.92N·m。

9.4 螺纹联接的基本类型和常用螺纹联接件

9.4.1 螺纹联接的基本类型

根据结构特点，螺纹联接有下列四种基本类型。

(1) 螺栓联接

被联接件的孔中不切制螺纹，装拆方便。图9-10a为普通螺栓联接，螺栓与孔之间有间隙，由于加工简便，成本低，所以应用最广。图9-10b为铰制孔用螺栓联接，被联接件上孔用高精度铰刀加工而成，螺栓杆与孔之间一般采用过渡配合，主要用于需要螺栓承受横向载荷或需靠螺杆精确固定被联接件相对位置的场合。

(2) 螺钉联接

螺钉直接旋入被联接件的螺纹孔中(图9-11a)，结构较简单，适用于被联接件之一较厚或另一端不能装螺母的场合。但经常拆装会使螺纹孔磨损，导致被联接件过早失效，所以不适用于经常拆装的场合。

(3) 双头螺柱联接

使用两端均有螺纹的螺柱，一端旋入并紧定在较厚被联接件的螺纹孔中，另一端穿过较薄被联接件的通孔(图9-11b)。适用于被联接件较厚，要求结构紧凑和经常拆装的场合。

(4) 紧定螺钉联接

将紧定螺钉拧入一零件的螺纹孔中，其末端顶住另一零件的表面(图9-12a)，或顶入相应的凹坑中(图9-12b)。常用于固定两个零件的相对位置，并可传递不大的力或转矩。

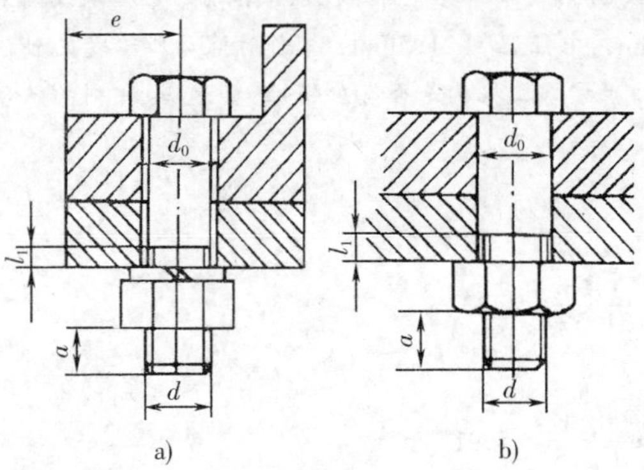

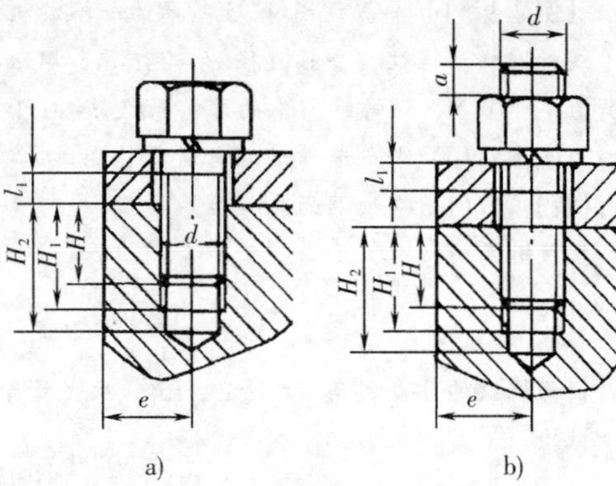

螺纹余留长度 l_1

静载荷　$l_1 \geqslant (0.3 \sim 0.5)d$；

变载荷　$l_1 \geqslant 0.75d$；

冲击载荷或弯曲载荷　$l_1 \geqslant d$；

铰制孔用螺栓　$l_1 \approx 0$；

螺纹伸出长度　$a = (0.2 \sim 0.3)d$；

螺栓轴线到边缘的距离　$e = d + (3 \sim 6)\text{mm}$

图 9－10　螺栓联接

螺纹旋入深度 H，当螺孔材料为：

钢或青铜　$H \approx d$；

铸铁　$H = (1.25 \sim 1.5)d$；

铝合金　$H = (1.5 \sim 2.5)d$；

螺纹孔深度　$H_1 = H + (2 \sim 2.5)P$（式中 P——螺距）；

钻孔深度　$H_2 = H_1 + (0.5 \sim 1)d$；

l_1、a、e 值见图 9－10

图 9－11　螺钉联接和双头螺柱联接

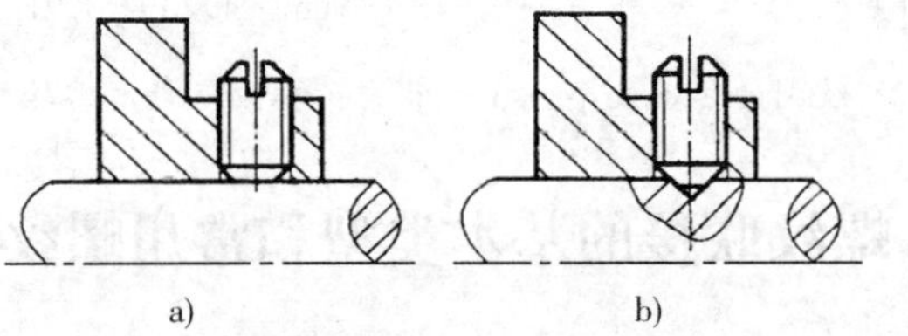

图 9－12　紧定螺钉联接

9.4.2　常用螺纹联接件

螺纹联接件品种很多，大都已标准化。常用的标准螺纹联接件有螺栓、螺钉、双头螺柱、紧定螺钉、螺母和垫圈。

（1）螺栓

螺栓头部形状很多，最常用的有六角头（图 9－13a）和小六角头两种（图 9－13b）。

根据制造方法及精度不同，螺栓可分为精制螺栓和粗制螺栓。精制螺栓用光拉六角棒料车制而成，其螺纹部分及所有表面均要加工。精制螺栓可分为普通精制螺栓（图 9－13a 和图 9－13b）和铰制孔用螺栓（图 9－13c）。精制螺栓在机械制造中应用较广。

a) 六角头螺栓　b) 小六角头螺栓　c) 铰制孔用螺栓

图 9－13　六角头螺栓

粗制螺栓的毛坯用锻压或冲制而成，螺栓头及杆部都不加工，螺纹用切削或滚压法制成。粗制螺栓多用于精度要求不高的建筑机械、农业机械等机械上。

（2）螺钉

螺钉的结构形式与螺栓相同，但头部形式较多（图9-14），以适应对装配空间、拧紧程度、联接外观和拧紧工具的要求。有时也把螺栓作为螺钉使用。

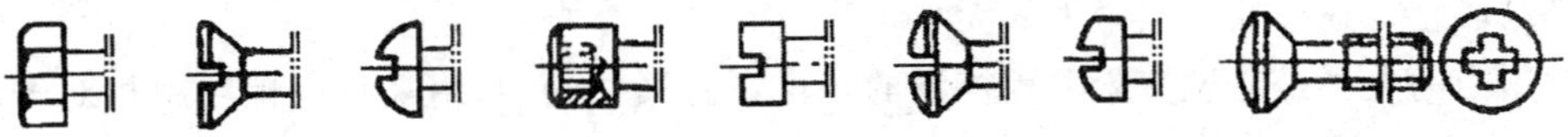

图9-14　螺钉头部形式

（3）双头螺柱

双头螺柱没有钉头，两端制有螺纹。结构有A型（有退刀槽，图9-15a）与B型（无退刀槽，图9-15b）之分。

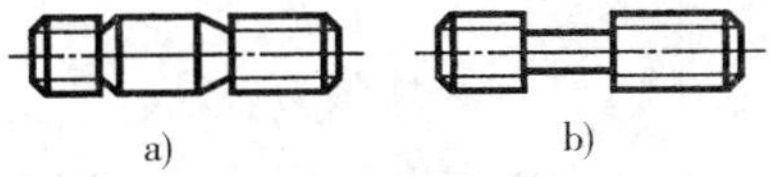

图9-15　双头螺柱

（4）紧定螺钉

紧定螺钉的头部和尾部制有各种形状。常见的头部形状有方头、六角头和内六角头（图9-16a）等。螺钉的末端主要起紧定作用，常见的尾部形状有平端、圆柱端和锥端（图9-16b）等。

图9-16　紧定螺钉

（5）螺母

螺母的结构形式很多，最常用的是六角螺母。按厚度不同，螺母可分为标准螺母（图9-17a）、扁螺母（图9-17b）和厚螺母（图9-17c）三种。螺母的制造精度与螺栓相同，也分为粗制和精制两种，以便与同精度的螺栓配用。图9-17d所示的圆螺母常用作轴上零件的轴向固定，并配有止退垫圈。

（6）垫圈

垫圈的主要作用是增加被联接件的支承面积或避免拧紧螺母时擦伤被联接件的表面。常用的有平垫圈（图9-18a）和斜垫圈（图9-18b）。当被联接件表面有斜度时，应使用斜垫圈。有防松作用的垫圈见9.5.2节。

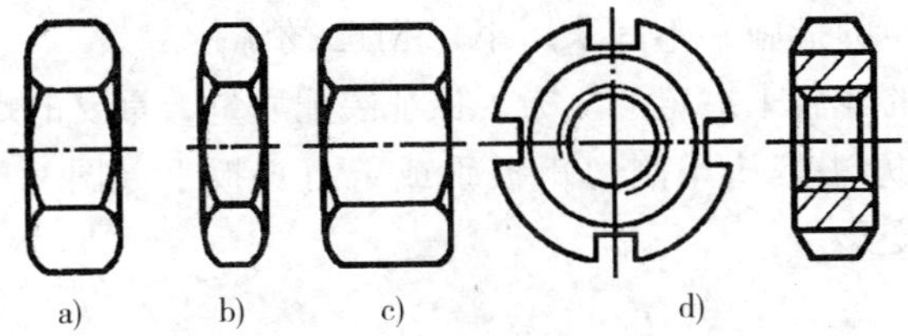

图9-17　螺母

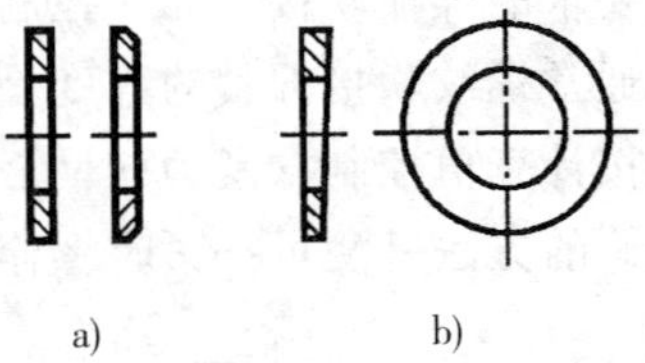

图9-18　垫圈

9.5　螺纹联接的预紧和防松

9.5.1　螺纹联接的预紧

螺纹联接的预紧是指装配时把螺纹联接拧紧，使其受到预紧力的作用，目的是使螺纹联接可靠地承受载荷，获得所要求的紧密性、刚性和防松能力。除个别情况外，螺纹联接都必须预紧。由于预紧力的大小对螺纹联接的可靠性、强度和密封性都有很大的影响，所以对重要的螺纹联接，还应控制预紧力的大小。

预紧力的大小是通过拧紧力矩控制的。由于拧紧力矩 T 用来克服螺纹副相对转动的阻力矩 T_1 和螺母支承面上的摩擦阻力矩 T_2（图 9-19），所以

$$T = T_1 + T_2 = \frac{F'd_2}{2}\tan(\lambda + \rho') + f_c F' r_f \tag{9-10}$$

式中：F'——预紧力，N；

d_2——螺纹中径，mm；

f_c——螺母与支承面之间的摩擦系数，无润滑时可取 $f_c = 0.15$；

r_f——支承面摩擦半径，$r_f \approx \frac{d_w + d_0}{4}$，其中 d_w、d_0 分别为螺母支承面的外径和内径。

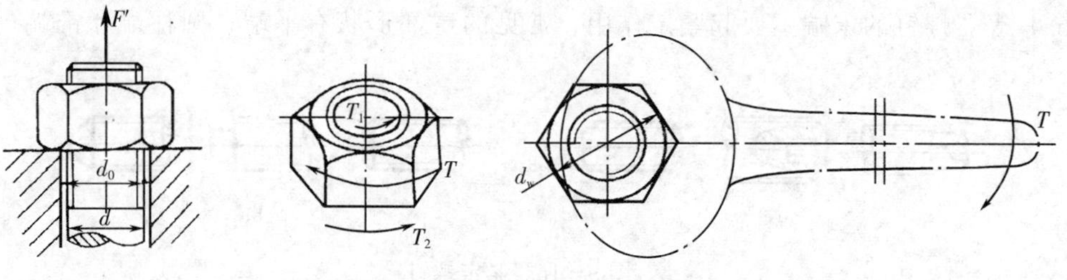

图 9-19　螺纹副拧紧力矩分析图

对于 M10～M68 的普通粗牙螺纹，若取 $\tan\rho' = 0.15$ 及 $f_c = 0.15$，$d_2 = 0.9d$，$d_w = 1.7d$，$d_0 = 1.1d$，则公式（9-10）可简化为

$$T = 0.2F'd \quad \text{N·mm} \tag{9-11}$$

式中：F'——预紧力，N；

d——螺纹公称直径，mm。

F'值是由螺纹联接的要求决定的（见 9.6 节），为了充分发挥螺栓的工作能力和保证预紧可靠，螺栓的预紧应力一般可达材料屈服极限的 50%～70%。

小直径的螺栓装配时应施加小的拧紧力矩，否则就容易将螺栓杆拉断。对于重要的、有强度要求的螺栓联接，如无控制拧紧力矩的措施，不宜采用小于 M12 的螺栓。

通常螺纹联接拧紧的程度是凭工人的经验来决定的。为了保证装配质量，重要的螺纹联接应按计算值控制拧紧力矩。较方便的方法是使用测力矩扳手或定力矩扳手（图 9-20），较精确的方法是测量拧紧时螺栓的伸长变形量。

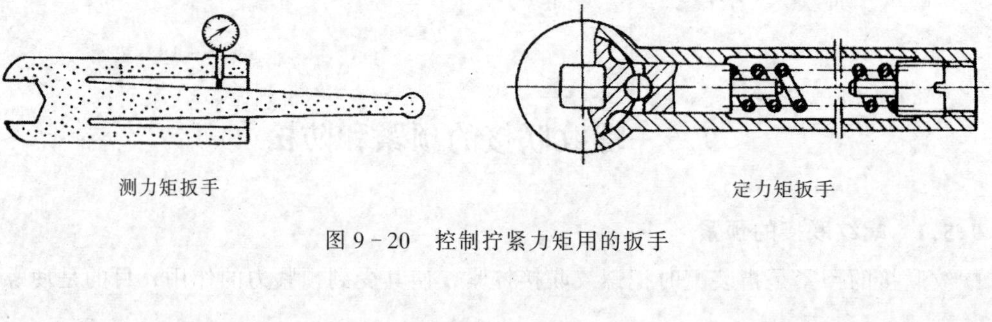

测力矩扳手　　定力矩扳手

图 9-20　控制拧紧力矩用的扳手

9.5.2 螺纹联接的防松

联接用的三角形螺纹都具有自锁性，并且拧紧后，螺母、螺栓头部等承压面处的摩擦也都有防松作用，因此在承受静载荷和工作温度变化不大时，螺纹联接一般都不会自行松脱。但在冲击、振动、变载荷及温度变化较大的情况下，联接有可能松脱，造成联接失效，所以在设计螺纹联接时，必须考虑防松问题。

防松的根本问题在于防止螺纹副的相对转动，具体的方法很多，表9.3列出了一些常用的防松方法和原理。

表9.3 常用的防松方法和原理

<table>
<tr><td rowspan="3">摩擦防松</td><td colspan="3">采用各种结构措施使螺纹副中保持较大的防松阻力矩。简单方便，但不十分可靠，多用于冲击、振动不剧烈的场合。</td></tr>
<tr><td>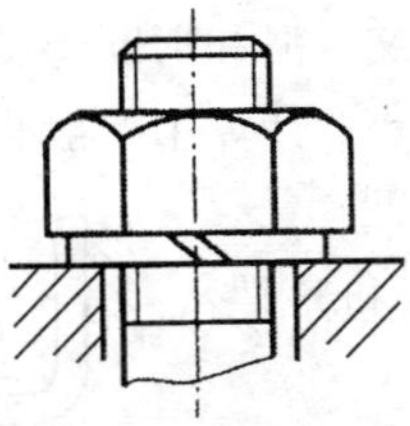
弹簧垫圈</td><td>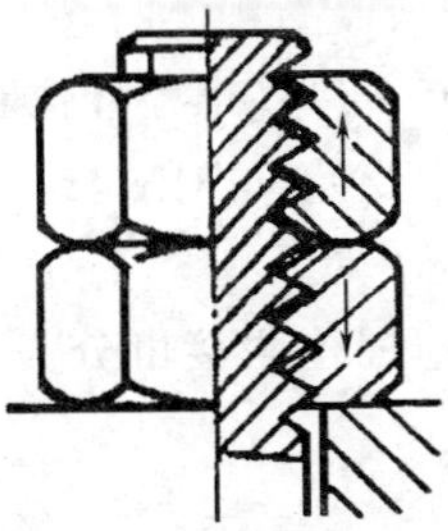
对顶螺母</td><td>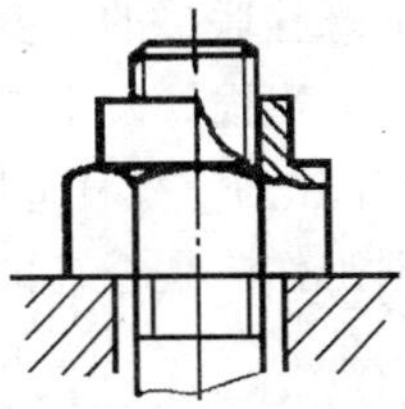
尼龙圈锁紧螺母</td></tr>
<tr><td>弹簧垫圈材料为弹簧钢，装配后垫圈被压平，其反弹力能使螺纹间保持压紧力和摩擦力</td><td>利用两螺母的对顶使螺栓始终受到附加的拉力和摩擦力。结构简单，可用于低速重载场合</td><td>螺母中嵌有尼龙圈，拧上后尼龙圈内孔被涨大箍紧螺栓</td></tr>
<tr><td rowspan="3">机械防松</td><td colspan="3">利用各种止动零件阻止拧紧的螺纹零件相对转动。工作可靠，应用很广。</td></tr>
<tr><td>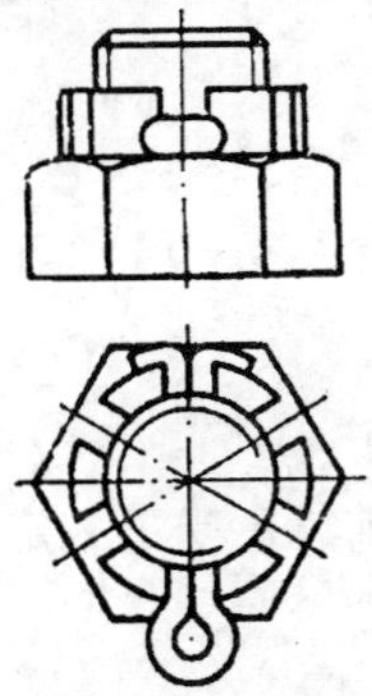
槽形螺母和开口销</td><td>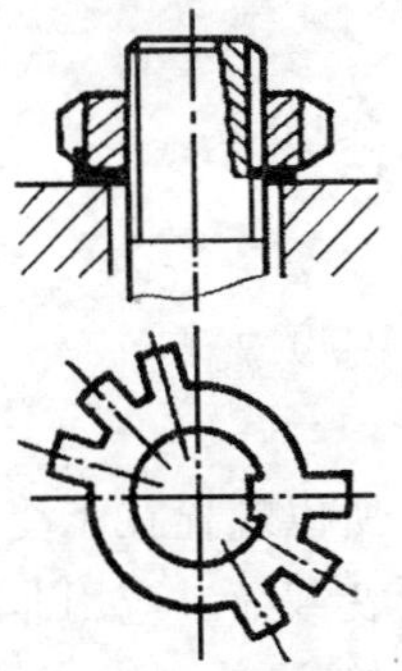
圆螺母带翅垫片</td><td>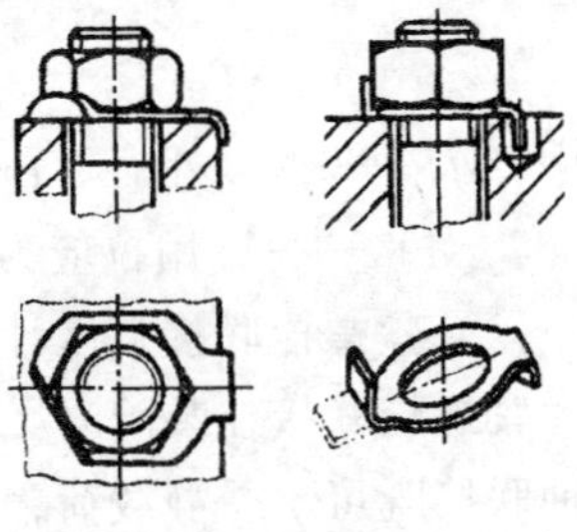
止动垫片</td></tr>
<tr><td>拧紧后用开口销穿过螺栓尾部小孔和螺母的槽，也可用普通螺母拧紧后再配钻开口销孔</td><td>使垫片内翅嵌入螺栓（轴）的槽内，拧紧螺母后将垫片外翅之一折嵌于螺母的一个槽内</td><td>将垫片折边以固定螺母和被联接件的相对位置</td></tr>
<tr><td rowspan="2">破坏螺纹副防松</td><td colspan="3">防松效果良好，但仅适用于很少拆开或不拆的联接。</td></tr>
<tr><td>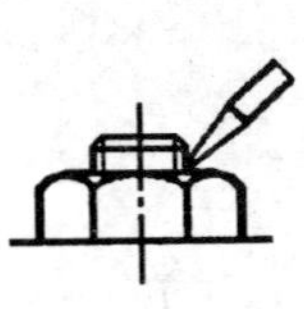
冲点法（用冲头冲2～3点）</td><td>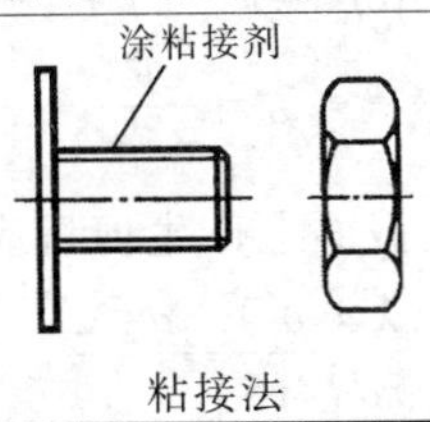
粘接法</td><td>在螺纹旋合表面涂上粘接剂，拧紧螺母后粘接剂自行固化</td></tr>
</table>

9.6 螺栓联接的强度计算

螺栓联接强度计算的目的，主要是根据联接的结构形式、材料性质和载荷状态等条件，分析螺栓的受力和失效形式，然后按相应的计算准则计算螺纹小径 d_1，再按照标准选定螺纹公称直径 d 和螺距 P 等。螺栓其余部分尺寸及螺母、垫圈等，一般都可根据公称直径 d 直接从标准中选定，因为制定标准时，已经考虑了螺栓、螺母的各部分及垫圈的等强度和制造、装配等要求。

需要说明的是，螺栓联接、螺钉联接和双头螺柱联接的失效形式和计算方法基本相同，所以，本节对螺栓联接计算的讨论，其结论对螺钉联接和双头螺柱联接也基本适用。

9.6.1 普通螺栓联接强度计算

普通螺栓联接的主要失效形式有：(1) 螺栓杆拉断；(2) 螺纹压溃和剪断；(3) 螺纹因经常装拆而磨损，发生滑扣现象。主要计算准则是螺栓杆不被拉断，计算中一般直接采用螺纹小径 d_1 作为螺栓杆危险截面直径计算。

根据工作前是否有预紧力，普通螺栓联接可分为松螺栓联接和紧螺栓联接两种。

(1) 松螺栓联接强度计算

松螺栓联接的特点是装配时不拧紧螺母，在承受工作载荷前，除有关零件的自重（自重一般很小，强度计算时可略去）外，联接并不受力。这种联接只能承受静载荷，故应用不广。图 9-21 所示起重滑轮中的螺栓联接就是典型的例子。当承受轴向工作载荷 F (N) 时，螺纹部分的强度条件为

$$\sigma = \frac{F}{\pi d_1^2/4} \leqslant [\sigma] \tag{9-12}$$

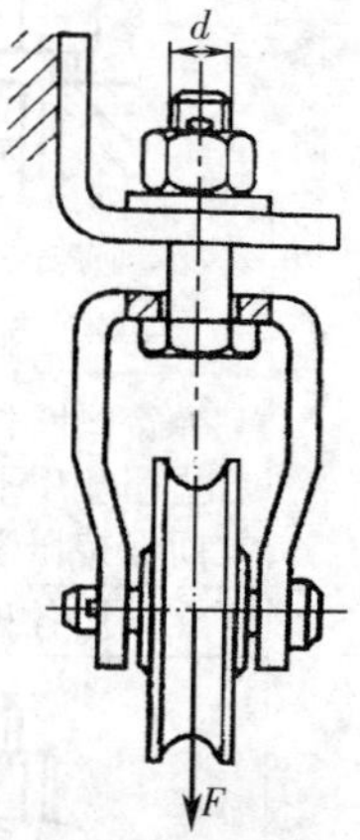

图 9-21 起重滑轮的松螺栓联接

式中：d_1——螺纹小径，mm；

$[\sigma]$——许用拉应力，MPa，见 9.7 节。

(2) 紧螺栓联接强度计算

紧螺栓联接在装配时必须拧紧，所以螺栓在承受工作载荷之前就承受了一定的预紧力。这种联接既可承受静载荷，也可承受变载荷，应用非常广泛。

①承受横向工作载荷的紧螺栓联接

如图 9-22 所示，工作时联接受到与螺栓轴线相垂直的外载荷 F_R 的作用。被联接件在预紧力的作用下相互压紧，依靠结合面产生的摩擦力来抗衡外载荷，从而避免产生相对移动。显然，无论工作前还是工作后，螺栓本身仅受装配时由于拧紧螺母而产生的预紧力和螺纹副阻力矩的作用。预紧力 F' 使螺栓危险截面上产生拉应力

$$\sigma = \frac{F'}{\pi d_1^2/4}$$

螺纹副阻力矩 T_1 则使螺栓危险截面上产生剪切应力

$$\tau = \frac{T_1}{\pi d_1^3/16} = \frac{F'\tan(\lambda+\rho')\cdot d_2/2}{\pi d_1^3/16} = \frac{2d_2}{d_1}\tan(\lambda+\rho')\ \frac{F'}{\pi d_1^2/4}$$

对于 M10～M68 的普通螺栓，取 d_1、d_2 和 λ 的平均值，并取 $\tan\rho'=f'=0.15$，可得 $\tau\approx0.5\sigma$，按照第四强度理论（最大形变能理论），螺栓危险截面上的当量应力为

$$\sigma_e=\sqrt{\sigma^2+3\tau^2}=\sqrt{\sigma^2+3\ (0.5\sigma)^2}\approx1.3\sigma$$

故螺栓螺纹部分的强度条件为

$$\sigma_e=\frac{1.3F'}{\pi d_1^2/4}\leqslant[\sigma] \tag{9-13}$$

上式说明，紧螺栓联接时螺栓虽然受到拉、扭的复合作用，它的强度仍可按纯拉伸计算，只需将轴向拉力增大 30%，以考虑扭转的影响。

由式（9-13）可得设计公式

$$d_1\geqslant\sqrt{\frac{4\times1.3F'}{\pi[\sigma]}}\quad \text{mm} \tag{9-14}$$

式中：$[\sigma]$——螺栓的许用拉应力，MPa，见 9.7 节。

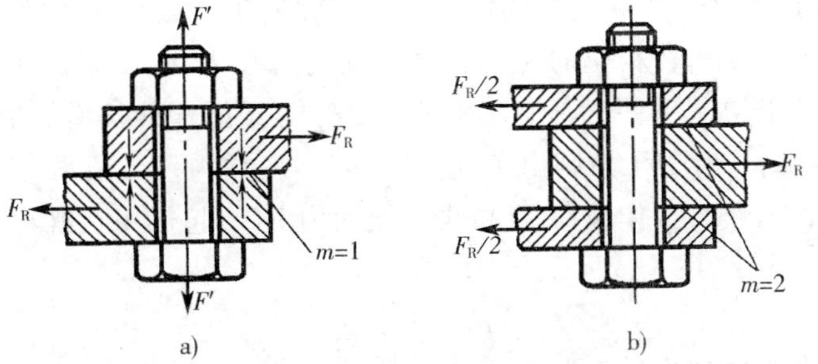

图 9-22　受横向载荷的紧螺栓联接

预紧力 F'的计算：为保证被联接件结合面不产生相对滑动，由静力平衡条件有

$$zF'fm\geqslant CF_R$$

式中：z——联接螺栓的数目；

m——结合面数目；

f——结合面间摩擦系数，对于钢或铸铁的干燥加工表面，可取 $f=0.1\sim0.15$；

C——可靠性系数，亦称防滑系数，通常取 $C=1.1\sim1.3$。

由此可得，单个螺栓所需的预紧力为

$$F'\geqslant\frac{CF_R}{zfm} \tag{9-15}$$

由式（9-15）可知，当 $C=1.2$、$f=0.15$、$m=1$、$z=1$ 时，$F'\geqslant8F_R$。由此可见，预紧力 F'要比外载荷 F_R大得多，据此设计出的螺栓尺寸必然很大。为避免这个缺点，可以采用各种减载装置，如用键、套筒或销来承担横向载荷（图 9-23），此时螺栓仅起联接压紧作用。这种具有减载装置的联接，其强度应按减载零件的强度条件进行校核，并不计螺栓预紧力的作用。

②承受轴向工作载荷的紧螺栓联接

这种承载形式在紧螺栓联接中比较常见，图 9-24 所示的汽缸与汽缸盖螺栓组联接就是这种联接的典型例子。在这种联接中，螺栓实际承受的总拉力 F_0 并不等于预紧力 F'和轴向工作载荷 F 之和。结合图 9-25 分析如下：

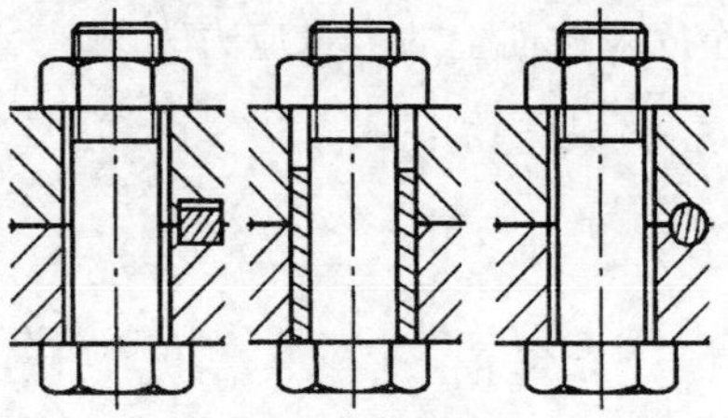

图 9－23　受横向载荷螺栓联接的减载装置

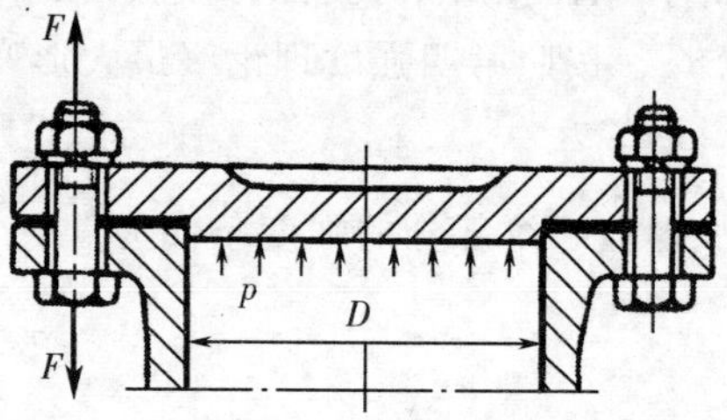

图 9－24　汽缸盖的螺栓联接

图 9－25a 是联接拧紧前的临界状态，此时尚未产生预紧力，因此螺栓和被联接件均未受力，没有变形。

图 9－25b 是联接拧紧后，但还没有承受工作载荷的情况。这时，由于预紧力 F' 的作用，使螺栓受拉而伸长了 δ_1，被联接件则受压而缩短了 δ_2。

图 9－25c 是联接承受工作载荷时的情况。由于轴向工作载荷 F 的作用，螺栓的伸长量增加了 $\Delta\delta_1$ 而成为 $\delta_1+\Delta\delta_1$，相应的拉力就是螺栓的总拉力 F_0；而被联接件则随着螺栓的伸长而弹回，根据变形协调条件，其缩短减少量 $\Delta\delta_2$ 等于螺栓伸长增加量 $\Delta\delta_1$，因此，此时的总缩短量为 $\delta_2-\Delta\delta_1$，所受压力则由 F' 减小为 F''，F'' 称为残余预紧力。

综合上述分析，工作时工作载荷 F 和残余预紧力 F'' 一起作用在螺栓上，所以螺栓的总拉力为

$$F_0=F+F'' \tag{9-16}$$

为防止工作时被联接件的结合面出现缝隙（图 9－25d），残余预紧力 F'' 应大于零。对于一般联接，工作载荷稳定时，可取 $F''=(0.2\sim0.6)F$，工作载荷不稳定时，$F''=(0.6\sim1.0)F$；对于有紧密性要求的联接（如压力容器的螺栓联接），$F''=(1.5\sim1.8)F$。

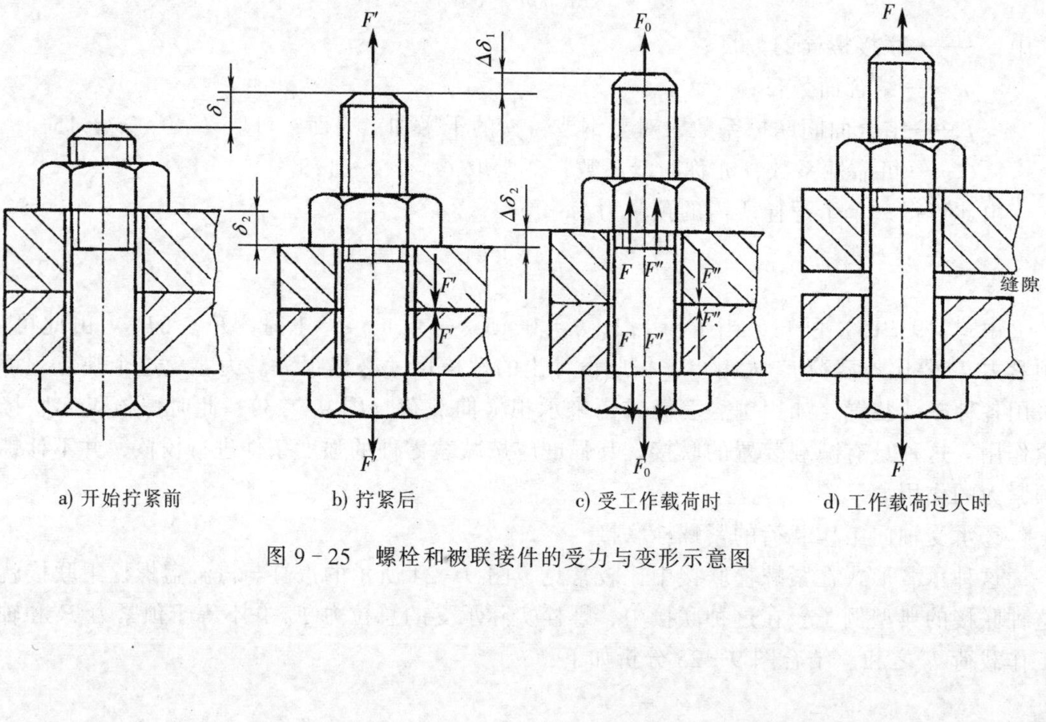

a) 开始拧紧前　b) 拧紧后　c) 受工作载荷时　d) 工作载荷过大时

图 9－25　螺栓和被联接件的受力与变形示意图

在一般计算中，可先根据联接的工作要求规定残余预紧力 F''，然后由式（9－16）求出总拉力 F_0，再进行螺栓的强度计算。由于螺栓受轴向工作载荷时可能需要补充拧紧，计算时应考虑由此而产生的剪应力的影响，因此，可按式（9－13）和（9－14）得到校核和设计公式

$$\sigma=\frac{4\times1.3F_0}{\pi d_1^2}\leqslant[\sigma] \tag{9-17}$$

$$d_1\geqslant\sqrt{\frac{4\times1.3F_0}{\pi[\sigma]}}\quad \mathrm{mm} \tag{9-18}$$

式（9－17）和（9－18）用于静载荷计算。若受的是变载荷，应进行疲劳强度计算。计算方法见有关资料。

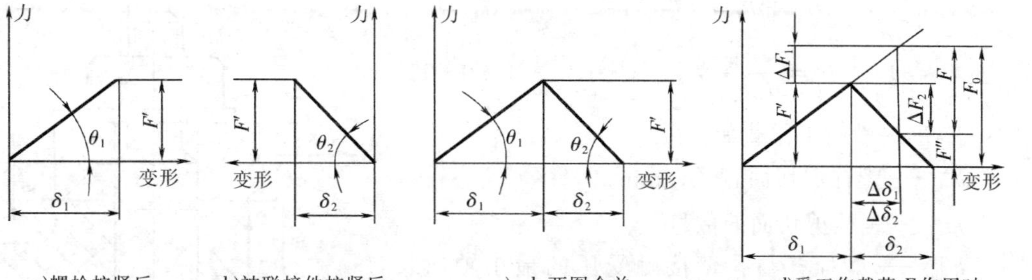

图 9－26　螺栓和被联接件的受力与变形关系

利用螺栓和被联接件的受力与变形关系图（图 9－26），可推导出各力之间的关系以及螺栓和被联接件的刚度对这些力的影响。从图中可以看出

螺栓的刚度　$$c_1=\tan\theta_1=\frac{F'}{\delta_1}=\frac{\Delta F_1}{\Delta\delta_1}$$

被联接件的刚度　$$c_2=\tan\theta_2=\frac{F'}{\delta_2}=\frac{\Delta F_2}{\Delta\delta_2}$$

工作载荷 F、螺栓拉力增量 ΔF_1 和被联接件压力减量 ΔF_2 的关系为

$$F=\Delta F_1+\Delta F_2$$

上面三式整理后可得

$$\Delta F_1=\frac{c_1}{c_1+c_2}F;\qquad \Delta F_2=\left(1-\frac{c_1}{c_1+c_2}\right)F$$

由图中力的关系可求出预紧力 F' 和螺栓的总拉力 F_0

$$F'=F''+\Delta F_2=F''+\left(1-\frac{c_1}{c_1+c_2}\right)F \tag{9-19}$$

$$F_0=F'+\Delta F_1=F'+\frac{c_1}{c_1+c_2}F \tag{9-20}$$

$\frac{c_1}{c_1+c_2}$ 称为螺栓的相对刚度，其大小与螺栓和被联接件的结构尺寸、材料以及垫片、工作载荷的位置等因素有关，其值在 0～1 之间变化，为了降低螺栓的受力，提高承载能力，应尽量取小一些。一般设计时，若被联接件的材料为钢铁，可参考表 9.4 推荐的数据选取。

表 9.4 螺栓的相对刚度

垫片类别	金属垫片或无垫片	皮革垫片	铜皮石棉垫片	橡胶垫片
$\frac{c_1}{c_1+c_2}$	0.2～0.3	0.7	0.8	0.9

9.6.2 铰制孔螺栓联接强度计算

铰制孔螺栓联接依靠螺杆的受剪和联接的挤压承受横向工作载荷（图 9－27）。虽然也要适当拧紧螺母，但其主要作用是使联接可靠，因预紧力很小，一般忽略不计。联接可能损坏的形式有：螺栓被剪断，螺栓杆或被联接件孔壁被压溃，相应的强度条件分别为

$$\tau=\frac{4F_R}{\pi d_0^2 m}\leqslant[\tau] \tag{9-21}$$

$$\sigma_p=\frac{F_R}{d_0 h_{min}}\leqslant[\sigma_p] \tag{9-22}$$

式中：F_R——横向工作载荷，N；

d_0——螺栓剪切面直径，mm；

m——螺栓剪切面的数目；

h_{min}——螺栓杆与孔壁接触受压的最小轴向长度，mm，一般 $h_{min}\geqslant 1.25d_0$；

$[\tau]$——螺栓材料的许用剪切应力，MPa，见 9.7 节；

$[\sigma_p]$——螺栓或被联接件中最弱材料的许用挤压应力，MPa，见 9.7 节。

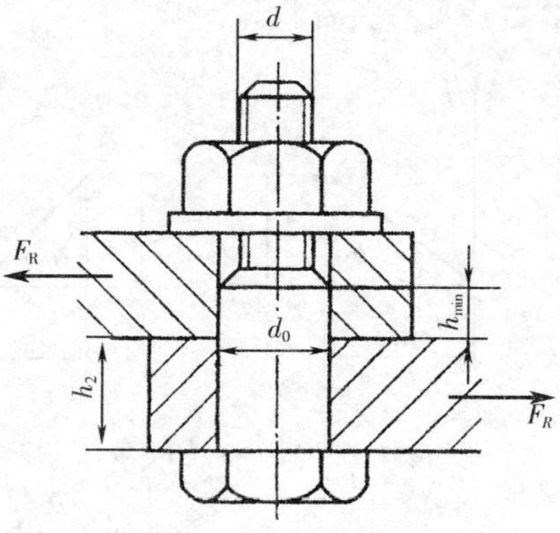

图 9－27 承受横向工作载荷的铰制孔螺栓联接

9.7 螺纹联接件的材料和许用应力

9.7.1 螺纹联接件的材料

国家标准规定螺纹联接件按材料的力学性分出等级（见表 9.5）。螺栓、螺柱、螺钉的性能等级从 3.6 至 12.9 分为十级，点前数字表示抗拉强度极限 σ_B的 1/100（$\sigma_B/100$），点后数字表示屈服极限 σ_S与抗拉强度极限比值的 10 倍（$10\sigma_S/\sigma_B$）。例如性能等级 4.6 中，4 表示材料的抗拉强度极限为 400MPa，6 表示屈服极限与抗拉强度极限之比为 0.6。螺母的性能等级从 4 至 12 分为七级，代码数字表示可与该螺母相配的最高性能等级的螺栓抗拉强度极限的 1/100。选用时，须注意所用螺母的性能等级应不低于与其相配螺栓、螺柱、螺钉的性能等级。

适合制造螺纹联接件的材料品种很多，常用的有低碳钢 Q215、10 钢和中碳钢 Q235、35 钢、45 钢等。对于承受冲击、振动或变载荷的螺纹联接件，可采用 15Cr、40Cr、30CrMnSi 和 15MnVB 等合金钢。对于特殊用途（如防锈蚀、防磁、导电或耐高温等）的螺纹联接件，可采用特种钢或铜合金、铝合金等，并经表面处理（如氧化、镀锌钝化、磷化、镀镉等）。

普通垫圈材料一般采用Q235、15钢、35钢，弹簧垫圈采用65Mn制造，并经热处理和表面处理。

表9.5 螺栓、螺钉、螺柱和螺母的性能等级

（摘自GB/T 3098.1—2000和GB/T 3098.2—2000）

螺栓 螺钉 螺柱	性能等级	3.6	4.6	4.8	5.6	5.8	6.8	8.8	9.8	10.9	12.9
	抗拉强度极限 σ_B/MPa	300	400		500		600	800	900	1000	1200
	屈服极限 σ_S/MPa	180	240	320	300	400	480	640	720	900	1080
	硬度 HBS_{min}	90	114	124	147	152	181	238	276	304	366
	推荐材料	10 Q215	15 Q235	16 Q235	25 35	15 Q235	45	35	35 45	40Cr 15MnVB	30CrMnSi 15MnVB
相配合 螺母	性能等级	4或5			5		6	8或9	9	10	12
	推荐材料	10 Q215					10 Q214	35		40Cr 15MnVB	30CrMnSi 15MnVB

注：①8.8级及更高性能级别屈服极限为$\sigma_{0.2}$；

②均指粗牙螺纹螺母；

③规定性能等级的螺栓、螺母，在图纸中只标出性能等级，不应标出材料牌号。

9.7.2 螺纹联接件的许用应力

螺纹联接件的许用应力与载荷性质（静、变载荷）、装配情况（松联接或紧联接）以及螺纹联接件的材料、结构尺寸等因素有关（见表9.6和表9.7）。

表9.6 静载荷作用下普通螺栓联接的许用应力

许用应力	预紧情况	安全系数 S				
$[\sigma]=\dfrac{\sigma_s}{S}$	松螺栓联接	1.2～1.7				
	紧螺栓联接	不控制预紧力				控制预紧力
		材料＼直径	M6～M16	M16～M30	M30～M60	1.2～1.5
		碳素钢	4.0～3.0	3.0～2.0	2.0～1.3	
		合金钢	5.0～4.0	4.0～2.5	2.5	

表9.7 铰制孔用螺栓联接的许用应力

载荷性质	被联接件材料	剪切		挤压	
		许用应力	安全系数 S	许用应力	安全系数 S
静载荷	钢	$[\tau]=\sigma_S/S$	2.5	$[\sigma_P]=\sigma_S/S$	1～1.25
	铸铁			$[\sigma_P]=\sigma_B/S$	2～2.5
变载荷	钢	$[\tau]=\sigma_S/S$	3.5～5.0	$[\sigma_P]=\sigma_S/S$	1.6～2.0
	铸铁			$[\sigma_P]=\sigma_B/S$	2.5～3.5

由表 9.6 可知，不控制预紧力的紧螺栓联接中，安全系数 S 的选择与螺栓直径 d 有关，d 越小，S 越大，许用应力 $[\sigma]$ 也就越低。这是因为，如果不控制预紧力，螺栓直径越小，拧紧时螺杆因过载而损坏的可能性就越大。在设计时，因 d 未知，而 S 的选择与 d 有关，因此要用试算法，即根据经验，先假定一个螺栓直径 d，再根据这个直径查取 S，然后根据强度计算公式计算出 d_1 值，若 d_1 的计算值与所假定的直径相对应，则可将假定值作为设计结果，否则必须重算。

【例题 9-2】 如图 9-22b 所示，三块钢板采用普通螺栓联接传递横向载荷。已知 $F_R = 2100$N，$f = 0.15$，$C = 1.2$，不控制预紧力。试确定螺栓的公称直径。

【解】 由结构形式可知，结合面数 $m = 2$，联接螺栓的数目 $z = 1$。

(1) 确定螺栓所受的预紧力 F'

由式 (9-16) 得

$$F'_{\min} = \frac{CF_R}{mfZ} = \frac{1.2 \times 2100}{2 \times 0.15} = 8400 \quad \text{N}$$

(2) 确定螺栓的公称直径 d

螺栓材料选用 Q235 钢，由表 9.5 查得 $\sigma_S = 240$MPa；由于不控制预紧力，所以用试算法。设 $d = 16$mm，由表 9.6 按静载荷查得 $S = 3.0$，则 $[\sigma] = \sigma_S / S = 240/3.0 = 80$MPa，代入公式 (9-14) 得

$$d_{1\min} = \sqrt{\frac{4 \times 1.3 F'_{\min}}{\pi [\sigma]}} = \sqrt{\frac{4 \times 1.3 \times 8400}{\pi \times 80}} = 13.183 \quad \text{mm}$$

由表 9.1 应选取 $d_1 = 13.183 > d_{1\min}$，对应的 $d = 16$mm，符合假设值，因此，该联接应选用 M16 的螺栓。

【例题 9-3】 在图 9-24 所示的钢制汽缸螺栓联接中，已知汽缸内径 $D = 250$mm，汽缸内压力为 $p = 10$MPa，用 12 个螺栓沿圆周匀布，螺栓材料为 40Cr，采用铜皮石棉垫片。试计算螺栓直径 d（严格控制预紧力）和预紧力 F'。

【解】 (1) 计算单个螺栓的工作载荷 F

每个联接螺栓平均承受的轴向工作载荷为

$$F = \frac{p \cdot \pi D^2/4}{z} = \frac{\pi \times 250^2 \times 10}{4 \times 12} \approx 40906 \quad \text{N}$$

(2) 计算单个螺栓的总拉力 F_0

根据联接性质，取残余预紧力 $F'' = 1.6F$，由式 (9-16) 得

$$F_0 = F + F'' = 2.6F = 2.6 \times 40906 \approx 106356 \quad \text{N}$$

(3) 计算预紧力 F'

由表 9.4 取螺栓的相对刚度 $\frac{c_1}{c_1 + c_2} = 0.8$，由式 (9-19) 得

$$F' = F'' + \left(1 - \frac{c_1}{c_1 + c_2}\right) F = 1.6F + (1 - 0.8) F = 1.8F = 1.8 \times 40906 = 73630.8 \quad \text{N}$$

(4) 确定螺栓公称直径 d

根据螺栓材料，由表 9.5 取 $\sigma_S = 800$MPa，由表 9.6 按静载荷取 $S = 1.35$，则许用应力 $[\sigma] = \sigma_S / S = 900/1.35 \approx 666.67$MPa。由式 (9-18) 得

$$d_1 \geqslant \sqrt{\frac{4 \times 1.3 F_0}{\pi [\sigma]}} = \sqrt{\frac{4 \times 1.3 \times 106356}{\pi \times 666.67}} \approx 16.25 \quad \text{mm}$$

由表 9.1 应选取 M20，其 $d_1 = 17.294\text{mm} > 16.25\text{mm}$，合适。

9.8 螺栓联接设计时应注意的问题

9.8.1 提高螺栓联接强度的措施

螺栓联接的强度主要取决于螺栓的强度。影响螺栓强度的因素很多，有结构、尺寸参数、装配工艺、材料、制造精度等级，等等。以下就几个主要方面问题作一介绍。

(1) 提高螺栓的疲劳强度

理论和实践证明，变载荷工作时，在工作载荷和残余预紧力不变的情况下，减小螺栓刚度或增大被联接件刚度都能达到提高螺栓疲劳强度的目的，但应适当增大预紧力，以保证联接的密封性。

减小螺栓刚度的常用措施有：适当增加螺栓的长度、减小螺栓杆直径（图 9-28a）或做成中空的结构（图 9-28b）——柔性螺栓。柔性螺栓受力时变形大，吸收能量作用强，也适于承受冲击和振动。在螺母下面安装弹性元件（图 9-28c），当工作载荷由被联接件传来时，由于弹性元件的较大变形，也能起到柔性螺栓的效果。

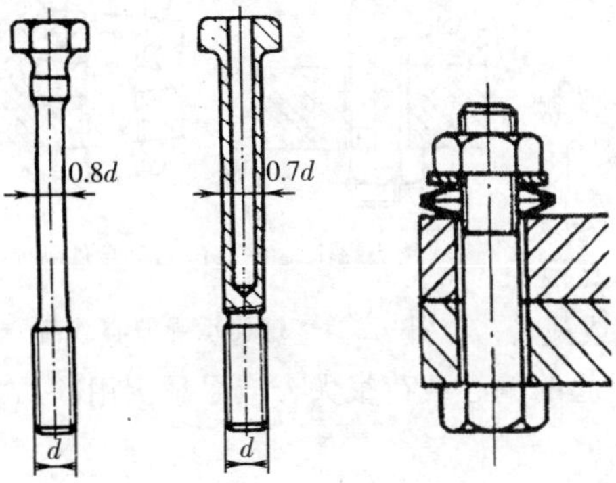

图 9-28 减小螺栓刚度的措施

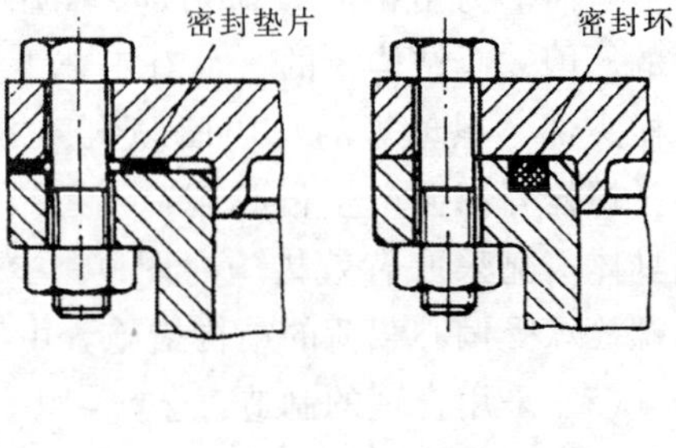

图 9-29 两种密封方案的比较

为了增大被联接件的刚度，不宜采用刚度小的垫片。图 9-29b 所示的紧密联接以用密封环为佳。

(2) 改善螺纹牙间的载荷分布

采用普通螺母时，轴向载荷在旋合螺纹各圈之间的分布是不均匀的，如图 9-30a 所示，从螺母支承面算起，第一圈受载最大，以后各圈递减。理论分析和实验证明，旋合圈数越

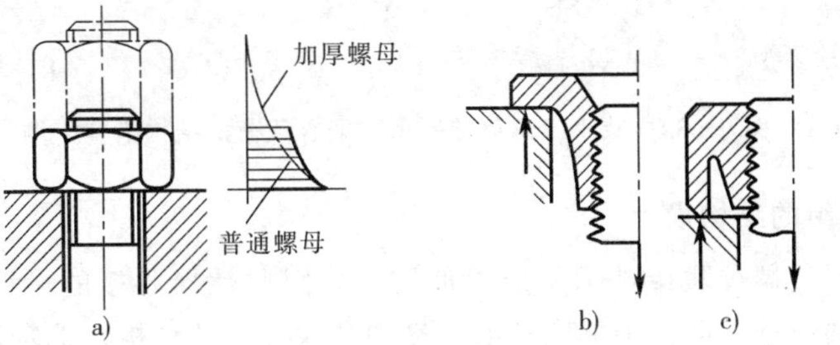

图 9-30 改善螺纹牙间的载荷分布

多，载荷分布不均的程度就越显著，第 8～10 圈以后的螺纹几乎不受载荷。所以，采用圈数多的厚螺母，并不能提高联接强度。若采用图 9－30b 的悬置（受拉）螺母，则螺母锥形悬置段与螺栓杆均为拉伸变形，有助于减少螺母和螺栓杆的螺距变化差，从而使载荷分布比较均匀。图 9－30c 为环槽螺母，其作用与悬置螺母相似。

（3）减轻应力集中

螺纹的牙根和收尾、螺栓头部与栓杆交接处，都有应力集中，是产生断裂的危险部位；特别是在旋合螺纹的牙根处，由于栓杆拉伸，牙受弯剪，而且受力不均，情况更为严重。适当加大牙根圆角半径以减轻应力集中，可提高螺栓疲劳强度达 20%～40%；在螺纹收尾处用退刀槽、在螺母承压面以内的栓杆有余留螺纹等，都有良好效果。航空、航天器螺栓采用新发展的 MJ 螺栓，其主要结构特点就是牙根圆角半径增大。

高强度钢螺栓对应力集中敏感，但由于可用更大的预紧力拧紧，且有更高的极限强度，结果还是有利的。

（4）减小附加应力

附加应力主要指弯曲应力。螺纹牙根对弯曲很敏感，当拉应力达到一定程度时，弯曲应力对螺栓断裂起关键作用。

弯曲应力由偏心载荷引起，导致螺栓承受偏心载荷的原因，有结构上的，也有工艺上的，如被联接件、螺栓头部、螺母等的承压面倾斜，螺纹孔不正，使用钩头螺栓等都会产生偏心载荷（图 9－31），为此要根据具体情况采取有效措施。图 9－32 为几种减小或避免螺栓承受偏心载荷的结构措施。由于钩头螺栓引起的偏心载荷很大，应尽量少用。

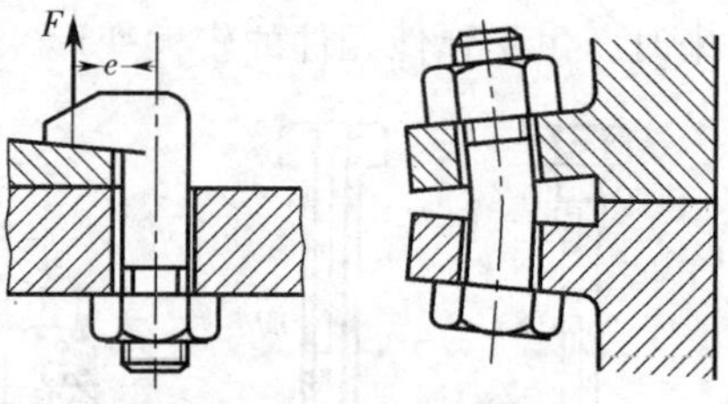

a) 钩头螺栓　　b) 被联接件刚度不够

图 9－31　螺栓承受偏心载荷

（5）采用合理的制造工艺

制造工艺对螺栓疲劳强度有很大影响。采用碾制螺纹时，由于冷作硬化的作用，表层有残余压应力，金属流线合理，螺栓疲劳强度可比车制螺纹高 30%～40%；热处理后再滚压的效果更好。另外，碳氮共渗、渗氮、喷丸处理都能提高螺栓疲劳强度。

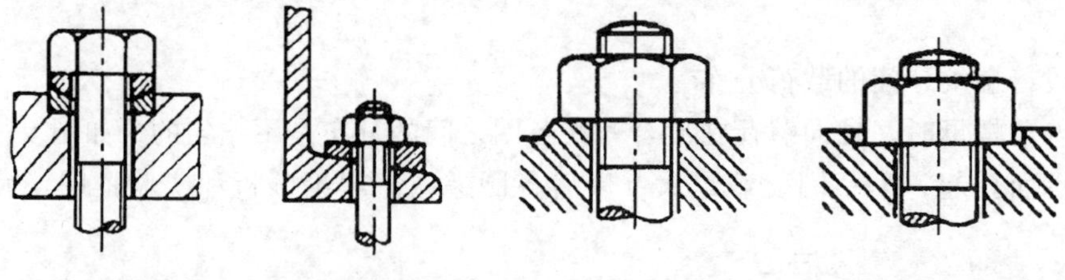

a) 采用球面垫圈　　b) 采用斜垫圈　　c) 采用凸台　　d) 采用沉头座

图 9－32　减小或避免螺栓承受偏心载荷的结构措施举例

9.8.2　螺栓组的结构设计

大多数情况下，螺纹联接件都是成组使用的，因此螺栓联接的设计除应满足强度条件外，还应进行结构设计，即：根据联接的用途和被联接件的结构，选定联接类型、确定螺栓的数目及布置形式，其目的在于合理地确定联接接合面的几何形状和联接件的布置形式，尽量使各螺栓及联接接合面间受力均匀，并便于加工和装配。

结构设计的基本原则是：

(1) 联接接合面的几何形状应和机器的结构形状相适应，并尽量采用简单的型面。通常设计成轴对称形，并使螺栓组形心与联接结合面的形心重合（图 9－33），尽可能采用环形或条状接合面，以减少加工量，增加联接刚度。

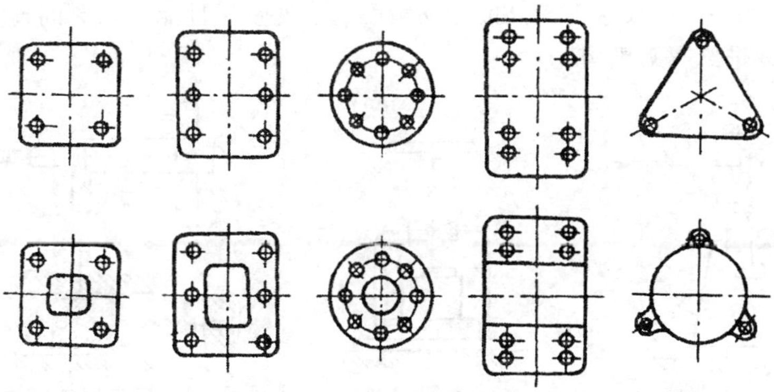

图 9－33　螺栓组联接接合面的形状

(2) 分布在同一圆周上的螺栓数目应采用 3、4、6、8、12 等整数，以便于在圆周上钻孔时分度和划线。同一螺栓组中各螺栓的规格（形状、材料、直径、长度等）一般应相同。

(3) 螺栓的排列应有合理的间距、边距。扳手空间尺寸（图 9－34）可查阅有关标准。对压力容器等紧密性要求较高的重要联接，螺栓的间距应按推荐值选取。

(4) 受横向类载荷时应优先选用受剪螺栓，受轴向类载荷时应优先选用受拉螺栓，受拉螺栓受横向载荷时可采用卸载装置，受力矩作用的螺栓组，应尽量使螺栓远离对称轴（图 9－35 中 b 较 a 合理）。

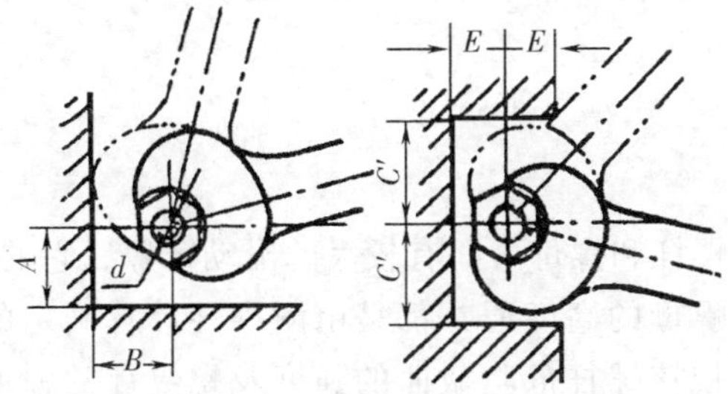

图 9－34　扳手空间尺寸

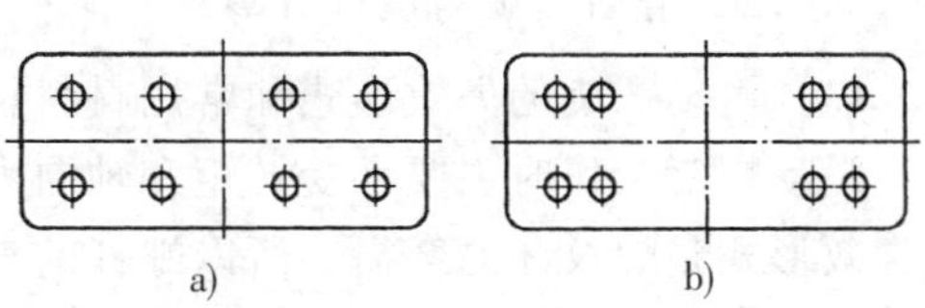

图 9－35　受力矩的螺栓布置

9.9　螺旋传动

9.9.1　螺旋传动的应用和类型

螺旋传动由螺杆、螺母和机架组成，主要用于把回转运动变为直线运动，同时传递运动和动力。其应用广泛，如螺旋千斤顶、螺旋丝杠、螺旋压力机等。

根据用途，螺旋传动可分为三种类型：

（1）传力螺旋

以传递动力为主，要求用较小的力矩转动螺杆（或螺母）而使螺母（或螺杆）产生轴向运动和较大的轴向力，这个力可以用来完成起重和加压等工作，如图 9－36a 和 9－36b 所示的螺旋千斤顶和螺旋压力机等。

（2）传导螺旋

以传递运动为主，并要求有较高的运动精度，速度较高且能较长时间连续工作，如图 9－36c 所示的机床进给螺旋机构。

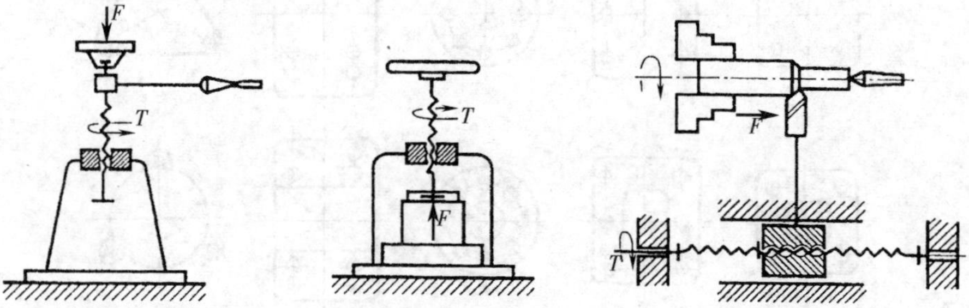

a) 螺旋千斤顶　　b) 螺旋压力机　　c) 机床进给螺旋机构

图 9－36　螺旋传动

（3）调整螺旋

用于调整并固定零件和部件之间的相互位置，如机床卡盘、压力机的调整螺旋。调整螺旋不经常转动。

根据螺旋副的摩擦情况，可分为滑动螺旋、滚动螺旋和静压螺旋。滑动螺旋结构简单、加工方便、易于自锁，运转平稳无噪声，所以应用最广。它的缺点是工作时滑动摩擦阻力大，传动效率低（一般为 30%～40%），螺纹表面磨损快，传动精度低，低速时有爬行现象。滚动螺旋和静压螺旋的摩擦阻力小，传动效率高，但结构较复杂，制造困难，成本高，加工不方便，只有在高精度、高效率的机械中才宜采用。本节主要介绍滑动螺旋，其他两种只作简单介绍。

9.9.2　滑动螺旋的设计计算

（1）滑动螺旋的失效形式和常用材料

滑动螺旋工作时主要承受转矩和轴向力，在螺杆和螺母之间有较大的滑动摩擦，它的主要失效形式是螺纹牙的磨损，所以螺杆的直径和螺母的高度通常都是由耐磨性计算确定的。传力较大的螺旋可能发生塑性变形或断裂，应该校核螺杆危险截面的强度及螺纹牙的强度。长径比大的受压螺杆可能失稳，发生纵向弯曲，应校核其稳定性。要求自锁的螺旋应校核其自锁性。对于传动精度要求高的传导螺纹，还应进行螺杆的刚度计算。

螺杆和螺母的材料应有足够的强度、耐磨性和良好的加工性。不经热处理的螺杆一般可采用 Q255、Y40Mn、45 和 50 钢，重要的需热处理的螺杆可采用 65Mn、40Cr 或 20CrMnTi 钢，精密传动螺杆可用 9Mn2V、CrWMn、38CrMoAl 钢等。螺母常用的材料有铸锡青铜 ZCuSn10P1、ZCuSn5Pb5Zn5；重载低速时用高强度铸造铝青铜 ZCuAl10Fe3 或铸造黄铜 ZCuZn25Al6Fe3Mn3；重载时可用 35 钢或球墨铸铁；低速轻载时也可用耐磨铸铁。尺寸大的螺母可用钢或铸铁作外套，内部浇铸青铜，高速螺母可浇铸锡锑或铅锑轴承合金（即巴氏合金）。

（2）滑动螺旋的计算

①螺纹副耐磨性计算

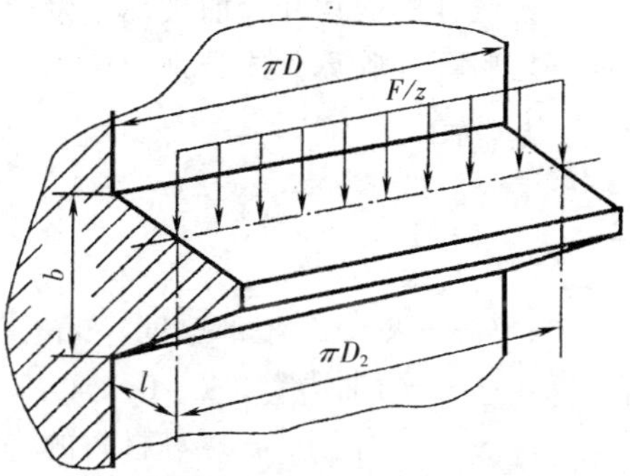

图 9-37 展直后的一圈螺母螺纹牙

磨损多发生在螺母上。由于影响磨损的因素很多，目前还没有完善的计算方法，所以通常采用限制螺纹副压强 p 作为防止螺纹过度磨损的条件性计算。为方便分析，把一圈螺纹牙展直（图 9-37），这样螺纹牙相当于一根悬臂梁，则验算公式为

$$p=\frac{F}{\pi d_2 hz}=\frac{FP}{\pi d_2 hH}\leqslant [p] \qquad (9-23)$$

设计公式为

$$d_2 \geqslant \sqrt{\frac{FP}{\pi \phi h [p]}} \qquad (9-24)$$

式中：F——轴向力，N；

d_2——螺纹中径，mm；

H——螺母旋合高度，mm；

P——螺距，mm；

z——内螺纹、外螺纹旋合圈数，$z=H/P$，为减小螺纹牙受力不均，一般 $z<10$；

$[p]$——许用压强，MPa，见表 9.8；

h——螺纹工作高度，mm，对梯形螺纹 $h=0.5P$，对锯齿形螺纹 $h=0.75P$；

ϕ——系数，其定义为 $\phi=\frac{H}{d_2}$，对整体式螺母可取 1.2～2.5；对剖分式螺母可取 2.5～3.5。

计算所得的中径 d_2 应按标准选取相应的公称直径 d 及螺距 P。对有自锁要求的螺旋，还需验算所选螺纹参数能否满足自锁条件。

表 9.8 螺旋副的许用压强 [p] MPa

配对材料		钢对铸铁	钢对青铜	淬火钢对青铜
许用压强	速度 $v<0.2$m/s	4～7	7～10	10～13
	低速，如人力驱动等	10～18	15～25	—

注：对于精密传动或使用寿命长时，可取表中值的 1/2～1/3。

②螺杆的强度校核

受力较大的螺杆应进行强度计算。由于螺杆工作时即受轴向力 F 的作用，又受转矩 T 的作用，所以螺杆危险截面上同时受压（或拉）应力和剪切应力的作用。根据按第四强度理论可求出危险截面的当量应力 σ_e，强度条件为

$$\sigma_e=\sqrt{\sigma^2+3\tau^2}=\sqrt{\left(\frac{4F}{\pi d_1^2}\right)^2+3\left(\frac{T}{0.2d_1^3}\right)^2}\leqslant [\sigma] \qquad (9-25)$$

式中：d_1——螺纹小径，mm；

$[\sigma]$——螺杆材料的许用压（拉）应力，MPa，见表 9.9。

③螺纹牙的强度校核

螺纹牙的剪切和弯曲破坏多发生于螺母，所以一般只对螺母螺纹进行牙根处的剪切和弯曲强度验算。验算公式分别为

$$\tau=\frac{F}{\pi dbz}\leqslant[\tau] \tag{9-26}$$

$$\sigma_b=\frac{6Fl}{\pi db^2 z}\leqslant[\sigma_b] \tag{9-27}$$

式中：b——螺纹牙根部厚度，mm，梯形螺纹 $b=0.65P$，锯齿形螺纹 $b=0.74P$；

l——弯曲力臂，$l=0.5(d-d_2)$，mm；

$[\tau]$、$[\sigma_b]$——螺母材料的许用剪切应力和许用弯曲应力，MPa，见表9.9。

表9.9 螺杆和螺母的许用应力 MPa

材料		$[\sigma]$	$[\sigma_b]$	$[\tau]$
螺杆	钢	$[\sigma_s]/(3\sim5)$		
螺母	青铜		40～60	30～40
	耐磨铸铁		50～60	40
	灰铸铁		45～55	40
	钢		$(1\sim1.2)[\sigma]$	$0.6[\sigma]$

④螺杆的稳定性校核

校核公式为

$$\frac{F_{cr}}{F}\geqslant2.5\sim4 \tag{9-28}$$

式中：F_{cr}——螺杆的稳定临界载荷，$F_{cr}=\frac{\pi^2 EI}{(\beta L)^2}$，N；

E——螺杆材料的弹性模量，MPa；

I——螺杆危险截面的轴惯性矩，$I=\frac{\pi d_1^4}{64}$，mm^4；

β——长度系数，与两端支座形式有关：两端铰支，或一端固定、一端移动时为1；一端固定、一端自由，或一端铰支、一端移动时为2；两端固定时为0.5。

L——螺杆的工作长度，mm。

9.9.3 滚动螺旋和静压螺旋传动简介

(1) 滚动螺旋

滚动螺旋传动的结构形式如图9-38所示。螺杆和螺母上都制有螺旋槽，装配后形成一个完整的螺旋滚道，钢球就装填在这个滚道中。当螺杆或螺母回转时，钢球依次沿螺旋滚道滚动，经导路出而复入。按回路形式的不同，滚动螺旋传动可分为外循环和内循环两种，前者导路为一导管，钢球在回路中经导管时离开螺杆表面；后者在螺母上开有侧孔，孔内镶有反向器，将相邻两圈螺纹滚道沟通起来，钢球通过反向器越过螺杆牙顶进入相邻螺纹滚道，形成一个循环回路，一个循环回路里只有一圈钢球，设有一个反向器，钢球在循环过程中不离开螺杆表面。外循环加工方便，但径向尺寸较大。

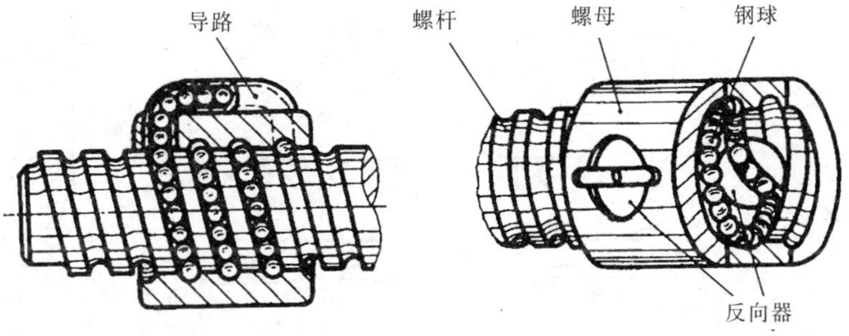

a) 外循环式　　b) 内循环式

图 9－38　滚动螺旋传动

（2）静压螺旋

静压螺旋传动的工作原理如图 9－39a 所示，压力油经节流器进入内螺纹牙两侧的油腔，然后经回油通路流回油腔。当螺杆不受力时，处于中间位置，而牙两侧的间隙和油腔压力都相等。当螺杆受轴向力 F_a 向左移时，间隙 Δ_1 减小、Δ_2 增大，使牙左侧压力大于右侧，从而产生一平衡 F_a 的液压力。在图 9－39b 中，如果每一螺纹牙侧开三个油腔，则当螺杆受径向力 F_r 而下移时，油腔 A 侧间隙减小，压力增高，B 和 C 侧间隙增大，压力降低，从而产生一平衡 F_r 的液压力。当螺杆受弯曲力矩时，也有平衡的能力。

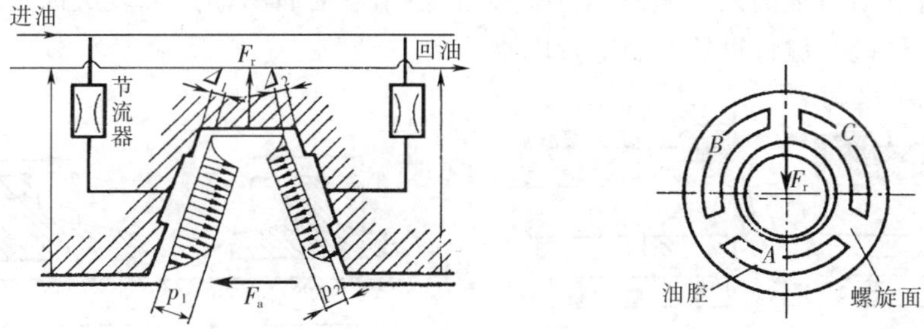

a) 受轴向力时　　b) 受径向力时

图 9－39　静压螺旋传动的工作原理

9.10　键联接和花键联接

键联接和花键联接主要用于轴和轴上带毂零件（如齿轮、带轮等）之间的周向固定以传递转矩，有些还能实现轴向固定以传递轴向力，有些则能实现轴向移动构成轴向动联接。

9.10.1　键联接的类型和结构

键是标准件。按工作前是否存在预紧力，键联接可分为两大类：一是平键和半圆键联接，构成松联接；二是斜键联接，构成紧联接。

（1）平键和半圆键联接

平键和半圆键联接的工作面都是侧面（图 9－40a），上表面与轮毂槽底之间留有间隙，工作时，靠键与键槽的互压传递转矩，具有制造简单、装拆方便、定心性较好的优点，应用相当广泛，但不能实现轴上零件的轴向定位，所以也不能承受轴向力。

①平键联接

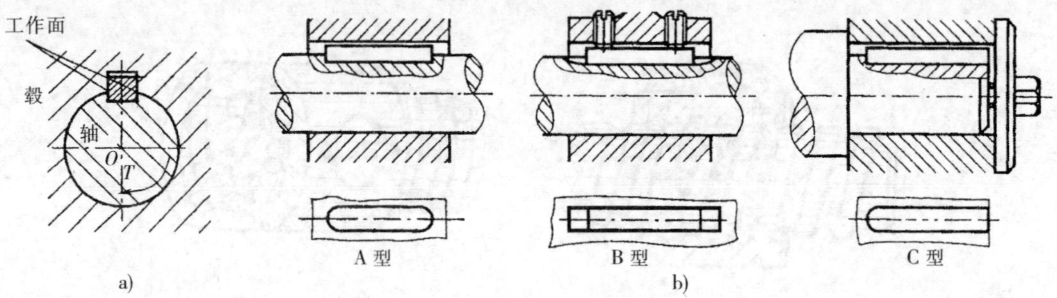

图 9-40 普通平键联接

按用途，平键可分为普通平键、导向平键（简称导键）和滑键三种。普通平键用于静联接，应用最广，按端部形状分为圆头（A 型）、方头（B 型）和单圆头（C 型）三种（图 9-40b）。圆头键安装于用指状铣刀铣出的键槽中，方头键安装于用盘状铣刀铣出的键槽中，常用螺钉固定，半圆头键常用于轴端。普通平键和键槽的尺寸见表 9.10。

导键和滑键都用于动联接，实现轴上零件的轴向移动。导键按结构分有圆头和方头两种，一般用螺钉固定在轴上（图 9-41），轮毂可以沿着键移动；滑键固定在轮毂上，随轮毂一起沿着轴上键槽移动，其结构根据固定方式而定，图 9-42 所示为两种典型结构。导键和滑键与相对滑动的键槽之间的配合为间隙配合。当轴向移动距离较大时，宜采用滑键联接，因为如用导键，键将很长，制造较困难。

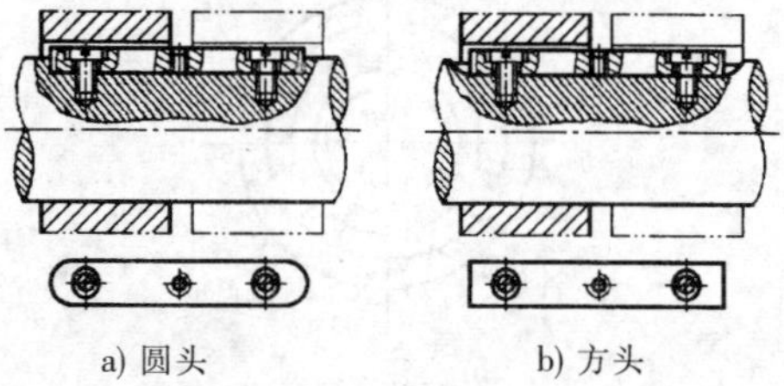

图 9-41 导键联接

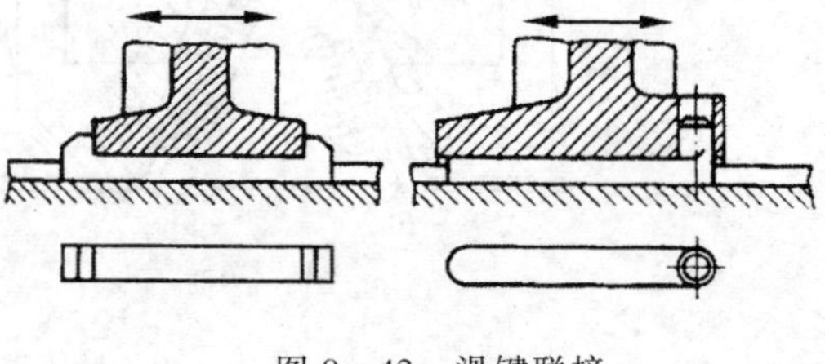

图 9-42 滑键联接

②半圆键联接

用于静联接，其侧面为半圆形（图 9-43），一般用圆钢切制或冲压后磨削而成，轴上键槽则用尺寸与键相同的圆盘铣刀铣出。其优点是工艺性较好，能在轴上键槽中摆动以适应毂槽底面，装配方便；缺点是轴上键槽较深，对轴的削弱较大。因此，主要用于轻载或作为锥形轴端的辅助联接。

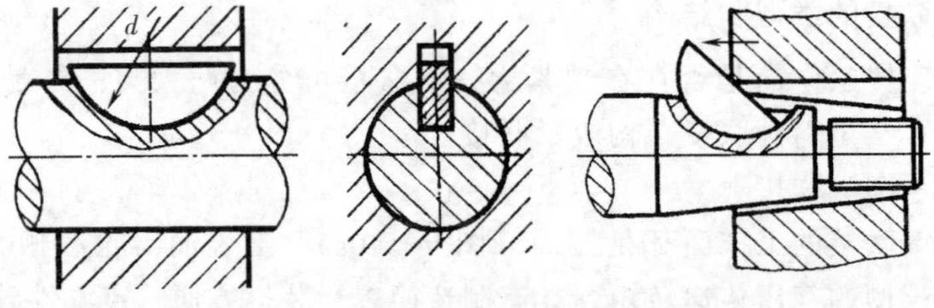

图 9-43 半圆键联接

表 9.10　普通平键和键槽的尺寸（摘自 GB/T1095－1979 和 GB/T1096－1979）　　mm

轴的直径 d	键		键　槽	
	$b\times h$	L	t	t_1
自 6～8	2×2	6～20	1.2	1
＞8～10	3×3	6～36	1.8	1.4
＞10～12	4×4	8～45	2.5	1.8
＞12～17	5×5	10～56	3.0	2.3
＞17～22	6×6	14～70	3.5	2.8
＞22～30	8×7	18～90	4.0	3.3
＞30～38	10×8	22～110	5.0	3.3
＞38～44	12×8	28～140	5.0	3.3
＞44～50	14×9	36～160	5.5	3.8
＞50～58	16×10	45～180	6.0	4.3
＞58～65	18×11	50～200	7.0	4.4
＞65～75	20×12	56～220	7.5	4.9
＞75～85	22×14	63～250	9.0	5.4
键长标准系列	6，8，10，12，14，16，18，20，22，25，28，32，36，40，45，50，56，63，70，80，90，100，110，125，140，160，…。			

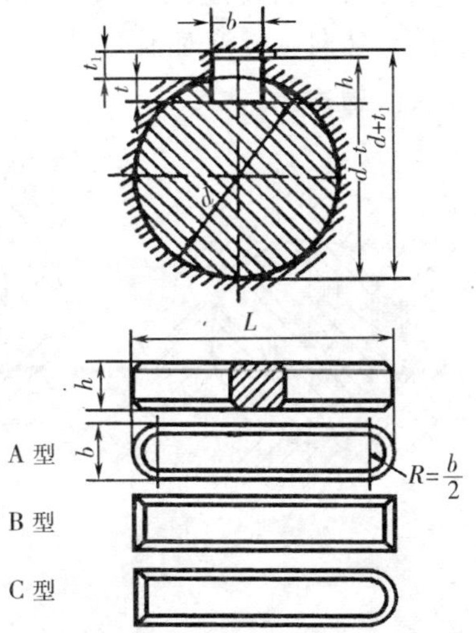

注：①在工作图中，轴槽深用 $d-t$ 或 t 标注，毂槽深用 $d+t_1$ 标注。

②平键标记：[键] [类型] [$b\times L$] [GB/T1096－1979]，圆头普通平键（A 型）可不标出类型。例：键 B16×100　GB/T1096－1979 表示 $b=16$mm、$h=10$mm、$L=100$mm 的方头键。

（2）斜键联接

用于静联接。根据联接的结构和工作原理的不同，斜键有很多种，常用的有楔键和切向键两种。

①楔键

分为普通楔键和钩头楔键两种，键的上下面是工作面，其上表面和轮毂键槽底面均有1∶100的斜度（图 9－44），装配时需打紧，靠楔紧后上下面产生的摩擦力传递转矩，并能实现轴上零件的轴向固定和承受单向轴向力。由于楔紧后使轴和轮毂产生偏心，故多用于定心精度要求不高、载荷平稳和低速的场合。钩头楔键的钩头供拆键用，应加防护罩。

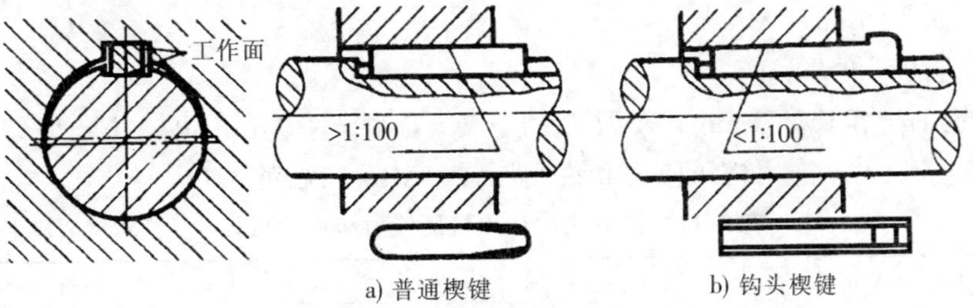

a) 普通楔键　　b) 钩头楔键

图 9－44　楔键联接

②切向键

由一对斜度为 1∶100 的楔键组成，其上下两面（窄面）为工作面，其中一个工作面通过轴心线的平面，被联接的轴和轮毂上都开有相应的键槽（图 9-45a）。装配时，把一对键分别从轮毂两端打入，拼合而成的切向键就沿轴的切线方向楔紧在轴与轮毂之间，工作时靠工作面上的挤压力和轴与轮毂间的摩擦力来传递扭矩，可传递很大的扭矩。用一个切向键时，只能单向传动，当传递双向扭矩时，须采用两个切向键，并错开 120°～130° 布置（图 9-45b）。由于切向键键槽对轴的削弱较大，故主要用于载荷很大、轴径大于 100mm 且对中性要求不高的场合。

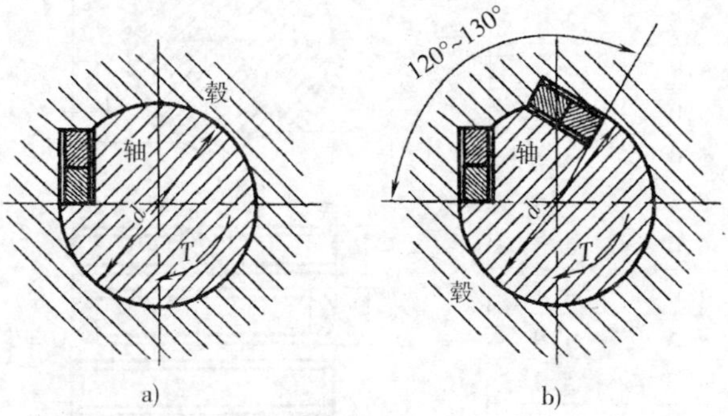

图 9-45 切向键联接

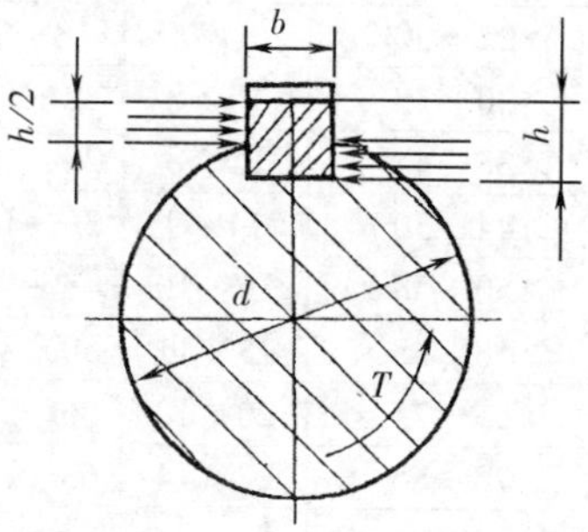

图 9-46 平键联接受力情况

9.10.2 平键联接计算

键的类型可根据联接的结构特点、使用要求和工作条件确定。键的截面尺寸应根据轴径 d 从键的标准中选取（见表 9.10）。键的长度 L 可参照轮毂长度从标准中选取，并应略短于轮毂宽度。键的材料一般采用抗拉强度极限不小于 600MPa 的碳素钢，通常为 45 钢。

平键联接的主要失效形式是较弱零件（通常为轮毂）的工作面被压溃（静联接）或磨损（动联接，特别是在载荷作用下移动时），除非有严重过载，一般不会出现键的剪断。

设载荷均匀分布，由图 9-46 可得平键联接的挤压强度条件

$$\sigma_p = \frac{4T}{dhl} \leqslant [\sigma_p] \tag{9-29}$$

对于导键和滑键联接，计算依据是磨损，应限制压强，即

$$p = \frac{4T}{dhl} \leqslant [p] \tag{9-30}$$

式中：T——转矩，N·mm；

d——轴径，mm；

h——键的高度，mm；

l——键的工作长度，mm，A 型 $l = L - b$，B 型 $l = L$，C 型 $l = L - b/2$，L 为键长；

$[\sigma_p]$、$[p]$——许用挤压应力和许用压强，MPa，见表 9.11。

表 9.11 键联接的许用挤压应力和许用压强 MPa

许用值	轮毂材料	静载荷	轻微冲击载荷	冲击载荷
$[\sigma_p]$	钢	125～150	100～120	60～90
	铸铁	70～80	50～60	30～45
$[p]$	钢	50	40	30

进行强度校核后，如果强度不够，可采用双键，这时应考虑键的合理布置。两个平键最

好布置在沿周向相隔180°；两个半圆键应布置在轴的同一条母线上；两个楔键则应布置在沿周向相隔90°～120°。考虑到两键上载荷分配的不均匀性，在强度校核中应按1.5个键计算。如果轮毂允许适当加长，也可相应地增加键的长度，但由于传递转矩时键上载荷沿其长度分布不均，故键的长度不宜过大，一般不超过(1.6～1.8)d。

【例题9-4】 已知一8级精度的铸铁直齿圆柱齿轮与一钢轴用键构成静联接。装齿轮处的轴径为60mm，齿轮轮毂长95mm。联接传递的转矩为840N·m，载荷平稳。试选择此键联接。

【解】 (1) 选择键联接的类型和尺寸

一般8级以上精度的齿轮有定心精度要求，因此选用平键联接。由于是静联接，并且齿轮不在轴端，故选用普通圆头平键，键的材料选用45钢。由表9.10查得当$d=58\text{mm}\sim65\text{mm}$时，键的剖面尺寸为：宽$b=18\text{mm}$，高$h=11\text{mm}$。参考轮毂长度，选键长$L=90\text{mm}$。

(2) 校核键联接强度

由于轴和键的材料都是钢，而轮毂材料是铸铁，所以应校核轮毂的强度。由表9.11取许用挤压应力$[\sigma_p]=80\text{MPa}$（载荷平稳，故取大值）。键的接触长度$l=L-b=90-18=72\text{mm}$。由式(9-29)得

$$\sigma_p=\frac{4T}{dhl}=\frac{4\times840\times10^3}{60\times11\times72}=70.7\quad\text{MPa}<[\sigma_p]\qquad\text{合适。}$$

键的标记为：键 18×90 GB/T1096-1979

9.10.3 花键联接

花键联接由外花键和内花键(图9-47)组成。键齿侧面为工作面,可用于静联接,也可用于动联接。由于是多齿传递载荷,所以与键联接相比,具有轴毂受力均匀、承载能力高、对轴削弱程度小(齿浅,应力集中小)、定心性好和导向性能好等优点,但加工需专用设备和量具、刃具,制造成本较高。

根据齿形不同，花键联接可分为矩形花键联接(图9-48a)和渐开线花键联接(图9-48b)两种，均已标准化。矩形花键联接具有定心精度高、应力集中较小、承载能力较大等优点，故应用很广；渐开线花键联接具有承载能力大、使用寿命长、定心精度高等特点，适用于载荷和尺寸都较大的联接。

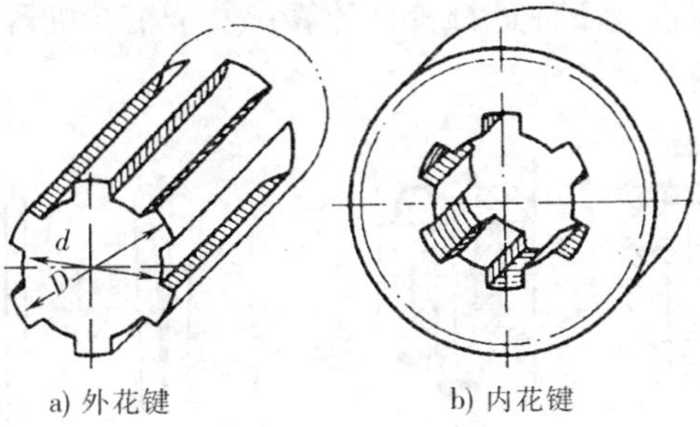

图9-47 花键

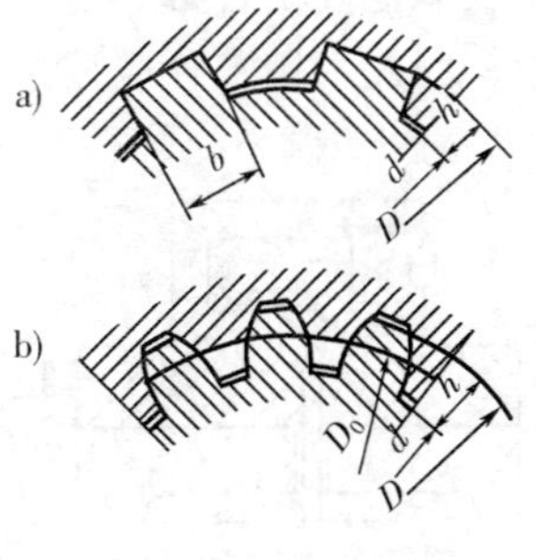

图9-48 花键联接类型

花键联接的设计与键联接设计相似。通常先选择花键类型,查出标准尺寸,再作强度校核。它的主要失效形式是齿面压溃(静联接)或齿面磨损(动联接),一般只进行强度或耐磨性计算,计算公式见有关设计资料。

9.11 其他联接

9.11.1 销联接

销主要用于固定零件之间的相对位置，称为定位销（图 9-49），是组合加工和装配时的重要辅助零件；也可用于联接，称为联接销（图 9-50），可传递不大的载荷；还可作为安全装置中的过载剪断元件，称为安全销（图 9-51）。

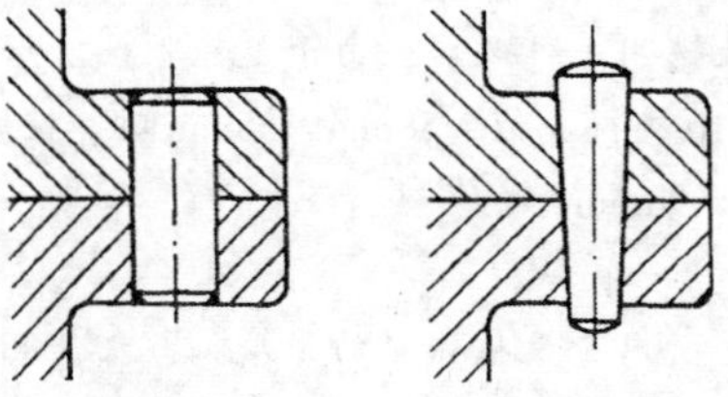

a) 圆柱销　　b) 圆锥销

图 9-49 定位销

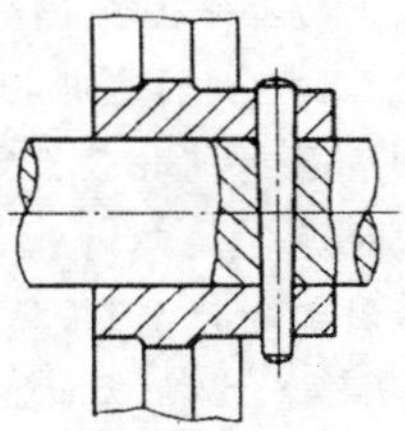

图 9-50 联接销

销的基本形式为圆柱销和圆锥销（图 9-49）。圆柱销靠过盈配合固定在销孔中，多次装拆后会降低其定位精度和可靠性。圆锥销有 1:50 的锥度，受横向载荷时可以自锁，安装比圆柱销方便，可多次装拆而不影响定位精度。

销还有许多特殊形式。图 9-52a 是大端带螺纹的圆锥销，便于拆卸，可用于盲孔；图 9-52b 是小端带螺纹的圆锥销，可用螺母锁紧，适用于有冲击载荷的场合。图 9-53 是槽销，销表面上有碾压或模锻出的三条纵向沟槽，将销打入销孔后，由于材料的弹性使销挤紧在销孔中，不易松脱，能承受振动和变载荷。安装槽销的孔不需铰制，加工方便，且可多次装拆。

销的材料一般用强度极限不低于 500MPa～600MPa 的碳素钢，如 35 钢、45 钢等。

定位销通常不受或只受很小的载荷，故不作强度校核，其尺寸可根据经验确定，同一面上的定位销至少要用两个；联接销的类型可根据工作要求选定，其尺寸可根据联接的结构特点按经验或规范确定，必要时再按剪切和挤压强度条件进行校核计算；安全销在机器过载时应被剪断，因此，销直径应按过载时被剪断的条件确定。

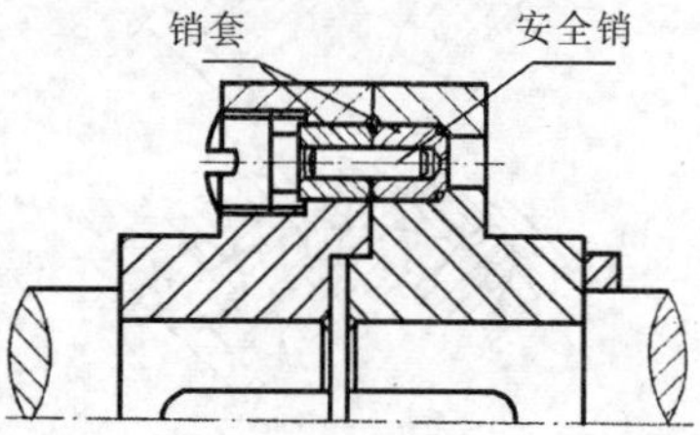

图 9-51 安全销

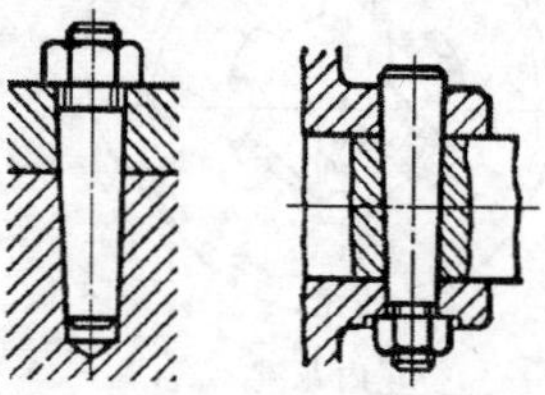

a)　　b)

图 9-52 螺尾圆锥销

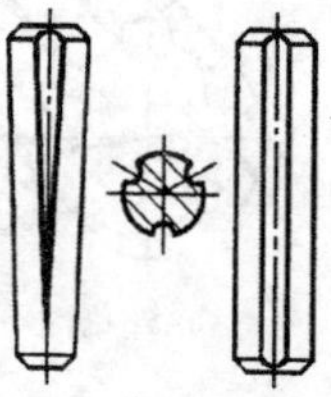

图 9-53 槽销

9.11.2 焊接和粘接

(1) 焊接

借助局部加热（有时还要加压）使两个或两个以上的金属件在联接处形成原子或分子间

的结合而构成的不可拆联接，称为焊接。根据实现金属原子或分子间结合的不同方式，焊接可分为熔化焊（电弧焊、气焊、电渣焊等）、压力焊（电阻焊、摩擦焊等）和钎焊（锡焊、铜焊等）。由于电弧焊具有操作灵活、适用范围广、联接强度较高的优点，所以是目前最重要、应用最广的焊接方法。

电弧焊是利用电焊机的低压电流，通过电焊条（为一个电极）与被焊接件（为另一个电极）之间形成的电路，在两极间引起电弧来熔融被焊接部分的金属和焊条，使熔融的金属混合并填充接缝来达到焊接目的（图 9-54）。电弧焊常用的焊缝形式见图 9-55。

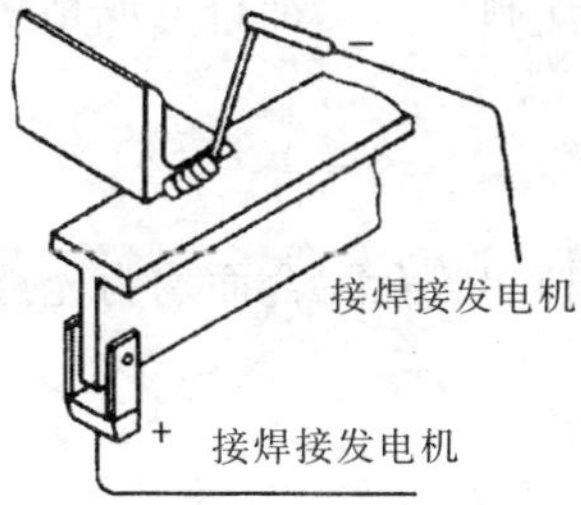

图 9-54 电弧焊

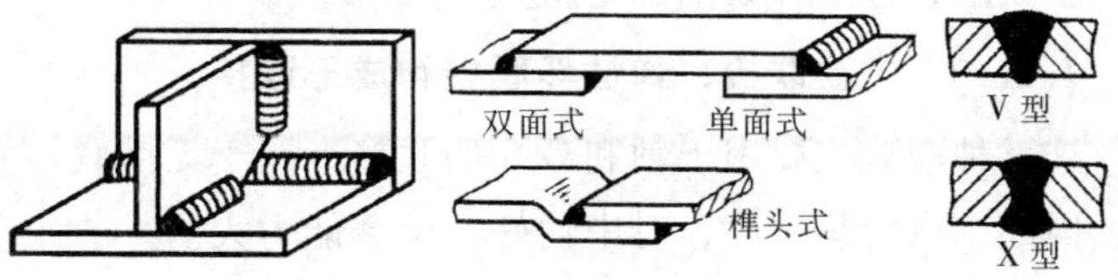

a) 正接角焊缝 b) 搭接角焊缝 c) 对接焊缝

图 9-55 电弧焊常用的焊缝形式

由于焊接具有强度较高、工艺简单、因联接而增加的质量小等优点，所以应用很广泛，新的焊接方法发展也很迅速。另外，以焊代铸可以大量节约金属，也便于制成不同材料的组合件而节约贵重或稀有金属。在单件生产、新产品试制等情况下，采用焊接制造箱体、机架等，可缩短制造周期。图 9-56 是两个电弧焊应用实例。

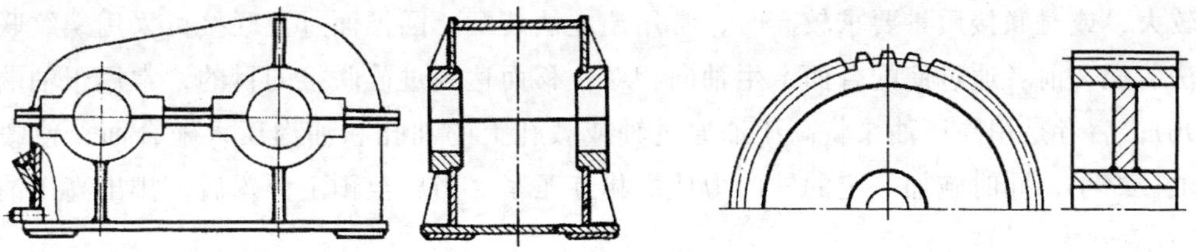

a) 焊接减速器箱体 b) 焊接齿轮

图 9-56 焊接应用实例

（2）粘接

用粘接剂采用粘合的方法联接被联接件称为粘接。粘接用于木材由来已久，因为新型粘接剂的发展，粘接才用于金属零件。图 9-57 是粘接零件的实例。

粘接剂的品种繁多，目前在机械制造中较为常用的是酚醛-缩醛-有机硅和环氧脂-酚醛粘接剂等。由于粘接剂的强度一般低于金属零件的强度，因此应使接头有足够的粘接面积。设计粘接接头时，要尽可能使接头只受剪或受压，避免受拉伸和剥离（图 9-58）。

与焊接相比，粘接的优点是：①联接的重量较轻，材料利用率较高，外表光整；②不会使粘缝附近被联接件材料的金相组织改变且无变形；③所需设备简单，操作方便，劳动条件好，生产率高；④便于异形、复杂、微小或薄壁零件以及不同材料零件的联接；⑤能满足密封、防锈、绝缘、透明等特殊要求。缺点是：①耐老化、耐介质（如酸、碱等）性能较差，且不稳定；②粘接剂对温度变化较敏感，工作温度过高时，粘接强度将随温度的增高而显著

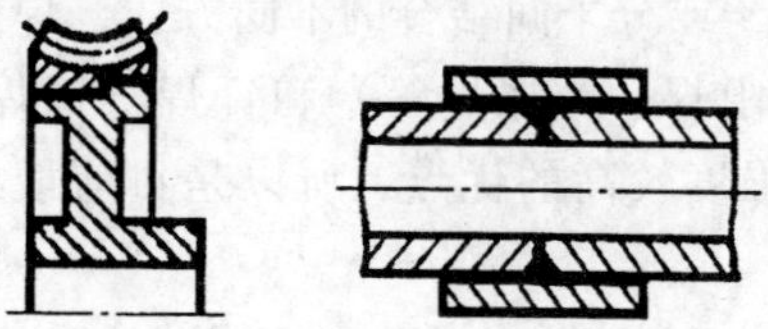

a) 粘接的蜗轮　b) 粘接的管道

图 9－57　粘接零件实例

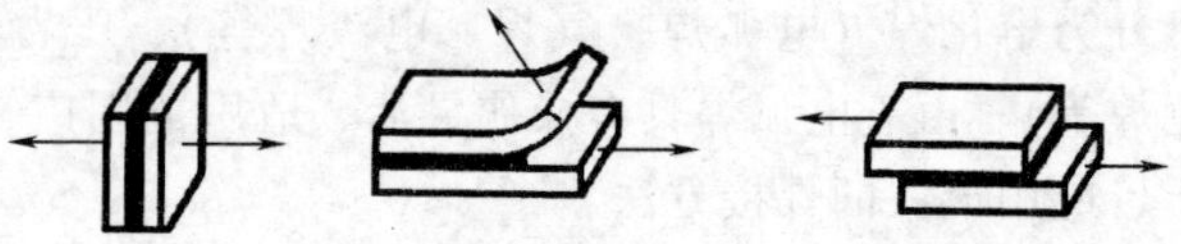

a) 拉伸　b) 剥离　c) 剪切

图 9－58　粘接接头的受力情况

下降；③如粘接面不够清洁，胶层不匀或过厚，固化温度与压力控制不当，都将造成粘接内部产生缺陷，且这种缺陷不易检查。

9.11.3　过盈联接、弹性环联接和成形联接

这三种联接主要用于轴和毂孔的联接，属于无键联接。由于轴和毂孔配合面均为光滑表面，因此，应力集中小，对中性好，承载能力大。

(1) 过盈联接

利用轴和毂孔本身的过盈配合实现联接。轴和毂孔装配后，由于过盈而在配合面间产生压力 p，工作时靠此压力形成的摩擦力传递转矩 T 和轴向力F_a(图 9－59a)承载能力主要取决于过盈量的大小。这种联接结构简单，在振动下能可靠地工作，但装拆困难，对配合表面和尺寸的加工精度要求较高，因此，多用于载荷较大或有冲击的联接。

过盈联接的配合表面多为圆柱面和圆锥面(图 9－59)。圆柱面过盈联接采用压入法或温差法装配，当过盈量或配合尺寸较小时，一般用压入法在常温下直接装配；当过盈量或配合尺寸较大，或对联接质量要求较高时，常用温差法装配。圆锥面过盈联接可采用螺纹联接和液压法装配，前者通过使配合面产生轴向相对位移而达到过盈联接的目的，常用于轴端（图 9－59b)；后者是用高压油泵将高压油通过轴或毂孔上的油孔和油沟压入配合面，使毂孔胀大、轴径缩小，同时施加一定的轴向力使之相互压紧，当压至预定位置后，排出高压油（图 9－59c)。

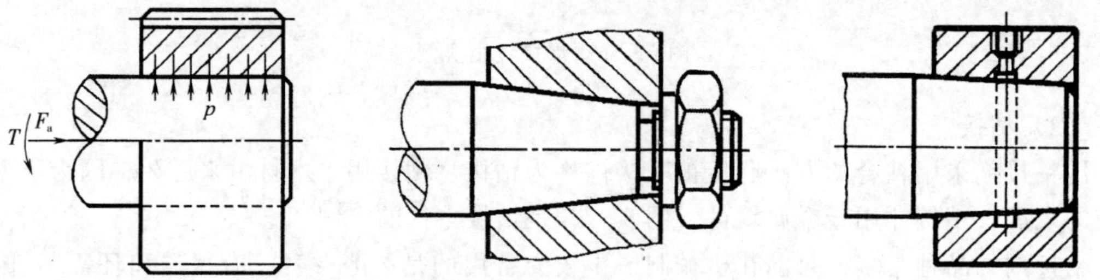

a)　b)　c)

图 9－59　过盈联接

一般情况下，拆开过盈联接要用很大的力，常常会损坏配合表面，有时还会损坏整个零件。因此，这种联接属于不可拆联接。但如果过盈量不大，或过盈量虽大，但采取适当的装拆方法，则联接也是可拆的。

(2) 弹性环联接

在轴和毂孔之间放置一对或数对（一般不宜超过4对）内、外锥面贴合的弹性环（图9-60），在轴向力作用下，内环缩小，外环胀大，形成过盈联接。这种联接装拆方便，能获得紧密的联接，但结构较复杂，对配合面的加工精度要求较高。弹性环联接已标准化，有多种形式，可根据轴径和载荷等选择。

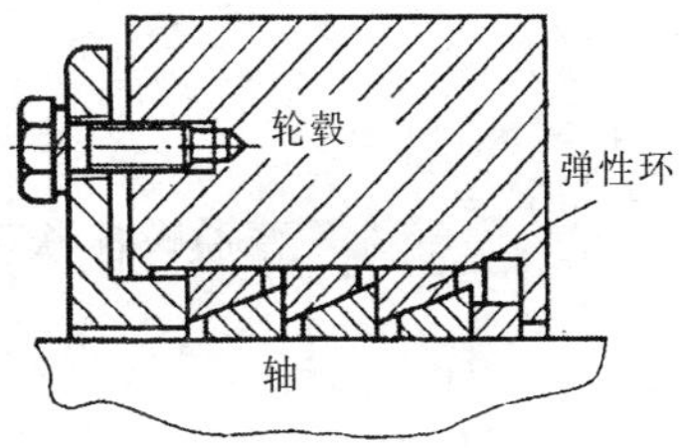

图9-60　弹性环联接

(3) 成形联接

利用非圆截面的轴与相应的毂孔构成联接，轴和毂孔可做成柱形或锥形。常用柱形型面如图9-61所示。这种联接装拆方便，但型面加工较复杂，特别是为了保证配合精度，最后一道工序多要在专用机床上磨削，故目前应用还不广泛。

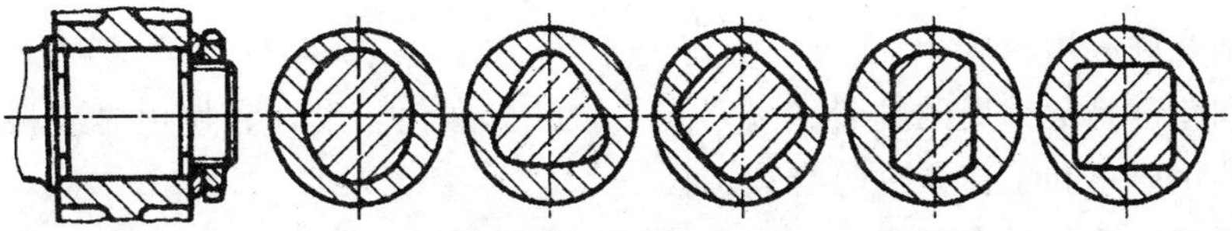
图9-61　常用柱形型面

本章小结

(1) 联接可分为可拆联接和不可拆联接两种。常见的可拆联接有螺纹联接、键联接和销联接等，常见的不可拆联接有焊接和粘接，过盈联接一般做成不可拆联接。

(2) 联接螺纹采用三角形螺纹，传动螺纹主要采用梯形螺纹和锯齿形螺纹。这三种螺纹均已标准化。

(3) 螺纹联接有螺栓联接、螺钉联接、双头螺柱联接和紧定螺钉联接四种基本类型。螺纹联接件品种很多，大都已标准化，常用的有螺栓、螺钉、双头螺柱、紧定螺钉、螺母和垫圈。

(4) 大多数螺纹联接在装配时都需要预紧，主要目的是提高联接的刚性、紧密性和防松能力，在冲击、振动、变载荷及温度变化较大的情况下，则必须采取防松措施。防松方法有摩擦防松、机械防松和破坏螺纹副防松三类。

(5) 螺栓联接强度计算时，应首先分析螺栓联接情况，然后选用相应公式计算，最后根据计算结果按标准选取螺栓直径。螺栓其余部分尺寸及螺母、垫圈等，一般可根据螺栓公称直径直接从标准中选定。强度计算总结如下：

- 螺栓联接
  - 普通螺栓联接
    - 松螺栓联接：（无预紧力） $\sigma = 4F/\pi d_1^2 \leqslant [\sigma]$
    - 紧螺栓联接（有预紧力 F'）
      - 受横向工作载荷 F_R：$\sigma_e = 5.2F'/\pi d_1^2 \leqslant [\sigma]$；$F' \geqslant \dfrac{CF_R}{zmf}$
      - 受轴向工作载荷 F：$\sigma = 5.2F_0/\pi d_1^2 \leqslant [\sigma]$；$F_0 = F + F'' = F + \dfrac{c_1}{c_1 + c_2}F'$
  - 铰制孔螺栓联接：$\sigma_p = \dfrac{F_R}{d_0 h_{min}} \leqslant [\sigma_p]$；$\tau = \dfrac{4F_R}{\pi d_0^2 m} \leqslant [\tau]$

（6）螺旋传动主要用于把回转运动变为直线运动，同时可传递运动和动力。根据用途可分为传力螺旋、传导螺旋和调整螺旋；根据摩擦情况可分为滑动螺旋、滚动螺旋和静压螺旋，其中滑动螺旋应用最广。

（7）键和花键是最常用的轴毂联接方式，均已标准化。设计和使用时应根据定心要求、载荷大小、使用要求和工作条件等合理选择。

（8）根据工作前是否有预紧力，键联接可分为松联接和紧联接。松联接的工作表面是键的两侧面，靠挤压工作，属于这类联接的有平键（普通平键、导键和滑键）和半圆键联接；紧联接的工作表面是上下面，靠摩擦力工作，常用的有楔键和切向键联接。

（9）平键的选用方法是根据轴径 d 确定键的截面尺寸 $b \times h$，根据轮毂宽度 B 确定键长 L（$L < B$），必要时进行强度校核。普通平键联接的主要失效形式是轮毂压溃。

（10）销主要用于定位，也可用于联接，传递不大的载荷；焊接和粘接用于不可拆联接；过盈联接、弹性环联接和成形联接主要用于轴和毂孔的联接，属于无键联接。

思考题

9-1 螺纹的主要参数有哪些？螺距与导程有何不同？螺纹升角与哪些参数有关？

9-2 为什么三角形螺纹多用于联接，而矩形螺纹、梯形螺纹和锯齿形螺纹多用于传动？为什么多线螺纹主要用于传动？

9-3 螺纹副的自锁条件是什么？理由是什么？

9-4 试说明螺纹联接的主要类型和特点。

9-5 螺纹联接为什么要预紧？预紧力如何控制？

9-6 螺纹联接为什么要防松？常见的防松方法有哪些？

9-7 在紧螺栓联接强度计算中，为何要把螺栓所受的载荷增加30%？

9-8 试分析比较普通螺栓联接和铰制孔螺栓联接的特点、失效形式和设计准则。

9-9 简述受轴向工作载荷紧螺栓联接的预紧力和残余预紧力的区别，并说明螺栓工作时所受的总拉力为什么不等于预紧力和工作载荷之和。

9-10 简述滑动螺旋传动的主要特点及其应用。

9-11 平键联接有哪些失效形式？普通平键的截面尺寸和长度如何确定？

9-12 为什么采用两个平键时，一般布置在沿周向相隔180°的位置，采用两个楔键时，相隔90°～120°，而采用两个半圆键时，却布置在轴的同一母线上？

9-13 试比较平键和花键的相同点和不同点。

9-14 简述销联接、焊接、粘接、过盈联接、弹性环联接和成形联接的主要特点和应用场合。

习 题

9-1 试证明具有自锁性螺旋传动的效率恒小于**50%**。

9-2 试计算M24、M24×1.5螺纹的升角，并指出哪种螺纹的自锁性好。

9-3 图示为一升降机构，承受载荷$F=150$kN，采用梯形螺纹，$d=60$mm，$d_2=56$mm，$P=8$mm，线数$n=3$。支撑面采用推力球轴承，升降台的上下移动处采用导向滚轮，它们的摩擦阻力近似为零。试计算：

(1) 工作台稳定上升时的效率（螺纹副当量摩擦系数为0.10）。

(2) 稳定上升时加于螺杆上的力矩。

(3) 若工作台以720mm/min的速度上升，试按稳定运转条件求螺杆所需转速和功率。

(4) 欲使工作台在载荷F作用下等速下降，是否需要制动装置？加于螺杆上的制动力矩是多少？

9-4 图示起重吊钩最大起重量$F=50$kN，吊钩材料为35钢。试确定吊钩尾部螺纹直径。

9-5 图示为一用两个M12螺钉固定的拉钩，若螺钉材料为Q235钢，装配时控制预紧力，结合面摩擦系数$f=0.15$，求其允许的最大拉力。

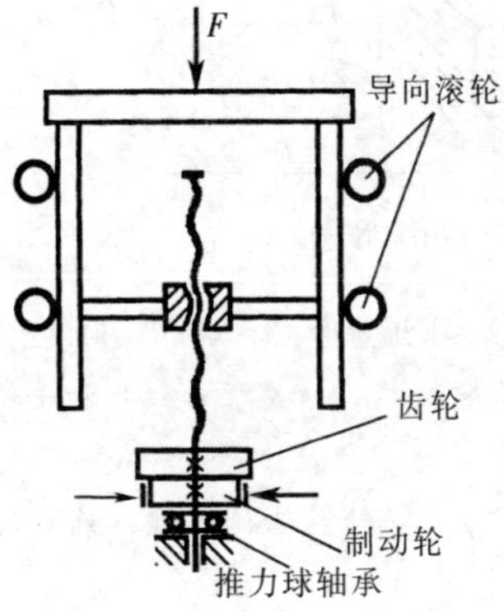

题9-3图

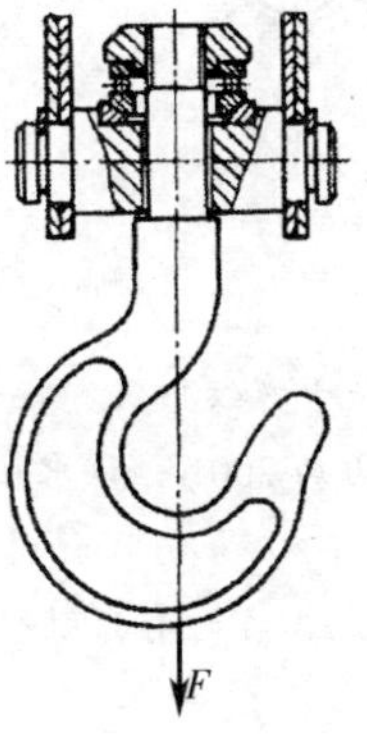

题9-4图

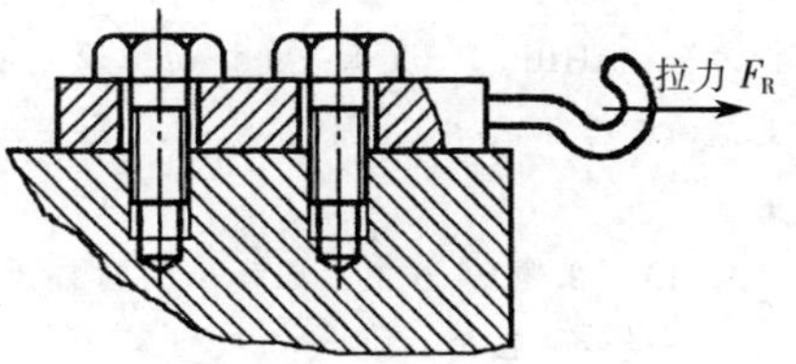

题9-5图

9-6 图示为一刚性凸缘联轴器，材料为Q215钢，传递的最大转矩为1200N·m（静载荷）。联轴器用4个M16的铰制孔用螺栓联接，螺栓材料为Q235钢，试选择合适的螺栓长度，并校核该联接的强度。

9-7 图示为一用两个螺栓联接的钢制扳手。已知扳紧力$F=200$N，有关尺寸如图所示。试分别采用普通螺栓联接和铰制孔螺栓联接两种方案设计此螺栓组，并分析比较设计结果。

9-8 在图示夹紧螺栓中，已知螺栓数为2，螺纹为M20，螺栓材料为35钢，轴径$d=50$mm，杆长$l=300$mm，轴与夹壳之间的摩擦系数$f=0.15$，试求杆端部作用力F的最大允许值。

9-9 图示为一钢制液压油缸，采用双头螺柱联接。已知油压$p=8$MPa，油缸内径$D=250$mm，为保证气密性要求，螺柱间距l不得大于$4.5d$（d为螺纹大径），试设计此双头螺柱联接。

9-10 受轴向载荷的紧螺栓联接，被联接件间采用橡胶垫片。已知螺栓预紧力$F'=15000$N，当受轴向工作载荷$F=10000$N时，求螺栓所受的总拉力及被联接件之间的残余预紧力。

9-11 图示为一差动螺旋机构。螺杆与机架固联，其螺纹为右旋，导程$S_A=4$mm，滑块在机架上只能左右移动。差动杆内螺纹与螺杆形成螺纹副A，外螺纹与滑块形成螺纹副B，当沿箭头方向转动5圈时，滑块向左移动5mm。试求螺纹副B的导程S_B和旋向。

9-12 图示为一小型压床，最大压力为$F=30$kN，采用梯形螺纹，螺杆材料为45钢正火处理，螺母

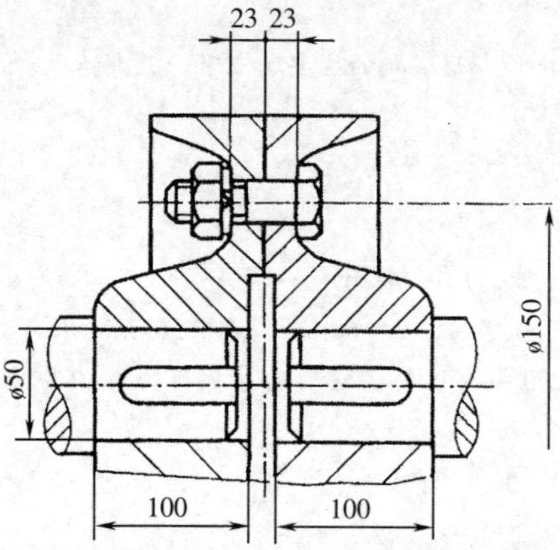

题 9－6 图

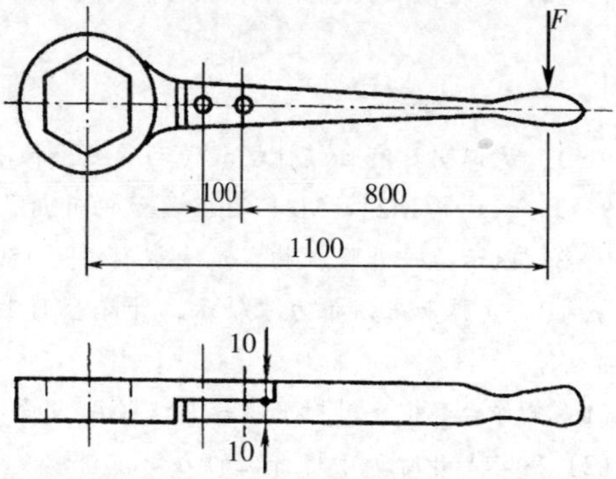

题 9－7 图

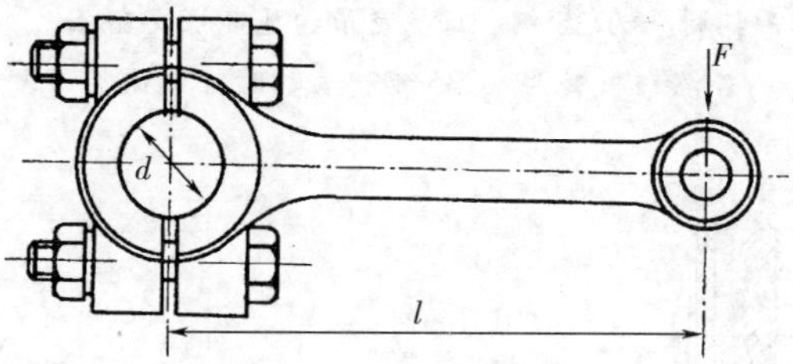

题 9－8 图

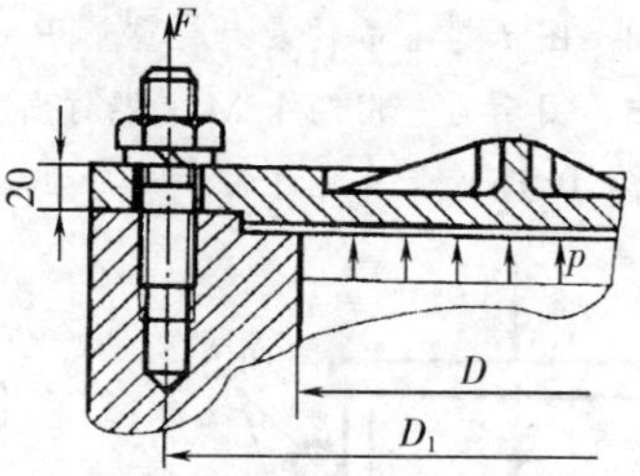

题 9－9 图

材料为 ZCuAl10Fe3。设压头支撑面平均直径 D_m 等于螺纹中径，操作时螺纹副当量摩擦系数 $f'=0.12$，压头支撑面摩擦系数 $f_c=0.10$，操作人员每只手用力约 200N，试求该压床的螺纹参数（要求自锁）和手轮直径 D。

9－13 在题 **9－6** 中，已知轴的材料为 45 钢，工作时有轻微冲击。试为该联轴器选择平键，确定键的尺寸，并校核其强度。

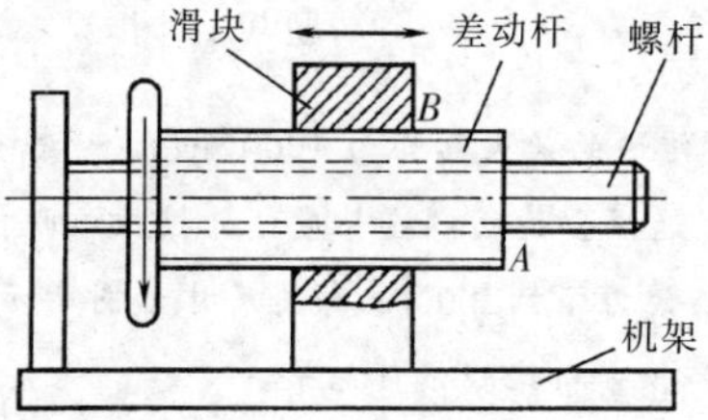

题 9－11 图

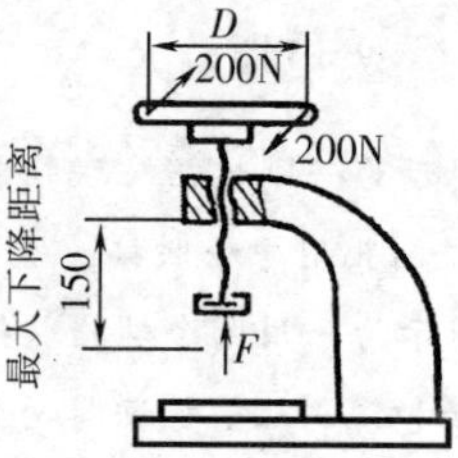

题 9－12 图

第 10 章　齿轮传动

10.1　概　述

齿轮传动可做成开式和闭式结构形式。开式齿轮传动，齿轮完全外露，易落入灰砂和杂物，不能保证良好的润滑，故轮齿易磨损，多用于低速度、不重要的场合。闭式齿轮传动，具齿轮和轴承完全封闭在箱体内，能保证良好的润滑和较好的啮合精度，为多数齿轮传动所采用。半开式传动齿轮传动，齿轮浸入油池内，上装护罩，但不封闭。

齿轮传动应满足如下的基本要求：

(1) 传动平稳——要求瞬时传动比不变，尽量减小冲击、振动和噪声，保证较高的运动精度；

(2) 承载能力高——要求在尺寸小、重量轻的前提下，轮齿的强度高、耐磨性好，能达到预定的工作寿命。

在齿轮设计时，齿轮设计只要合理，齿轮材料及热处理选择合适，制造质量和精度达到规定的要求，就能达到预定的功能要求。

10.2　齿轮传动的失效形式

齿轮传动常见的失效形式有：轮齿折断和齿面损伤。齿面损伤又有齿面点蚀、磨损、胶合和塑性变形等。

(1) 轮齿折断

轮齿折断一般发生在齿根部位（图 10－1）。造成折断的原因有两种：一是因多次重复的弯曲应力和应力集中造成的疲劳折断；二是因短时过载或冲击载荷而造成的过载折断。两种折断均发生在轮齿受拉应力的一侧。

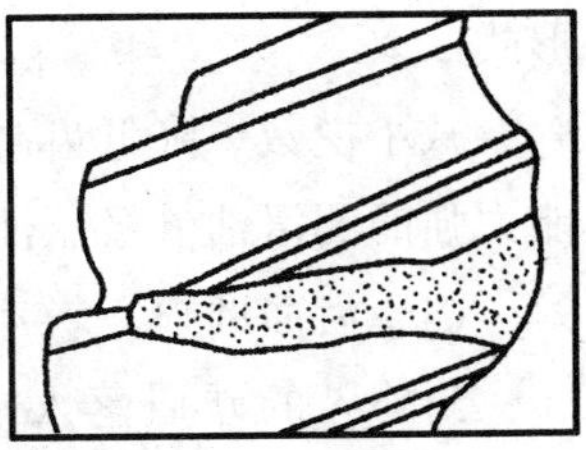

图 10－1　轮齿折断

齿宽较小的直齿圆柱齿轮，齿根裂纹一般是从齿根沿横向扩展，最后发生全齿的疲劳折断。齿宽较大的直齿圆柱齿轮，一般因制造误差使载荷集中在齿的一端，裂纹扩展可能沿斜方向，最后发生齿的局部折断。斜齿圆柱齿轮和人字齿轮常因接触线是倾斜的，其齿根裂纹往往从齿根斜向齿顶的方向扩展，最后发生齿的局部疲劳折断。

采用正变位等方法增加齿根圆角半径可减小齿根处的应力集中，能提高轮齿的抗折断能力。降低齿面的粗糙度，对齿根处进行喷丸、辊压等强化处理工艺，均可提高轮齿的抗疲劳折断能力。

（2）齿面点蚀

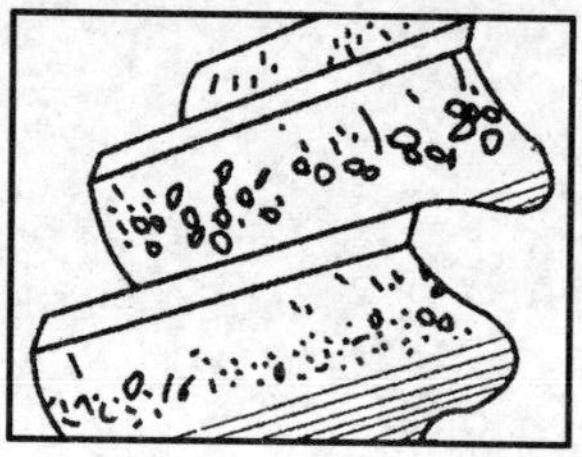

图 10－2　齿面点蚀

由于齿面的接触应力是交变的，经应力多次重复后，在节线附近靠近齿根部分的表面上，会出现若干小裂纹，封闭在裂纹中的润滑油，在压力作用下，产生楔挤作用而使裂纹扩大，最后导致表层小片状剥落而形成麻点状凹坑，称为齿面疲劳点蚀（图 10－2）。点蚀出现的结果是往往产生强烈的振动和噪声，导致齿轮失效。

对于软齿面齿轮（齿面硬度≤350HBS），当载荷不大时，在工作初期，由于相啮合的齿面接触不良造成局部应力过高而出现麻点。齿面经一段时间跑合后，接触应力趋于均匀，麻点不再扩展，甚至消失，这种点蚀称为早期点蚀。如果在足够大的载荷作用下，齿面点蚀面积不断扩展，麻点数量不断增多，点蚀坑大而深，就会发展成破坏性点蚀。

图 10－3　齿面胶合

对于硬齿面齿轮（齿面硬度＞350HBS），其齿面接触疲劳强度高，一般不易出现点蚀，但由于齿面硬、脆，一旦出现点蚀，它会不断扩大，形成破坏性点蚀。

在开式齿轮传动中，一般不会出现点蚀。这是因为开式齿轮磨损快，齿面一旦出现点蚀就被磨去。

提高齿面硬度和润滑油的粘度，采用正变位传动等，均可减缓或防止点蚀产生。

（3）齿面胶合

胶合是比较严重的粘着磨损。在高速重载传动时，因滑动速度高而产生的瞬时高温会使油膜破裂，造成齿面间的粘焊现象，粘焊处被撕脱后，轮齿表面沿滑动方向形成沟痕，这种胶合称为热胶合（图 10－3）。在低速重载传动中，不易形成油膜，摩擦热虽不大，但也可能因重载而出现冷焊粘着，这种胶合称为冷胶合。热胶合是高速、重载齿轮传动的主要失效形式。

减小模数、降低齿高、采用角度变位齿轮以减小滑动系数，提高齿面硬度，采用抗胶合能力强的润滑油（极压油）等，均可减缓或防止齿面胶合。

（4）齿面磨损

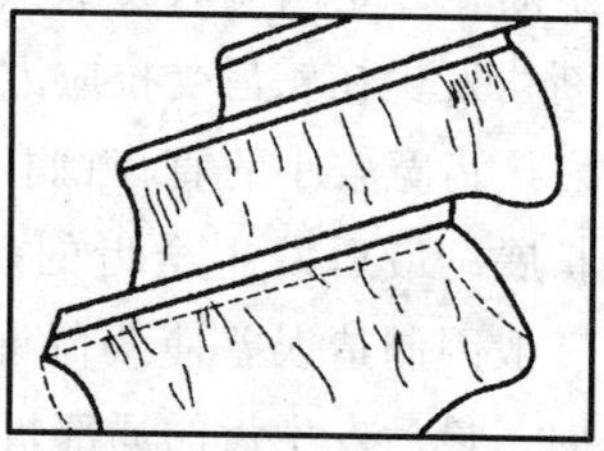

图 10－4　齿面磨损

当外界的硬屑落入啮合的齿面间，就可能产生磨料磨损。另外当表面粗糙的硬齿与较软的轮齿相啮合时，由于相对滑动，较软的齿表面易被划伤，也可能产生齿面磨料磨损（图 10－4）。磨损后，正确的齿形遭到破坏，齿厚减薄，最后导致轮齿因强度不足而折断。

改善润滑、密封条件，在润滑油中加入减摩添加剂，保持润滑油的清洁，提高齿面硬度等，均能提高齿面的抗磨料磨损。

（5）齿面塑性变形

当齿轮材料较软而载荷及摩擦力又很大时，在啮合过程中，齿面表层材料就会沿着摩擦力的方向产生塑性变形，从而破坏正确齿形。由于在主动轮齿面节线的两侧，齿顶和齿根的摩擦力方向相背，因此在节线附近形成凹槽，从动轮则相反，由于摩擦力方向相对，因此在节线附近形成凸脊。这种失效常在低速重载、频繁起动和过载传动中出现。

适当提高齿面硬度，采用粘度较大的润滑油，可以减轻或防止齿面塑性流动。

10.3　齿轮材料及热处理

由齿轮传动的失效形式可知，设计齿轮传动时，应使齿面具有较高的抗磨损、抗点蚀、抗胶合等能力，而齿根要有较高的抗折断的能力。因此，对轮齿材料性能的基本要求为：齿面应有足够的硬度，而齿芯要有一定的韧性。

常用的齿轮材料有：锻钢、铸钢、铸铁和非金属材料。

(1) 锻钢

一般的齿轮都采用锻钢制造，常用的是含碳量 0.15% ~0.6% 的碳钢或合金钢。按热处理方式和齿面硬度不同可分为以下两种：①对于要求不高的齿轮，可采用软齿面（硬度≤350HBS）以便于切齿。此时，应将齿轮毛坯经过常化（正火）或调质处理后切齿，切齿后即为成品。齿轮精度一般为 8 级，精切可达 7 级。这类齿轮制造简单、较经济，且生产率高。②对于高速、重载以及高精度要求的齿轮传动，一般轮齿应具有较高的硬度（58HRC ~65HRC），在加工时还应进行磨齿精加工。需精加工的齿轮目前多为先切齿，再作表面硬化处理，最后进行精加工，精度可达 5 级或 4 级。所采用的热处理方法有表面淬火、渗碳、氮化等。这类齿轮精度高，价格较贵。

合金钢可使材料的韧性、耐冲击性、耐磨性以及抗胶合性能等得以提高，也可以通过热处理或化学热处理方法改善材料的机械性能及提高齿面的硬度。所以在高速、重载以及有特殊要求的场合，可用性能优良的合金钢来制造齿轮。

(2) 铸钢

铸钢的耐磨性以及强度均较好，但应经退火及常化处理，必要时也可进行调质。铸钢常用于尺寸较大的齿轮。

(3) 铸铁

灰铸铁较脆，抗冲击及耐磨性较差，但抗胶合及抗点蚀的能力较好。灰铸铁齿轮常用于工作平稳、速度较低、功率不大的场合。

(4) 非金属材料

对高速、轻载及精度要求不高的齿轮传动，为了降低噪声，常用非金属材料做小齿轮，大齿轮仍用钢或铸铁。为了使大齿轮具有足够的抗磨损及抗点蚀能力，齿面的硬度应为 250HBS~350HBS。

常用的齿轮材料及其机械性能如表 10.1。

表 10.1 常用齿轮材料及其机械性能

类别	牌号	热处理	硬度
调质钢	35	正火	150HBS～180HBS
		调质	180HBS～210HBS
		表面淬火	40HRC～45HRC
	45	正火	170HBS～210HBS
		调质	210HBS～230HBS
		表面淬火	43HRC～48HRC
	40Cr	调质	240HBS～285HBS
		表面淬火	52HRC～56HRC
	35SiMn	调质	200HBS～260HBS
		表面淬火	40HRC～45HRC
渗碳钢	20Cr	渗碳淬火回火	56HRC～62HRC
渗氮钢	38CrMoAlA	渗氮	60HRC
铸钢	ZG45	正火	160HBS～200HBS
	ZG35SiMn	正火	160HBS～220HBS
		调质	200HBS～250HBS
灰铸铁	HT200		170HBS～230HBS
	HT300		187HBS～255HBS
球墨铸铁	QT500－5		147HBS～241HBS
	QT600－2		229HBS～302HBS

10.4 齿轮传动的精度

在制造和安装齿轮传动装置时，不可避免地会产生误差（如齿轮加工中的齿形误差、齿轮安装中的轴线不平行等）。这些误差对齿轮传动的影响主要为以下三个方面：

(1) 传递运动的准确性

由于相啮合齿轮在转动时，实际转角与理论转角不一致，就会造成从动轮的转速变化，即瞬时传动比的变化。

(2) 传动的平稳性

由于瞬时传动比的不恒定，当齿轮高速传动时，将引起振动、冲击和噪声。

(3) 载荷分布不均匀

由于齿形、齿向误差，能使齿轮上的载荷分布不均匀，当传递较大转矩时，易引起轮齿的折断，降低了齿轮的使用寿命。

国家标准 GB/T10095－1988 对圆柱齿轮及齿轮副规定了 12 个精度等级，其中 1 级的精度最高，12 级的精度最低。常用的齿轮是 6～9 级精度。按照误差的特性及它们对传动性能的影响，将齿轮的各项公差划分为三个组，分别反映传递运动的准确性、传动的平稳性和载荷分布上的均匀性。

此外，考虑到齿轮制造误差、轮齿受力变形和受热变形、润滑等因素，齿轮副间应有一定的齿侧间隙，为此标准中还规定了 14 种齿厚偏差。表 10.2 列出了精度等级的使用范围，供设计时参考。

表 10.2　齿轮传动精度等级的选择

精度等级	圆周速度 v (m/s)			应　用
	直齿圆柱齿轮	斜齿圆柱齿轮	直齿圆锥齿轮	
6 级	≤15	≤25	≤9	高速重载传动
7 级	≤10	≤17	≤6	高速中载或中速重载传动
8 级	≤5	≤10	≤3	对精度无特殊要求的传动
9 级	≤3	≤3.5	≤3.5	低速或对精度要求低的传动

10.5　直齿圆柱齿轮传动的强度计算

10.5.1　受力分析

在理想情况下，作用于齿轮上的力是沿齿宽接触线方向均匀分布的，常用集中力代替。又因齿面的摩擦力较小而忽略，故法向力 F_n沿啮合线方向垂直于齿面。

在分度圆上，法向力 F_n可分解为两个互相垂直的分力：切于分度圆的圆周力 F_t和半径方向的径向力 F_r，如图 10-5 所示。

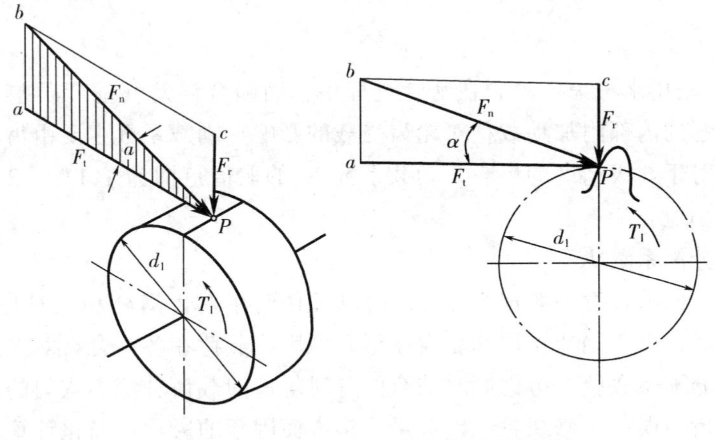

图 10-5　直齿圆柱齿轮传动的作用力

$$\left.\begin{aligned} F_t &= \frac{2T_1}{d_1} \quad \text{N} \\ F_r &= F_t\tan\alpha \quad \text{N} \\ F_n &= \frac{F_t}{\cos\alpha} = \frac{2T_1}{d_1\cos\alpha} \quad \text{N} \end{aligned}\right\} \tag{10-1}$$

其中

$$T_1 = 9.55\times10^6\,\frac{P_1}{n_1} \quad \text{N}\cdot\text{mm}$$

式中：d_1——主动齿轮的分度圆直径，mm；

α——分度圆压力角；

T_1——主动齿轮传递的名义转矩，N·mm；

P_1——主动齿轮传递的功率，kW；

n_1——主动齿轮的转速，r/min。

10.5.2 计算载荷

按（10-1）式计算的 F_n、F_t和 F_r均是作用在齿轮上的名义载荷，在实际齿轮传动中，还应考虑多个其他因素：(1) 由于原动机和工作机的振动和冲出；(2) 齿轮啮合过程中产生的动载荷；(3) 由于制造安装等误差或受载后轮齿、轴、轴承、箱体的变形等原因，使载荷沿齿宽方向分布不均；(4) 同时啮合的各轮齿间载荷分配不均等。为此，应引入多个载荷系数，将名义载荷修正为计算载荷，进行齿轮强度计算时，则按计算载荷进行计算。与圆周力对应的计算载荷为

$$\left.\begin{aligned} F_{tc} &= KF_t \\ K &= K_A K_v K_\alpha K_\beta \end{aligned}\right\} \tag{10-2}$$

式中：K——载荷系数；K_A——使用系数；K_v——动载系数；K_α——齿间载荷分配系数；K_β——齿向载荷分布系数。

①使用系数 K_A

用来考虑原动机和工作机的运转特性等外部因素引起的动载荷而引入的系数。可按表10.3选取。

②动载系数 K_v

动载系数 K_v是用来考虑齿轮副在啮合过程中，因啮合误差（基节误差、齿形误差和轮齿变形等）而引起的内部附加动载荷对轮齿受载的影响。动载系数主要由齿轮的圆周速度和齿轮精度确定，对于6级精度的齿轮，动载系数 K_v的取值范围为1.1～1.2。速度高时取大值，速度低时取小值。

③齿间载荷分配系数 K_α

由于齿轮的端面重合度一般都大于1，所以工作时单对齿啮合和双对齿啮合交替进行。当有双对齿工作时，由于制造误差和轮齿变形等原因，载荷在各啮合齿对之间的分配是不均匀的。齿间载荷分配系数就是考虑同时啮合的各对轮齿间载荷分配不均匀的系数。它受轮齿啮合刚度、基圆齿距误差、修缘量、跑合量等多方面因素的影响。简化计算方法中接触强度计算和弯曲强度计算的齿间载荷分配系数分别为 $K_{H\alpha}$和 $K_{F\alpha}$。$K_{H\alpha}$和 $K_{F\alpha}$的取值范围为1.0～1.2。

表 10.3 使用系数 K_A

原动机工作特性	工作机工作特性			
	均匀平稳	轻微冲击	中等冲击	严重冲击
均匀平稳	1.00	1.25	1.50	1.75
轻微冲击	1.10	1.35	1.60	1.85
中等冲击	1.25	1.50	1.75	2.00
严重冲击	1.50	1.75	2.00	≥2.25

注：对于增速传动，建议取表中值的1.1倍；当外部机械与齿轮装置之间挠性联接时，K_A值可适当减小。

④齿向载荷分布系数 K_β

在齿轮传动工作时，由于轴的弯曲和扭转变形、轴承的弹性位移以及传动装置的制造和安装误差等原因，都将导致齿轮副相互倾斜以及轮齿扭曲。齿向载荷分布系数 K_β 的引入就是考虑到轮齿沿接触线方向载荷分布不均匀的现象。齿向载荷分布系数的大小主要取决于齿轮在轴承间的布置情况、齿宽系数、齿轮精度以及齿面的硬度等。

当两轮之一为软齿面时，取 $K_\beta=1\sim1.2$；当两轮均为硬齿面时，取 $K_\beta=1.1\sim1.35$。当宽径比 b/d_1 较小、齿轮在两支承中间对称布置、轴的刚性大时，取小值；反之，取大值。

10.5.3　齿面接触疲劳强度计算

齿面疲劳点蚀与齿面接触应力的大小有关，而齿面的最大接触应力可近似地将齿面法向力 F_n代入(8-6)式计算求得。

由于点蚀最易出现在节点处，而节点处的齿廓曲率半径为

$$\rho_1=N_1C=\frac{d_1}{2}\sin\alpha \qquad \rho_2=N_2C=\frac{d_2}{2}\sin\alpha \tag{10-3}$$

取传动比 $i=\frac{z_2}{z_1}>1$，则 $d_1=\frac{2a}{i\pm1}$，代入上式得

$$\frac{1}{\rho_1}\pm\frac{1}{\rho_2}=\frac{\rho_2\pm\rho_1}{\rho_1\rho_2}=\frac{2\ (d_2\pm d_1)}{d_1d_2\sin\alpha}=\frac{i\pm1}{i}\cdot\frac{2}{d_1\sin\alpha}=\frac{(i\pm1)^2}{ia\sin\alpha} \tag{10-4}$$

在节点处一般仅有一对齿啮合，即载荷由一对齿承担，化简后，齿面接触应力计算式

$$\sigma_H=\sqrt{\frac{1}{\pi\left(\frac{1-\mu_1^2}{E_1}+\frac{1-\mu_2^2}{E_2}\right)}\cdot\frac{2}{\sin\alpha\cos\alpha}\cdot\frac{i\pm1}{i}\cdot\frac{KF_t}{bd_1}}$$

$$=Z_EZ_H\sqrt{\frac{i\pm1}{i}\cdot\frac{2KT_1}{bd_1^2}}=Z_EZ_H\sqrt{\frac{(i\pm1)^3KT_1}{2iba^2}}$$

式中：K——载荷系数；

Z_E——弹性系数，用来考虑配对齿轮材料对接触应力的影响，其计算式

$$Z_E=\sqrt{\frac{1}{\pi\left(\frac{1-\mu_1^2}{E_1}+\frac{1-\mu_2^2}{E_2}\right)}}.$$

钢的弹性模量 $E=2.06\times10^5$（MPa），泊松比 $\mu=0.3$，所以对于两轮均为钢材料的齿轮对，弹性系数 $Z_E=189.8$（$\sqrt{\text{MPa}}$）。Z_H为节点区域系数，用来考虑节点处齿面形状对接触应力的影响，当 $\alpha=20°$时，$Z_H\approx2.5$。

综上所述，由一对钢制标准齿轮传动的齿面接触应力计算式，可得出齿轮传动的接触强度条件式

$$\sigma_H=336\sqrt{\frac{(i\pm1)^3KT_1}{iba^2}}\leqslant[\sigma_H]\quad \text{MPa} \tag{10-5}$$

式中［σ_H］为许用接触应力。

对于一个新的齿轮传动设计，上式中有两个未知参数 b 和 a。现引入齿宽系数 $\psi_a=\frac{b}{a}$，

则公式变换为

$$a = (i \pm 1)\sqrt[3]{\left(\frac{336}{[\sigma_H]}\right)^2 \frac{KT_1}{\psi_a i}} \quad \text{mm} \tag{10-6}$$

式中：T_1 的单位为 N·mm；b 和 a 的单位为 mm；σ_H 和 $[\sigma_H]$ 的单位为 MPa；单级圆柱齿轮传动的传动比 i 取值范围一般为 1～8。

由(10-5)或(10-6)可知，当一对齿轮的材料、传动比及齿宽系数一定时，由齿面接触强度所决定的承载能力，仅与中心距或齿轮直径有关。至于模数的大小需由弯曲强度条件确定。

由(10-5)或(10-6)还可以看出，齿宽系数越大，则中心距越小。但齿宽过大时，容易发生偏载或载荷集中现象，使轮齿易折断，所以这就限制了齿宽的增加。一般来说，轻型减速器可取 $\psi_a = 0.2 \sim 0.4$；中型减速器可取 $\psi_a = 0.4 \sim 0.6$；重型减速器可取 $\psi_a = 0.8$；特殊情况下可取 $\psi_a = 1 \sim 1.2$。

许用接触应力 $[\sigma_H]$ 可按下式计算

$$[\sigma_H] = \frac{\sigma_{Hlim}}{S_H} \quad \text{MPa} \tag{10-7}$$

式中：σ_{Hlim} 为试验齿轮的接触疲劳极限，由采用各种不同材料的齿轮试验测得，可按图10-6查得；S_H 为齿面接触疲劳安全系数，可按表10.4查得。

提高齿轮接触疲劳强度的主要措施：(1) 加大齿轮直径或中心距；(2) 适当增加齿宽；(3) 采用正角度变位齿轮传动；(4) 提高齿轮精度等级。这些措施均可减小齿面的接触应力。另外改善齿轮材料和热处理方式（提高齿面硬度），也可以提高许用接触应力值。

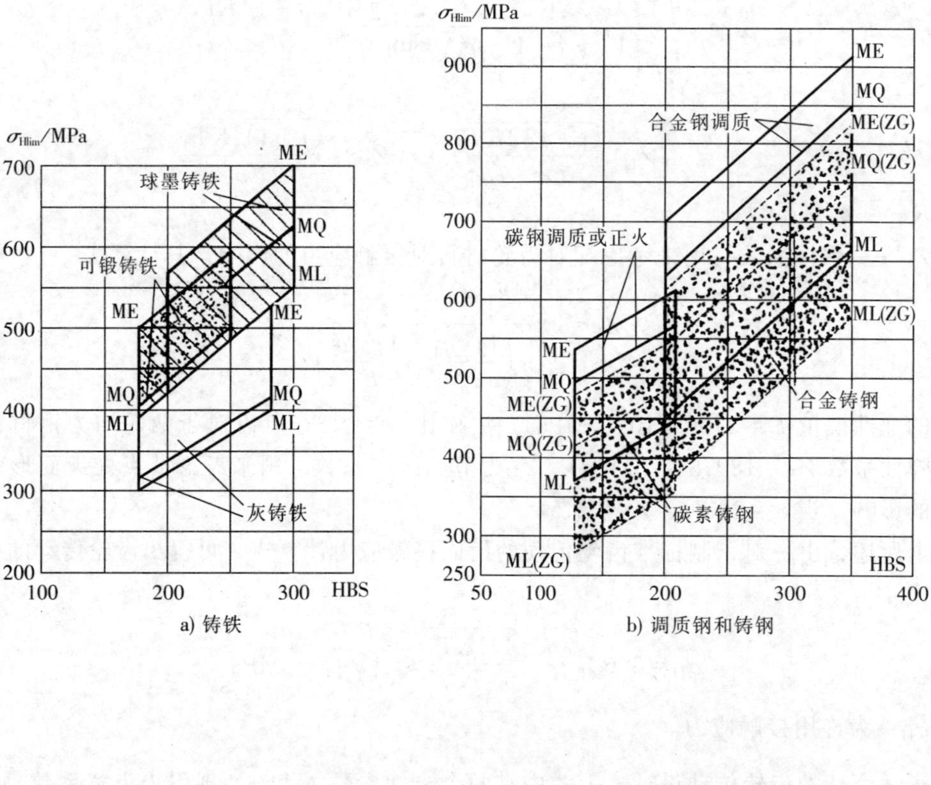

a) 铸铁　　b) 调质钢和铸钢

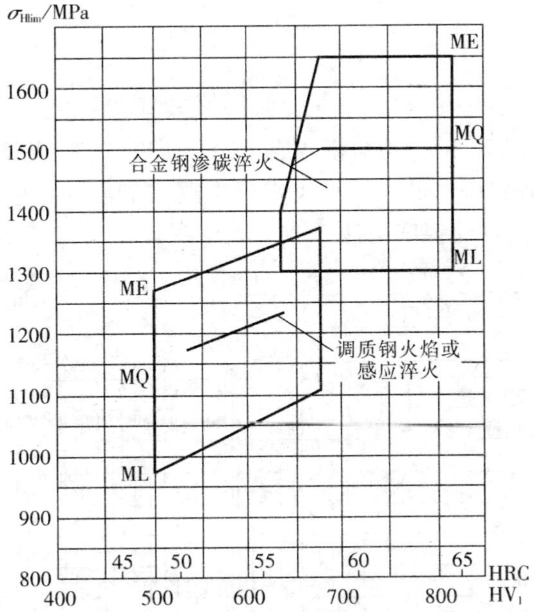

c) 表面硬化钢

图 10-6　齿轮的接触疲劳极限 σ_{Hlim}

表 10.4　安全系数 S_H和 S_F

安全系数	软齿面（≤350HBS）	硬齿面（>350HBS）	重要的齿轮
S_H	1.0～1.1	1.1～1.2	1.3
S_F	1.3～1.4	1.4～1.6	1.6～2.2

10.5.4　齿根弯曲疲劳强度计算

轮齿在受载时，齿根所受的弯矩最大，因此齿根处的弯曲疲劳强度最弱。理论上的载荷应由同时啮合的多对齿分担，但为了便于计算，通常按全部载荷作用于齿顶来计算齿根的弯曲强度。当然，采用这样的算法，轮齿的弯曲强度比较富裕。

图 10-7 所示为单位齿宽的轮齿在齿顶啮合时的受载情况和轮齿根部的应力图。假设轮齿为一悬臂梁，并忽略压应力，仅以水平分力所产生的弯矩进行弯曲强度计算，则单位齿宽时齿根危险截面的弯曲应力为

$$\sigma_F = \frac{M}{W} = \frac{KF_n h_F \cos\alpha_F}{bs_F^2/6} = \frac{6KF_t h_F \cos\alpha_F}{bs_F^2 \cos\alpha}$$

$$= \frac{KF_t}{bm} \cdot \frac{6\left(\dfrac{h_F}{m}\right)\cos\alpha_F}{\left(\dfrac{s_F}{m}\right)^2 \cos\alpha} \tag{10-8}$$

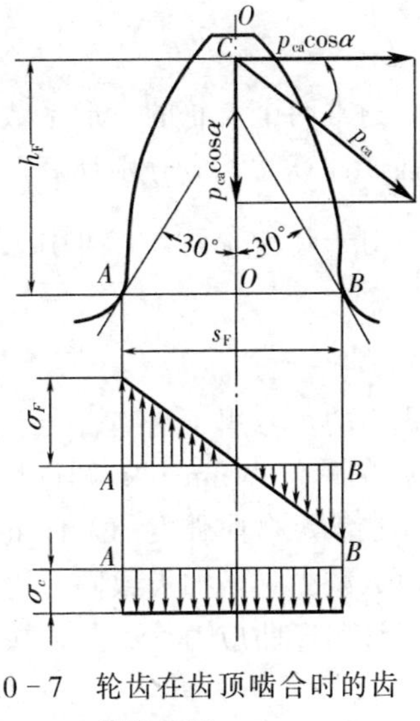

图 10-7　轮齿在齿顶啮合时的齿根应力图

式中：s_F为危险截面处齿厚；h_F为弯曲力臂。令

$$Y_F = \frac{6\left(\frac{h_F}{m}\right)\cos\alpha_F}{\left(\frac{s_F}{m}\right)^2\cos\alpha}$$

式中 Y_F称为齿形系数。因 h_F和 s_F均与模数成正比，所以 Y_F的值只与齿形中的尺寸比例有关而与模数无关，对于标准齿轮而言，只决定于齿数。正常齿制标准齿轮的值，见图 10-8。这样，齿根危险截面的弯曲强度条件为

$$\sigma_F = \frac{2KT_1Y_F}{bd_1m} = \frac{2KT_1Y_F}{bm^2z_1} \leqslant [\sigma_F] \qquad \text{MPa} \tag{10-9}$$

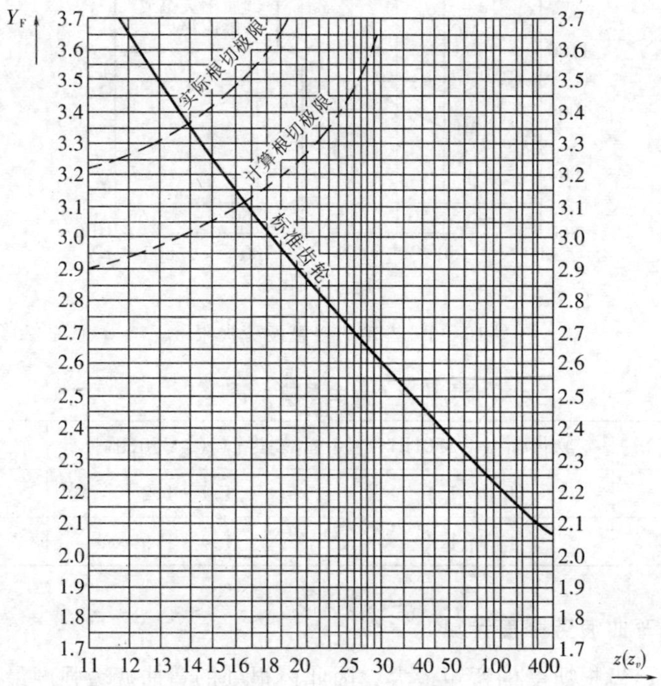

图 10-8 齿形系数 Y_F

通常两个齿轮的齿形系数并不同，两齿轮材料的许用弯曲应力也可能不同，因此，在弯曲强度计算时，应分别计算两个齿轮的弯曲疲劳强度条件。

对于新齿轮设计，可引入齿宽系数 $\psi_a = \frac{b}{a}$，则齿轮弯曲强度设计公式为

$$m \geqslant \sqrt[3]{\frac{4KT_1Y_F}{\psi_a(i \pm 1)z_1^2[\sigma_F]}} \tag{10-10}$$

上式中的负号用于内啮合传动；内齿轮的齿形系数可参阅有关资料；T_1 的单位为N·mm；b 和 m 的单位为 mm；σ_F和许用弯曲应力 $[\sigma_F]$ 的单位为 MPa。

在满足弯曲强度的条件下，可适当地选取较多的齿数。当中心距 a 一定时，齿数增加则模数减少。增加齿数同时也提高了齿轮工作的平稳性。

许用弯曲应力 $[\sigma_F]$ 可按下式计算

$$[\sigma_F] = \frac{\sigma_{Flim}}{S_F} \tag{10-11}$$

式中 σ_{Flim}为试验齿轮的齿根弯曲疲劳极限，按图 10－9 查取。图中各材料的数据为齿轮在单侧工作时测得，对于长期双侧工作的齿轮传动，因齿根受对称应力作用，所以应将图的数据乘以 0.7。S_F为轮齿弯曲疲劳安全系数，按表 10.4 查取。

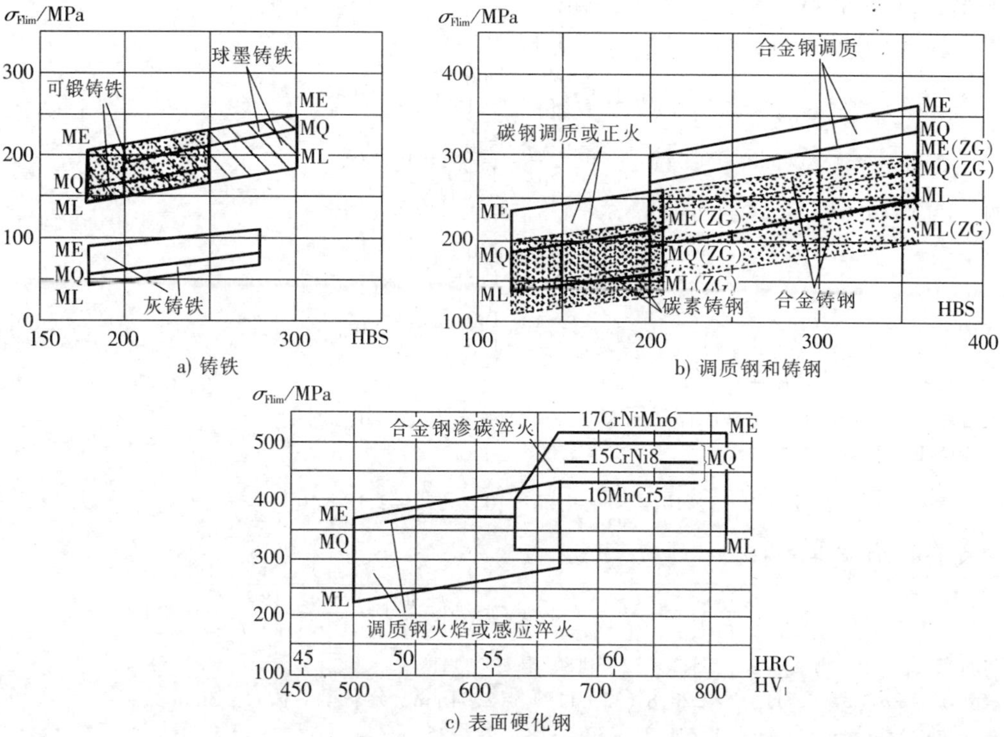

a) 铸铁　b) 调质钢和铸钢　c) 表面硬化钢

图 10－9　齿轮弯曲疲劳极限 σ_{Flim}

10.5.5　齿轮传动设计准则

同是齿轮传动，但齿面的硬度不同，以及结构形式（开式或闭式）的不同，其齿轮传动的主要失效形式也不同，因此，就有了如下的设计准则：

软齿面闭式齿轮传动的主要失效形式为齿面点蚀，所以通常先按齿面的接触疲劳强度确定传动的尺寸，然后再验算轮齿的弯曲疲劳强度。一般情况下，只要接触强度满足条件，弯曲强度总是满足条件的，且还有较大的余量。

硬齿面闭式齿轮传动的主要失效形式是接触疲劳破坏和弯曲疲劳破坏，所以接触疲劳强度和弯曲疲劳强度应同时满足。可先按轮齿的弯曲疲劳强度进行设计计算，确定主要的尺寸，然后再验算齿面的接触疲劳强度。也可先按接触疲劳强度进行设计计算，再验算弯曲疲劳强度。也就是齿轮传动不仅要满足接触疲劳强度条件，同时两个齿轮的弯曲疲劳强度也应分别满足条件。

开式齿轮传动的主要失效形式是磨粒磨损，但目前对磨损尚无成熟的计算方法。开式齿轮传动一般不会出现点蚀损坏，所以可按轮齿的弯曲疲劳强度进行设计计算。另外考虑到开式齿轮传动因严重磨损而使齿厚变薄，影响轮齿的弯曲强度，因此，其许用弯曲应力应适当降低（可取闭式传动的许用弯曲应力的 0.7～0.8），或将设计计算出的模数加大一档。

对于有短时过载的齿轮传动，无论是开式还是闭式，都应进行静强度计算。

【例题 10-1】 某单级直齿圆柱齿轮减速器用电机驱动，单向运转，载荷有中等冲击。传动比 $i=3.7$，输入转速 $n_1=745\text{r/min}$，传动功率 $P=17\text{kW}$，试设计此齿轮传动。

【解】 (1) 选择材料及确定许用应力

小齿轮采用 40Cr 调质，硬度取 260HBS

大齿轮采用 ZG35SiMn 调质，硬度取 225HBS

因 $\sigma_{\text{Hlim1}}=700\text{MPa}$，$\sigma_{\text{Hlim2}}=540\text{MPa}$，$S_{\text{H}}=1.1$，则

$$[\sigma_{\text{H1}}]=\frac{\sigma_{\text{Hlim1}}}{S_{\text{H}}}=\frac{700}{1.1}=636\quad\text{MPa}$$

$$[\sigma_{\text{H2}}]=\frac{\sigma_{\text{Hlim2}}}{S_{\text{H}}}=\frac{540}{1.1}=491\quad\text{MPa}$$

因 $\sigma_{\text{Flim1}}=240\text{MPa}$，$\sigma_{\text{Flim2}}=180\text{MPa}$，$S_{\text{F}}=1.3$，则

$$[\sigma_{\text{F1}}]=\frac{\sigma_{\text{Flim1}}}{S_{\text{F}}}=\frac{240}{1.3}=185\quad\text{MPa}$$

$$[\sigma_{\text{F2}}]=\frac{\sigma_{\text{Flim2}}}{S_{\text{F}}}=\frac{180}{1.3}=138\quad\text{MPa}$$

(2) 按齿面接触强度设计

设齿轮按 8 级精度制造。取载荷系数 $K=1.5$，齿宽系数 $\psi_{\text{a}}=0.4$。

小齿轮上的转矩

$$T_1=9.55\times10^6\times\frac{P}{n_1}=9.55\times10^6\times\frac{17}{745}=2.18\times10^5\quad\text{N·mm}$$

按式 (10-6) 计算中心距

$$a\geqslant(i+1)\sqrt[3]{\left(\frac{336}{[\sigma_{\text{H}}]}\right)^2\frac{KT_1}{\psi_{\text{a}}i}}=(3.7+1)\sqrt[3]{\left(\frac{336}{491}\right)^2\frac{1.5\times2.18\times10^5}{0.4\times3.7}}=220.6\text{mm}$$

取齿数 $z_1=32$，则 $z_2=iz_1=3.7\times32\approx118$，取 $z_2=118$。

模数 $m=2a/(z_1+z_2)=2\times220.8/(32+118)=2.94\text{mm}$，按表 4.1 取 $m=3\text{mm}$。

确定中心距 $a=m(z_1+z_2)/2=3\times(32+118)/2=225\text{mm}$。

齿宽 $b=\psi_{\text{a}}a=0.4\times225=90\text{mm}$，取 $b_2=90\text{mm}$，$b_1=95\text{mm}$。

(3) 验算轮齿弯曲疲劳强度

由图 10-8 查得齿形系数 $Y_{\text{F1}}=2.57$，$Y_{\text{F2}}=2.18$。

按式 (10-9) 验算轮齿弯曲强度 (按最小齿宽 $b=90\text{mm}$ 计算)

$$\sigma_{\text{F1}}=\frac{2KT_1Y_{\text{F1}}}{bm^2z_1}=\frac{2\times1.5\times2.18\times10^5\times2.57}{90\times3^2\times32}=64.9\quad\text{MPa}<[\sigma_{\text{F1}}]$$

$$\sigma_{\text{F2}}=\sigma_{\text{F1}}\frac{Y_{\text{F2}}}{Y_{\text{F1}}}=6.49\times\frac{2.18}{2.57}=55.1\quad\text{MPa}<[\sigma_{\text{F2}}]\text{，安全。}$$

(4) 齿轮的圆周速度

$$v=\frac{\pi d_1n_1}{60\times1000}=\frac{3.14\times3\times32\times745}{60\times1000}=3.74\quad\text{m/s}$$

对照表 10.2 可知选用 8 级精度是合适的。

10.6 斜齿圆柱齿轮传动的强度计算

10.6.1 受力分析

在斜齿轮传动中，作用于齿面上的载荷仍垂直于齿面，即为法向载荷 F_n。

如图 10-10 所示，法向力可沿齿轮的周向、径向及轴向分解为三个相互垂直的分力，各力大小计算公式

$$\left.\begin{aligned}&F_t=2T_1/d_1\\&F'=F_t/\cos\beta\\&F_r=F'\tan\alpha_n=F_t\tan\alpha_n/\cos\beta\\&F_a=F_t\tan\beta\\&F_n=F'/\cos\alpha_n=F_t/(\cos\alpha_n\cos\beta)=F_t/(\cos\alpha_t\cos\beta_b)\end{aligned}\right\}\quad(10-12)$$

式中：β——节圆螺旋角，对标准斜齿轮即为分度圆螺旋角；

β_b——啮合的螺旋角，也称为基圆螺旋角；

α_n——法面压力角，对于标准斜齿轮 $\alpha_n=20°$；

α_t——端面压力角。

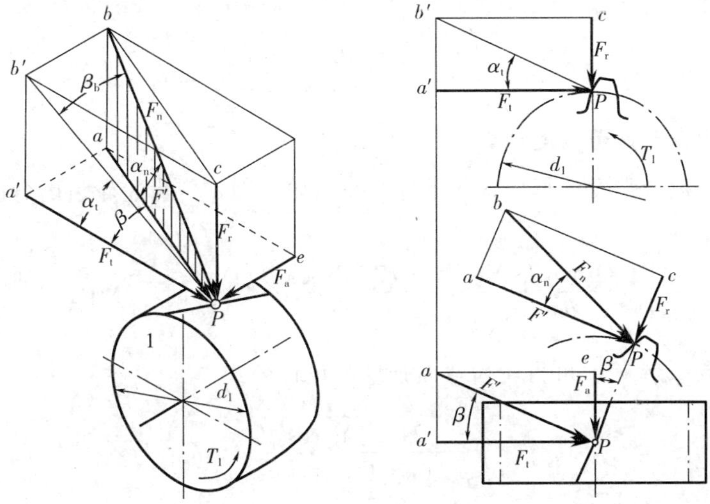

图 10－10　斜齿轮的轮齿受力分析

由上式可知，轴向力 F_a与 $\tan\beta$ 成正比。为了减小轴承承受的轴向力，斜齿圆柱齿轮传动的螺旋角 β 不宜选得过大，常在 8°～20°之间选择。在人字齿轮传动中，由于轴向力的合力为零，因而人字齿轮的螺旋角可取较大的数值（15°～40°），传递的功率也可较大。

10.6.2　齿面接触疲劳强度计算

斜齿圆柱齿轮传动齿面不产生疲劳点蚀的强度计算公式的推导过程与直齿圆柱齿轮传动的相似，但也有以下不同：

（1）斜齿圆柱齿轮的法向齿廓是渐开线，所以啮合点处的曲率半径应代以法向值，这将在斜齿轮的节点区域系数 Z_H的计算公式中体现。

（2）斜齿轮工作时接触线总长度随啮合位置的不同而变化，同时还受到齿轮的端面重合度和纵向重合度的共同影响，所以斜齿轮的重合度系数计算与直齿不同，应同时考虑端面重合度 ε_α 和纵向重合度 ε_β。

（3）接触线倾斜有利于提高接触疲劳强度。

为了简化计算，斜齿圆柱齿轮的接触疲劳强度计算式是在直齿圆柱齿轮接触疲劳强度计算式中考虑斜齿轮节点区域系数不同的特点，导出一对钢制标准斜齿圆柱齿轮传动的接触疲

劳强度条件公式

$$\sigma_H = Z_E Z_H \sqrt{\frac{(i \pm 1)^3 K T_1}{2 i b a^2}} \tag{10-13}$$

式中 Z_H为斜齿轮节点区域系数(其他系数及意义与直齿公式相同),可按下式计算

$$Z_H = \sqrt{\frac{2\cos\beta_b}{\sin\alpha_t \cos\alpha_t}}$$

由式(10-13),可将一对钢制标准斜齿轮传动的齿面接触应力及强度条件化简为

$$\sigma_H = 305\sqrt{\frac{(i \pm 1)^3 K T_1}{i b a^2}} \leqslant [\sigma_H] \quad \text{MPa} \tag{10-14}$$

同样引入齿宽系数 $\psi_a = \frac{b}{a}$,则式(10-14)可变为下列设计公式

$$a \geqslant (i \pm 1)\sqrt[3]{\left(\frac{305}{[\sigma_H]}\right)^2 \frac{K T_1}{\psi_a i}} \quad \text{mm} \tag{10-15}$$

10.6.3 齿根弯曲疲劳强度计算

斜齿轮的弯曲疲劳强度计算公式的推导与直齿轮相似,斜齿轮轮齿的弯曲强度的验算公式为

$$\sigma_F = \frac{1.6 K T_1 Y_F}{b d_1 m_n} = \frac{1.6 K T_1 Y_F \cos\beta}{b m_n^2 z_1} \leqslant [\sigma_F] \quad \text{MPa} \tag{10-16}$$

引入齿宽系数 $\psi_a = \frac{b}{a}$,可得轮齿弯曲强度的设计公式

$$m_n \geqslant \sqrt[3]{\frac{3.2 K T_1 Y_F \cos^2\beta}{\psi_a (i \pm 1) z_1^2 [\sigma_F]}} \quad \text{mm} \tag{10-17}$$

以上两式中:m_n为法向模数;Y_F为齿形系数,应根据斜齿轮的当量齿数 $z_v = \frac{z}{\cos^3\beta}$,查图 10-8 取得。

【例题 10-2】 某一斜齿圆柱齿轮减速器传递的功率 $P = 35\text{kW}$,传动比 $i = 3.2$,转速 $n = 1460\text{r/min}$,用电动机驱动,长期工作,载荷有中等冲击,试设计此齿轮传动。

【解】 (1) 选择材料及确定许用应力 根据题目要求采用硬齿面齿轮传动。

大、小齿轮均采用 20Cr 渗碳淬火,齿面硬度为 59HRC(见表 10.1)。

由(图 10-9c)得 $\sigma_{Flim1} = \sigma_{Flim2} = 390\text{MPa}$,取 $S_F = 1.5$(见表 10.4),则

$$[\sigma_{F1}] = [\sigma_{F2}] = \frac{\sigma_{Flim1}}{S_F} = \frac{390}{1.5} = 260 \quad \text{MPa}$$

由(图 10-6c)得 $\sigma_{Hlim1} = \sigma_{Hlim2} = 1500\text{MPa}$,取 $S_H = 1.2$(见表 10.4),则

$$[\sigma_H] = \frac{\sigma_{Hlim1}}{S_H} = \frac{1500}{1.2} = 1250 \quad \text{MPa}$$

(2) 按轮齿弯曲强度设计计算

齿轮按 8 级精度制造,取载荷系数 $K = 1.5$,齿宽系数 $\psi_a = 0.4$。

小齿轮上的转矩 $T_1 = 9.55 \times 10^6 \frac{P}{n} = 9.55 \times 10^6 \frac{35}{1460} = 2.29 \times 10^5 \quad \text{N·mm}$

初步选择螺旋角 $\beta = 15°$。

齿数 取 $z_1 = 25$,则 $z_2 = 3.2 \times 25 = 80$。

齿形系数　$z_{v1}=\dfrac{25}{\cos^3 15^\circ}=27.74$，　$z_{v2}=\dfrac{80}{\cos^3 15^\circ}=88.77$

由图 10－8 查得　$Y_{F1}=2.67$，$Y_{F2}=2.23$。

因　$\dfrac{Y_{F1}}{[\sigma_{F1}]}=\dfrac{2.67}{260}=0.01027$，　$\dfrac{Y_{F2}}{[\sigma_{F2}]}=\dfrac{2.23}{260}=0.00858$

且　$\dfrac{Y_{F1}}{[\sigma_{F1}]}>\dfrac{Y_{F2}}{[\sigma_{F2}]}$

故应将$\dfrac{Y_{F1}}{[\sigma_{F1}]}$代入式（10－17）计算。

法向模数 $m_n\geqslant\sqrt[3]{\dfrac{3.2KT_1Y_{F1}\cos^2\beta}{\psi_a\ (i+1)\ z_1^2\ [\sigma_{F1}]}}=\sqrt[3]{\dfrac{3.2\times1.5\times2.29\times10^5\times2.67\times\cos^2 15^\circ}{0.4\times\ (3.2+1)\ \times25^2\times260}}=2.15\text{mm}$

按表 4.1 取　$m_n=3\text{mm}$。

中心距　$a=\dfrac{m_n\ (z_1+z_2)}{2\cos\beta}=\dfrac{3\times\ (25+80)}{2\times\cos15^\circ}=163\text{mm}$

取 $a=165\text{mm}$。

确定螺旋角　$\beta=\arccos\dfrac{m_n\ (z_1+z_2)}{2a}=\arccos\dfrac{3\times\ (25+80)}{2\times165}=17^\circ20'29''$

齿宽　$b=\psi_a a=0.4\times165=66\text{mm}$

取 $b_2=66\text{mm}$，$b_1=70\text{mm}$。

（3）验算齿面接触强度

将各参数代入式（10－14）可得

$$\sigma_H=305\sqrt{\frac{(i+1)^3KT_1}{iba^2}}=305\times\sqrt{\frac{(3.21+1)^3\times1.5\times2.29\times10^5}{3.21\times66\times165^2}}=643\text{MPa}<[\sigma_H]\text{，安全}$$

（4）齿轮的圆周速度

$$v=\frac{\pi d_1n_1}{60\times1000}=\frac{\pi\times3\times25\times1460}{60\times1000\times\cos17^\circ20'29''}=6\text{m/s}$$

对照表 10.2 可知选 8 级精度是合宜的。

10.7　直齿圆锥齿轮传动的强度计算

锥齿轮用于传递两相交轴之间的运动和动力，有直齿、斜齿和曲线齿之分，其中直齿是最常见的，斜齿现已逐步被曲线齿代替。两轴间的交角可为任意角度，最常用的是 90°。

由于锥齿轮的理论齿廓为球面渐开线，实际加工出的齿形与其有较大的差别，不易获得高的精度，在传动中会产生较大的振动和噪声，故圆周速度不宜过大。

直齿锥齿轮的标准模数为大端的模数 m，其几何尺寸按大端计算。锥齿轮沿齿宽方向的齿廓大小是由大端逐渐向小端收缩，轮齿沿齿宽方向的刚度不同，受力后不同截面的变形各异，载荷分布不均，所以锥齿轮的受力和强度计算都十分复杂。为了简化计算，将一对直齿锥齿轮传动转化为一对当量直齿圆柱齿轮传动进行强度计算，即以齿宽中点的当量直齿圆柱齿轮为计算基础。

10.7.1　受力分析

略去摩擦力，假设法向力 F_n集中作用在齿宽节线中点处，则可分解为互相垂直的三个分力，如图 10－11 所示。

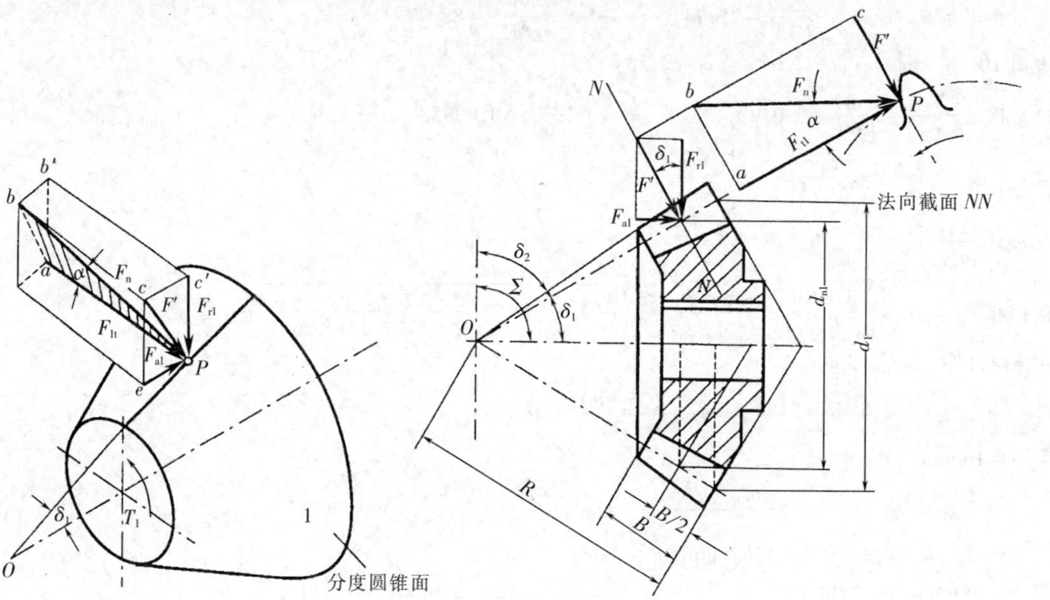

图 10-11　直齿锥齿轮传动的受力分析

$$\left.\begin{aligned} F_t &= 2T_1/d_{m1} \\ F_{r1} &= F'\cos\delta_1 = F_t\tan\alpha\cos\delta_1 \\ F_{a1} &= F'\sin\delta_1 = F_t\tan\alpha\sin\delta_1 \end{aligned}\right\} \qquad (10-18)$$

式中：T_1——主动齿轮传递的转矩；F_t——圆周力；F_r——径向力；F_a——轴向力；d_{m1} 可根据分度圆直径 d_1、锥距 R 和齿宽 b 确定，即

$$\frac{R-0.5b}{R}=\frac{0.5d_{m1}}{0.5d_1}$$

则

$$d_{m1}=\frac{R-0.5b}{R}d_1=(1-0.5\psi_R)\ d_1 \qquad (10-19)$$

当 $\delta+\delta_2=90°$ 时，$\sin\delta_1=\cos\delta_2$ 和 $\cos\delta_1=\sin\delta_2$，则小齿轮上的径向力和轴向力在数值上分别等于大齿轮上的轴向力和径向力，但其方向相反。

10.7.2　强度计算

直齿圆锥齿轮的失效形式及强度计算的依据与直齿圆柱齿轮基本相同，可近似地按齿宽中点的一对当量直齿圆柱齿轮传动来考虑。

将锥齿轮当量齿轮的有关参数代入直齿圆柱齿轮的强度计算公式和设计计算公式，经整理后得直齿锥齿轮传动的齿面接触疲劳强度校核公式和设计公式分别为

$$\sigma_H=Z_EZ_H\sqrt{\frac{4.7KT_1}{\psi_R\ (1-0.5\psi_R)^2d_1^3u}}\leqslant[\sigma_H] \qquad (10-20)$$

$$d_1\geqslant\sqrt[3]{\frac{4.7KT_1}{\psi_R\ (1-0.5\psi_R)^2u}\left(\frac{Z_EZ_H}{[\sigma_H]}\right)^2} \qquad (10-21)$$

式中：K 为使用系数，查表 10.3；Z_E为材料系数，取 $Z_E=189.8\ (\sqrt{\text{MPa}})$；$Z_H$为节点啮合系数，取 $Z_H\approx2.5$；许用应力 $[\sigma_H]$ 的确定方法与直齿圆柱齿轮相同。

将锥齿轮当量齿轮的有关参数代入直齿圆柱齿轮相关公式，得锥齿轮齿根弯曲疲劳强度的校核公式和设计公式分别为

$$\sigma_F=\frac{4.7KT_1}{\psi_R\ (1-0.5\psi_R)^2 z_1^2 m^3 \sqrt{u^2+1}}Y_{FS}\leqslant[\sigma_F] \tag{10-22}$$

$$m\geqslant\sqrt[3]{\frac{4.7KT_1}{\psi_R\ (1-0.5\psi_R)^2 z_1^2\ [\sigma_F]\ \sqrt{u^2+1}}Y_{FS}} \tag{10-23}$$

式中：齿形系数 Y_{FS}按当量齿数 z_v由图 10-8 查取；许用弯曲应力 $[\sigma_F]$ 的确定方法与直齿圆柱齿轮相同。

在设计新的锥齿轮传动时，可以直接用设计公式进行设计计算，对一些参数先作假设，然后再对所假设的参数进行校核并予以修正。

10.8　齿轮结构

齿轮结构型式主要由毛坯材料、几何尺寸、加工工艺、生产批量、经济等因素确定，可分成以下四种基本形式：齿轮轴、实心式齿轮、腹板式齿轮、轮辐式齿轮。

(1) 齿轮轴

对于齿数少的小齿轮，当其分度圆直径 d 与轴的直径 d_s相差很小（$d<1.8d_s$）时，可将齿轮和轴做成一体，称为齿轮轴（图 10-12）。但如果齿轮直径比轴的直径大得多，则不论是从制造还是从节约材料的观点，都应把齿轮和轴分开。

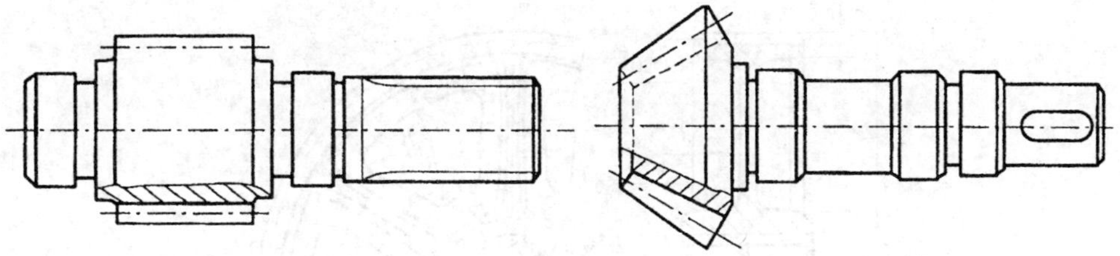

a) 圆柱齿轮轴　　b) 锥齿轮轴

图 10-12　齿轮轴

(2) 实心式齿轮

对于齿顶圆直径 $d_a\leqslant$200mm，并对可靠性有特殊要求的齿轮，可做成实心式齿轮。实心式齿轮结构简单、制造方便，为了便于装配和减少边缘的应力集中，孔边、齿顶边缘应切制倒角，如图 10-13。

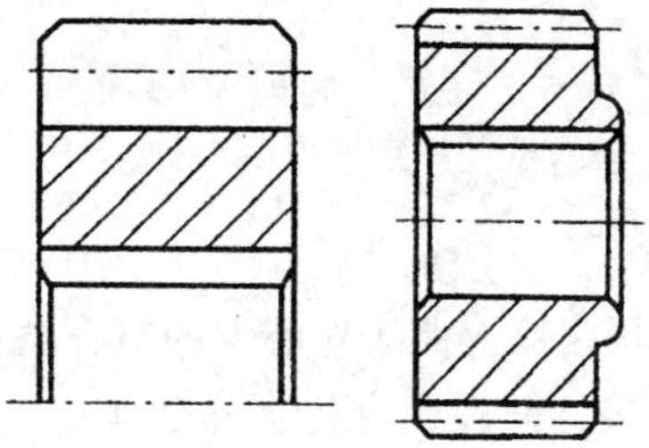

图 10-13　实心式齿轮

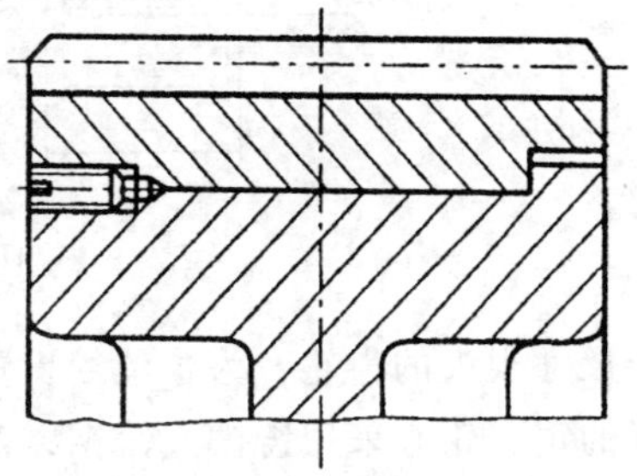

图 10-14　组合齿轮结构

（3）腹板式齿轮

当齿顶圆直径 d_a＞200mm～500mm 时，可将齿轮制成腹板式结构，以节省材料，减轻重量。考虑到制造、搬运等的需要，腹板上常对称开出多个孔，如图 10－15。

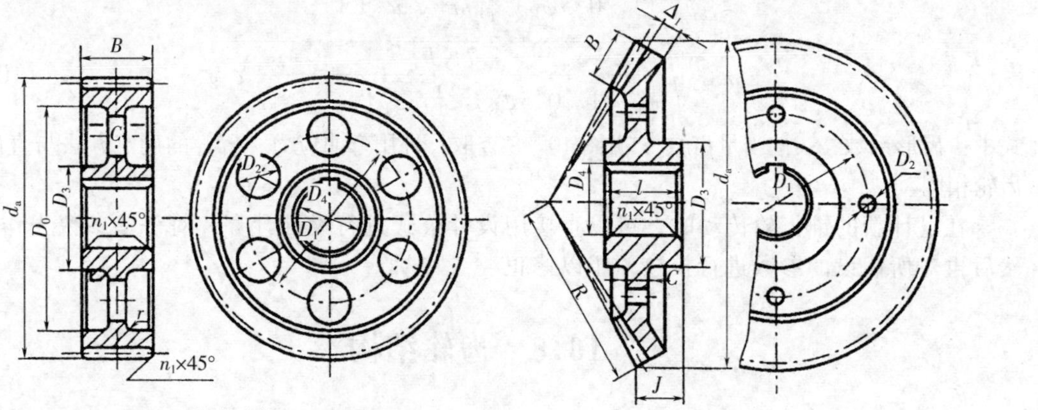

a) 圆柱齿轮　　b) 锥齿轮

图 10－15　腹板式齿轮

（4）轮辐式齿轮

当齿顶直径 d_a＞400mm～1000mm 时，为了减轻重量，可将齿轮制成轮辐式结构，轮辐的截面常为十字形，如图 10－16。

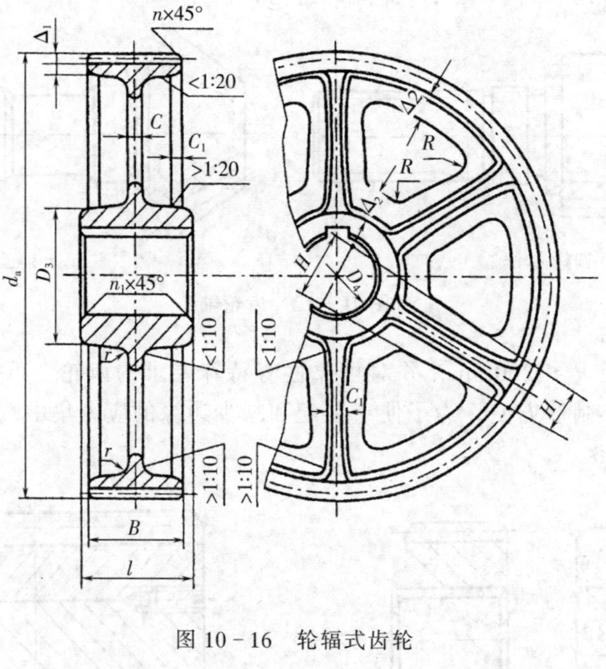

图 10－16　轮辐式齿轮

对于尺寸很大的齿轮，为了节约贵重钢材，常采用齿圈套装于轮心上的组合结构。齿圈采用较好的钢，轮心采用铸铁或铸钢，两者用过盈联接，并在配合缝上加装 4～8 个紧定螺钉，如图 10－14 所示。

单件生产的大齿轮，可采用焊接结构。

本章小结

(1) 齿轮传动设计运用到前面已学过的"齿轮机构基本原理""工程力学""金属材料及热处理""公差与互换性""机械制图"等多方面的知识。

(2) 通过学习要能根据齿轮传动的工作条件及失效情况，确定设计准则。掌握某一特定条件下的主要失效形式，分析产生的原因，选用相对应的设计准则，同时应掌握提高齿轮传动承载能力的方法和措施。

(3) 齿轮传动设计是一个很复杂的设计问题，为了便于教学，本书作了大量的简化。通过学习应掌握齿轮传动设计的基本原理和一般方法，对于重要的齿轮传动设计问题，应参照相关设计资料，采用国际规定的设计方法进行计算。

(4) 直齿圆柱齿轮传动设计是斜齿圆柱齿轮传动、直齿圆锥齿轮传动设计的基础，即斜齿轮、锥齿轮的强度计算最终将转为相应的等效直齿圆柱齿轮的强度问题，所以，应着重掌握直齿圆柱齿轮传动的设计问题。

(5) 齿轮传动中的受力分析是齿轮强度计算的基础，特别应掌握斜齿轮、锥齿轮中的圆周力、径向力和轴向力三者的关系及相应的计算公式。

思考题

10-1　齿轮传动中常见的失效形式有哪些？在工程设计实践中，对于一般的闭式硬齿面、闭式软齿面和开式齿轮传动的设计计算准则是什么？

10-2　在齿轮传动设计时，提高齿轮的疲劳强度的方法有哪些？

10-3　与直齿轮传动强度计算相比，斜齿轮传动的强度计算有何不同？

10-4　如何确定齿轮传动中的许用接触和许用弯曲值？

10-5　根据齿轮的工作特点，对轮齿材料的力学性能有何基本要求？什么材料最适合做齿轮？为什么？

10-6　齿轮传动设计的流程怎样？试用框图表示。

10-7　在齿轮结构设计时，齿轮的结构主要由什么参数决定？

习　题

10-1　有一直齿圆柱齿轮传动，允许传递功率 P，若通过热处理方法提高材料的力学性能，使大齿轮、小齿轮的许用接触应力 $[\sigma_{H2}]$、$[\sigma_{H1}]$ 各提高 30%，试问此传动在不改变工作条件及其他设计参数的情况下，抗疲劳点蚀允许传递的转距和允许传递的功率可提高百分之几？

10-2　单级闭式直齿圆柱齿轮传动中，小齿轮的材料为 45 钢调质处理，大齿轮的材料为 ZG45 正火，$P=7.2$kW，$n_1=960$r/min，$m=4$mm，$z_1=25$，$z_2=73$，$b_1=84$mm，$b_2=78$mm，单向转动，载荷有中等冲击，用电动机驱动，试验算此单级传动的强度。

10-3　已知开式直齿圆柱齿轮传动比 $i=2.3$，$P=3.2$kW，$n_1=1440$r/min，用电动机驱动，单向转动，载荷均匀，$z_1=21$，小齿轮为 45 钢调质，大齿轮为 45 钢正火，试设计此齿轮传动。

10-4　已知闭式直齿圆柱齿轮传动的传动比 $i=3.6$，$n_1=1440$r/min，$P=25$kW，长期双向转动，载荷有中等冲击，要求结构紧凑，采用硬齿面材料。试设计此齿轮传动，校核齿轮的接触疲劳强度和弯曲疲劳强度。

10-5　在图中，当轮 2 为主动时，试画出作用在轮 2 上的圆周力 F_{t2}、轴向力 F_{a2}和径向力 F_{r2}的作用线和方向。

10-6 设两级斜齿圆柱齿轮减速器的已知条件如图所示，试问：(1) 低速级斜齿轮的螺旋线方向应如何选择才能使中间轴上两齿轮的轴向力方向相反？(2) 低速级螺旋角 β 应取多大数值才能使中间轴上两个轴向力互相抵消？

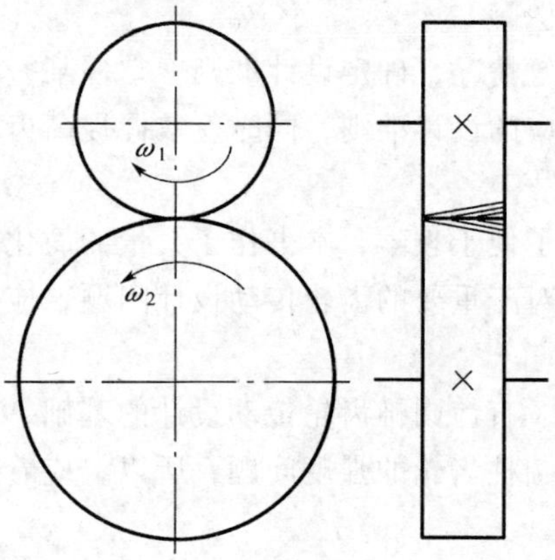

题 10-5 图

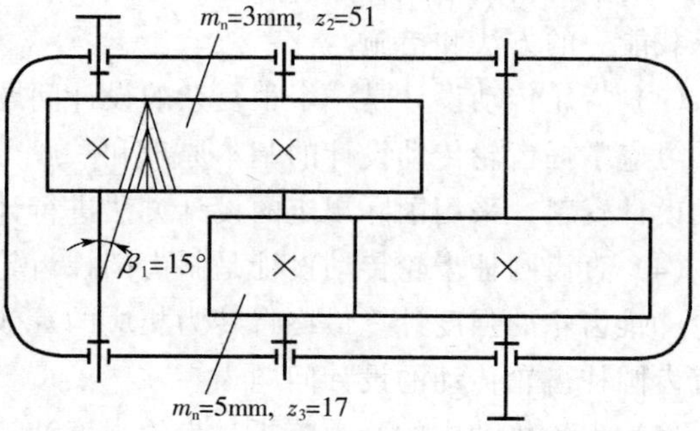

题 10-6 图

10-7 已知单级斜齿圆柱齿轮传动的 $P=18\text{kW}$，$n_1=960\text{r/min}$，电动机驱动，载荷平稳，双向转动。已知 $i=2.3$，$z_1=21$，$m_n=3\text{mm}$，$\beta=16°15'$，$b_1=85\text{mm}$，$b_2=80\text{mm}$，小齿轮材料为 40MnB 调质，大齿轮材料为 35SiMn 调质，试校核此闭式传动的强度。

10-8 设计一单级闭式斜齿轮传动，已知 $P=10\text{kW}$，$n_1=1460\text{r/min}$，$i=3.3$，工作机有中等冲击载荷。要求采用电动机驱动，选用硬齿面材料，$z_1=19$。试设计此单级斜齿轮传动，校核疲劳强度。

10-9 已知闭式直齿圆锥齿轮传动的 $\delta_1+\delta_2=90°$，$i=2.7$，$z_1=16$，$P=7.5\text{kW}$，$n_1=740\text{r/min}$，用电动机驱动，载荷有中等冲击，要求结构紧凑，故大齿轮、小齿轮的材料均选为 40Cr 表面淬火，试设计此传动。

第 11 章　蜗杆传动

11.1　概　述

蜗杆传动是在空间交错的两轴间传递运动和动力的一种传动机构，它由蜗杆和蜗轮组成。蜗杆传动的两轴线交错的夹角可为任意值，常用的为 90°。在蜗杆传动中，通常蜗杆为主动件。

11.1.1　蜗杆蜗轮的形成

一对交错轴斜齿轮，如图 11－1 所示，其轴交角为 90°。如果轮 1 的螺旋角很大，且其分度圆柱的直径较小，轴向长度较大，那么其齿轮在分度圆柱上的螺旋线能绕一周以上，这就使得轮 1 的外形像一螺杆，因此称为蜗杆。而把与蜗杆相啮合的轮 2 称为蜗轮。

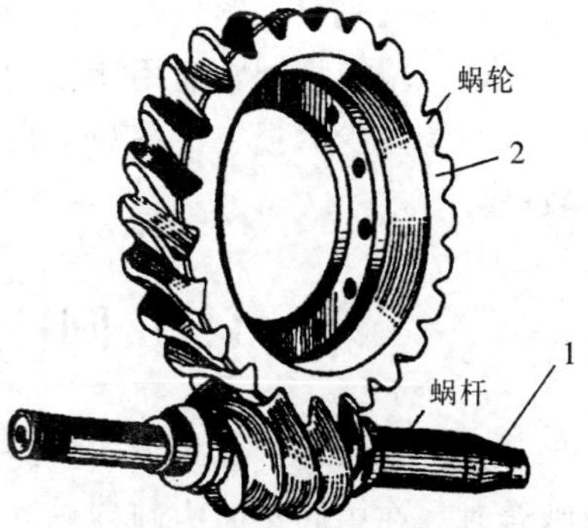

图 11－1　圆柱蜗杆传动

显然，因上述的蜗杆蜗轮机构在本质上仍是交错轴斜齿轮机构，故其啮合时仍为点接触。为改善接触情况，通常将轮 2 圆柱表面的直母线改为圆弧形，部分地包住蜗杆，并用与蜗杆相似的滚刀（滚刀的直径和齿形参数与蜗杆相同，差别在于滚刀的外径略大，以加工出保证轮齿啮合时的径向间隙）切制蜗轮。这样加工的蜗轮与蜗杆啮合时，齿廓间的接触将不再是点接触，而是线接触，可传递较大的动力。

与螺杆类似，蜗杆也有左旋、右旋和单头、多头之分，一般多采用右旋蜗杆，而从端面看，蜗杆的头数就是蜗杆的齿数。蜗杆在其轴剖面内的齿形为齿条，称过齿条中线处的圆柱为蜗杆的分度圆柱（如图 11－4），蜗杆在此圆柱上轴向齿厚与齿槽宽相等。

11.1.2　蜗杆传动的分类

根据蜗杆形状的不同，蜗杆传动可分为圆柱蜗杆传动（图 11－1）、环面蜗杆传动（图 11－2）和锥面蜗杆传动（图 11－3）。考虑到各种类型蜗杆的加工特点，圆柱蜗杆加工较简单，因此最常用。

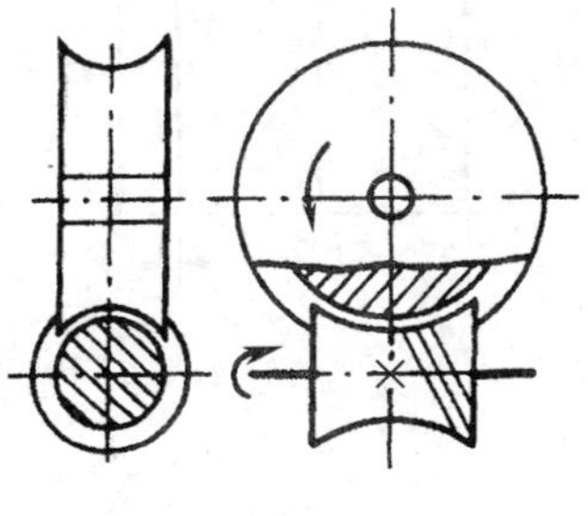
图 11－2　环面蜗杆传动

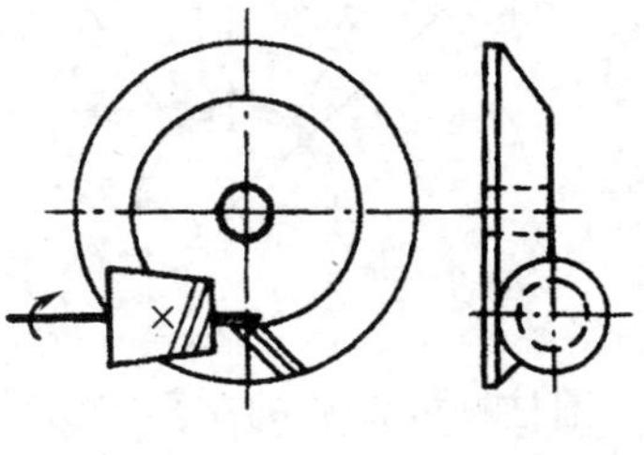
图 11－3　锥面蜗杆传动

蜗杆传动的特点如下：

(1) 能实现较大的传动比

由于蜗杆的头数一般不会很多，因此一级蜗杆传动就可获得很大的传动比。在动力传动中，一般传动比 $i=5\sim80$，若只传递运动，传动比可达1000。由于传动比大，零件数目少，因而蜗杆传动的结构很紧凑。

(2) 工作平稳噪声低，冲击载荷小

原因是由于蜗杆上有连续不断的螺旋齿，同时啮合的齿数较多，且蜗杆和蜗轮是逐渐进入啮合和逐渐退出啮合的。

(3) 蜗杆传动具有自锁性

当蜗杆的螺旋线的导程角小于蜗杆蜗轮啮合面的当量摩擦角时，蜗杆传动具有自锁性。

(4) 蜗杆传动的摩擦损失较大，效率较低

蜗杆传动在啮合处有相对滑动，当滑动速度较大时，若工作情况不够好，则会产生较严重的摩擦磨损，因此发热大，使润滑情况恶化。所以，蜗杆传动的摩擦损失较大，效率较低。在传动具有自锁性时，传动的效率将低于0.5，一般仅为0.4左右。

(5) 蜗轮齿圈常需用比较贵重的青铜制造

为了减少磨损，提高耐磨性，蜗轮齿圈常需用比较贵重的青铜制造，因此蜗杆传动成本较高。

11.2 圆柱蜗杆传动的主要参数和几何尺寸

通过蜗杆轴线并垂直于蜗轮轴线的平面，称为中间平面，如图11-4所示。蜗杆和蜗轮啮合时，在中间平面内圆柱蜗杆传动就相当于齿条与齿轮的啮合传动。所以在设计蜗杆传动时，均取中间平面上的参数（如模数、压力角等）和尺寸（如齿顶圆、分度圆等）为基准，并沿用齿轮传动的计算关系。

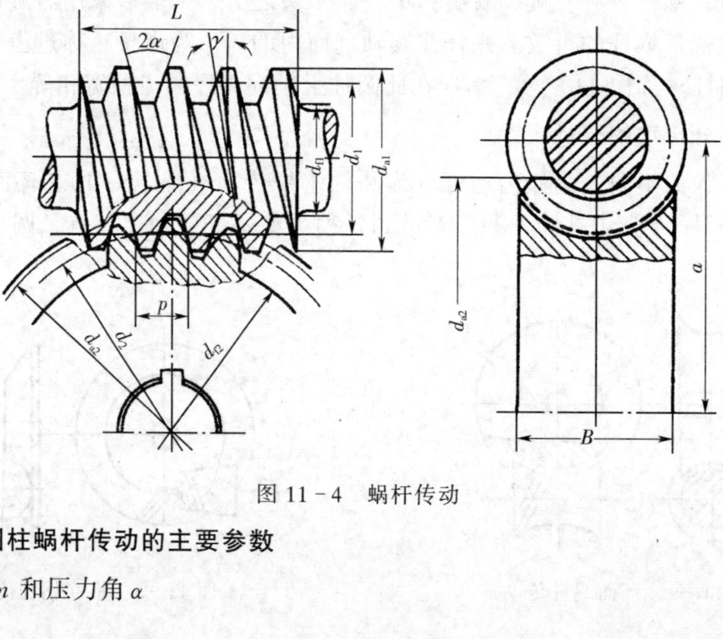

图11-4 蜗杆传动

11.2.1 圆柱蜗杆传动的主要参数

(1) 模数 m 和压力角 α

蜗杆传动的正确啮合条件为：蜗杆的轴向模数 m_{a1} 等于蜗轮的端面模数 m_{t2}、蜗杆的轴向压力角 α_{a1} 等于蜗轮的端面压力角 α_{t2}，即

$$m_{a1} = m_{t2} = m$$

$$\alpha_{a1} = \alpha_{t2} = \alpha$$

其中，GB/T10087－1988 中规定蜗杆压力角 $\alpha = 20°$；蜗杆模数也为标准值，但蜗杆模数系列与齿轮系列有所不同，GB/T10088－1988 对蜗杆模数的规定见表 11.1。

表 11.1　蜗杆蜗轮的标准模数　mm

第一系列	1	1.25	1.6	2	2.5	3.15	4	5	6.3
	8	10	12.5	16	20	25	31.5	40	
第二系列	1.5	1.75	3	3.5	4.5	5.5	6	7	12
	14	18	22	30	36				

此外，为保证蜗杆和蜗轮的正确啮合，还应使蜗杆中圆柱上螺旋线的导程角 γ 等于蜗轮分度圆上的螺旋角 β，且蜗杆和蜗轮的螺旋线方向相同，即

$$\gamma = \beta$$

(2) 蜗杆导程角 γ

在蜗杆中，蜗杆分度圆直径用 d_1 表示。蜗杆导程角指的是蜗杆分度圆柱面上的导程角。

蜗杆的形成原理与螺旋相同，设蜗杆的头数为 z_1，蜗杆的轴面齿距为 p，则有蜗杆螺旋线的导程为 $p_z = z_1 p = z_1 \pi m$（见图 10－5）。因此，蜗杆分度圆柱面上的导程角为

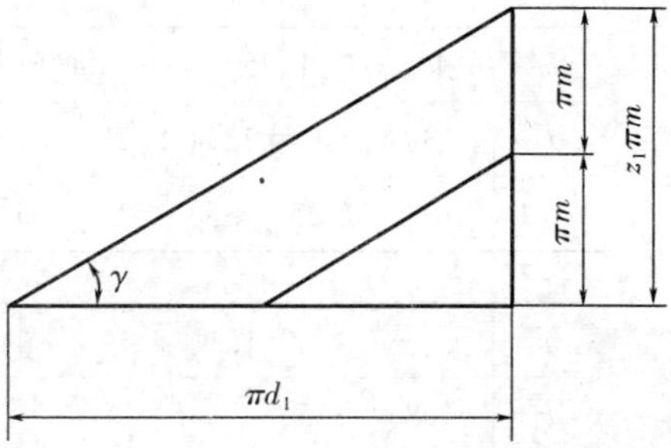

图 11－5　蜗杆导程角

$$\tan\gamma = \frac{p_z}{\pi d_1} = \frac{z_1 p}{\pi d_1} = \frac{z_1 \pi m}{\pi d_1} = \frac{z_1 m}{d_1} \quad (11-1)$$

(3) 蜗杆头数 z_1、蜗轮齿数 z_2 和传动比 i

蜗杆的头数 z_1 的多少将影响蜗杆传动的效率和传动比。由式（11－1）知，蜗杆的头数 z_1 越多，则蜗杆的导程角将越大，蜗杆传动的效率也将越大。但是，蜗杆的头数 z_1 太多，将减小蜗杆传动的传动比，并带来加工困难。

设蜗轮的齿数为 z_2，则当蜗杆转一周时，蜗轮将转 z_1 个齿，即 z_1/z_2 周，所以，蜗杆传动的传动比为

$$i = \frac{n_1}{n_2} = \frac{z_2}{z_1} \quad (11-2)$$

因此，蜗杆的头数 z_1 较少时，可以获得较大的传动比，但传动的效率将降低。在实际应用中，可根据情况加以选择。一般取 $z_1 = 1$、2、4。当 i 为 29～82 时，z_1 取 1；当 i 为 14～30 时，z_1 取 2；当 i 为 7～15 时，z_1 取 4；当 i 近似为 5 时，z_1 取 6。

蜗轮齿数 z_2 主要根据传动比来确定，$z_2 = iz_1$。为了增大啮合区，提高传动的平稳性，z_2 一般不宜过小，通常取 z_2 不小于 26～28；为避免削弱轮齿的弯曲强度，或避免使传动的结构尺寸过大，而引起蜗杆长度过大，致使蜗杆刚度不足，影响啮合精度，z_2 也不宜过大；

对于动力传动，z_2 一般不大于 80。当蜗杆传动用于分度时，z_2 的选择可以不受限制。

（4）蜗杆的直径系数 q

切制蜗轮时，蜗轮滚刀的直径和齿形参数必须与相应的蜗杆相同，齿形参数如模数、压力角、蜗杆螺旋线头数和螺旋线导程角等，蜗轮滚刀和蜗杆的差别在于蜗轮滚刀的齿顶高比与蜗轮相配的蜗杆的齿顶高大 c，c 为蜗杆传动的顶隙，其目的是为了保证蜗杆与配对蜗轮的正确啮合。

因此，只要有一种尺寸的蜗杆，就得有一种蜗轮滚刀与之对应。对同一种模数的蜗杆，由于其可有很多个直径，而每个直径都需有相应的滚刀，所以对每一种模数就要配备很多的滚刀。这样既不经济，在设计制造中也不允许。为了限制蜗轮滚刀的数目，并便于滚刀的标准化，对每一标准模数规定了一定数量的蜗杆分度圆直径 d_1。蜗杆分度圆直径 d_1 已标准化（参见 GB/T10088－1988），且与其模数相配，把比值

$$q=\frac{d_1}{m} \tag{11-3}$$

称为蜗杆的直径系数。常用的模数和蜗杆分度圆直径的搭配见表 11.2。需要指出的是，如果采用非标准滚刀切制蜗轮，则蜗杆分度圆直径及直径系数可不受标准限制。

表 11.2　模数 m 与分度圆直径 d_1 的搭配及相应的 m^2d_1 值

m	1	1.25		1.6		2				2.5			
d_1	18	20	22.4	20	28	(18)	22.4	(28)	35.5	22.4	28	(35.5)	25
m^2d_1	18	31.25	35	51.2	71.68	72	89.6	112	142	140	175	221.9	281

m	3.15				4				5			
d_1	(28)	35.5	(45)	56	(31.5)	40	(50)	71	(40)	50	(63)	90
m^2d_1	277.8	352.2	446.5	556	504	640	800	1 136	1 000	1 250	1 575	2 250

m	6.3				8				10			
d_1	(50)	63	(80)	112	(63)	80	(100)	140	71	90	(112)	160
m^2d_1	1 985	2 500	3 175	4 445	4 032	5 120	6 400	8 960	7 100	9 000	11 200	16 000

注：括号内的数据尽可能不用。

由式（11－1）～式（11－3）知，传动比为

$$i=\frac{z_2}{z_1}=\frac{d_2/m}{\tan\gamma d_1/m}=\frac{d_2}{\tan\gamma d_1}$$

由此可知，蜗杆传动的传动比不等于蜗轮分度圆直径和蜗杆分度圆直径之比。

由式（11－1）知

$$\tan\gamma=\frac{z_1 m}{d_1}=\frac{z_1}{q} \tag{11-4}$$

因此，q 越小，或 d_1 越小，z_1 一定时，导程角 γ 越大，传动效率越高；q 越大，模数一定时，d_1 越大，蜗杆的刚度将越高。一般转速较高的蜗杆可取较小的 q，蜗轮齿数较多时可取较大的 q。

（5）蜗杆传动的标准中心距

蜗杆传动的标准中心距为

$$a=\frac{1}{2}(d_1+d_2)=\frac{1}{2}(q+z_2)m \tag{11-5}$$

11.2.2　圆柱蜗杆传动的几何尺寸计算

蜗杆分度圆直径可由式（11-3）计算，蜗轮分度圆直径为

$$d_2=z_2m_{t2}=z_2m \tag{11-6}$$

蜗杆和蜗轮的齿顶高、齿根高、齿顶圆直径和齿根圆直径的计算沿用了直齿轮几何尺寸的计算公式，不过蜗杆传动的齿顶高系数 $h_a^*=1$，齿根高系数 $c^*=0.2$。具体计算公式见表 11.3。

表 11.3　蜗杆传动几何尺寸计算公式

名　称	计算公式	
	蜗　杆	蜗　轮
分度圆直径	$d_1=mq$	$d_2=mz_2$
齿顶高	$h_a=m$	$h_a=m$
齿根高	$h_f=1.2m$	$h_f=1.2m$
齿高	$h=2.2m$	$h=2.2m$
齿顶圆直径	$d_{a1}=d_1+2m$	$d_{a2}=d_2+2m$
齿根圆直径	$d_{f1}=d_1-2.4m$	$d_{f2}=d_2-2.4m$
齿距	$p_{a1}=\pi m$	$p_{t2}=\pi m$
径向间隙	$c=0.2m$	$c=0.2m$
中心距	$a=\frac{1}{2}(d_1+d_2)=\frac{1}{2}m(q+z_2)$	

11.3　蜗杆传动的失效形式、材料和结构

11.3.1　蜗杆传动的失效形式

由于蜗杆传动在齿面有较大的相对滑动速度，且啮合效率低，产生热量较大，从而增加了产生胶合和磨损失效的可能性，因此，蜗杆传动的主要失效形式是胶合和磨损。

在开式传动中，多发生齿面磨损和轮齿折断，因此应以保证齿根弯曲疲劳强度作为开式传动的主要设计准则。

在闭式传动中，多因齿面胶合或点蚀而失效。因此通常是按齿面接触疲劳强度进行设计，而按齿根弯曲疲劳强度进行校核。

由于材料和结构上的原因，蜗杆螺旋齿部分强度总是高于蜗轮轮齿的强度，所以失效经常发生在蜗轮轮齿上。因此，在蜗杆传动中，主要应防止蜗轮失效。

11.3.2　材料选择

在蜗杆传动中，蜗杆、蜗轮的材料不仅要求具有足够的强度，更重要的是要具有良好的

减摩性、磨合能力和耐磨性，比较理想的材料是钢—青铜配对使用。

(1) 蜗杆材料及结构

蜗杆一般是用碳钢或合金钢制成，要求齿面有较小的表面粗糙度和较高的硬度。对于高速重载蜗杆传动，常用20Cr、20CrMnTi等，渗碳淬火至56HRC～62HRC，并应磨削；对中速中载蜗杆传动，常用45、40Cr、35SiMn等，表面淬火至45HRC～55HRC，并应磨削；对一般用途的蜗杆传动可用45调质处理，硬度220HBS～250HBS；对低速不重要的蜗杆传动，蜗杆可不经热处理，甚至采用铸铁。

蜗杆通常与轴作成一体；只有当蜗杆直径很大，且与轴的材料不同时，才做成套装式。

(2) 蜗轮材料及结构

蜗轮材料常用铸造锡青铜、铸造铝青铜及灰铸铁等。对于滑动速度为5m/s～25m/s的较高速蜗杆传动、较重要的传动，蜗轮齿圈材料可用铸造锡青铜，常用ZCuSn10Pb1、ZCuSn5Pb5Zn5，其耐磨性、减摩性、抗胶合能力及切削性能均好，但价格较贵、强度较低。对于滑动速度小于6m/s～10m/s的传动，可用铸造铝青铜，常用ZCuAl10Fe3Mn2、ZCuAl10Fe3，其强度较高、价格低廉，但抗胶合能力差；对于滑动速度小于2m/s的低速传动，可用灰铸铁，如HT150、HT200。对于尺寸较大的蜗轮常采用组合式结构，以节约有色金属。常用的蜗轮结构形式如图11-6所示。

①整体浇注式（图11-6a），用于尺寸较小的蜗轮或铸铁蜗轮。

②齿圈式（图11-6b），齿圈的材料为有色金属，而轮芯的材料为铸铁或钢。齿圈和轮芯间多用过盈配合，并沿结合面加装4～8个螺钉，以增加联接的可靠性。为便于钻孔，应将螺孔中心线由配合处向材料较硬的轮芯边偏移2mm～3mm。这种结构用于尺寸不太大或工作温度变化较小的场合。

③螺栓联接式（图11-6c），齿圈和轮芯用普通螺栓联接或铰制孔螺栓联接。这种结构装拆比较方便，多用于尺寸较大或易磨损的场合。

④拼铸式（图11-6d），在铸铁轮芯上浇铸出青铜齿圈，用于成批制造蜗轮。

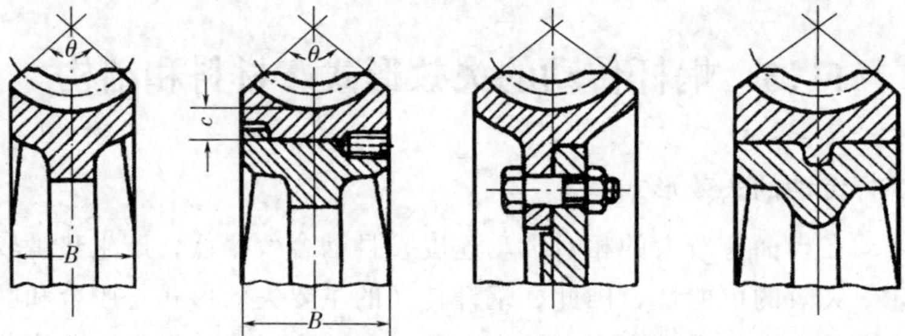

图11-6 常见蜗轮结构形式

11.4 蜗杆传动的强度计算

11.4.1 蜗杆传动的受力分析

蜗杆传动的受力分析与斜齿圆柱齿轮传动类似。如图11-7所示，蜗杆和蜗轮上所受作用力的方向与螺旋线的方向、蜗杆或蜗轮的转向等有关。蜗杆受力分析最主要的是判断蜗杆所受轴向力的方向和蜗轮的转向，可采用以下方法：用右手代表右旋蜗杆（若为左旋蜗杆，则用左手），四指代表蜗杆旋转方向，则拇指所指的方向就表示蜗杆所受轴向力的方向，而蜗轮的转向与拇指所指的方向相反。值得指出的是，与斜齿圆柱齿轮传动不同，蜗杆轴向力等于蜗轮圆周力，蜗杆圆周力等于蜗轮轴向力。

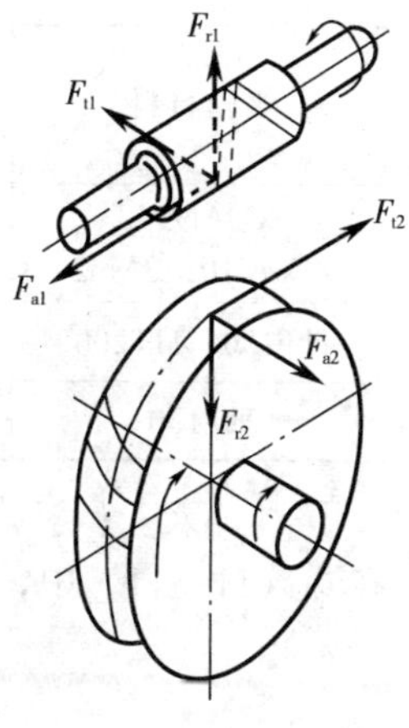

图 11-7　蜗杆传动受力分析

当不计摩擦力的影响时，各力的大小可按以下各式计算

$$F_{t1}=F_{a2}=\frac{2T_1}{d_1} \tag{11-7}$$

$$F_{a1}=F_{t1}=\frac{2T_2}{d_2} \tag{11-8}$$

$$F_{r1}=F_{r2}=F_{t2}\tan\alpha \tag{11-9}$$

式中：T_1、T_2——分别为蜗杆及蜗轮上的公称转矩，N·mm；

d_1、d_2——分别为蜗杆及蜗轮的分度圆直径，mm。

T_1 和 T_2 之间满足

$$T_2=i\eta T_1=9.55\times10^6\,\frac{P_1\eta}{n_2} \tag{11-10}$$

式中：P_1——蜗杆传递的功率，kW；η——蜗杆传动的效率。

11.4.2　蜗杆传动的强度计算

由于对胶合和磨损还缺少可靠的计算方法，因此蜗杆的强度计算仍按接触疲劳强度和弯曲疲劳强度进行计算。蜗轮轮齿表面接触疲劳强度计算的原始公式仍来源于赫兹公式，在公式中以蜗杆蜗轮的相应参数代入，可得蜗轮轮齿表面接触疲劳强度的验算公式为

$$\sigma_H=\frac{510}{d_2}\sqrt{\frac{KT_2}{d_1}}\leqslant[\sigma_H] \tag{11-11}$$

式中：K——载荷系数，若工作平稳，取为 1～1.2；若工作载荷变化较大，取为 1.1～1.3；严重冲击时，取为 1.5。蜗轮圆周速度慢时取较小的值，反之取较大的值；

$[\sigma_H]$——许用接触应力，MPa，按表 11.4 和表 11.5 选取。

表 11.4　铸锡青铜蜗轮的许用接触应力　　MPa

蜗轮材料	铸造方法	滑动速度/(m/s)	蜗杆齿面硬度	
			≤350HBS	>45HRC
ZCuSn10P1	砂　型	≤12	180	200
	金属型	≤25	200	220
ZCuSn5Pb5Zn5	砂　型	≤10	110	125
	金属型	≤12	135	150

表 11.5 铸铝青铜及铸铁蜗轮的许用接触应力 MPa

蜗轮材料	蜗杆材料	滑动速度/(m/s)						
		0.5	1	2	3	4	6	8
ZCuAl9Fe3 ZCuAl10Fe3Mn2	淬火钢	250	230	210	180	160	120	90
HT150，HT200	渗碳钢	130	115	90	–	–	–	–
HT150	调质钢	110	90	70	–	–	–	–

注：蜗杆未经淬火，许用接触应力应降低 20%。

在式（11-11）中，以 $d_2=mz_2$ 代入，得设计公式为

$$m^2d_1 \geqslant \left(\frac{510}{z_2[\sigma_H]}\right)^2 KT_2 \tag{11-12}$$

在按式（11-12）计算出 m^2d_1 后，再由表 11.2 选取合适的 m 和 d_1。

蜗轮轮齿因弯曲强度不足而失效的情况，多发生在蜗轮齿数较多或开式传动中，因此对闭式蜗杆传动通常只作接触强度的校核计算。由于蜗轮轮齿的齿形比较复杂，要精确计算齿根的弯曲应力是比较困难的，所以通常是把蜗轮近似地当做斜齿圆柱齿轮来考虑。具体计算方法可参考有关书籍。

11.5 蜗杆传动的效率、润滑和热平衡计算

11.5.1 蜗杆传动的效率

与齿轮传动类似，闭式蜗杆传动的功率损耗一般包括三部分，即啮合摩擦损耗、轴承摩擦损耗及浸入油池中的零件搅油时的油阻损耗。因此蜗杆传动的总效率为

$$\eta = \eta_1 \times \eta_2 \times \eta_3 \tag{11-13}$$

式中：η_1——考虑啮合摩擦损耗时的效率；

η_2——考虑轴承摩擦损耗时的效率；

η_3——考虑油阻损耗时的效率。

蜗杆传动的总效率，主要取决于啮合摩擦损耗时的效率 η_1。效率 η_1 的计算公式可仿螺旋副的效率计算公式，即

$$\eta_1 = \frac{\tan\gamma}{\tan(\gamma+\rho')} \tag{11-14}$$

式中：γ——蜗杆分度圆上的导程角；

ρ'——当量摩擦角。它与蜗轮及蜗杆的材料、表面状况和滑动速度有关，可按表 11.6 选取。

蜗杆传动在啮合时，齿廓之间的较大滑动速度沿蜗杆螺旋线方向，如图 11-8 所示。滑动速度的计算公式为

$$v_S = \frac{v_1}{\cos\gamma} \tag{11-15}$$

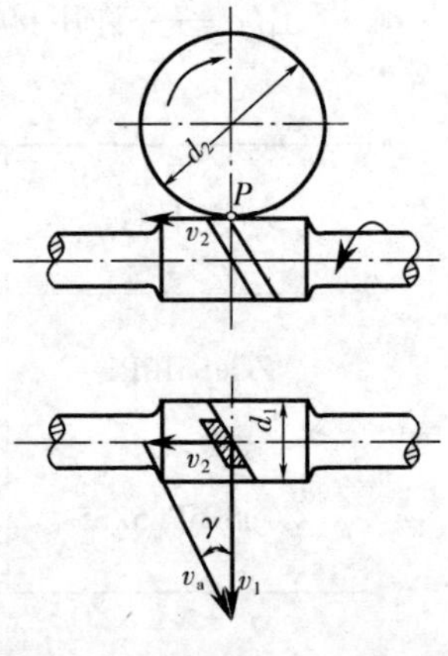

图 11-8 蜗杆传动的滑动速度

式中 v_1 为蜗杆分度圆的圆周速度，单位为 m/s，可按下式计算

$$v_1 = \frac{\pi d_1 n_1}{60 \times 1000}$$

由于轴承摩擦及搅油这两项功率损耗不大，一般取 0.95～0.96，则总效率为

$$\eta = (0.95 \sim 0.96) \frac{\tan\gamma}{\tan(\gamma + \rho')} \tag{11-16}$$

在设计之初，可用表 11.7 中的数值作为蜗杆传动的总效率的估计值。

11.5.2　蜗杆传动的润滑

润滑对蜗杆传动来说，是值得注意的问题。因为如果润滑不良，传动效率将显著降低，并且会使齿轮产生剧烈的磨损和发生胶合的可能性，所以往往采用粘度大的矿物油进行良好的润滑，在润滑油中还常加入添加剂，使其提高抗胶合能力。

润滑油的种类很多，应根据蜗杆、蜗轮配对材料和运转条件合理选用。润滑油的粘度及给油方法，应根据相对滑动速度及载荷类型加以选择。对于闭式传动，润滑油的粘度及给油方法见表 11.8。

表 11.6　当量摩擦角

蜗轮材料	锡青铜		无锡青铜
蜗杆齿面硬度	HRC＞45	其他	HRC＞45
滑动速度 v_s/(m/s)	当量摩擦角/(°)	当量摩擦角/(°)	当量摩擦角/(°)
0.01	6.28	6.84	10.2
0.10	4.57	5.14	7.4
0.50	3.15	3.72	5.14
1.00	2.58	3.15	4
2.00	2	2.58	3.15
3.00	1.6	2	2.58
4.00	1.37	1.78	2.29
5.00	1.26	1.66	2
8.00	1.03	1.49	1.72
10.00	0.92	1.37	
15.00	0.8	1.15	
24.00	0.74		

表 11.7　蜗杆传动总效率的估计值

蜗杆头数 z_1	1	2	4	6
总效率 η	0.7	0.8	0.9	0.95

表 11.8 闭式传动润滑油粘度的选择和给油方法

滑动速度/(m/s)	<1	<2.5	<5	5~10	10~15	15~25	>25
工作条件	重载	重载	中载	–	–	–	–
粘度 cSt_{50}（cSt_{100}）	900	500	350	220	150	100	80
给油方法	油池润滑			油池润滑或喷油润滑	压力喷油润滑/MPa		
					0.7	2	3

11.5.3 蜗杆传动的热平衡计算

蜗杆传动由于效率低，所以工作时发热量大。在闭式传动中，如果不能及时散热，将因油温上升而使润滑失效，从而增大摩擦损失，加剧磨损，甚至发生胶合。所以必须对连续工作的闭式蜗杆传动进行热平衡计算。

蜗杆传动热平衡计算的目的是为了保证油温稳定地处于规定的范围内，它是根据单位时间内的发热量 H_1 等于同时间内的散热量 H_2 的条件进行计算的。

由于摩擦损失的功率为 $P_f = P(1-\eta)$ kW，因此产生的热量为

$$H_1 = 1000P(1-\eta)$$

式中：P——蜗杆传递的功率，kW。

若以自然方式冷却，则从箱体外壁散发到周围空气的热量为

$$H_2 = \alpha_d S(t_0 - t_a)$$

式中：α_d——箱体表面的散热系数，可取为（8.15～17.45）W/（m^2·℃），当周围空气流通情况良好时，可取较大值；

S——箱体内表面能被油飞溅到，而外表面又能为周围空气所冷却的表面面积，m^2；

t_0——油的工作温度，一般限制在60℃～70℃，不超过80℃；

t_a——周围空气温度，一般取为20℃。

由热平衡条件 $H_1 = H_2$，得已知条件下的油温为

$$t_0 = t_a + \frac{1000P(1-\eta)}{\alpha_d S}$$

或为保证正常工作，所需的散热面积为

$$S = \frac{1000P(1-\eta)}{\alpha_d(t_0 - t_a)}$$

若油温过高，或散热面积不足，则可采用以下冷却措施，以提高散热能力：

（1）增加散热面积。合理设计箱体结构，铸出或焊上散热片（图 11-9），以增大散热面积。

（2）提高散热系数。在蜗杆轴端加装风扇（图 11-10）或在箱体内装蛇形冷却水管（图 11-11），或用循环油冷却。

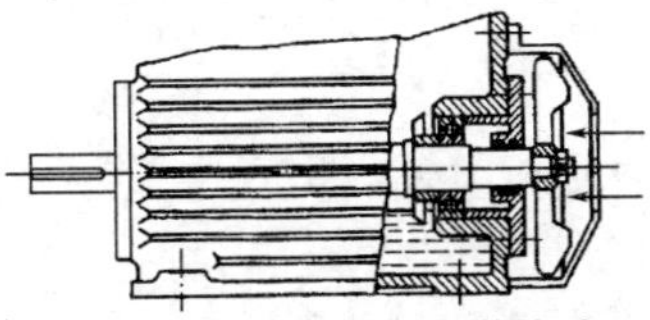

图 11-9　箱体上做出散热片

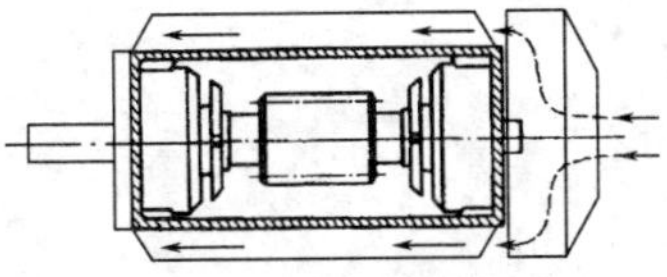

图 11 - 10　蜗杆轴端加装风扇

图 11 - 11　箱体内装蛇形冷却管

【例题 11　1】　设计一闭式蜗杆减速器中的普通圆柱蜗杆传动。已知输入功率 $P=9\text{kW}$，蜗杆转速 $n_1=1450\text{r/min}$，传动比 $i=20$，蜗杆减速器工作情况为单向传动，工作载荷较稳定，长期连续运转。

【解】　(1) 选择材料

蜗杆用 45 钢，表面淬火至硬度为 45HRC～55HRC，以保证蜗杆较好的耐磨性。蜗轮用铸锡青铜 ZCuSn10P1，砂模铸造。为节约有色金属，轮芯用灰铸铁 HT100，仅齿圈用青铜。

(2) 确定许用接触应力

蜗轮材料为铸锡青铜 ZCuSn10P1，砂模铸造，蜗杆齿面的硬度>45HRC，从表 10.4 查得蜗轮的许用应力 $[\sigma_H]=200\text{MPa}$。

(3) 选择蜗杆头数和蜗轮齿数

根据传动比 $i=20$，选择蜗杆头数为 2，蜗轮齿数为 40。

(4) 初选蜗杆传动的效率

由 $z_1=2$，根据表 11.7，初选蜗杆传动的效率为 0.8。

(5) 计算作用在蜗轮上的转矩

由式 (11 - 10) 知，作用在蜗轮上的转矩为

$$T_2=9.55\times10^6\times\frac{P_1\eta}{n_2}=9.55\times10^6\times\frac{P_1\eta}{n_2/i}=9.55\times10^6\times\frac{9\times0.8}{1450/20}=948400\text{N}\cdot\text{mm}$$

(6) 确定载荷系数 K

工作载荷较稳定，可取 $K=1.1\sim1.2$，现取 $K=1.2$。

(7) 确定模数和蜗杆分度圆直径

根据按接触强度设计的公式 (11 - 12)，得

$$m^2d_1=\left(\frac{510}{z_2\times[\sigma_H]}\right)^2\times K\times T_2=\left(\frac{510}{40\times200}\right)^2\times1.2\times9.484\times10^5=4625\text{mm}^3$$

根据表 11.2，可选模数 $m=8\text{mm}$，蜗杆分度圆直径 $d_1=80\text{mm}$。

(8) 验算效率

蜗杆分度圆的圆周速度为

$$v_1=\frac{\pi d_1n_1}{60\times1000}=\frac{\pi\times80\times1450}{60\times1000}=6.07\text{m/s}$$

由式 (11 - 15) 知齿面的滑动速度为

$$v_s=\frac{v_1}{\cos\gamma}=\frac{6.07}{\cos11^\circ18'36''}=6.19\text{m/s}$$

由表 11 - 6，线性插值求得当量摩擦角为 $\rho'=1.17^\circ$。根据式 (11 - 16) 得效率为

$$\eta=(0.95\sim0.96)\frac{\tan\gamma}{\tan(\gamma+\rho')}=(0.95\sim0.96)\frac{\tan11.31^\circ}{\tan(11.31^\circ+1.17^\circ)}=0.86\sim0.87$$

效率高于0.8。

(9) 验算接触疲劳强度

按接触强度设计的公式（11-12）重新计算 m^2d_1 的值，以效率为0.87计算，则有

$$m^2d_1 = 4625 \times \frac{0.87}{0.8} = 5030\text{mm}^3$$

该值小于 $8^2 \times 80 = 5120\text{mm}^3$，所以设计结果可用。

(10) 蜗杆和蜗轮主要参数和几何尺寸

①蜗杆

直径系数 $q = 10$

轴向齿距 $P_a = \pi m = 25.133\text{mm}$

齿顶圆直径 $d_a = d_1 + 2m = 80 + 2 \times 8 = 96\text{mm}$

齿根圆直径 $d_f = d_1 - 2.4m = 80 - 2.4 \times 8 = 60.8\text{mm}$

分度圆导程角 $\gamma = \arctan \dfrac{z_1}{q} = \arctan \dfrac{2}{10} = 11°18'36''$

②蜗轮

分度圆直径 $d_2 = mz_2 = 8 \times 40 = 320\text{mm}$

齿顶圆直径 $d_a = d_2 + 2m = 320 + 2 \times 8 = 336\text{mm}$

齿根圆直径 $d_f = d_2 - 2.4m = 320 - 2.4 \times 8 = 300.8\text{mm}$

本章小结

(1) 了解蜗杆传动的特点。蜗杆传动的传动比大，结构紧凑，具有自锁性，工作平稳，噪声低，冲击载荷小。但传动的效率低，发热大，易发生磨损和胶合等失效形式，蜗轮齿圈常需用比较贵重的青铜制造，因此蜗杆传动成本较高。

(2) 合理选择蜗杆传动的参数。除模数外，蜗杆的分度圆直径也应取为标准值，目的是为了限制蜗轮滚刀的数目，并便于滚刀的标准化，保证蜗杆与配对蜗轮的正确啮合。蜗轮齿数的选择应避免用滚刀切制蜗轮时产生根切现象，并满足传动比的要求。蜗杆头数的选择应考虑到效率和传动比。

(3) 蜗杆传动的受力分析和强度计算。蜗杆传动受力分析的方法与齿轮传动的分析方法类似，但是各力的对应关系与齿轮传动的不同。在蜗杆传动的强度计算时，考虑到蜗杆传动的相对滑动速度大，效率低，发热大，因此蜗轮齿面的主要失效形式是胶合，其次才是点蚀和磨损。然而，目前还没有妥善的方法对胶合和磨损进行计算，所以一般只是仿照圆柱齿轮进行齿面和齿根强度的条件性计算，在选取许用应力时考虑胶合和磨损的影响。

(4) 蜗杆的热平衡计算。蜗杆传动结构紧凑，箱体的散热面积小，在闭式传动中，产生的热量若不能及时散发出去，容易产生胶合，所以与一般的闭式齿轮传动不同，蜗杆传动通常需进行热平衡计算。热平衡计算的基本原理是单位时间产生的热量不大于单位时间能散发出去的热量。在实际工作中，一般是利用热平衡条件，找出工作条件下应控制的油温，通过控制油的工作温度，来保证蜗杆传动的正常工作。

思考题

11-1 蜗杆传动的特点及应用场合是什么？

11-2　为什么蜗轮的端面模数是标准值？蜗杆传动的正确啮合条件是什么？

11-3　蜗杆直径系数的含义是什么？为什么要引入蜗杆直径系数？

11-4　蜗杆传动的传动比计算公式是什么？它是否等于蜗杆和蜗轮的节圆直径之比？

11-5　如何进行蜗杆传动的受力分析？各力的方向如何确定？与齿轮传动的受力分析有什么不同？

11-6　蜗杆传动的主要失效形式是什么？相应的设计准则是什么？

11-7　在蜗杆传动的强度计算中，为什么只考虑蜗轮的强度？

11-8　蜗杆传动的效率受哪些因素影响？为什么具有自锁特性的蜗杆传动，其啮合效率通常只有40%左右？

11-9　为什么蜗杆传动要进行热平衡的计算？采用什么原理进行计算？当热平衡不满足要求时，可以采取什么措施？

习　题

11-1　设某一标准蜗杆传动的模数 $m=5$mm，蜗杆的分度圆直径 $d_1=50$mm，蜗杆的头数 $z_1=2$，传动比 $i=20$。试计算蜗轮的螺旋角和蜗杆传动的主要尺寸。

11-2　对图示的蜗杆传动，请根据已知的蜗杆的螺旋方向和转向，确定蜗轮的螺旋方向和转向，并在图中标出蜗杆和蜗轮的受力方向。

11-3　图示为手动铰车中所采用的蜗杆传动。已知 $m=8$mm，$d_1=80$mm，$z_1=1$，$i=40$，卷筒的直径 $D=250$mm，试计算：(1) 欲使重物上升 1m，应转动蜗杆的转数；(2) 设蜗杆和蜗轮间的当量摩擦系数为 0.18，检验该蜗杆传动是否满足自锁条件；(3) 设重物重 $W=5$kN，通过手柄转臂施加的力 $F=100$N，手柄转臂的长度 l 的最小值。

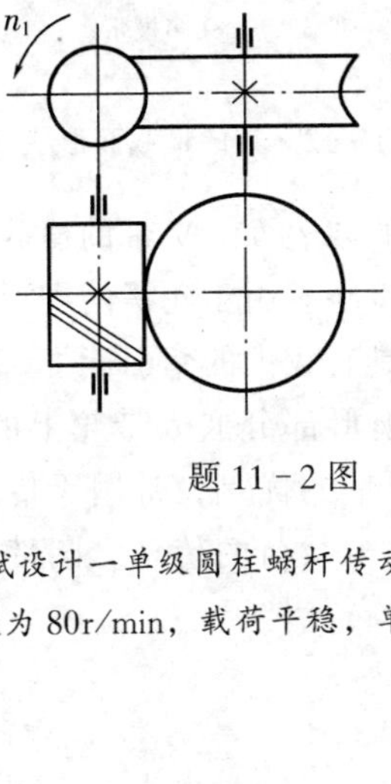

题 11-2 图

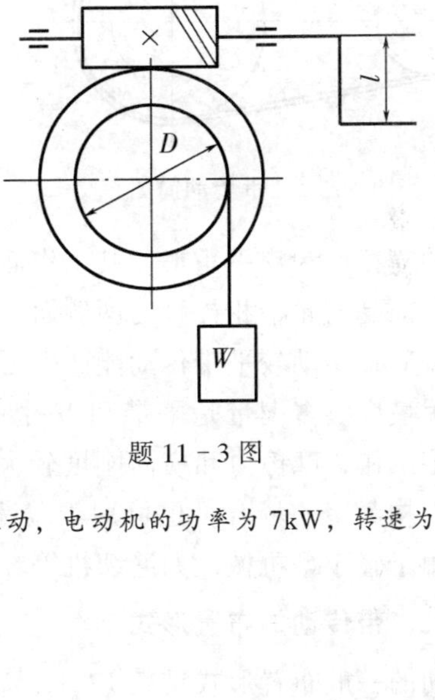

题 11-3 图

11-4　试设计一单级圆柱蜗杆传动。传动由电动机驱动，电动机的功率为 7kW，转速为 1440r/min，蜗轮轴的转数为 80r/min，载荷平稳，单向传动。

第12章　带传动

12.1　概　述

带传动是一种应用广泛的挠性机械传动，主要由主动轮1、从动轮2和张紧在两轮上的环形带（挠性件）3组成（图12-1）。按工作原理，带传动可分为摩擦型和啮合型两类。摩擦型带传动应用最广，其工作原理为：由于张紧，静止时带已受到预拉力，在带与带轮的接触面间产生压力，当主动轮转动时，通过带与带轮接触面间的摩擦力使从动轮一起转动，从而实现运动和动力的传递。本节主要讨论摩擦型带传动。啮合型带传动见12.6.2节。

12.1.1　传动带的类型

根据横截面形状，摩擦型传动带可分为平带、V带和特殊截面带（如多楔带、圆带等）三大类（图12-2）。

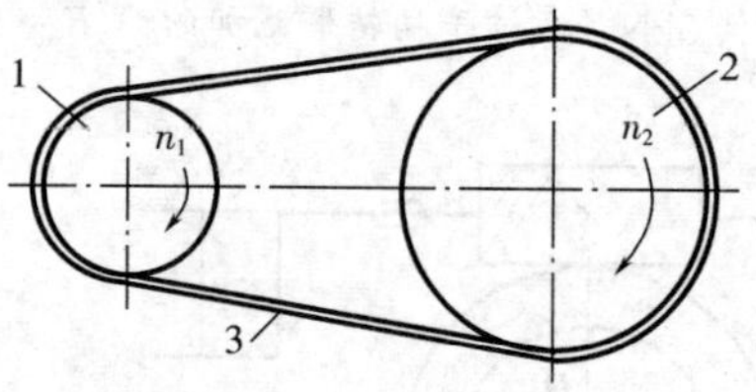

图12-1　带传动简图

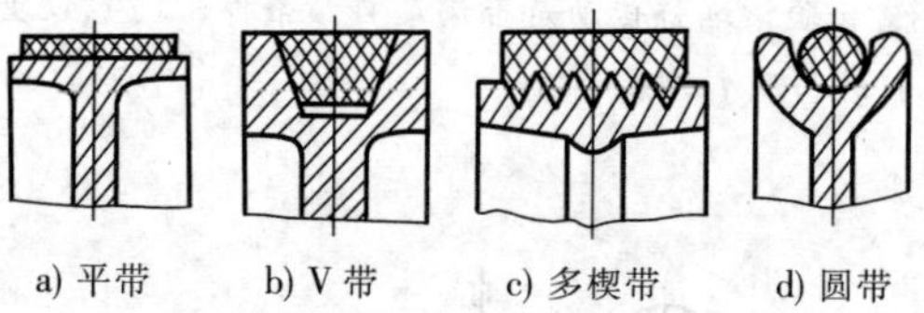

图12-2　带的横截面形状

平带的横截面为扁平矩形，其工作面是与轮面相接触的内表面。V带的横截面为等腰梯形，其工作面是与轮槽相接触的两侧面，带与轮槽底面不接触。由于轮槽的楔形效应，预拉力相同时，V带传动较平带传动能产生更大的摩擦力，故具有较大的牵引能力，在一般机械传动中应用最广。多楔带是平带和V带的组合结构，其楔形部分嵌入带轮上的楔形槽内，靠楔面摩擦工作，摩擦力和横向刚度较大，兼有平带和V带的优点，常用于传递功率较大而又要求结构紧凑的场合，也可用于载荷变动较大或有冲击载荷的传动。圆带的牵引能力小，一般用于轻小型机械，如缝纫机等。

12.1.2　带传动的布置形式

带传动的一般布置形式见表12.1。

12.1.3　带传动的特点

带传动的主要优点是：(1) 适用于中心距较大的传动（可达15m）；(2) 带具有良好的弹性，可缓和冲击、吸收振动，并且运行平稳，无噪音；(3) 过载时带与带轮间会出现打滑，可防止损坏其他零件；(4) 结构简单、成本低。

带传动的主要缺点是：(1) 有弹性滑动和打滑，使效率降低，不能保持准确的传动比（同步带是靠啮合传动的，所以可以保证传动同步）；(2) 需要张紧装置；(3) 带的寿命较短；（4）传递同样大的圆周力时，轮廓尺寸和轴上压力都比啮合传动大。

表 12.1 带传动的一般布置形式

传动形式		开口传动	交叉传动①	半交叉传动①
传动简图		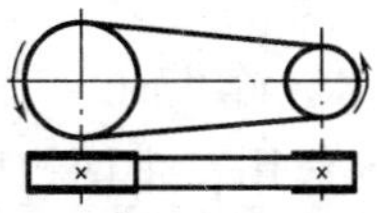	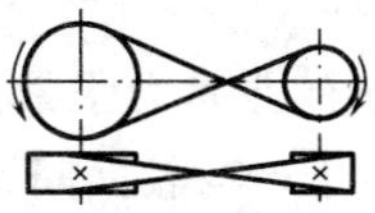	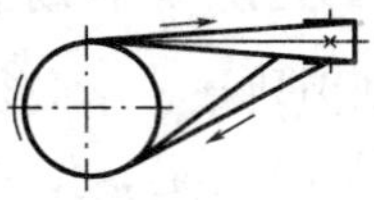
使用范围	传动比	$i\leqslant5$（平带） $i\leqslant7$（V带）	$i\leqslant6$	$i\leqslant3$
	带速	$v\leqslant20\sim50$	$v\leqslant15$	$v\leqslant15$
	相对拉曳能力②	1	0.75～0.85	0.7～0.8
应用场合		两轴平行，回转方向相同	两轴平行，回转方向相反。由于交叉处带的摩擦和扭转，带的寿命较短	两轴交错，不能逆转

注：①交叉传动、半交叉传动适用于平带；

②相对于开口传动的拉曳能力。

12.1.4 带传动的应用范围

带传动的应用范围很广。带的工作速度一般为5m/s～25m/s，使用高速环形胶带时可达60m/s；使用锦纶片复合平带时，可达80m/s。胶帆布平带传递功率小于500kW，普通V带传递功率小于700kW。传动比范围见表12.1。

12.1.5 带传动的主要几何参数

带传动的主要几何参数有包角 α，带长 L，中心距 a 及带轮直径 D_1、D_2。对于开口带传动，从图12-3可看出，小带轮的包角

$$\alpha_1=\pi-2\theta$$

因 θ 角较小，以 $\theta\approx\sin\theta=\dfrac{D_2-D_1}{2a}$ 代入上式得

$$\left.\begin{aligned}&\alpha_1=\pi-\frac{D_2-D_1}{a}\ (rad)\\ \text{或}\quad&\\&\alpha_1=180^\circ-\frac{D_2-D_1}{a}\times57.3^\circ\end{aligned}\right\}\qquad(12-1)$$

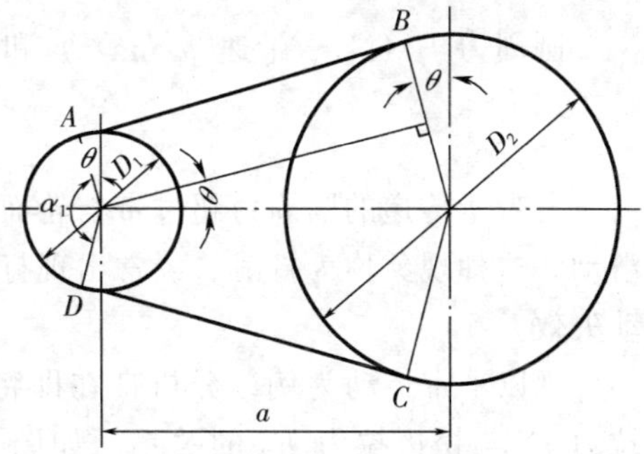

图12-3 开口传动的几何关系

带长 $L=2\overline{AB}+\overset{\frown}{BC}+\overset{\frown}{AD}$

$$=2a\cos\theta+\frac{\pi}{2}(D_1+D_2)+\theta(D_2-D_1)$$

以 $\cos\theta=\sqrt{1-\sin^2\theta}\approx1-\dfrac{1}{2}\theta^2$ 及 $\theta\approx\dfrac{D_2-D_1}{2a}$ 代入上式得

$$L\approx2a+\frac{\pi}{2}(D_2+D_1)+\frac{(D_2-D_1)^2}{4a}\qquad(12-2)$$

已知带长时，由上式可得中心距

$$a\approx\frac{2L-\pi(D_2+D_1)+\sqrt{[2L-\pi(D_2+D_1)]^2-8(D_2-D_1)^2}}{8}\qquad(12-3)$$

12.2 带传动的工作情况分析及设计准则

12.2.1 带传动的受力分析

如前所述，带必须以一定的张紧力张紧在带轮上。静止时，带两边的拉力都等于张紧力 F_0（图 12-4a），传动时，由于带与轮面间摩擦力的作用，带两边的拉力就不再相等（图 12-4b）。即将绕进主动轮的一边，拉力由 F_0 增到 F_1，称为紧边；另一边带的拉力由 F_0 减为 F_2，称为松边。设环形带的总长度不变，则紧边拉力的增加量 F_1-F_0 应等于松边拉力的减少量 F_0-F_2，即

$$F_0=\frac{1}{2}(F_1+F_2) \tag{12-4}$$

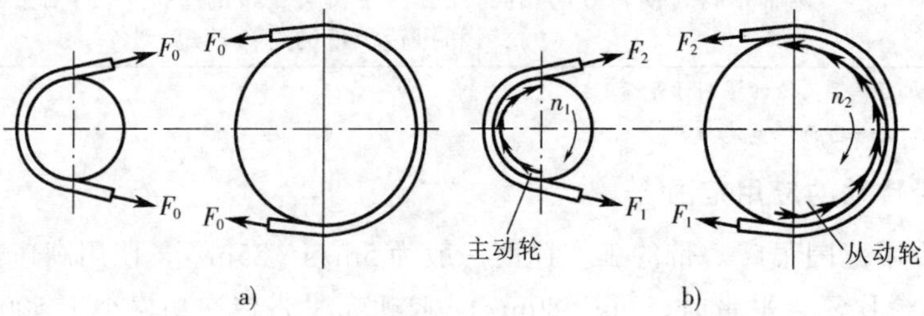

图 12-4 带传动的受力情况

两边拉力之差称为带传动的有效拉力，也就是带所传递的圆周力 F，即

$$F=F_1-F_2 \tag{12-5}$$

圆周力 F（N）、带速 v（m/s）和传递功率 P（kW）之间的关系为

$$P=\frac{Fv}{1000} \tag{12-6}$$

若带所传递的圆周力超过带与轮面间的极限摩擦力总和时，带与带轮将发生显著的相对滑动，这种现象称为打滑。经常出现打滑时，将使带的磨损加剧、传动效率降低，以致使传动失效。

现以平带传动为例，分析带在即将打滑时紧边拉力 F_1 与松边拉力 F_2 的关系。如图 12-5 所示，由平带上截取一微弧段 dL，对应的包角为 $d\alpha$。设微弧段两端的拉力分别为 F 和 $F+dF$，带轮给微弧段的正压力为 dF_N，带与轮面间的极限摩擦力为 fdF_N。若不考虑带的离心力和带的伸长，由法向和切向各力的平衡得

$$dF_N=F\sin\frac{d\alpha}{2}+(F+dF)\sin\frac{d\alpha}{2}$$

$$fdF_N=(F+dF)\cos\frac{d\alpha}{2}-F\cos\frac{d\alpha}{2}$$

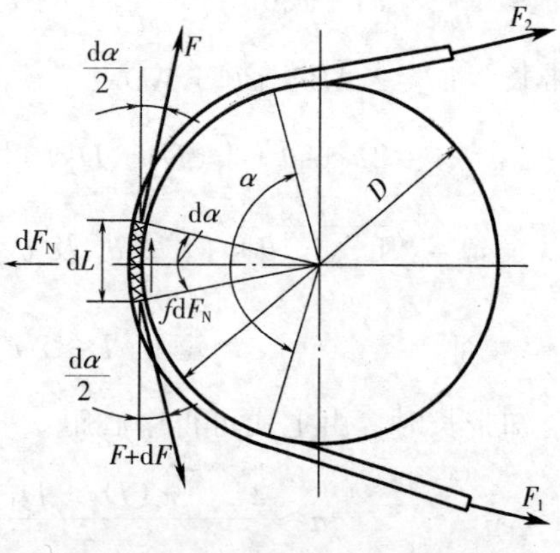

图 12-5 带的受力分析

因 $\mathrm{d}\alpha$ 很小，可取 $\sin\frac{\mathrm{d}\alpha}{2}\approx\frac{\mathrm{d}\alpha}{2}$，$\cos\frac{\mathrm{d}\alpha}{2}\approx1$，并略去二阶微量 $\mathrm{d}F\cdot\frac{\mathrm{d}\alpha}{2}$，将以上两式化简得

$$\mathrm{d}F_{\mathrm{N}}=F\mathrm{d}\alpha$$

$$f\mathrm{d}F_{\mathrm{N}}=\mathrm{d}F$$

由上两式得

$$\frac{\mathrm{d}F}{F}=f\mathrm{d}\alpha$$

$$\int_{F_2}^{F_1}\frac{\mathrm{d}F}{F}=\int_0^{\alpha}f\mathrm{d}\alpha;\ \ln\frac{F_1}{F_2}=f\alpha$$

故紧边和松边的拉力比为

$$\frac{F_1}{F_2}=e^{f\alpha} \tag{12-7}$$

式中：f——带与轮面间的摩擦系数；

α——带轮的包角，rad；

e——自然对数的底，$e\approx2.718$。

式（12－7）称为柔韧体摩擦的欧拉公式。

联解式（12－4）和式（12－5）得

$$\left.\begin{aligned}F_1&=F_0+F/2\\F_2&=F_0-F/2\end{aligned}\right\} \tag{12-8}$$

将式（12－7）代入，整理后可得在打滑临界状态下的最大有效拉力

$$F_{\max}=2F_0\,\frac{e^{f\alpha}-1}{e^{f\alpha}+1}=2F_0\left(1-\frac{2}{e^{f\alpha}+1}\right) \tag{12-9}$$

由式（12－9）可知，增大张紧力、包角和摩擦系数，都可提高带传动所能传递的圆周力，但过量增大将会降低带的寿命。

平带传动与 V 带传动相比较，如图 12－6 所示，当 V 带传动与平带传动初拉力和摩擦系数相等时，它们的法向力并不相同。

设带对带轮的压力为 F_{N}，则平带的极限摩擦力为 $f_{\mathrm{N}}=fF_{\mathrm{N}}$，而 V 带的极限摩擦力为

$$fN=\frac{fF_{\mathrm{N}}}{\sin\frac{\varphi}{2}}=f'F_{\mathrm{N}}$$

式中：φ——V 带轮轮槽的楔角；

f'——当量摩擦系数，即

$$f'=f/\sin\frac{\varphi}{2}$$

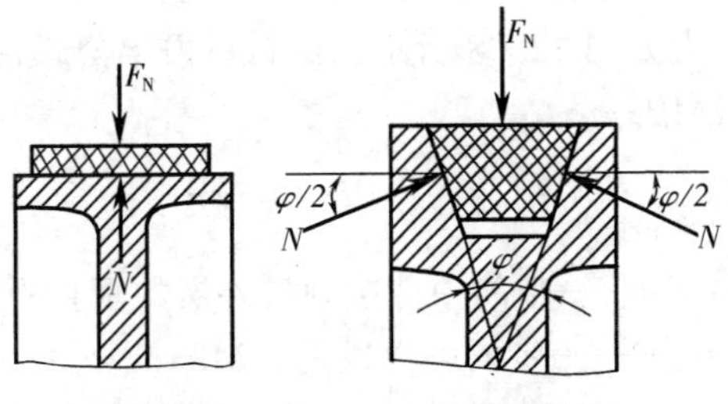

a) 平带传动　　b) V 带传动

图 12－6　平带传动与 V 带传动的比较

显然，$f'>f$，当 $\varphi=38^\circ$ 时，$f'=3.07f$，故在相同条件下，V 带能传递更大的功率，或者说，传递相同功率时，V 带传动的结构紧凑，因此，V 带传动比平带传动应用更为广泛。

引用当量摩擦系数的概念，以 f' 代替 f，即可将式（12－7）和（12－9）应用于 V 带传动。

12.2.2 带的应力分析

传动时，带中应力由以下三部分组成：

(1) 由于拉力产生的拉应力 σ_1、σ_2（MPa）

紧边拉应力 $$\sigma_1=\frac{F_1}{A}$$

松边拉应力 $$\sigma_2=\frac{F_2}{A}$$

式中：A——带的横截面积，mm^2。

(2) 由于离心力产生的拉应力

当带绕过带轮时，在微弧段 dL 上产生的离心力（图 12-7）

$$dC=\left(\frac{D}{2}d\alpha\right)q\frac{v^2}{D/2}=qv^2d\alpha$$

式中：q——带每米长的质量（见表 12.2），kg/m；

v——带速，m/s。

设离心力在该微弧段两边引起拉力 F_c（N），由微弧段上各力的平衡得

$$2F_c\sin\frac{d\alpha}{2}=qv^2d\alpha$$

取 $\sin\frac{d\alpha}{2}\approx\frac{d\alpha}{2}$，则 $F_c=qv^2$

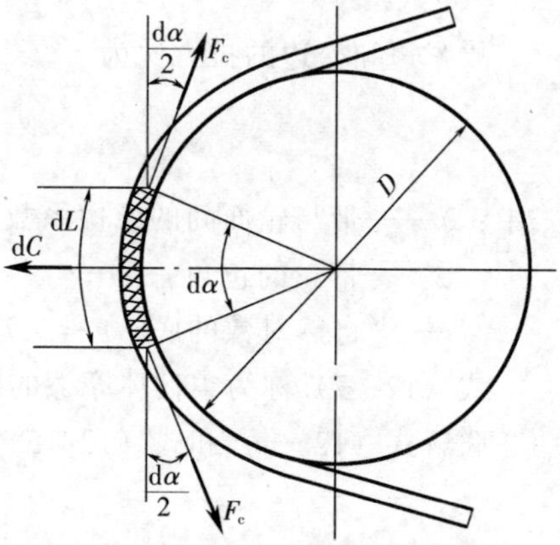

图 12-7 带的离心力

离心力虽只发生在带作圆周运动的部分，但由此引起的拉力却作用于带的全长，故离心拉应力 σ_c（MPa）为

$$\sigma_c=\frac{F_c}{A}=\frac{qv^2}{A}$$

(3) 弯曲应力

带绕过带轮时，因弯曲而产生弯曲应力。V 带中的弯曲应力如图 12-8 所示。由材料力学公式得带的弯曲应力 σ_b（MPa）为

$$\sigma_b=\frac{2yE}{D}$$

式中：y——带的中性层到最外层的垂直距离，mm；

E——带的弹性模量，MPa；

D——带轮直径（对 V 带轮，D 为基准直径，见表 12.4），mm。

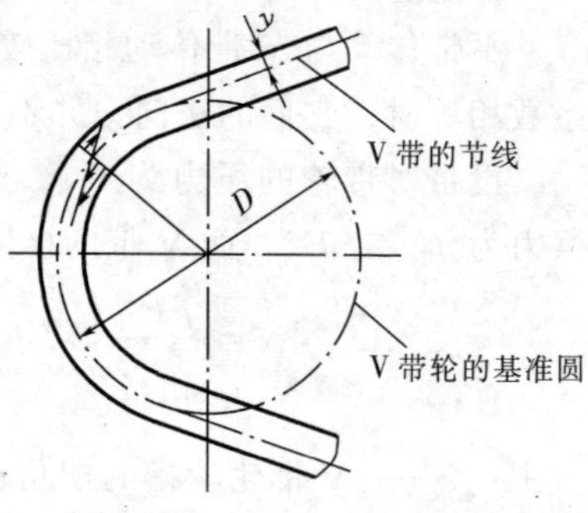

图 12-8 带的弯曲应力

带的弯曲应力仅产生在带包围带轮上的弧段。显然，两轮直径不相等时，带在小带轮上的弯曲应力较大，故应限定小带轮的最小直径。

图 12-9 所示为带的应力分布情况，各截面应力的大小用自该处引出的径向线（或垂直线）的长短来表示。由图可知，在运转过程中，带经受变应力，最大应力发生在紧边与小轮的接触处，其值为

$$\sigma_{max}=\sigma_1+\sigma_{b1}+\sigma_c \tag{12-10}$$

实验表明，疲劳曲线方程也适用于经受变应力的带，即 $\sigma_{max}^{m}N=C$，式中 m、C 与带的种类和材质有关，N 为应力循环总次数。

设带速为 v（m/s）、带长为 L（m），则每秒钟带绕行整周的次数（绕转数）为 v/L。设带的寿命为 T（h），则应力循环总次数为

$$N=3600kT\frac{v}{L}$$

式中 k 为带轮数，一般 $k=2$，此时，带每绕转一整周完成两个应力循环。

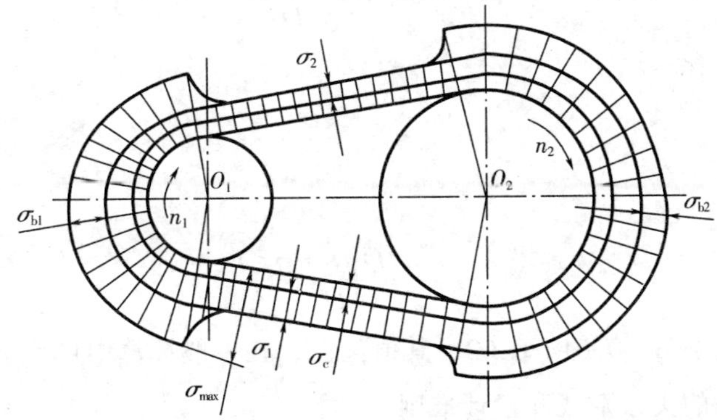

图 12-9　带的应力分布

12.2.3　带传动的弹性滑动和传动比

(1) 弹性滑动

带是弹性体，在拉力作用下会产生弹性伸长。由于紧边拉力大于松边拉力，所以紧边的弹性伸长量必然大于松边的弹性伸长量。如图 12-10 所示，带在 A_1 点绕上主动轮到 B_1 点离开的过程中，带所受拉力由 F_1 逐渐降至 F_2，其弹性伸长量也随之减小，带在带轮上微微向后收缩，而主动轮的圆周速度 v_1 保持不变，所以带的速度逐渐落后于主动轮的圆周速度，从绕上主动轮时的速度 v_1 逐渐降至 v_2，在带和主动轮之间局部出现相对滑动。这种现象亦发生在从动轮上，当带在 A_2 点绕上从动轮到 B_2 点离开的过程中，带以速度 v_2 绕上从动轮时，使从动轮以圆周速度 v_2 转动，由于带从松边过渡到紧边，弹性伸长量逐渐增大，使带微微向前拉伸，即带的速度超前于从动轮的圆周速度，带和从动轮之间局部出现相对滑动。这种因带的两边拉力不等而使带弹性变形量不等，引起带与带轮之间局部微小的相对滑动称为弹性滑动。

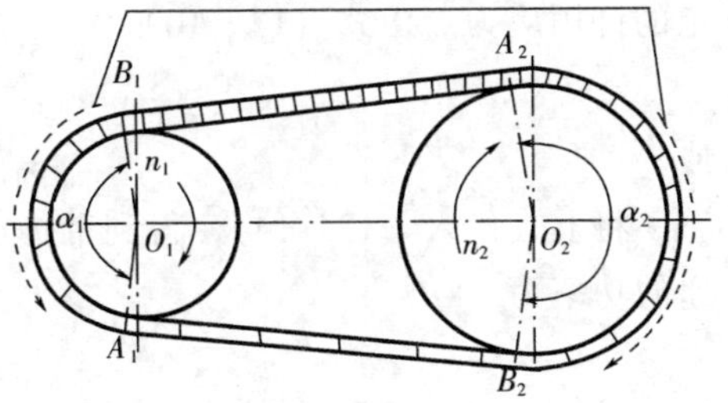

图 12-10　带传动的弹性滑动

弹性滑动对带传动的影响为：①从动轮的圆周速度低于主动轮；②降低了传动效率；③引起带的磨损；④使带的温度升高。

弹性滑动和打滑是两个截然不同的概念。打滑是指因为过载而引起的全面滑动，应当避免。弹性滑动是由拉力差引起的，只要传递圆周力，必然会发生弹性滑动，所以，弹性滑动是带传动固有的物理现象。

(2) 传动比

设主动轮和从动轮的直径分别为 D_1、D_2（mm），转速为 n_1、n_2（r/min），则两轮的圆周速度 v_1、v_2（m/s）分别为

$$v_1=\frac{\pi D_1 n_1}{60\times1000};\quad v_2=\frac{\pi D_2 n_2}{60\times1000} \tag{12-11}$$

由于弹性滑动是不可避免的，所以 v_2 总是低于 v_1。传动中由于带的滑动引起的从动轮圆周速度的降低率称为滑动率 ε，即

$$\varepsilon=\frac{v_1-v_2}{v_1}=\frac{D_1n_1-D_2n_2}{D_1n_1}$$

由此得带传动的传动比

$$i=\frac{n_1}{n_2}=\frac{D_2}{D_1(1-\varepsilon)} \tag{12-12}$$

或从动轮的转速

$$n_2=\frac{n_1D_1(1-\varepsilon)}{D_2} \tag{12-13}$$

V 带传动的滑动率 $\varepsilon=0.01\sim0.02$，其值甚微，在一般计算中可不予考虑。

12.2.4 带传动的失效形式和设计准则

带传动的主要失效形式是：带在带轮上的打滑或带在变应力作用下的疲劳损坏（撕裂、脱层或断裂）。

带传动的设计准则是：保证带传动在工作时不打滑，同时具有足够的疲劳强度和寿命。

为保证带传动工作时不打滑，必须限制带所需传递的圆周力，使其不超过带传动的最大有效拉力（摩擦力总和的极限值），即

$$F_{max}=F_1-F_2=F_1\left(1-\frac{1}{e^{f\alpha}}\right)=\sigma_1A\left(1-\frac{1}{e^{f\alpha}}\right)$$

由式（12-6）得到不发生打滑所能传递的功率 P_0（kW）为

$$P_0=\frac{F_{max}v}{1000}=\frac{\sigma_1A\left(1-\frac{1}{e^{f\alpha}}\right)v}{1000} \tag{12-14}$$

为保证传动带有足够的疲劳强度，应满足 $\sigma_{max}\leqslant[\sigma]$。式中 $[\sigma]$ 是由带的疲劳强度决定的许用应力。由式（12-10）

$$\sigma_{max}=\sigma_1+\sigma_{b1}+\sigma_c\leqslant[\sigma]$$

或

$$\sigma_1\leqslant[\sigma]-\sigma_{b1}-\sigma_c$$

将上式代入（12-14），得到带传动既不打滑又有一定疲劳强度和寿命时单根带所能传递的功率为

$$P_0=\frac{([\sigma]-\sigma_{b1}-\sigma_c)A\left(1-\frac{1}{e^{f\alpha}}\right)v}{1000} \tag{12-15}$$

12.3 普通 V 带传动的设计计算

V 带有普通 V 带、窄 V 带、宽 V 带、大楔角 V 带、齿形 V 带、联组 V 带等多种类型，

其中普通 V 带应用最广。本节主要介绍普通 V 带传动的计算。

12.3.1　普通 V 带的规格

普通 V 带由顶胶、抗拉体（承载层）、底胶和包布组成（图 12－11）。包布是 V 带的保护层，用胶帆布制成。顶胶和底胶均用橡胶制成，分别承受弯曲时的拉伸和压缩。承载层是承受拉力的主体部分，有胶帘布芯和胶绳芯两种，其中帘布芯 V 带制造较方便，抗拉强度较高，绳芯 V 带则柔韧性较好，适用于转速较高、载荷不大和带轮直径较小的场合。

如图 12－12 所示，当带垂直其底边弯曲时，在带中保持原长度不变的任一条周线称为节线，由全部节线构成的面称节面。带的节面宽度称为节宽（b_p），当带垂直其底边弯曲时，该宽度保持不变。

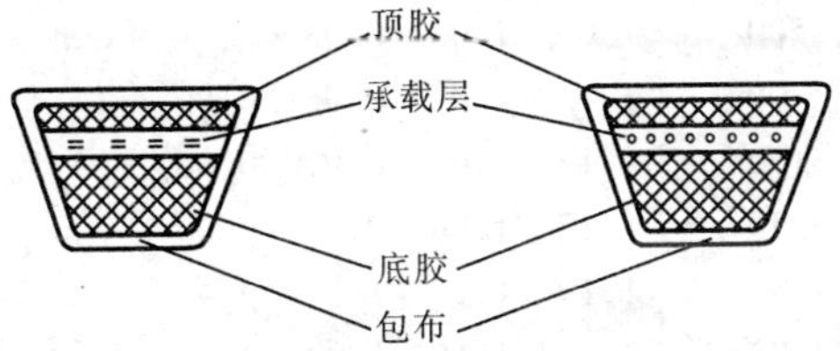

图 12－11　V 带的构造

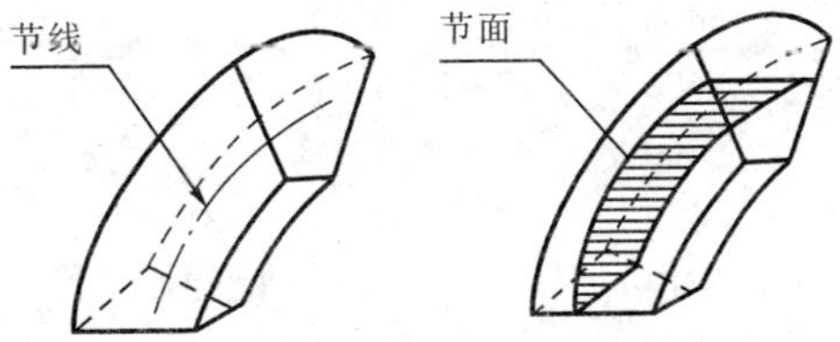

图 12－12　V 带的节线和节面

普通 V 带已标准化，按截面尺寸分为 Y、Z、A、B、C、D、E 七种型号（见 GB/T13575.1－1992）。各型号的截面尺寸见表 12.2。

表 12.2　普通 V 带的截面尺寸及每米长的质量　mm

型号	Y	Z	A	B	C	D	E
顶宽 b	6	10	13	17	22	32	38
节宽 b_p	5.3	8.5	11.0	14.0	19.0	27.0	32.0
高度 h	4	6	8	11	14	19	25
楔角 φ/(°)	40°						
每米质量 q/(kg/m)	0.04	0.06	0.10	0.17	0.30	0.60	0.87

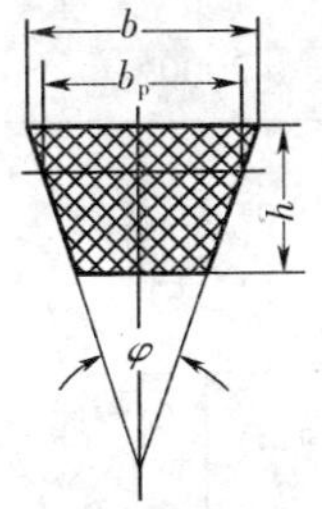

V 带制成无接头的环形。在 V 带轮上，与所配用 V 带的节面宽度 b_p 相对应的带轮直径称为基准直径 D（参见图 12－16）。V 带在规定的张紧力下，位于带轮基准直径上的周线长度称为基准长度 L_d。V 带的公称长度以基准长度 L_d 表示（见表 12.3）。

12.3.2　单根普通 V 带所能传递的功率

由实验得出，在 $10^8 \sim 10^9$ 次循环应力下，普通 V 带的疲劳强度许用应力为

$$[\sigma] = \left(\frac{CL_d}{3600kTv}\right)^{0.09}$$

式中：L_d——V 带的基准长度，m；

k——带绕过的带轮数；

T——带的使用寿命，h；

v——带速，m/s；

C——由带的材质和结构决定的实验常数。

将 $[\sigma]$、σ_{b1}、σ_c 代入式（12-15），并以 f' 代替 f，取 $\alpha_1=\alpha_2=180°$，$k=2$，在特定带长、载荷平稳时，得到单根 V 带能传递的功率为

$$P_0=\frac{\left[\left(\frac{CL_d}{7200Tv}\right)^{0.09}-\frac{2yE}{D_1}-\frac{qv^2}{A}\right]Av\left(1-\frac{1}{e^{f'\alpha}}\right)}{1000} \tag{12-16}$$

表 12.3 普通 V 带的基准长度系列和长度系数 K_L

基准长度 L_d/mm	K_L Y	Z	A	B	C	基准长度 L_d/mm	K_L A	B	C	D	E
400	0.96	0.87				2240	1.06	1.00	0.91		
450	1.00	0.89				2500	1.09	1.03	0.93		
500	1.02	0.91				2800	1.11	1.05	0.95	0.83	
560		0.94				3150	1.13	1.07	0.97	0.86	
630		0.96	0.81			3550	1.17	1.09	0.99	0.89	
710		0.99	0.83			4000	1.19	1.13	1.02	0.91	
800		1.00	0.85			4500		1.15	1.04	0.93	0.90
900		1.03	0.87	0.82		5000		1.18	1.07	0.96	0.92
1000		1.06	0.89	0.84		5600			1.09	0.98	0.95
1120		1.08	0.91	0.86		6300			1.12	1.00	0.97
1250		1.11	0.93	0.88		7100			1.15	1.03	1.00
1400		1.14	0.96	0.90		8000			1.18	1.06	1.02
1600		1.16	0.99	0.92	0.83	9000			1.21	1.08	1.05
1800		1.18	1.01	0.95	0.86	10000			1.23	1.11	1.07
2000			1.03	0.98	0.88						

利用式（12-16）求出的单根普通 V 带所能传递的功率 P_0 见表 12.4。

表 12.4 特定条件下单根普通 V 带所能传递的功率 P_0 kW

型号	小带轮基准直径 D_1/mm	小带轮转速 n_1/(r/min) 400	730	800	980	1200	1460	1600	2000	2400	2800	3200
Y	20	–	–	–	0.02	0.02	0.02	0.03	0.03	0.04	0.04	0.05
	31.5	–	0.03	0.04	0.04	0.05	0.06	0.06	0.07	0.09	0.10	0.11
	40	–	0.04	0.05	0.06	0.07	0.08	0.09	0.11	0.12	0.14	0.15
	50	0.05	0.06	0.07	0.08	0.09	0.11	0.12	0.14	0.16	0.18	0.20
Z	50	0.06	0.09	0.10	0.12	0.14	0.16	0.17	0.20	0.22	0.26	0.28
	63	0.08	0.13	0.15	0.18	0.22	0.25	0.27	0.32	0.37	0.41	0.45
	71	0.09	0.17	0.20	0.23	0.27	0.31	0.33	0.39	0.46	0.50	0.54
	80	0.14	0.20	0.22	0.26	0.30	0.36	0.39	0.44	0.50	0.56	0.61
	90	0.14	0.22	0.24	0.28	0.33	0.37	0.40	0.48	0.54	0.60	0.64
A	75	0.27	0.42	0.45	0.52	0.60	0.68	0.73	0.84	0.92	1.00	1.04
	90	0.39	0.63	0.68	0.79	0.93	1.07	1.15	1.34	1.50	1.64	1.75
	100	0.47	0.77	0.83	0.97	1.14	1.32	1.42	1.66	1.87	2.05	2.19
	125	0.67	1.11	1.19	1.40	1.66	1.93	2.07	2.44	2.74	2.98	3.16
	160	0.94	1.56	1.69	2.00	2.36	2.74	2.94	3.42	3.80	4.06	4.19

续表 12.4

型号	小带轮基准直径 D_1/mm	小带轮转速 n_1 /(r/min)										
		400	730	800	980	1200	1460	1600	2000	2400	2800	3200
B	125	0.84	1.34	1.44	1.67	1.93	2.20	2.33	2.50	2.64	2.76	2.85
	160	1.32	2.16	2.32	2.72	3.17	3.64	3.86	4.15	4.40	4.60	4.75
	200	1.85	3.06	3.30	3.86	4.50	5.15	5.46	6.13	6.47	6.43	5.95
	250	2.50	4.14	4.46	5.22	6.04	6.85	7.20	7.87	7.89	7.14	5.60
	280	2.89	4.77	5.13	5.93	6.90	7.78	8.13	8.60	8.22	6.80	4.26

型号	小带轮基准直径 D_1/mm	小带轮转速 n_1 /(r/min)										
		200	300	400	500	600	730	800	980	1200	1460	1600
C	200	1.39	1.92	2.41	2.87	3.30	3.80	4.07	4.66	5.29	5.86	6.07
	250	2.03	2.85	3.62	4.33	5.00	5.82	6.23	7.18	8.21	9.06	9.38
	315	2.86	4.04	5.14	6.17	7.14	8.34	8.92	10.23	11.53	12.48	12.72
	400	3.91	5.54	7.06	8.52	9.82	11.52	12.10	13.67	15.04	15.51	15.24
	450	4.51	6.40	8.20	9.81	11.29	12.98	13.80	15.39	16.59	16.41	15.57
D	355	5.31	7.35	9.24	10.90	12.39	14.04	14.83	16.30	17.25	16.70	15.63
	450	7.90	11.02	13.85	16.40	18.67	21.12	22.25	24.16	24.84	22.42	19.59
	560	10.76	15.07	18.95	22.38	25.32	28.28	29.55	31.00	29.67	22.08	15.13
	710	14.55	20.35	24.45	29.76	33.18	35.97	36.87	35.58	27.88	–	–
	800	16.76	23.39	29.08	33.72	37.13	39.26	39.55	35.26	21.32	–	–
E	500	10.86	14.96	18.55	21.65	24.21	26.62	27.57	28.52	25.53	16.25	–
	630	15.65	21.69	26.95	31.36	34.83	37.64	38.52	37.14	29.17	–	–
	800	21.70	30.05	37.05	42.53	46.26	47.79	47.38	39.08	16.46	–	–
	900	25.15	34.71	42.49	48.20	51.48	51.13	49.21	34.01	–	–	–
	1000	28.52	39.17	47.52	53.12	55.45	52.26	48.19	–	–	–	–

当传动比 $i>1$ 时，从动轮直径比主带轮直径大，带在大带轮上的弯曲应力比在小带轮上的小，故其传动能力得到提高，在寿命相同的条件下，传递的功率可以大一些。用功率增量 ΔP_0 来考虑此影响，其值见表 12.5。

表 12.5 单根普通 V 带 $i\neq1$ 时传动功率的增量 ΔP_0 kW

型号	传动比 i	小带轮转速 n_1 /(r/min)										
		400	730	800	980	1200	1460	1600	2000	2400	2800	3200
Y	1.35~1.51	0.00	0.00	0.00	0.01	0.01	0.01	0.01	0.01	0.01	0.02	0.02
	⩾2	0.00	0.00	0.00	0.01	0.01	0.01	0.01	0.02	0.02	0.02	0.02
Z	1.35~1.51	0.01	0.01	0.01	0.02	0.02	0.02	0.02	0.03	0.03	0.04	0.04
	⩾2	0.01	0.02	0.02	0.02	0.03	0.03	0.03	0.04	0.04	0.04	0.05
A	1.35~1.51	0.04	0.07	0.08	0.08	0.11	0.13	0.15	0.19	0.23	0.26	0.30
	⩾2	0.05	0.09	0.10	0.11	0.15	0.17	0.19	0.24	0.29	0.34	0.39
B	1.35~1.51	0.10	0.17	0.20	0.23	0.30	0.36	0.39	0.49	0.59	0.69	0.79
	⩾2	0.13	0.22	0.25	0.30	0.38	0.46	0.51	0.63	0.76	0.89	1.01

型号	传动比 i	小带轮转速 n_1 /(r/min)										
		200	300	400	500	600	730	800	980	1200	1460	1600
C	1.35~1.51	0.14	0.21	0.27	0.34	0.41	0.48	0.55	0.65	0.82	0.99	1.10
	⩾2	0.18	0.26	0.35	0.44	0.53	0.62	0.71	0.83	1.06	1.27	1.41
D	1.35~1.51	0.49	0.73	0.97	1.22	1.46	1.70	1.95	2.31	2.92	3.52	3.89
	⩾2	0.63	0.94	1.25	1.56	1.88	2.19	2.50	2.97	3.75	4.53	5.00
E	1.35~1.51	0.96	1.45	1.93	2.41	2.89	3.38	3.86	4.58	5.61	6.83	–
	⩾2	1.24	1.86	2.48	3.10	3.72	4.34	4.96	5.89	7.21	8.78	–

12.3.3 设计计算和参数选择

设计带传动通常应已知传动的用途、工作条件、传递功率、带轮转速及外廓尺寸要求等。

设计计算的主要内容是确定V带的型号、长度、根数、中心距、带轮直径、材料、结构以及对带轮轴的压力等。

设计计算的一般步骤如下：

(1) 确定计算功率 P_c，选择V带型号

V带型号可根据计算功率 P_c 和小带轮转速 n_1 从图12-13中选取，若临近两种型号时，可选取两种型号分别计算，选取较好的一种。

计算功率 P_c (kW)

$$P_c = K_A P \tag{12-17}$$

式中：P——名义功率，kW；

K_A——工作情况系数，见表12.6。

表12.6 工作情况系数 K_A

载荷性质	工 作 机	原动机（一天工作时间，h）					
		Ⅰ类			Ⅱ类		
		≤10	10~16	>16	≤10	10~16	>16
载荷平稳	液体搅拌机；离心式水泵；通风机和鼓风机（≤7.5kW）；离心式压缩机；轻型运输机	1.0	1.1	1.2	1.1	1.2	1.3
载荷变动小	带式运输机（运送砂石、谷物）；通风机（>7.5kW）；发电机；旋转式水泵；金属切削机床；印刷机；振动筛	1.1	1.2	1.3	1.2	1.3	1.4
载荷变动较大	螺旋式运输机；斗式提升机；往复式水泵和压缩机；锻锤；磨粉机；锯木机和木工机械；纺织机械	1.2	1.3	1.4	1.4	1.5	1.6
冲击载荷	破碎机（旋转式、颚式等）；球磨机；棒磨机；起重机；挖掘机；橡胶辊压机	1.3	1.4	1.5	1.5	1.6	1.8

注：Ⅰ类——直流电动机、Y系列三相异步电动机、气轮机、水轮机、四缸以上内燃机；
Ⅱ类——交流同步电动机、交流异步滑环电动机、四缸以下内燃机和蒸汽机。

(2) 确定带轮直径 D_1、D_2，校核带速

带轮直径小能使传动尺寸紧凑，但直径过小，将使带的弯曲应力过大，寿命降低，反之，则传动的外廓尺寸增大，所以带轮直径应适中。小带轮直径 D_1 应大于或等于表12.7所示的最小计算直径 D_{min}，大带轮直径一般可按 $D_2 \approx \frac{n_1}{n_2} D_1$ 计算。

对V带轮，D_1、D_2 为带轮基准直径，应符合带轮直径尺寸系列，见表12.7。

带的速度对传动性能影响较大，当传递的功率一定时，增大带速，有效拉力将减小，可减少带的根数，故在多级传动中，常将带传动置于高速级（也有缓冲吸振作用）。但带速过高，会导致离心力增大，使带和带轮间正压力减小而降低传动能力，并影响带的寿命。所以一般应使带速在5m/s~25m/s的范围内。

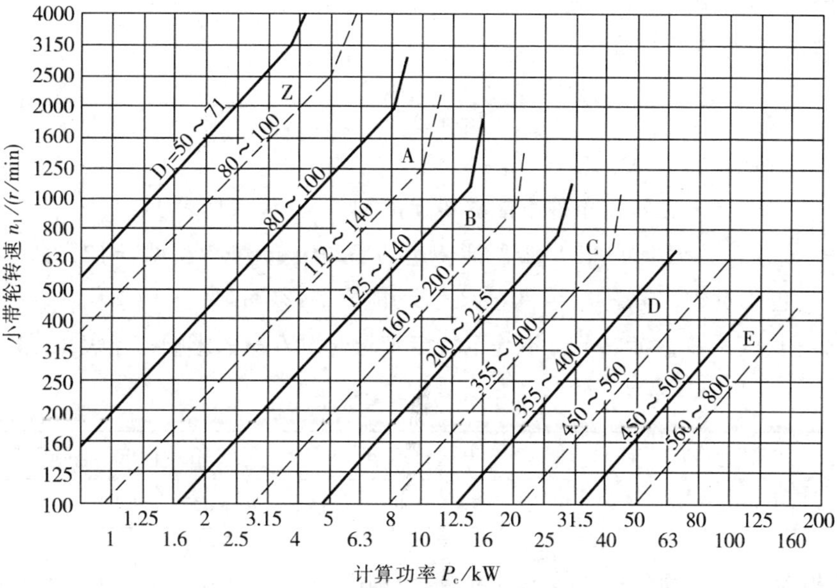

图 12-13　普通 V 带型号的选择

表 12.7　V 带带轮最小计算直径 D_{min} 和基准直径系列　mm

型号	Y	Z	A	B	C	D	E
最小计算直径 D_{min}	20	50	75	125	200	355	500
基准直径系列	20，22.4，25，28，31.5，35.5，40，45，50，56，63，71，75，80，90，95，100，106，112，118，125，132，140，150，160，170，180，200，212，224，236，250，265，280，300，315，355，375，400，425，450，475，500，530，560，600，630，670，710，750，800，900，1000						

(3) 确定中心距 a、带基准长度 L_d，验算包角 α_1

带传动的中心距不宜过大，否则将由于载荷变化引起带的颤动。但也不宜过小。因为：中心距愈小，则带的长度愈短，在一定的速度下，单位时间内带的应力变化次数愈多，会加速带的疲劳损坏；当传动比 i 较大时，中心距太小将导致包角 α_1 过小。

对于 V 带传动，中心距一般可取

$$0.55(D_1+D_2)+h \leqslant a \leqslant 2(D_1+D_2) \tag{12-18}$$

式中 h 为 V 带的高度，见表 12.2。

中心距确定之后，可根据式 (12-2) 计算带长 L，再由表 12.3 选取接近的基准长度 L_d。实际中心距需根据选定的 L_d 由式 (12-3) 计算确定。

考虑安装调整和补偿张紧力（如带因伸长而松弛后的张紧）的需要，中心距的变动范围为 $(a-0.015L_d)$ ～ $(a+0.03L_d)$。

带轮直径和中心距确定之后，即可按式 (12-1) 验算带轮的包角。

带传动的包角大小直接影响带传动的工作能力。包角小，传动能力降低，易打滑。一般情况小带轮上的包角 α_1 较小，打滑总发生在小带轮上，所以 α_1 一般不小于 120°，个别情况下可小到 70°。若验算后不满足，应增大中心距或增设张紧轮。

(4) 确定 V 带根数

V 带根数 z 可按下式计算

$$z=\frac{P_c}{(P_0+\Delta P_0)\ K_\alpha K_L} \tag{12-19}$$

式中：P_c——计算功率，kW，见式（12-17）；

P_0——单根 V 带在特定条件下能够传递的功率，kW，见表 12.4；

ΔP_0——考虑 $i\neq1$ 时单根 V 带所能传递功率的增量，kW，见表 12.5；

K_α——包角系数，考虑 $\alpha\neq180°$ 时对传动能力的影响，见表 12.8；

K_L——长度系数，考虑带长不等于特定带长时对寿命的影响，见表 12.3。

表 12.8　包角系数 K_α

包角 α_1	180°	170°	160°	150°	140°	130°	120°	110°	100°	90°	80°	70°
K_α	1.00	0.98	0.95	0.92	0.89	0.86	0.82	0.78	0.74	0.69	0.64	0.58

为使各根 V 带受力均匀，根数不宜过多，一般取 $z=3\sim6$，$z_{max}\leqslant10$。如果计算出的根数过多，应改选带的型号，重新计算。

(5) 计算张紧力

保持适当的张紧力是带传动正常工作的首要条件。张紧力过小，摩擦力小，容易发生打滑；张紧力过大，将增大轴和轴承上的压力，并降低带的寿命。

单根普通 V 带合宜的张紧力 F_0（N）可按下式计算

$$F_0=\frac{500P_c}{zv}\left(\frac{2.5}{K_\alpha}-1\right)+qv^2 \tag{12-20}$$

式中：z——V 带根数；K_α——包角系数，见表 12.8。

(6) 计算带轮轴上压力

为了设计带轮的轴和轴承，必须确定带传动作用在轴上的压力 F_Q（简称压轴力），可近似地按下式计算（图 12-14）

$$F_Q=2zF_0\sin\frac{\alpha}{2} \tag{12-21}$$

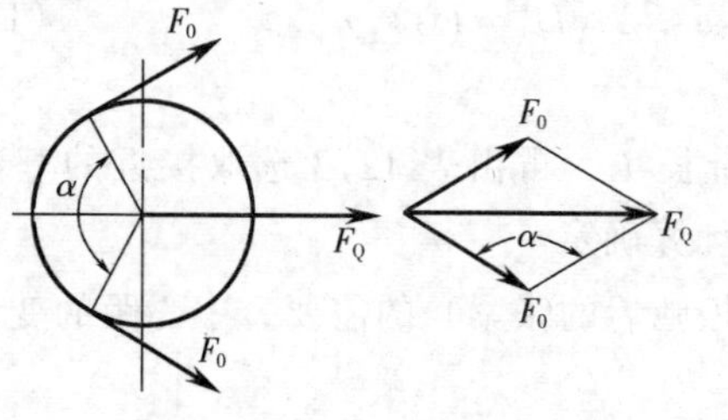

图 12-14　带轮轴上压力计算简图

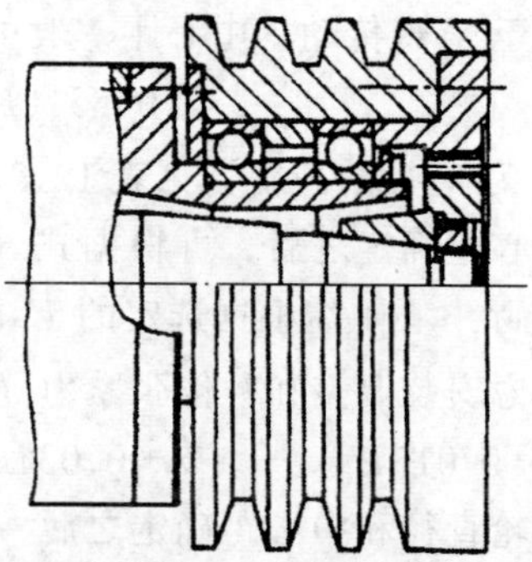

图 12-15　卸载带轮

为了使带拉力不作用在轴上以减小轴的挠度和提高轴的旋转精度，可以采用卸载带轮

(图 12－15)。图中带拉力由安装在砂轮架后盖上的滚动轴承承受，转矩则通过一对相互啮合的内齿和外齿齿轮使砂轮主轴旋转。传递功率不大时，装在轴上的齿轮可用塑料制造，有利于缓冲、减振。

【例题 12－1】 设计一带式输送机用普通 V 带传动。原动机为 Y 系列三相异步电动机，功率 $P=7.5$kW，转速 $n_1=1440$r/min，从动轴转速 $n_2=630$r/min，每天工作 16 小时，希望中心距不超过 700mm。

【解】 (1) 计算功率 P_c

由表 12.6 查得工作情况系数 $K_A=1.2$，故

$$P_c=K_AP=1.2\times7.5=9\ \text{kW}$$

(2) 选取普通 V 带型号

根据 $P_c=9$kW，$n_1=1440$r/min，由图 12－13 确定选用 A 型。

(3) 确定小带轮和大带轮基准直径 D_1、D_2

由表 12.7 取 $D_1=125$mm，$\varepsilon=1\%$，由式 (12－12) 得

$$D_2=\frac{n_1}{n_2}D_1(1-\varepsilon)=\frac{1440}{630}\times125\times(1-0.01)=282.86\ \text{mm}$$

由表 12.7 取直径系列值 $D_2=280$ mm。

大带轮转速

$$n_2=\frac{n_1D_1(1-\varepsilon)}{D_2}=\frac{1440\times125\times(1-0.01)}{280}=636.4\ \text{r/min}$$

其误差绝对值小于 5%，故允许。

(4) 验算带速 v

$$v=\frac{\pi D_1n_1}{60\times1000}=\frac{3.14\times125\times1440}{60\times1000}=9.42\ \text{m/s}$$

在 5m/s～25m/s 范围内，带速合适。

(5) 确定带长和中心距 a

初步选取中心距 $a=650$mm，由式 (12－2) 得带长

$$\begin{aligned}L&=2a+\frac{\pi}{2}(D_1+D_2)+\frac{(D_2-D_1)^2}{4a}\\&=2\times650+\frac{3.14}{2}(125+280)+\frac{(280-125)^2}{4\times650}\\&=1945.1\ \text{mm}\end{aligned}$$

由表 12.3 选用基准长度 $L_d=2000$mm。

由式 (12－3) 计算实际中心距

$$\begin{aligned}a&=\frac{2L-\pi(D_1+D_2)+\sqrt{[2L-\pi(D_2+D_1)]^2-8(D_2-D_1)^2}}{8}\\&=\frac{2\times2000-3.14\times(125+280)+\sqrt{[2\times2000-3.14\times(125+280)]^2-8\times(280-125)^2}}{8}\\&=677.4\ \text{mm}<700\ \text{mm}\end{aligned}$$

(6) 验算小带轮包角 α_1，由式 (12－1) 得

$$\alpha_1=180^\circ-\frac{D_2-D_1}{a}\times57.3^\circ=180^\circ-\frac{280-125}{677.4}\times57.3^\circ=166.9^\circ>120^\circ\quad 合适。$$

(7) 确定 V 带根数 z

传动比

$$i=\frac{n_1}{n_2}=\frac{1440}{636.4}=2.26$$

由表 12.4 查得 $P_0=1.92\text{kW}$，由表 12.5 查得 $\Delta P_0=0.17\text{kW}$

由表 12.8 查得 $K_\alpha=0.969$，由表 12.3 查得 $K_L=1.03$

由式（12-19）得

$$z=\frac{P_c}{(P_0+\Delta P_0)\ K_\alpha K_L}=\frac{9}{(1.92+0.17)\ \times 0.969\times 1.03}=4.32$$

取 $z=5$ 根。

(8) 求压轴力 F_Q

由表 12.2 查得 $q=0.10\text{kg/m}$，由式（12-20）得单根 V 带的张紧力

$$F_0=\frac{500P_c}{zv}\left(\frac{2.5}{K_\alpha}-1\right)+qv^2$$

$$=\frac{500\times 9}{5\times 9.42}\left(\frac{2.5}{0.969}-1\right)+0.10\times 9.42^2=160.1\ \text{N}$$

由式（12-21），压轴力为

$$F_Q=2zF_0\sin\frac{\alpha_1}{2}=2\times 5\times 160.1\times\sin\frac{166.9^\circ}{2}=1590.5\ \text{N}$$

(9) 带轮结构设计（略）。

12.4 V 带轮设计

12.4.1 V 带轮的设计要求

对 V 带轮设计的主要要求是：质量小、结构工艺性好；无过大的铸造内应力；质量分布均匀，转速高时要经过动平衡；轮槽工作面粗糙度要合适，以减少带的磨损；轮槽尺寸和槽面角应保持一定的精度，以使载荷分布较为均匀等。

12.4.2 V 带轮的材料

带轮的材料主要是铸铁，常用材料牌号为 HT150、HT200。铸铁带轮允许的最大圆周速度为 25m/s，速度更高时，可采用铸钢或钢板冲压后焊接，小功率时可用铸造铝合金或工程塑料。

12.4.3 V 带轮结构

铸铁 V 带轮的典型结构有四种：实心式（图 12-16a）、腹板式（图 12-16b）、孔板式（图 12-16c）和轮辐式（图 12-16d）。基准直径 $D\leqslant(2.5\sim3)\ d$（d 为轴的直径，mm）时，可采用实心式；$D\leqslant 300\text{mm}$ 时，可采用腹板式（当 $D_1-d_1\geqslant 100\text{mm}$ 时，可采用孔板式）；$D>300\text{mm}$ 时，可采用轮辐式。

V 带轮轮缘的截面及各部分尺寸见表 12.9。需要注意的是，由于安装前 V 带两侧面夹角为 40°，安装后，V 带在带轮上弯曲，截面形状发生了变化，宽边（外周）受拉而变窄，内边（内周）受压而变宽，因而使带两侧面夹角变小，且带轮基准直径越小，这种变化越显著，所以，为了保证带的两侧面和轮槽良好接触，带轮轮槽槽角小于 40°，且随带轮基准直径的减小而减小。

带轮的结构设计，主要是根据带轮的基准直径选择结构形式，根据带的型号确定轮槽尺寸。带轮的其他结构尺寸可参照图 12-16 所列经验公式计算。确定了带轮各部分尺寸后，即可绘制出零件图，并按工艺要求注出相应的技术条件等，由于强度均较富裕，所以无需进行强度计算。

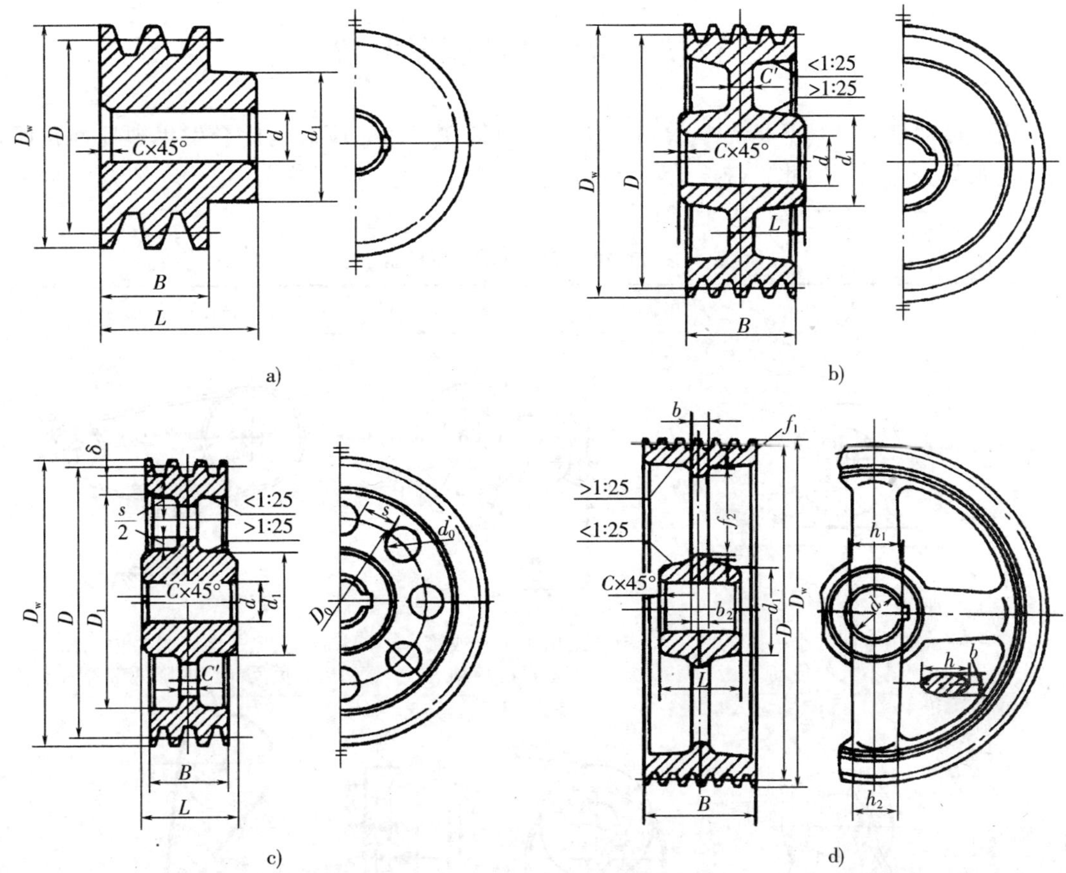

$d_1 = (1.8\sim2)\ d$，d 为轴的直径　　$C' = (1/7\sim1/4)\ B$　　$h_2 = 0.8h_1$　　$s = C'$

$D_0 = 0.5\ (D_1 + d_1)$　　$L = (1.5\sim2)\ d$，当 $B < 1.5d$ 时，$L = B$　　$b_1 = 0.4h_1$　　$f_1 = 0.2h_1$

$d_0 = (0.2\sim0.3)\ (D_1 - d_1)$　　$b_2 = 0.8b_1$　　$f_2 = 0.2h_2$

$h_1 = 290\sqrt[3]{P/(nz_a)}$

式中：P——传递的功率，kW；n——带轮的转速，r/min；z_a——轮辐数。

图 12－16　V 带轮的结构

表 12.9　普通 V 带带轮的轮槽尺寸　mm

轮槽尺寸			Y	Z	A	B	C	D	E
轮缘尺寸	h_{amin}		1.6	2	2.75	3.5	4.8	8.1	9.6
	h_{fmin}		4.7	7.0	8.7	10.8	14.3	19.9	23.4
	e		8	12	15	19	25.5	37	44.5
	f		7	8	10	12.5	17	24	29
	δ_{min}		5	5.5	6	7.5	10	12	15
带轮宽度 B			$B = (z-1)\ e + 2f$　（z——轮槽数）						
带轮外径 D_W			$D_W = D + 2h_a$						
φ	32°	轮槽的基准直径 D	≤63	–	–	–	–	–	–
	34°		–	≤80	≤118	≤180	≤315	–	–
	36°		>63	–	–	–	–	≤475	≤630
	38°		–	>80	>118	>180	>315	>475	>630

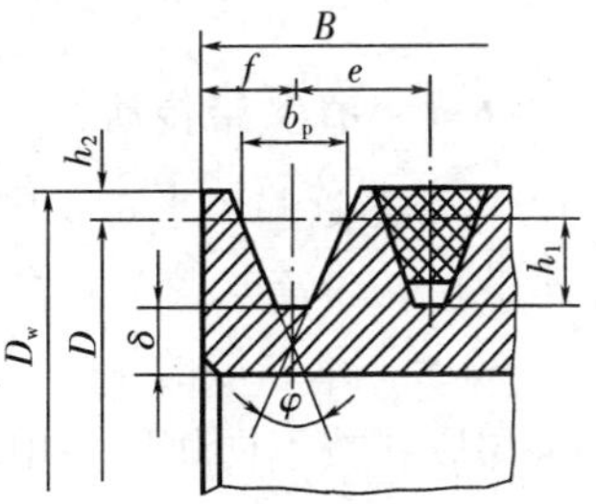

12.5 带传动的张紧装置

由于传动带的材料不是完全的弹性体，因而带在工作一段时间后会发生塑性伸长而松弛，使张紧力降低。因此，带传动需要有重新张紧的装置，以保持正常工作。张紧装置分定期张紧和自动张紧两类，见表 12.10。

表 12.10 带传动的张紧装置

	中心距可调		中心距不可调
定期张紧	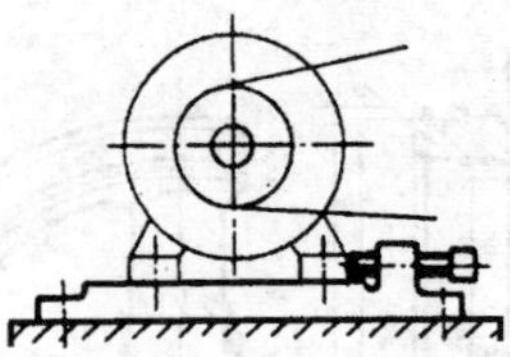 适用于两轴水平或倾斜不大的传动	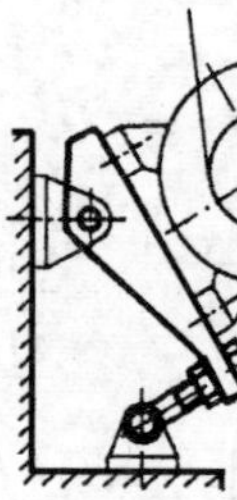 适用于垂直或接近垂直的传动	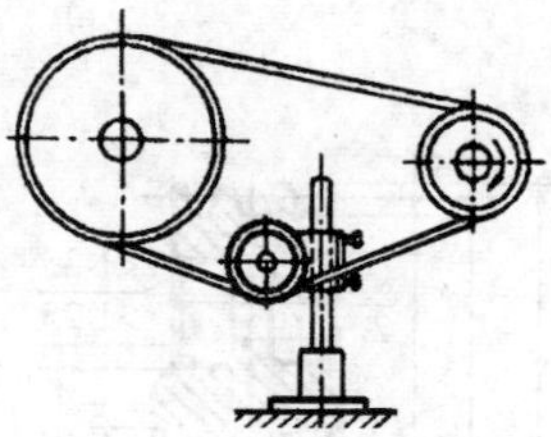 张紧轮装于松边内侧以免反向弯曲降低带寿命
自动张紧	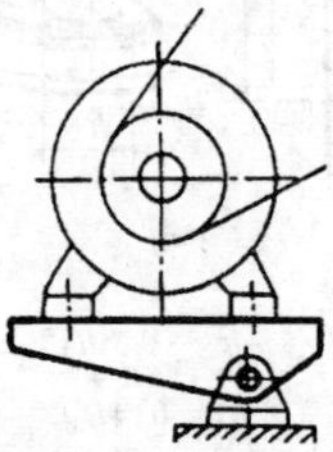 主要用于中小功率传动	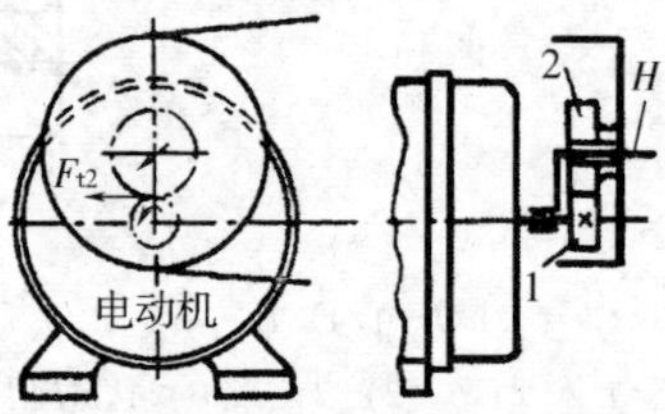 张紧力大小随传动功率成正比变化①	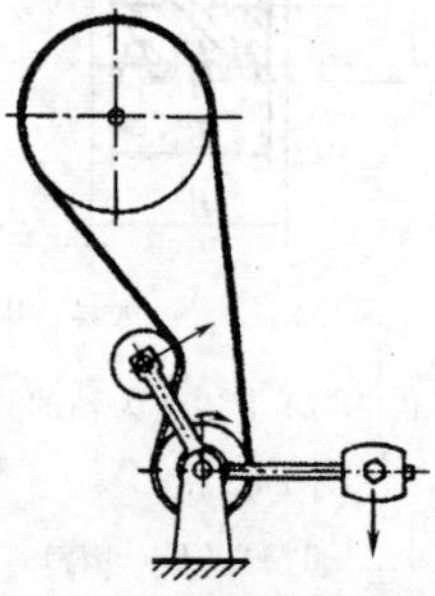 张紧轮装于松边外侧靠近小轮，以增大包角

注：①带轮与齿轮 2 为一体，套在系杆 H 上，可绕电机轴上齿轮 1 摆动，当传递功率增大时，F_{t2} 增加，带张紧力加大。

12.6 其他带传动简介

12.6.1 窄 V 带传动

窄 V 带是近些年来在我国推广使用的新型 V 带。其结构特点是采用合成纤维绳或钢丝绳作承载层，带高与其节宽之比为 0.9，与普通 V 带相比，当高度相同时，其宽度比普通 V 带约小 30%，承载层的排放位置上移（即中性层上移），压缩层增厚，包布层采用柔性布料，各层胶料按不同作用采用不同配方。因此，窄 V 带具有柔性大、易弯曲、承载能力大、允许带速高、寿命长、横向尺寸小、结构紧凑等特点，适用于大功率且结构要求紧凑的传动。窄 V 带的截剖面结构如图 12-17 所示。

12.6.2　同步齿形带传动

同步齿形带的工作面有齿，带轮的轮缘表面也制有相应的齿槽，带与带轮是靠啮合进行传动的（图 12-18），故传动比恒定。

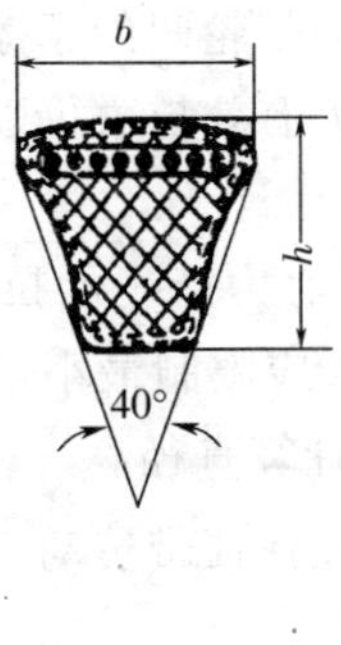

图 12-17　窄 V 带的结构

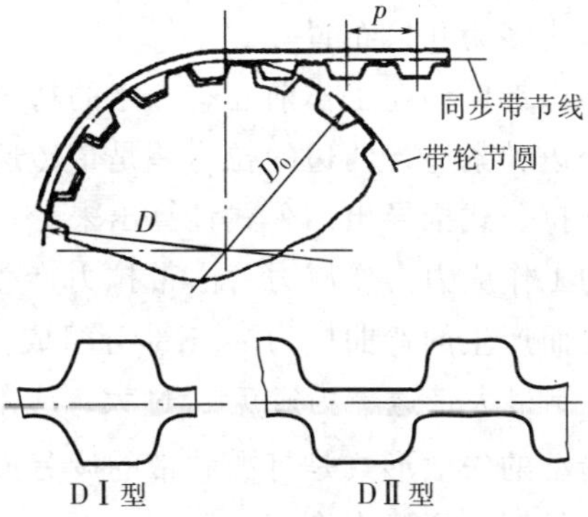

图 12-18　同步齿形带传动

同步齿形带通常以钢丝绳或玻璃纤维绳作承载层，氯丁橡胶或聚氨酯作基体。带薄而且轻，可用于较高速度，传动时的线速度可达 50m/s，传动比可达 10，效率可达 98%，所以同步齿形带的应用日益广泛。其主要缺点是制造和安装精度要求较高，中心距要求较严格。

同步齿形带有单面带和双面带两种，单面带单面有齿，双面带两面均有齿。双面带又有对称齿形（DⅠ）和交错齿形（DⅡ）之分。在规定张紧力下，相邻两齿中心线的直线距离称为节距，以 p 表示，它是同步齿形带传动的主要参数。

同步齿形带带轮的齿形推荐采用渐开线齿形，可用范成法加工而成（范成法见齿轮传动一章）。也可采用直边齿形。

12.6.3　高速带传动

带速 $v>30$m/s，高速轴转速 $n_1=10000$r/min～50000r/min 的带传动属于高速带传动。这种传动要求运转平稳，传动可靠，并有一定的寿命。高速带要求采用重量轻、薄而均匀、挠曲性好的环形平带，如特制的编制带（丝、麻、锦纶等）、薄型锦纶片复合平带等。

高速带轮要求重量轻、质量均匀对称、运转时空气阻力小。带轮各面均应进行精加工，并进行动平衡。高速带轮通常采用钢或铝合金制造。

为防止掉带，大小带轮轮缘都应加工出凸度，可制成鼓形面或双锥面（图 12-19a）。在轮缘表面常开环形槽（图 12-19b），以防止在带与轮缘表面间形成空气层而降低摩擦系数，影响正常传动。

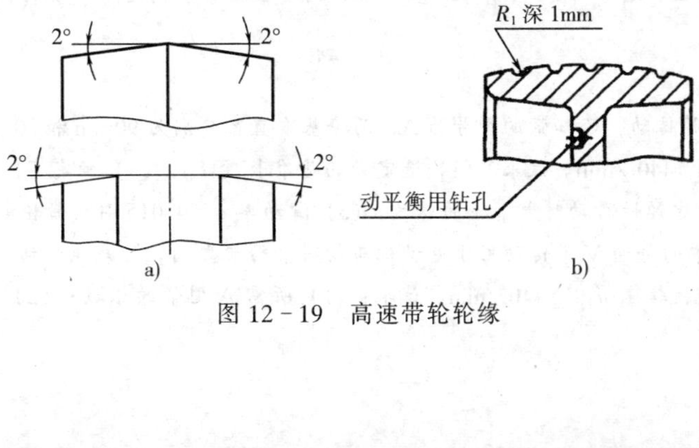

图 12-19　高速带轮轮缘

本章小结

（1）带传动根据工作原理可分为摩擦型带传动和啮合型带传动两种。摩擦型带传动应用最广，布置形式多为开口布置。

（2）摩擦型带传动在工作前已有一定的初拉力，工作时靠带与带轮间的摩擦力工作，带的两边形成松边和紧边，两边的拉力差是带传递的有效拉力，最大有效拉力可以利用通过柔韧体摩擦的欧拉公式推导出的公式计算出来。

（3）带的工作应力为变应力，由带拉力产生的拉应力 σ_1、离心力产生的拉应力 σ_c和带在带轮上环绕而产生的弯曲应力 σ_b三部分组成。为避免 σ_1 过大，应限制最小带速，为避免 σ_c过大，应限制最大带速，为避免 σ_b过大，应限制小带轮的最小计算直径。

（4）带传动的失效形式是打滑和带的疲劳损坏，设计准则是在保证带传动不打滑的条件下，使带具有足够的疲劳强度和寿命。

（5）带传动的打滑和弹性滑动是两个截然不同的概念。打滑是可以避免的，弹性滑动是不可避免的。弹性滑动造成从动轮圆周速度降低，降低程度用滑动率表示。

（6）普通 V 带传动设计计算的主要内容是确定 V 带的型号、长度、根数、中心距、带轮直径、材料、结构以及对带轮轴的压力等。设计中应注意带轮最小直径、传动中心距、带根数的选取和小带轮包角与带速的验算。

思考题

12-1 带传动主要类型有哪些？各有什么特点？

12-2 影响带传动工作能力的因素有哪些？

12-3 带速为什么不宜太高也不宜太低？

12-4 带传动中的弹性滑动和打滑是怎样产生的？对带传动有何影响？

12-5 带传动的主要失效形式是什么？设计中怎样考虑？

12-6 为什么带传动通常布置在机器的高速级？

12-7 带传动在什么情况下才会发生打滑？打滑通常发生在大带轮上还是小带轮上？刚开始打滑前，紧边拉力与松边拉力有什么关系？

12-8 何谓滑动率？滑动率如何计算？

12-9 带传动中带为何要张紧？如何张紧？

12-10 为什么 V 带轮轮槽槽角要小于 40°？为什么 V 带轮的基准直径越小，轮槽槽角就越小？

12-11 试分析带传动中参数 α_1、D_1、i 和 a 的大小对带传动的影响。

12-12 试分析比较普通 V 带、窄 V 带、多楔带、同步齿形带和高速带传动的特点和应用范围。

习题

12-1 一普通 V 带传动，已知带的型号为 A，两轮基准直径分别为 90mm 和 200mm，初定中心距 a = 500mm，小带轮转速为 1440r/min。试求：（1）选定带的基准长度 L_d；（2）确定实际中心距；（3）计算小带轮的包角；（4）不考虑弹性滑动时大带轮的转速；（5）滑动率 $\varepsilon = 0.015$ 时大带轮的实际转速。

12-2 题 12-1 中的普通 V 带传动用于电动机与物料磨粉机之间，作减速传动，每天工作 8 小时。已知电动机功率 P = 4kW，转速 n_1 = 1440r/min。试求：（1）所需 A 型带的根数；（2）带的张紧力；（3）带轮轴上的压力。

12-3　一普通V带传动传递功率为 $P=7.5\text{kW}$，带速 $v=10\text{m/s}$，紧边拉力是松边拉力的两倍，即 $F_1=2F_2$，试求紧边拉力、松边拉力和有效拉力。

12-4　设计一破碎机用普通V带传动。已知电动机（Y系列三相异步）额定功率为 $P=5.5\text{kW}$，转速 $n_1=1440\text{r/min}$，从动轮为 $n_2=600\text{r/min}$，允许误差 ±5%，两班制工作，希望中心距不超过650mm。

12-5　在例题12-1中，已知大带轮轴的直径 $d=50\text{mm}$，试确定大带轮的材料、各部分尺寸并绘制工作图。

第 13 章　链 传 动

13.1　概　述

链传动是一种绕性啮合传动，由装在平行轴上的主动链轮、从动链轮和绕在链轮上的环形链条组成（图 13－1），以链作为中间挠性拉曳元件，靠链与链轮轮齿的啮合来传递动力。因其经济、可靠，故广泛应用于农业、采矿、冶金、起重、运输、石油、化工、纺织等各种行业机械中。

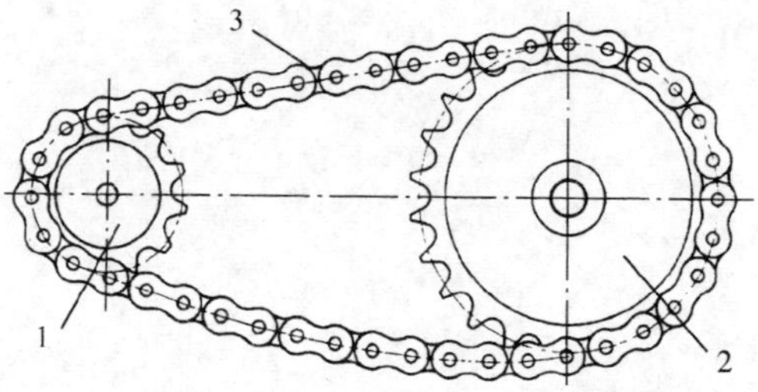

1—主动链轮　2—从动链轮　3—链条

图 13－1　链传动简图

13.1.1　链传动的种类

按用途不同，链传动可分为传动链、起重链和曳引链三种。传动链主要用来传递动力，通常都在中等速度（$v \leqslant 20m/s$）以下工作。起重链主要用在起重机械中提升重物，一般链条的线速度 $v \leqslant 0.25m/s$。曳引链主要用在运输机械中移动重物，一般链条的线速度 $v \leqslant 2m/s \sim 4m/s$。

按结构不同，链主要有套筒链、套筒滚子链（简称滚子链）、齿形链和成型链四种。本章主要讨论传动链中滚子链的设计计算问题。

13.1.2　链传动的特点

与带传动相比，链传动的主要优点是：(1) 没有弹性滑动和打滑，能保持准确的平均传动比；(2) 需要的张紧力小，作用在轴上的压力也小；(3) 工况相同时，传动尺寸较紧凑；(4) 能在温度较高、湿度较大、有油污等恶劣环境条件下工作；(5) 效率较高（$\eta = 98\%$）。与齿轮传动相比，链传动的制造和安装精度要求较低，中心距较大时其传动结构简单。

链传动的主要缺点是：(1) 只能用于平行轴间的传动；(2) 瞬时链速和瞬时传动比不是常数，传动平稳性较差，工作中有冲击和噪声；(3) 不宜在载荷变化很大和急促反向的传动中应用；(4) 磨损后易发生跳齿；(5) 制造费用比带传动高。

13.1.3　链传动的应用

链传动在传递功率、速度、传动比、中心距等方面范围较广。目前，最大传递功率达到 5000kW，最高速度达到 40m/s，最大传动比达到 15，最大中心距达到 8m。由于经济及其他原因，链传动的传递功率一般小于 100kW，链速小于 15m/s，传动比小于 8。

13.2　滚子链的链条和链轮

13.2.1　链　条

一根链条有多个链节，每个链节由滚子 1、套筒 2、销轴 3、内链板 4 和外链板 5 组成

(图 13-2)。套筒与内链板、销轴与外链板分别用过盈配合固定，形成内、外链节，内外链节构成一个铰链，滚子与套筒、套筒与销轴均为间隙配合。当链条在链轮上啮入和啮出时，内外链节作相对转动，同时，滚子沿链轮轮齿滚动，达到减小链条与轮齿的摩擦和磨损的目的。链板一般做成 8 字形，以减轻重量并保持链板各横截面的强度大致相等。

滚子链上相邻两滚子中心的距离称为链的节距，用 p 表示，它是链条的基本特性参数，节距越大，链条各零件的尺寸就越大，所能传递的功率也越大。

滚子链可制成单排链（图 13-2）和多排链，如双排链（图 13-3，图中 p_t 为排距）或三排链等。多排链是把一根以上的单排链并列，用长销轴联接起来形成的。由于排数愈多，各排链受力愈不均匀，故实际应用中一般不超过 3 排或 4 排。

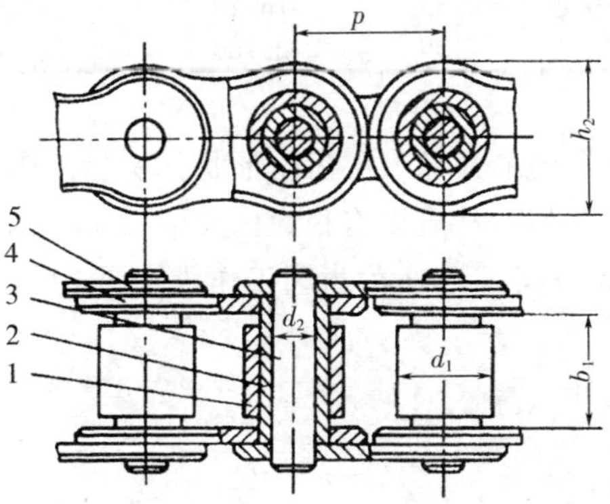

图 13-2 滚子链的结构图

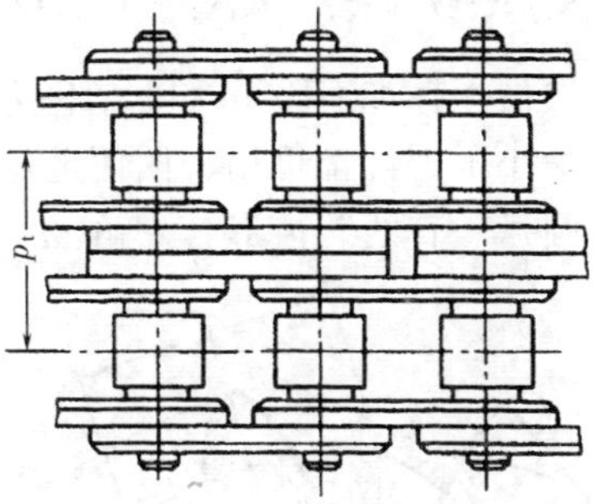

图 13-3 双排滚子链

链接头形式见图 13-4。当一根链的链节数为偶数时采用连接链节，其形状与链节相同，但连接链板与销轴为间隙配合，用开口销或弹簧夹把连接链板与销轴锁紧；当链节数为奇数时，需采用一个过渡链节。由于过渡链节的链板在工作时要承受附加的弯矩，所以通常应避免采用。但在重载、冲击、反向等繁重条件下工作时，采用全部由过渡链节构成的链条，柔性较好，能减轻冲击和振动。

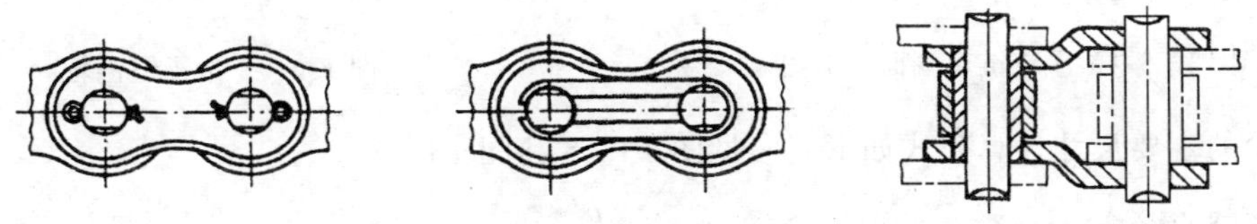
a) 开口销　　b) 弹簧夹　　c) 过渡链板

图 13-4 链接头形式

滚子链已标准化，分为 A、B 两个系列，常用的是 A 系列。表 13.1 列出了几种 A 系列滚子链的主要参数。

GB/T1243-1997 规定滚子链的标记方法是：链号—排数—链节数　标准号

例如 08A-1-80　GB/T1243-1997 表示：A 系列、单排、链长为 80 节、节距为 12.7mm（节距 = 链号 × 25.4/16mm）的滚子链。

13.2.2 链　轮

链轮轮齿的齿形应保证链节能自由地进入和退出啮合，在啮合时应保证良好的接触，同时形状应尽可能简单，并便于加工。

表 13.1 A 系列滚子链的主要参数（GB/T1243－1997）

链号	链节距 p/mm	排距 p_t/mm	滚子外径 d_1/mm	内链节链宽 b_1/mm	销轴直径 d_2/mm	内链板高度 h_2/mm	单排每米质量 q/（kg/m）	单排极限拉伸载荷 F/kN
08A	12.70	14.38	7.92	7.85	3.98	12.07	0.60	13.8
10A	15.875	18.11	10.16	9.40	5.09	15.09	1.00	21.8
12A	19.05	22.78	11.91	12.57	5.96	18.08	1.50	31.1
16A	25.40	29.29	15.88	15.75	7.94	24.13	2.60	55.6
20A	31.75	35.76	19.05	18.90	9.54	30.18	3.80	86.7
24A	38.10	45.44	22.23	25.22	11.11	36.20	5.60	124.6
28A	44.45	48.87	25.40	25.22	12.71	42.24	7.50	169.0
32A	50.80	58.55	28.58	31.55	14.29	48.26	10.10	222.4
40A	63.50	71.55	39.68	37.85	19.86	60.33	16.10	347.0
48A	76.20	87.83	47.63	47.35	23.81	72.39	22.60	500.4

注：使用过渡链节时，其极限拉伸载荷按表中数值的 80% 计算。

链轮齿形标准 GB/T1243－1997 只规定了链轮的最大和最小齿槽形状。实际齿槽形状在最大和最小范围内都可用，因而链轮齿廓曲线的几何形状可以有很大的灵活性。常用的齿廓为“三圆弧一直线”齿形，它由$\overset{\frown}{aa}$、$\overset{\frown}{ab}$、$\overset{\frown}{cd}$和$\overline{bc}$组成，$abcd$ 为齿廓工作段（图 13－5）。

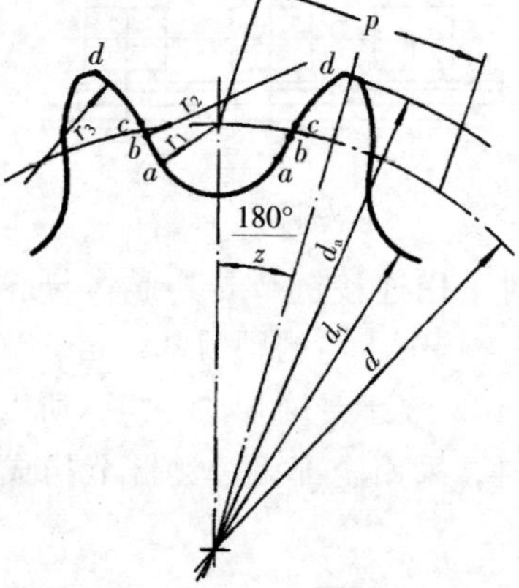

图 13－5 滚子链链轮端面齿形图

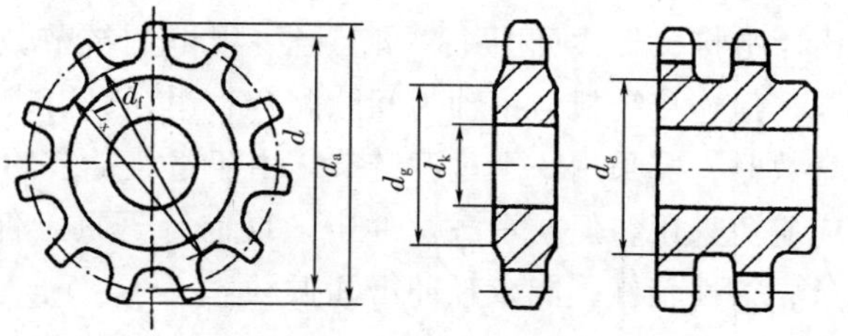

图 13－6 滚子链链轮

链轮的主要尺寸计算公式如下（参见图 13－5 和图 13－6）

分度圆直径
$$d=\frac{p}{\sin(180^\circ/z)} \tag{13-1}$$

齿顶圆直径
$$d_a=p\left(0.54+\cot\left(\frac{180^\circ}{z}\right)\right) \tag{13-2}$$

齿根圆直径
$$d_f=d-d_r \tag{13-3}$$

最大齿根距离

偶数齿 $L_X=d_f$

奇数齿 $L_X=d\cos\left(\frac{90^\circ}{z}\right)-d_r$ (13－4)

齿侧凸缘(或排间槽)直径
$$d_g<p\cot\left(\frac{180^\circ}{z}\right)-1.04h-0.76 \tag{13-5}$$

链轮的轴面齿形见图 13－7，其几何尺寸见有关手册。

链轮的结构如图 13－8 所示。小直径链轮可做成实心式（图 a）；中等直径的链轮可做成孔板式（图 b）；直径较大的链轮，为便于更换磨损后的齿圈，可设计成组合式结构（图 c）。

链轮轮毂部分的尺寸可参考带轮。

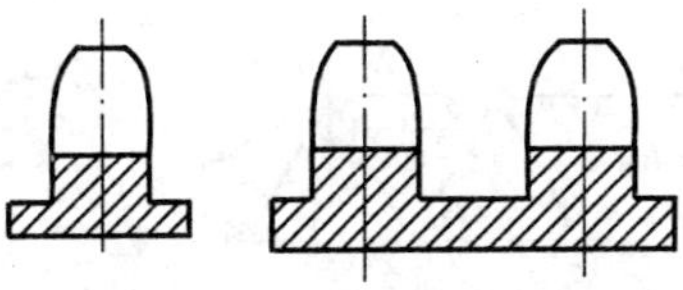

图 13－7　滚子链链轮轴面齿形

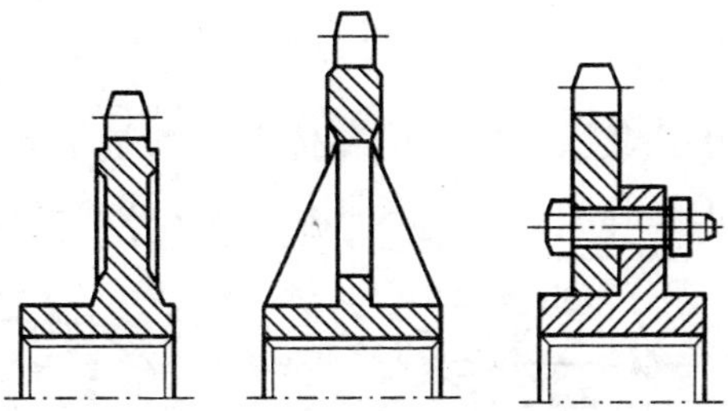

图 13－8　链轮结构

13.2.3　链条和链轮的材料

链条的使用寿命在很大程度上取决于链条的材料及其热处理、制造精度等。链条的材料及其硬度要求见有关标准。

链轮材料应能保证轮齿具有足够的强度和耐磨性。由于小链轮的啮合次数比大链轮多，所受冲击力也大，故所用材料一般优于大链轮。

链轮的常用材料和应用范围见表 13.2。

表 13.2　链轮常用材料及齿面硬度

材　料	热处理	热处理后的硬度	应用范围
15、20	渗碳、淬火、回火	50HRC～60HRC	$z\leqslant 25$，有冲击载荷的主动链轮、从动链轮
35	正火	160HBS～200HBS	正常工作条件下，齿数较多（$z>25$）的链轮
40、50、ZG310－570	淬火、回火	40HRC～50HRC	无剧烈振动及冲击的链轮
15Cr、20Cr	渗碳、淬火、回火	50HRC～60HRC	有动载荷及传递较大功率的重要链轮
35SiMn、40Cr、35CrMo	淬火、回火	40HRC～50HRC	使用优质链条的重要链轮
Q235、Q275	焊接后退火	140HBS	中等速度、传递中等功率的较大链轮
普通灰铸铁（不低于 HT150）	淬火、回火	260HBS～280HBS	$z_2>50$ 的从动链轮
夹布胶木	－	－	功率小于 6kW、速度较高、要求平稳传动和噪音小的链轮

13.3　链传动的工作情况分析

13.3.1　链传动的运动分析

由于链节是刚性的，所以链条与链轮啮合时，相当于链条折绕在边长为链节距 p、边数为链轮齿数 z 的正多边形上（图 13－9）。链轮每转一周，链条移动的距离为 zp。设主动链轮、从动链轮的齿数分别为 z_1、z_2，转速分别为 n_1、n_2（r/min），则链速 v（m/s）

$$v=\frac{z_1 p n_1}{60\times 1000}=\frac{z_2 p n_2}{60\times 1000} \tag{13-6}$$

由式（13－6）可得出传动比为

$$i=\frac{n_1}{n_2}=\frac{z_2}{z_1} \tag{13-7}$$

以上两式求出的链速和传动比都是平均值。实际上，即使主动链轮以等角速度 ω_1 回转，瞬时链速 v、瞬时传动比 i 以及从动链轮角速度 ω_2 都是变化的。

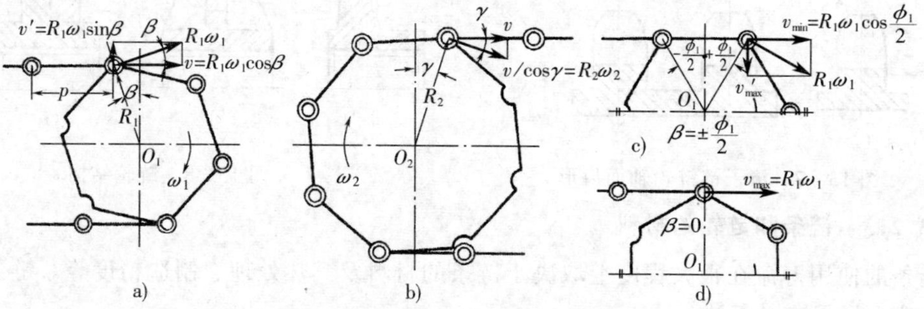

图 13－9　链传动速度分析图

现按图 13－9 分析链轮和链条的速度。如图 a 所示，当链节进入主动轮时，其销轴总是随着链轮的转动而不断改变其位置，当主动链轮以等角速度 ω_1 转动时，销轴轴心作等速圆周运动，其值为 $v_1=R_1\omega_1$。

为便于分析，假设紧边在传动时始终处于水平位置。这样，当销轴轴心位于 β 角时，v_1 可分解为沿着链条前进方向的水平速度 v 和垂直速度 v'。显然，v 即为链速，v' 则为链条在垂直方向的移动速度，其值分别为

$$\left.\begin{aligned}v&=R_1\omega_1\cos\beta\\v'&=R_1\omega_1\sin\beta\end{aligned}\right\} \tag{13-8}$$

当 β 角从 $-\phi_1/2$ 到 $+\phi_1/2$（$\phi_1=360°/z_1$）之间变化时，v 和 v' 有规律地连续变化（图 13－10）。

$\beta=\pm\dfrac{\phi_1}{2}$ 时（图 13－9c）　$\begin{cases}v_{\min}=R_1\omega_1\cos\ (180°/z_1)\\v'_{\max}=R_1\omega_1\sin\ (180°/z_1)\end{cases}$

$\beta=0$ 时（图 13－9d）　$\begin{cases}v_{\max}=R_1\omega_1\\v'_{\min}=0\end{cases}$

由此可见，虽然主动链轮作等角速度转动，而链条的瞬时速度却周期性地发生变化。每转过一个链节，链速的变化就重复一次，链轮的节距越大，齿数越少，β 角的变化范围就越大，链速的变化也就越大。与此同时，链条的垂直分速度 v' 也在周期性地变化，给链传动带来工作的不稳定性和有规律的振动。

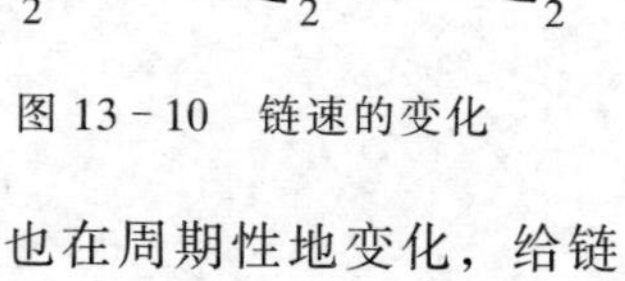

图 13－10　链速的变化

同理，每一链节在与从动轮轮齿啮合的过程中，链节铰链在从动轮上的相位角 γ 也不断地在 $\pm(180°/z_2)$ 范围内变化（图 13－9b），所以从动链轮的角速度为

$$\omega_2=\frac{v}{R_2\cos\gamma}=\frac{R_1\omega_1\cos\beta}{R_2\cos\gamma}$$

链传动的瞬时传动比

$$i=\frac{\omega_1}{\omega_2}=\frac{R_2\cos\gamma}{R_1\cos\beta} \tag{13-9}$$

由式（13－9）可知，随着 β 角和 γ 角的不断变化，链传动的瞬时传动比也是不断变化的。当主动链轮以等角速度转动时，从动链轮将周期性地变动。只有在 $z_1=z_2$（即 $R_1=R_2$），且传动的中心距恰为节距 p 的整数倍时（这时 β 角和 γ 角的变化才会时时相等），ω_2 和 i 才能得到恒定值。

上述链传动运动的不均匀性特征，是由于围绕在链轮上的链条形成了正多边形而造成的，故称为链传动的多边形效应。显然，多边形效应是链传动固有的特征。

13.3.2 链传动的附加动载荷分析

链传动的附加动载荷主要有：

（1）链速和从动轮角速度周期性变化引起的附加动载荷；

（2）链在垂直方向分速度 v' 周期性变化引起的附加动载荷；

（3）链节进入链轮的瞬间，链节和轮齿以一定的相对速度相啮合（图 13－11），使链和轮齿受到冲击，产生附加动载荷；

（4）若链张紧不好，链条松弛，在启动、制动、反转、载荷变化等情况下，将产生惯性冲击，使链传动产生很大的动载荷。

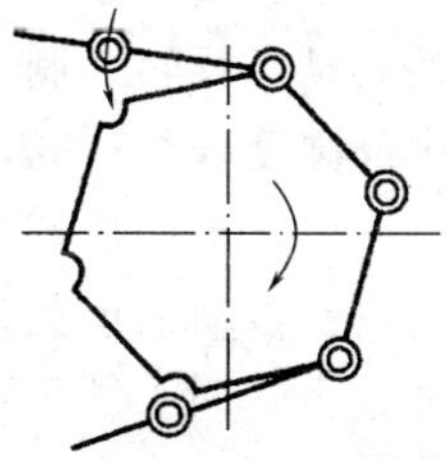

图 13－11 链节和轮齿啮合时的冲击

链传动的附加动载荷使链传动产生振动和噪声，并加速链的损坏和轮齿的磨损，同时降低了传动效率。显然，链节距愈大，链轮齿数愈少，链轮转速愈高，则附加动载荷也愈大。

13.3.3 链传动的受力分析

链传动安装时，所需的张紧力不大，主要是保证链的松边垂度不致过大，以免影响链条正常退出啮合和产生振动、跳齿和脱链现象。若不考虑传动中的动载荷，作用在链上的力有工作拉力 F_e、离心拉力 F_c 和悬垂拉力 F_f。

工作拉力 F_e（N）取决于传动功率 P（kW）和链速 v（m/s）

$$F_e=1000\frac{P}{v} \tag{13-10}$$

离心拉力 F_c（N）

$$F_c=qv^2 \tag{13-11}$$

式中：q——单位长度链条的质量，kg/m，见表 13.1；

v——链速，m/s。

悬垂拉力 F_f（N）可利用求悬索拉力的方法近似求得

$$F_f=K_f qga \tag{13-12}$$

式中：a——链传动的中心距，m；

g——重力加速度，m/s^2；

K_f——下垂量 $y=0.02a$ 时的垂度系数。

K_f 值同中心线与水平线夹角 β（图 13－12）有关。垂直布置时可取 $K_f=1$，水平布置时可取 $K_f=6.5$，倾斜布置时可取 $K_f=2.5$（$\beta=75°$时），$K_f=5.5$（$\beta=30°$时）。

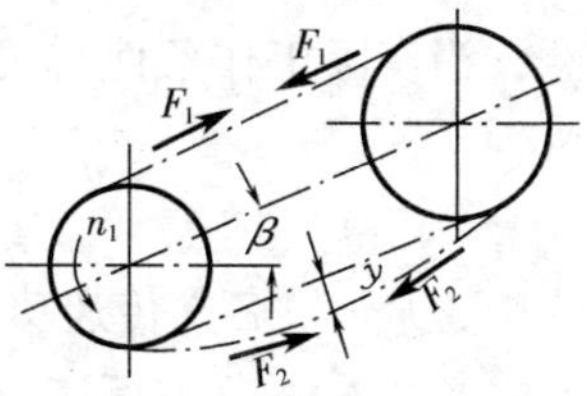

图 13－12 链受力和垂度分析简图

由此得到紧边和松边拉力（图 13－12）为

紧边总拉力 $F_1=F_e+F_c+F_f$
松边总拉力 $F_2=F_c+F_f$ (13-13)

13.4 滚子链传动的承载能力和设计计算

13.4.1 滚子链传动的承载能力

(1) 失效形式

链传动的可能失效形式有：①正常润滑条件下，铰链元件由于疲劳强度不足而破坏；②铰链销轴磨损，使链节距过度伸长(标准试验条件下允许伸长率为3%)，从而破坏正确啮合和产生脱链现象；③润滑不当或转速过高时，销轴和套筒的摩擦表面易发生胶合破坏；④经常起动、反转、制动的链传动，由于过载造成冲击破断；⑤低速重载的链传动，铰链元件发生静强度破坏；⑥链轮轮齿磨损等。

(2) 极限功率曲线

链传动的承载能力与其失效形式有关。工作情况不同，失效形式也不同，链传动的承载能力也就不同。图13-13是链在一定的使用寿命下，小链轮在不同转速时，由各种失效形式所限定的极限功率曲线（亦称帐篷曲线）。图中，1是在良好而充分的润滑条件下，由磨损破坏限定的极限功率曲线；2是变应力下由链板疲劳破坏限定的极限功率曲线；3是套筒、滚子冲击疲劳破坏限定的极限功率曲线；4是由销轴与套筒胶合限定的极限功率曲线。图中阴影部分为实际使用的区域。若润滑条件不好或工作环境恶劣，磨损将很严重，极限功率会大幅度下降，如图中虚线所示。

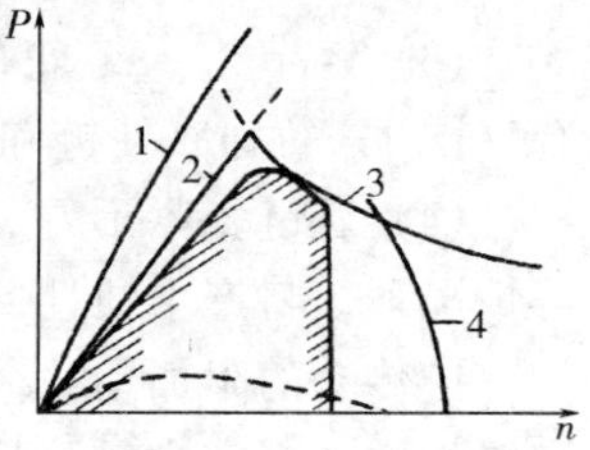

图13-13 滚子链的极限功率曲线

(3) 额定功率曲线

为便于设计使用，将在特定条件下由试验得到的极限功率曲线（图13-13中的曲线2、3、4）作适当修改得到A系列滚子链的额定功率曲线（图13-14）。

试验条件为：$z_1=19$、$L_p=100$、单列链水平布置、载荷平稳、采用推荐的方式润滑(图13-15)、使用寿命15000h、链因磨损而引起链节距的相对伸长量 $\Delta p/p\leqslant3\%$ 。若润滑不良或不能按推荐的方式润滑时，应将图中 P_0 值降低：当链速 $v\leqslant1.5$m/s时，取(30%～60%)P_0；当1.5m/s< $v\leqslant7$m/s时，取(15%～30%)P_0；当 $v>7$m/s，而又润滑不良时，传动不可靠，不宜采用。

利用滚子链的额定功率曲线，可以进行滚子链的型号选择或实际承载能力校核。但要注意，当实际工作条件与试验条件不同时，应对实际传递功率加以修正。修正公式为

$$P_0'=\frac{K_A P}{K_z K_L K_m}\leqslant P_0 \tag{13-14}$$

式中：P——名义传递功率，kW；

P_0'——把实际工作条件修正为试验条件后的传递功率，kW；

P_0——试验条件下的额定功率（图13-14），kW；

K_A——工作情况系数（表13.3）；

K_z、K_z'——小链轮齿数系数（表13.4）。当工作点落在图13-14中曲线顶点的左侧时（链板疲劳），查表中的 K_z；当落在右侧时（滚子、套筒冲击疲劳），查表中的 K_z'；

K_m——多排链系数（表13.5）；

K_L——链长系数（图13-16）。链板疲劳查曲线1，滚子、套筒冲击疲劳查曲线2。当失效形式难以预知时，可按曲线1、曲线2中的小值决定。

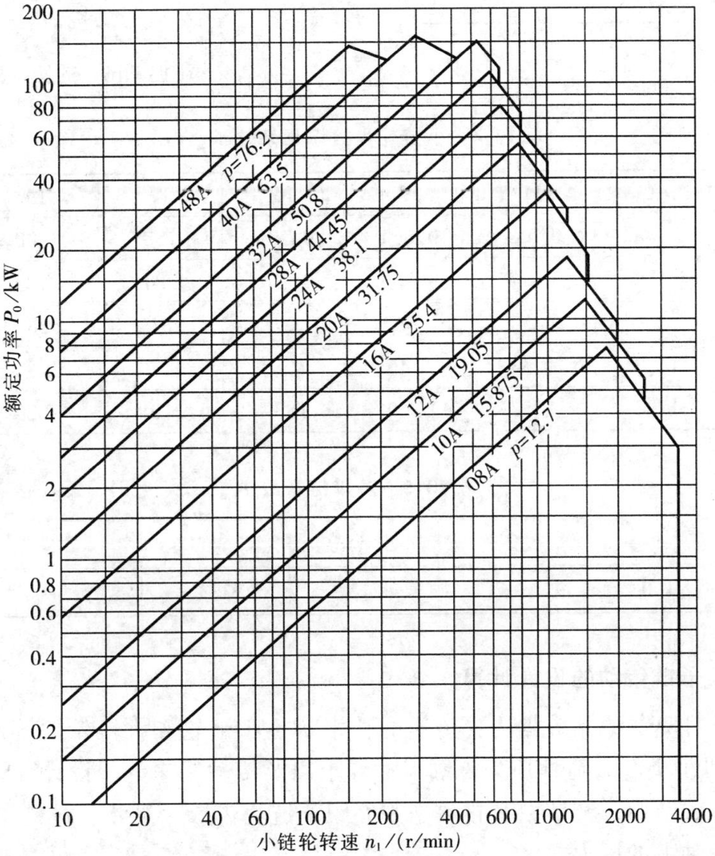

图13-14　A系列滚子链传动额定功率曲线

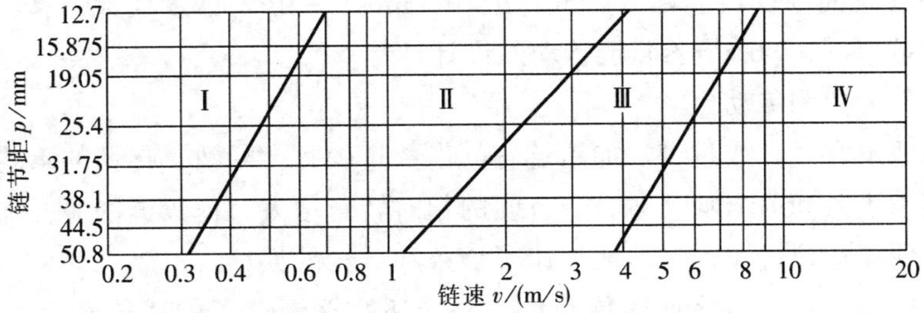

Ⅰ—人工定期润滑　Ⅱ—滴油润滑　Ⅲ—油浴或飞溅润滑　Ⅳ—压力喷油润滑

图13-15　推荐的润滑方式

表 13.3 链传动工作情况系数

载荷种类	原动机	
	电动机或汽轮机	内燃机
载荷平稳	1.0	1.2
中等冲击	1.3	1.4
较大冲击	1.5	1.7

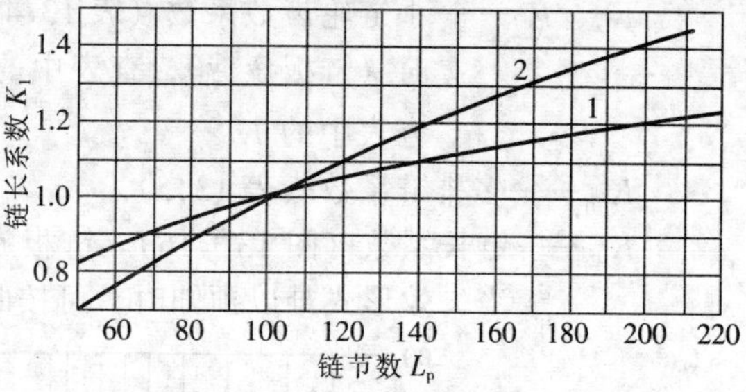

图 13-16 链长系数 K_L

表 13.4 小链轮齿数修正系数 K_z、K_z'

z_1	9	11	13	15	17	19	21
K_z	0.446	0.554	0.664	0.775	0.887	1.00	1.11
K_z'	0.326	0.441	0.566	0.701	0.846	1.00	1.16
z_1	23	25	27	29	31	33	35
K_z	1.23	1.34	1.46	1.58	1.70	1.82	1.93
K_z'	1.33	1.51	1.69	1.89	2.08	2.29	2.50

表 13.5 多排链系数 K_m

排数	1	2	3	4	5	6
K_m	1.0	1.7	2.5	3.3	4.0	4.6

13.4.2 滚子链传动的设计计算

链传动设计计算的原始数据为：传递的功率 P、小链轮和大链轮的转速 n_1、n_2（或传动比 i）、原动机种类、载荷性质、外廓尺寸要求以及传动用途等。设计计算的主要内容是：确定链条的型号、节距、链节数、排数、中心距，链轮齿数、尺寸、材料和结构、润滑方式以及作用在链轮轴上的压力。

根据链速不同，链传动设计可分为一般链速和低速两种情况。通常，一般链速（$v \geqslant 0.6\text{m/s}$）时按功率曲线设计计算，低速（$v < 0.6\text{m/s}$）时按静强度设计计算。

(1) 一般链速（$v \geqslant 0.6\text{m/s}$）链传动的设计计算

①确定链轮齿数和传动比

链轮的齿数不宜过多或过少。如果链轮的齿数过少，会导致：传动的不均匀性和附加动载荷增大；链条进入和退出啮合时，链节间的相对转角增大，使铰链的磨损加剧；链传递的圆周力增大，使紧边拉力增大，从而加速了链条和链轮的损坏。

如果链轮的齿数过多，除增大传动尺寸外，还会缩短链条的使用寿命。因为链节磨损后，链节距会伸长，其伸长量 Δp 和啮合圆外移量 Δd 有如下关系（图 13-17）：

$$\Delta p = \Delta d \sin \frac{180^\circ}{z}$$

显然，若 Δp 不变，则齿数 z 愈多，Δd 就愈大，所以链节愈向外移，因而，链从链轮上脱落下来的可能性也就愈大，链的使用寿命也就愈短。

综上所述，从增加传动均匀性和减小附加动载荷的角度考虑，小链轮齿数 z_1 宜适当多些。在动力传递中，建议按表13.6根据链速 v 选取；从限制大链轮齿数和减小传动尺寸角度考虑，传动比大时小链轮齿数建议取少些。当链速很低时，允许最少齿数为9。大链轮的齿数则一般限制为 $z_{2max} \leqslant 120$。由于链节数通常为偶数，为使磨损均匀，链轮齿数一般应取与链节数互为质数的奇数。

链传动的传动比一般 $i \leqslant 8$，推荐 $i = 2 \sim 3.5$，当 $v < 2\text{m/s}$ 且载荷平稳时允许到10。传动比过大时，由于小链轮上的包角过小，使啮合的齿数太少，会加速链轮轮齿的磨损，并且容易出现跳齿，可采用二级或二级以上传动。

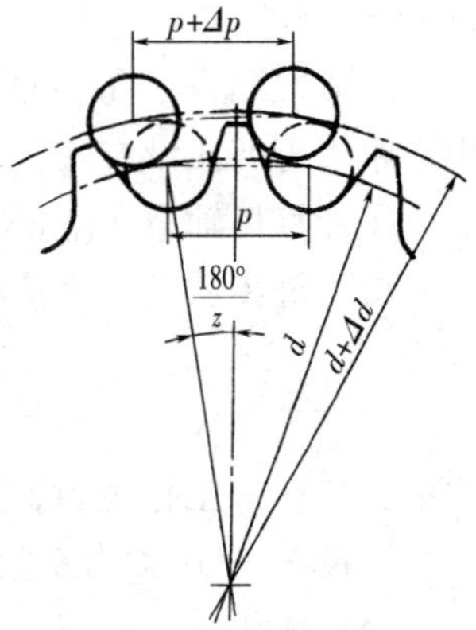

图13-17 链节距伸长量和啮合圆外移量间的关系

表13.6 小链轮齿数 z_1 的选择

链速 v /(m/s)	0.6～3	3～8	>8
齿数 z_1	≥15～17	≥21	≥23～25

②确定链的型号、节距和排数

链节距增大，链传动的承载能力也会增大，但传动的尺寸、重量以及运动不均匀性、冲击、振动和噪声等都将增大。因此设计时，在承载能力足够的条件下，应尽量选取小节距的单排链。高速重载时，可选用小节距的多排链。从经济上考虑，中心距小、传动比大时，选小节距多排链；中心距大、传动比小时，选大节距单排链。

链的型号确定：根据式（13-14）计算出修正后的传递功率 P_0' 值，再根据 P_0' 和小链轮转速 n_1 由图13-14确定链条型号。

③确定中心距和链条长度

链速不变时，如中心距过小，则单位时间内每一链节的应力变化次数和屈伸次数增加，因此会加剧链的磨损和疲劳，同时，链条在小链轮上的包角也小，使包角范围内每个轮齿所受的载荷增大；中心距大时，链节数增多，吸振能力增大，使用寿命增长。但中心距太大时，会发生链的颤抖现象（尤其是松边），使传动的平稳性降低。一般情况下，中心距可取 $a = (30 \sim 50)p$，最大中心距 $a_{max} = 80p$。

链条长度用链节数 L_p 表示。按带传动求带长公式可导出

$$L_p = \frac{2a}{p} + \frac{z_1 + z_2}{2} + \frac{p}{a}\left(\frac{z_2 - z_1}{2\pi}\right)^2 \tag{13-15}$$

链节数必须取为整数，最好取为偶数，以避免使用过渡链节。

实际中心距可根据链节数计算出来。按带传动求中心距公式可导出

$$a = \frac{p}{4}\left[\left(L_p - \frac{z_1 + z_2}{2}\right) + \sqrt{\left(L_p - \frac{z_1 + z_2}{2}\right)^2 - 8\left(\frac{z_2 - z_1}{2\pi}\right)^2}\right] \tag{13-16}$$

为保证链条松边有一定的垂度，不致安装太紧，实际中心距 a' 应比计算值 a 小一些，即

$$a' = a - \Delta a \tag{13-17}$$

一般取 $\Delta a=(0.002\sim0.004)a$，对于中心距要求可调的链传动，$\Delta a$ 可取大值；对于中心距不可调或没有张紧装置的链传动，Δa 则应取较小值。

④计算压轴力 F_Q（N）

由于链传动是啮合传动，无需很大的张紧力，故作用在链轮轴上的压力也较小，可近似取为

$$F_Q = K_Q F_e \tag{13-18}$$

式中：F_e——工作拉力，N；

K_Q——压轴力系数。$K_Q=1.2\sim1.3$，有冲击和振动时取大值。

（2）低速（$v<0.6$m/s）链传动的设计计算

对于链速 $v<0.6$m/s 的低速链传动，其主要失效形式是链条的静力拉断，故应进行静强度校核。静强度安全系数应满足下式要求

$$S=\frac{mF}{K_A F_1}\geqslant 4\sim8 \tag{13-19}$$

式中：F——单排链的极限拉伸载荷（表 13.1），kN；

F_1——链的紧边工作拉力，kN；

m——链的排数；

K_A——工作情况系数（表 13.3）。

【例题 13-1】 设计一拖动带式输送机用滚子链传动。已知电动机型号为 Y160M-6（额定功率 $P=7.5$kW，转速 $n_1=970$r/min），链传动比 $i=3$，载荷平稳，中心距不小于 550mm，要求中心距可调整。

【解】 （1）选择链轮齿数 z_1、z_2

假定链速 $v=3$m/s～8m/s，由表 13.6 取小链轮齿数 $z_1=21$

大链轮齿数 $z_2=iz_1=3\times21=63$

（2）确定链节数 L_p

初定中心距 $a=40p$，则链节数为

$$L_P=\frac{2a}{p}+\frac{z_1+z_2}{2}+\frac{p}{a}\left(\frac{z_2-z_1}{2\pi}\right)^2=\frac{2\times40p}{p}+\frac{21+63}{2}+\frac{p}{40p}\left(\frac{63-21}{2\pi}\right)^2=123.12$$

取 $L_p=124$ 节。

（3）确定链条节距 p

由图 13-14 按小链轮转速估计工作点落在曲线顶点左侧。由表 13.3 查得工作情况系数 $K_A=1.0$；由表 13.4 查得小链轮齿数系数 $K_z=1.11$；由图 13-16 查得链长系数 $K_L=1.06$；采用单排滚子链，由表 13.5 查得多排链系数 $K_m=1.0$。由式（13-14）计算修正后的传递功率

$$P_0'=\frac{K_A P}{K_z K_L K_m}=\frac{1\times7.5}{1.11\times1.06\times1.0}=6.37\text{kW}$$

根据小链轮转速 $n_1=970$r/min 和功率 $P_0'=6.37$kW，由图 13-14 选择滚子链型号为 10A，其节距为 $p=15.875$mm。

（4）确定实际中心距 a

$$\begin{aligned}a&=\frac{p}{4}\left[\left(L_p-\frac{z_1+z_2}{2}\right)+\sqrt{\left(L_p-\frac{z_1+z_2}{2}\right)^2-8\left(\frac{z_2-z_1}{2\pi}\right)^2}\right]\\&=\frac{15.875}{4}\times\left[\left(124-\frac{21+63}{2}\right)+\sqrt{\left(124-\frac{21+63}{2}\right)^2-8\times\left(\frac{63-21}{2\pi}\right)^2}\right]\end{aligned}$$

$$=642\text{mm}$$

中心距减小量

$$\Delta a=(0.002\sim0.004)\ a=(0.002\sim0.004)\times642=1.3\sim2.6\text{mm}$$

实际中心距

$$a'=a-\Delta a=642-(1.3\sim2.6)=640.7\sim639.4\text{mm}$$

取　$a'=640\text{mm}$

$a'>550\text{mm}$，符合设计要求。

(5) 验算链速 v

$$v=\frac{n_1z_1p}{60\times1000}=\frac{970\times21\times15.875}{60\times1000}=5.389\approx5.4\text{m/s}$$

与原假设相符。

(6) 计算压轴力 F_Q

工作拉力

$$F_e=1000\ \frac{P}{v}=1000\times\frac{7.5}{5.4}=1388.9\text{N}$$

工作平稳，取压轴力系数 $K_Q=1.2$

压轴力　$F_Q=K_QF_e=1.2\times1388.9=1666.7\text{N}$

(7) 根据链速 $v=5.4\text{m/s}$，链节距 $p=15.875\text{mm}$，按图 13－15 选择油浴或飞溅润滑方式。

(8) 链轮结构设计（略）。

设计结果：滚子链型号 10A－1－124GB/T1243－1997，链轮齿数 $z_1=21$，$z_2=63$，中心距 $a'=640\text{mm}$，压轴力 $F_Q=1666.7\text{N}$。

13.5　链传动的润滑、布置和张紧

13.5.1　链传动的润滑

链传动的润滑十分重要，对高速、重载的链传动更为重要。良好的润滑可缓和冲击、减轻磨损，延长链条的使用寿命。具体的润滑方式应根据链速和链节距从图 13－15 中选择。常用的润滑装置见表 13.7。

润滑时，应将润滑油注入链条铰链处的缝隙中，并均匀分布于链宽上。润滑油应加在松边，因松边链节处于松弛状态，润滑油容易进入各摩擦面间。

润滑油推荐采用牌号为 L－AN32、L－AN46、L－AN68 的全损耗系统用油，温度低时取前者。对于开式及重载低速传动，可在润滑油中加入 MoS_2、WS_2 等添加剂。对于不便用润滑油的场合，允许涂抹润滑脂，但应定期清洗与涂抹。采用喷镀塑料的套筒或粉末冶金的含油套筒，因有自润滑作用，允许不另加润滑油。

13.5.2　链传动的布置

链传动一般应布置在铅垂平面内，尽可能避免布置在水平或倾斜平面内。如确有需要，则应考虑加托板或张紧轮等装置，并尽量使中心距紧凑。表 13.8 给出了链传动布置应考虑的一般原则。

13.5.3　链传动的张紧

链传动张紧主要是为了避免在链条垂度过大时，产生啮合不良和链条的振动现象，同时也为了增加链条与链轮的啮合包角。当两轮轴心连线倾斜角大于 60°时，通常设有张紧装

置。常用的张紧方法见表13.9。

表 13.7 链传动常用的润滑装置

润滑方式	润 滑 装 置
滴油润滑	用油杯通过油管向松边内外链板间隙处滴油。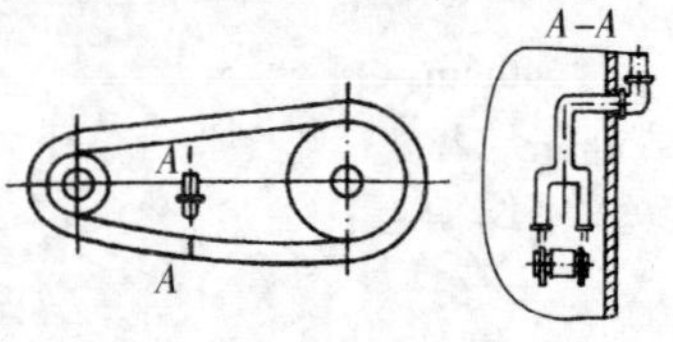
油浴或飞溅润滑	油浴润滑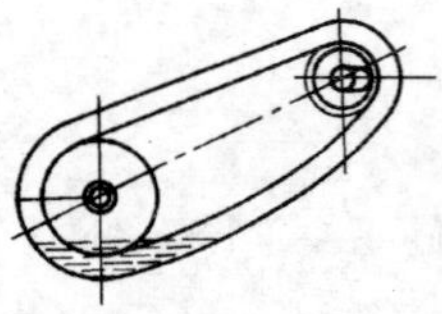 飞溅润滑（用甩油盘将油甩起，进行飞溅润滑）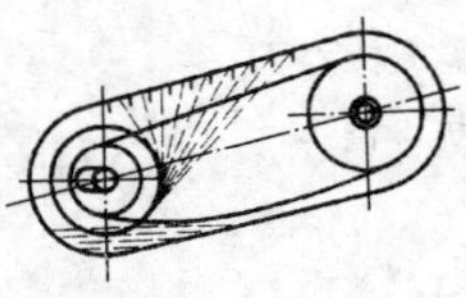
压力喷油润滑	用油泵经油管向链条连续供油，循环油可起润滑和冷却的作用。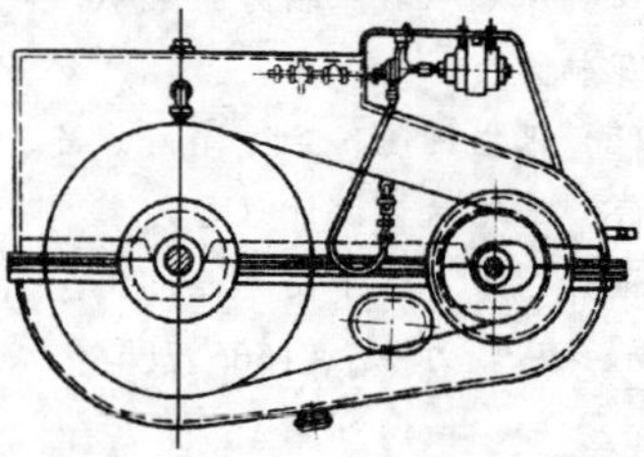

表 13.8 链传动布置的一般原则

传动参数	布置方式	说 明
$i=2\sim3$ $a=(30\sim50)p$ （i 与 a 较佳场合）		两轮轴线在同一水平面，紧边在上、在下均可，但在上好些。
$i>2$ $a<30p$ （i 大 a 小场合）	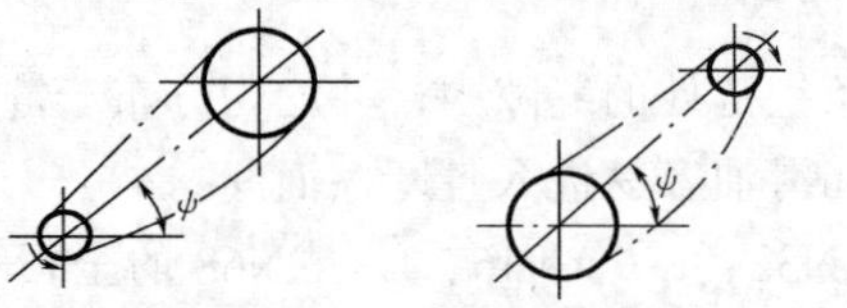	两轮轴线不在同一水平面，应使两链轮轴心线与水平线的夹角 $\psi\leqslant45°$，松边应在下面，否则松边下垂量增大后，链条易与链轮卡死。
$i<1.5$ $a>60p$ （i 小 a 大场合）	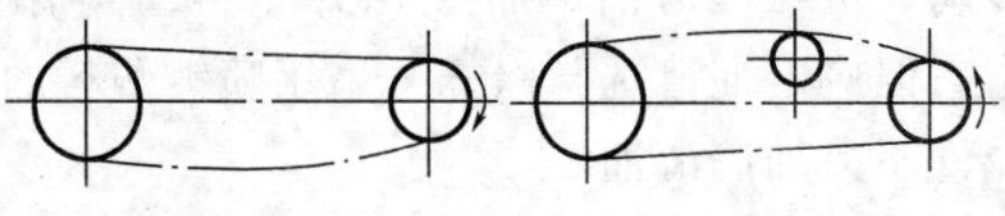	两轮轴线在同一水平面，松边应在下面，或加张紧装置，否则下垂量增大后，松边会与紧边相碰，需经常调整中心距。
i、a 为任意值 （垂直传动场合）	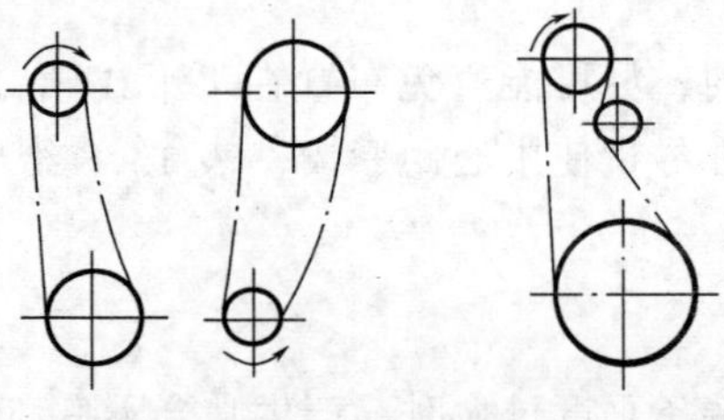	两轮轴线在同一铅垂面内，下垂量增大，会减少下链轮的有效啮合齿数，降低传动能力，为此应采用： （1）中心距可调； （2）张紧装置； （3）上下两轮错开，使其轴线不在同一铅垂面内。

表 13.9 链传动常用的张紧方法

中心距是否可调	张紧方法		
可调	通过调节中心距控制张紧程度。		
不可调	在链条磨损变长后拆下一两个链节，以恢复原来的长度。		
	设置张紧轮。张紧轮可以是链轮，也可以是无齿的滚轮。张紧轮的直径应与小链轮的直径相近。	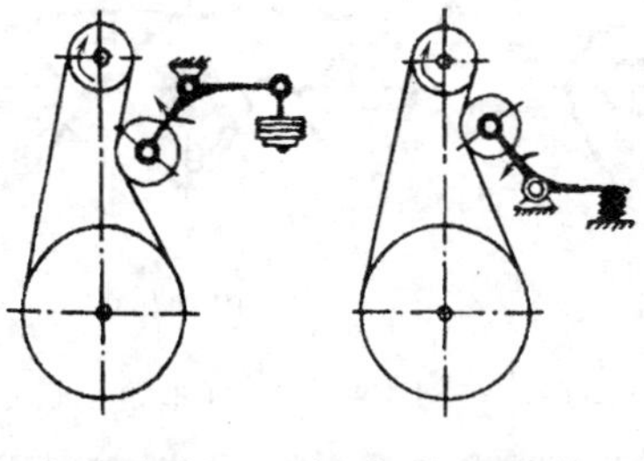 自动张紧，一般多利用弹簧、吊重提供张紧力。	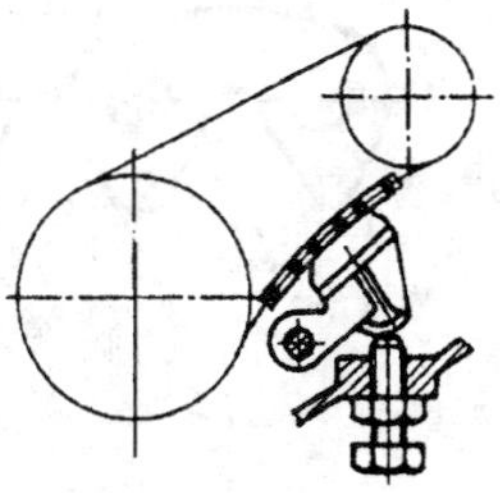 定期调整，一般多利用螺旋、偏心等调整装置。
	采用托板控制垂度，适用于中心距大的场合。		

13.6 齿形链传动简介

齿形链又称无声链，由一组带有两个齿的链板左右交错并列用铰链联接而成（图 13－18）。链板两侧为直边，夹角一般为 60°，工作时侧边与链轮齿廓相啮合。

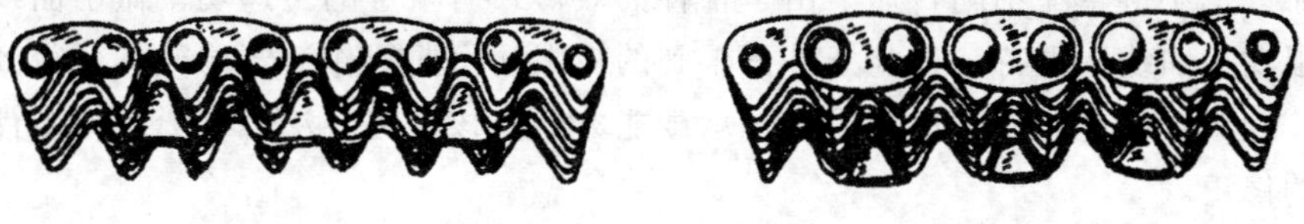

a) 带内导板式　　b) 带外导板式

图 13－18　齿形链

齿形链上设有导板，以防止链条工作时发生侧向窜动。导板有内导板和外导板两种。内导板齿形链导向性好，工作可靠，适用于高速及重载传动，但链轮轮齿上需开出导向槽。外导板链轮轮齿上不需开出导向槽，故链轮结构简单，但导向性较差，外导板与销轴铆接处易松脱。当链轮宽度大于 25mm～30mm 时，一般采用内导板齿形链；当链轮宽度较小，链轮轮齿上切削导向槽有困难时，可采用外导板齿形链。

齿形链铰链主要有三种形式（图 13－19）：（1）圆销式。其链板孔与销轴为间隙配合。（2）轴瓦式。在链板销孔两侧有长、短扇形槽各一条，且在同一销轴上，相邻链板左右相间排列，所以长短扇形槽也是相间排列。在销孔中装入销轴后，就在销轴左右的槽中嵌入与短槽相配的轴瓦。这就使得相邻链节在作屈伸动作时，左右轴瓦各在其长槽中摆动，同时轴瓦内面又沿销轴表面滑动。（3）滚柱式。没有销轴，在链板孔上做有直边，相邻链板也是左右相间排列，孔中嵌有摇块，其特点是当链节屈伸时，两摇块间的运动为滚动摩擦。

与滚子链相比，齿形链运转平稳、噪声较小、允许链速较高、承受冲击载荷的能力较好；但结构较复杂、价格较高、制造较难、重量较大，并且对安装和维护的要求也较高，因此多用于高速或运动精度要求较高的传动装置中。

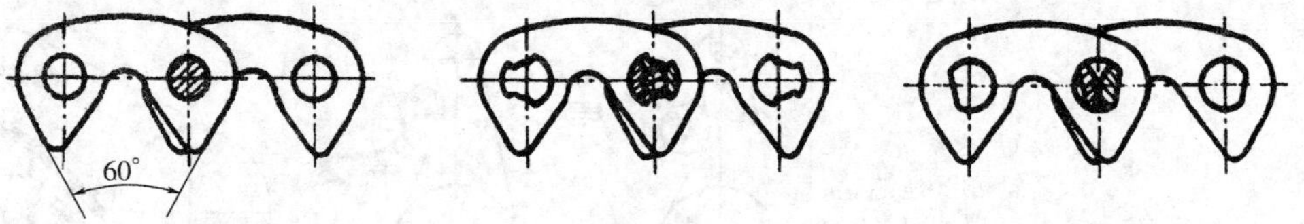

a) 圆销式　　b) 轴瓦式　　c) 滚柱式

图 13－19　齿形链铰链形式

本章小结

(1) 链传动是具有中间挠性件的啮合传动，兼有带传动和齿轮传动的特点。根据工作性质，链传动可分为传动链、起重链和曳引链，一般机械传动中，常用的是滚子传动链。

(2) 滚子链已标准化，其最重要的参数是链节距，链节距越大，链的各部分尺寸也越大，承载能力也越高。链条的长度用链节数表示，为避免使用过渡链节，链节数一般取偶数。链轮的基本参数是配用链条的参数，常用齿廓为“三圆弧一直线”齿廓。

(3) 多边形效应是链传动的固有特性，链节距越大，链轮齿数越少，链轮转速越高，多边形效应就越严重。由于多边形效应，链传动不宜用于有运动平稳性要求和转速高的场合。

(4) 链传动的失效主要是链条的失效，其承载能力受到多种失效形式的限制。如果规定链条的寿命，把小链轮在不同转速下由于各种失效形式所限定的传递功率做出曲线，即得到该链的极限功率曲线。把特定试验条件下得到的极限功率曲线作适当修改，可得到链的额定功率曲线，利用它可进行链的选型或实际承载能力的校核，但应注意实际工作条件与试验条件不同时的修正。

(5) 链传动设计可分为一般链速和低速两种情况，一般链速（$v \geqslant 0.6$m/s）时按功率曲线设计计算，低速（$v < 0.6$m/s）时按静强度设计计算。

(6) 链传动张紧的主要目的是避免链条垂度过大时产生啮合不良和链条的振动现象，同时可增加链条和链轮的啮合包角，常用的张紧方法有调整中心距和用张紧装置两种。

(7) 链传动的润滑方式应根据链速和链节距按推荐的润滑方式选择。

思考题

13－1　与带传动相比，链传动有哪些优缺点？

13－2　滚子链是如何构成的？其最主要的参数是什么？对传动有何影响？

13－3　为什么一般链节数选偶数，而链轮齿数多取奇数？

13－4　链传动中为什么小链轮的齿数不宜过少，而大链轮的齿数又不宜过多？

13－5　何谓链传动的多边形效应？如何减轻多边形效应的影响？

13－6　在什么条件下链传动瞬时传动比为恒定？此时链速是否也恒定？

13－7　链传动的紧边拉力和松边拉力各由哪几部分组成？

13-8 简述滚子链传动的主要失效形式和原因。

13-9 简述滚子链传动的布置、润滑和张紧要点。

13-10 简述齿形链传动的特点。

习 题

13-1 在如图所示链传动中，小链轮为主动轮，中心距 $a=(30\sim50)p$。问在图 a、b 所示布置中应按哪个方向转动才合理？两轮轴线布置在同一铅垂面内（图 c）有什么缺点？应采取什么措施？

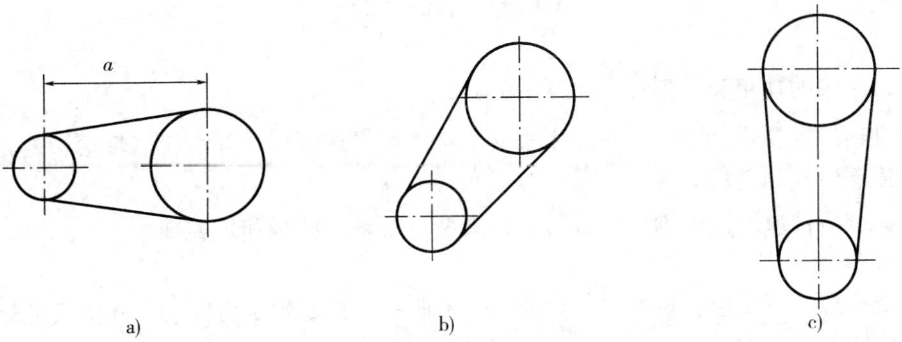

题 13-1 图

13-2 当其他条件相同时，试比较下列两种链传动设计方案的运动不均匀性和附加动载荷，哪一种较好？为什么？

(1) $p=15.875\text{mm}$，$z_1=31$；

(2) $p=31.75\text{mm}$，$z_1=15$；

13-3 一单排滚子链传动，链轮齿数 $z_1=21$，$z_2=53$，链型号为10A，链长 $L_p=100$ 节，试求两链轮的分度圆、齿顶圆和齿根圆直径以及传动的中心距。

13-4 题13-3中，小链轮为主动轮，$n_1=600\text{r/min}$，载荷平稳，试求：(1) 此链传动能传递的最大功率；(2) 工作中可能出现的失效形式；(3) 应采用何种润滑方式。

13-5 设计一往复式压气机上的滚子链传动。已知电动机转速 $n_1=960\text{r/min}$，功率 $P=3\text{kW}$，压气机转速 $n_2=320\text{r/min}$，希望中心距不大于650mm（要求中心距可以调节）。

13-6 一单排滚子链传动，已知小链轮齿数 $z_1=17$，采用10A滚子链，中心距 $a=500\text{mm}$，水平布置，传递功率 $P=1.5\text{kW}$，主动链轮转速 $n_1=110\text{r/min}$。设工作情况系数 $K_A=1.2$，静力强度安全系数 $S=7$，试验算此链传动。

第 14 章　轴

14.1　概　述

14.1.1　轴的功用和类型

轴是机器的重要零件之一，主要用来支承旋转的机械零件，如齿轮、带轮、链轮、联轴器等，并传递转矩和运动。

按所受载荷性质不同，轴可以分为三种类型：心轴、转轴和传动轴。

(1) 心轴

只承受弯矩，不传递转矩的轴，如图 14 - 1 所示。按心轴是否转动，心轴又可分为转动心轴和固定心轴。

(2) 转轴

既承受弯矩，又传递转矩的轴，如图 14 - 2 所示。

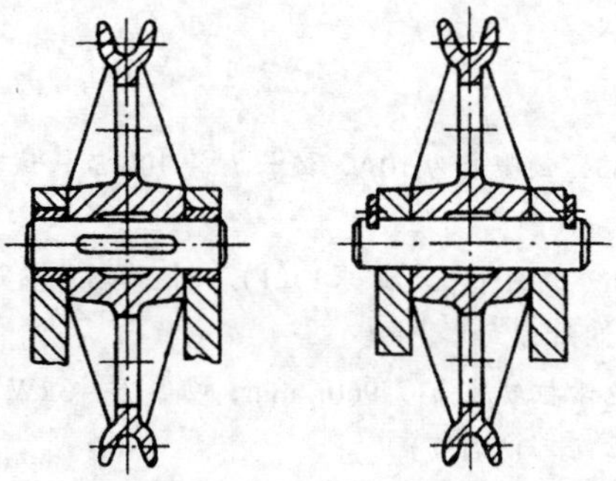

a) 转动心轴　　b) 固定心轴

图 14 - 1　心轴

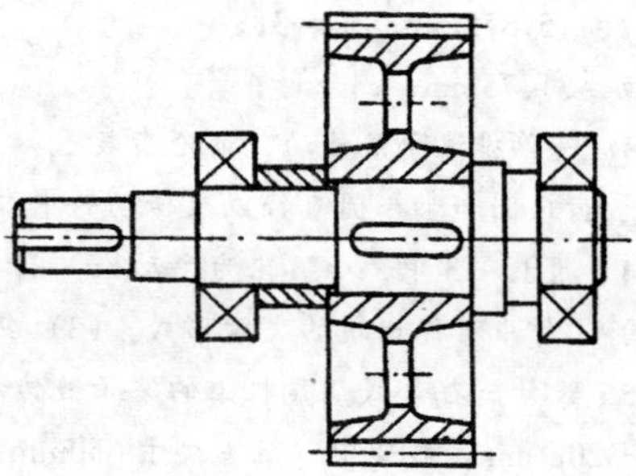

图 14 - 2　转轴

(3) 传动轴

工作时只传递转矩，不承受弯矩或弯矩很小的轴，如图 14 - 3 所示的汽车传动轴。

按轴几何形状还可分为：直轴和曲轴（图 14 - 4），曲轴常用于往复式机械中，如内燃机的曲轴等。

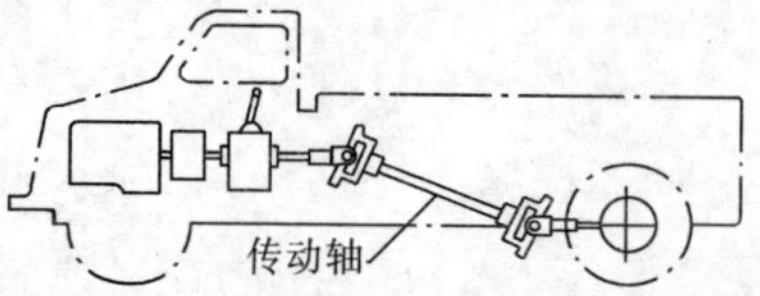

图 14 - 3　传动轴

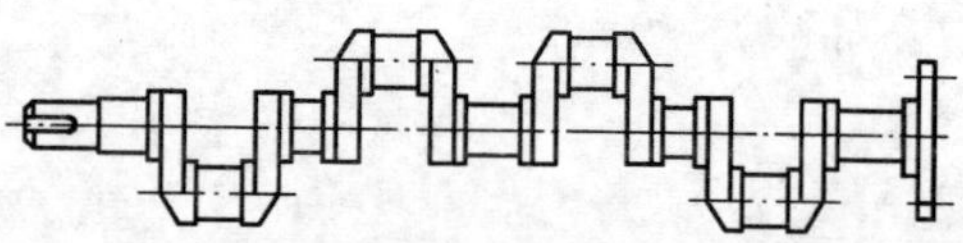

图 14 - 4　曲轴

直轴根据外形不同，可分为光轴（图 14 - 1）和阶梯轴（图 14 - 2）。

直轴一般都制成实心的。在那些由于机器结构的要求而需要在轴中装设其他零件或减小轴质量的场合，可制成空心轴（图14-5）。

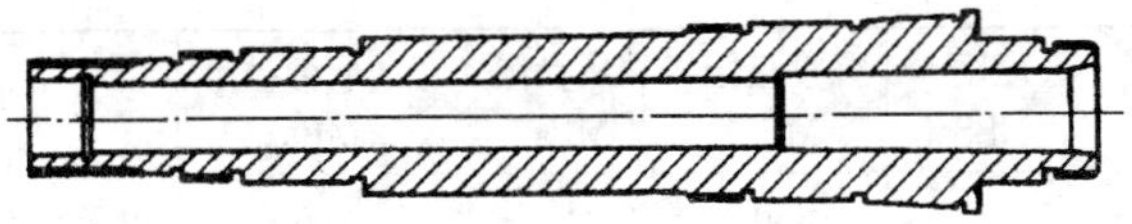

图14-5　空心轴

另外，还有一种挠性轴（又称软轴），它是由多组钢丝分层卷绕而成（图14-6），具有良好的挠性，可以把回转运动灵活地传到不开敞的空间位置（图14-7）。

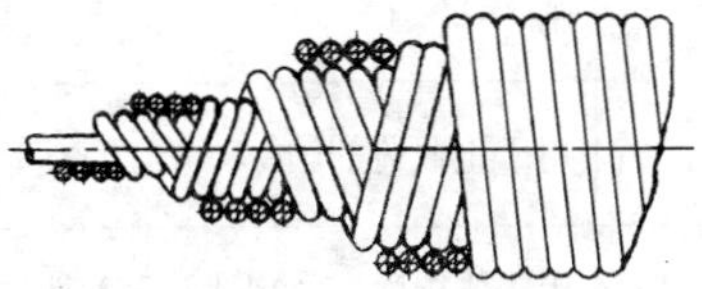

图14-6　钢丝软轴的绕制

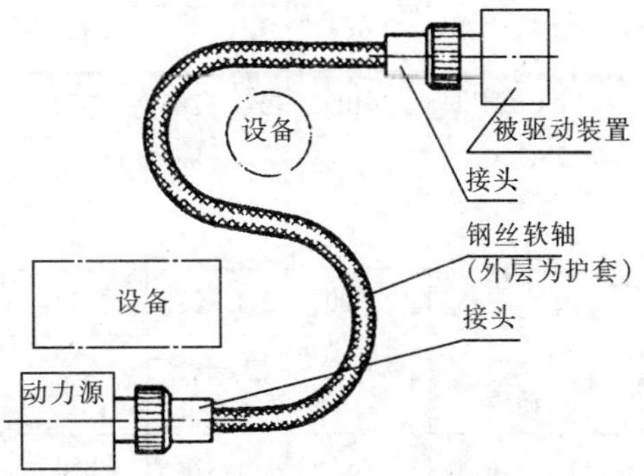

图14-7　钢丝软轴的应用

在通用机械中，常见的是刚性实心阶梯轴。随着弹性环等新的轴毂联接方式的采用，直的光轴在某些机器中也得到了应用。

14.1.2　设计轴的一般步骤

轴的设计一般应解决轴的结构和承载能力两方面的问题。具体地说，轴的设计步骤有：(1) 选择轴的材料；(2) 初步估算轴的直径；(3) 进行轴的结构设计；(4) 精确校核（强度、刚度、振动稳定性等）；(5) 绘制轴的工作图。

14.2　轴的材料

由于轴工作时多受变应力作用，因此轴的主要失效形式是疲劳失效，所以对轴材料的基本要求是有一定的疲劳强度，且对应力集中的敏感性较低，同时还有工艺性和经济性等要求。轴的常用材料是碳素钢和合金钢（表14.1）。

碳钢比合金钢价廉，对应力集中的敏感性较低，同时也可以用热处理或化学处理的方法提高其耐磨性和抗疲劳强度，故应用非常广泛，其中最常用的是45钢。

合金钢比碳钢具有更高的机械性能和更好的淬火性能，因此，对传递动力较大、并要求减小尺寸与质量、提高轴颈的耐磨性以及处于高温或低温条件下工作的轴，常用合金钢。

需特别强调的是在一般工作温度下，各种碳钢和合金钢的弹性模量均相差不多，因此用合金钢代替碳钢并不能提高轴的刚度。提高轴的刚度的方法只能是增大轴的截面尺寸或改变轴的截面形状。所以，当轴的刚度为主要问题时，可选择强度较低的碳钢，且通过增大轴的截面尺寸来提高轴的刚度。

表 14.1 轴的常用材料及其机械性能

材料及热处理	毛坯直径 mm	硬度 HBS	强度极限 MPa	屈服极限 MPa	弯曲疲劳极限 MPa	应用说明
Q235			440	240	200	用于不重要或载荷不大的轴
35 正火	≤100	149~187	520	270	250	有好的塑性和适当的强度，可做一般曲轴和转轴等
45 正火	≤100	170~217	600	300	275	用于较重要的轴，应用最为广泛
45 调质	≤200	217~255	650	360	300	
40Cr 调质	25		1000	800	500	用于载荷较大且无很大冲击的重要轴
	≤100	241~286	750	550	350	
	100~300	241~266	700	550	340	
40MnB 调质	25		1000	800	485	性能接近于 40Cr，用于重要的轴
	≤200	241~286	750	500	335	
35CrMo 调质	≤100	207~269	750	550	390	用于重载荷的轴
20Cr 渗碳淬火回火	15	表面 HRC 56~62	850	550	375	用于要求强度、韧性及耐磨性均较高的轴
	≤60		650	400	280	

各种热处理（如高频淬火、调质、渗碳、氮化、氰化等）和表面强化处理（如喷丸、滚压等），对提高轴的抗疲劳强度都有显著的效果。

球墨铸铁和高强度铸铁容易做成复杂的形状，且具有良好的吸振性和耐磨性、价格低廉、对应力集中的敏感性较低等优点，可用于制造外形复杂的轴。但铸件品质不易控制，可靠性较差。

14.3 轴的结构设计

如图 14-8 所示为一齿轮减速器中的高速轴。轴上与轴承配合的部分称为轴颈，与传动零件配合的部分称为轴头，连接轴颈与轴头的非配合部分称为轴身，起定位作用的阶梯轴上截面变化的部分称为轴肩。

(1) 轴结构设计的基本要求

①定位要求：轴和轴上零件要有准确的工作位置；

②固定要求：各零件要牢固而可靠地相对固定；

③工艺要求：轴应便于加工，轴上的零件要易于装拆；

④疲劳强度要求：尽量减小应力集中；

⑤尺寸要求：轴的各部分直径和长度的尺寸要合理。

(2) 轴向定位

轴上零件的轴向定位方法主要有：轴肩定位、套筒定位、圆螺母定位、轴端挡圈定位和轴承端盖定位。

①轴肩定位：如图 14-8 所示，轴肩定位是最方便可靠的定位方法，但采用轴肩定位会使轴的直径加大，而且轴肩处由于轴径的突变而产生应力集中，因此多用于轴向力较大的场合。定位轴肩的高度 $h=(0.07\sim0.1)d$，d 为与零件相配处的轴径。

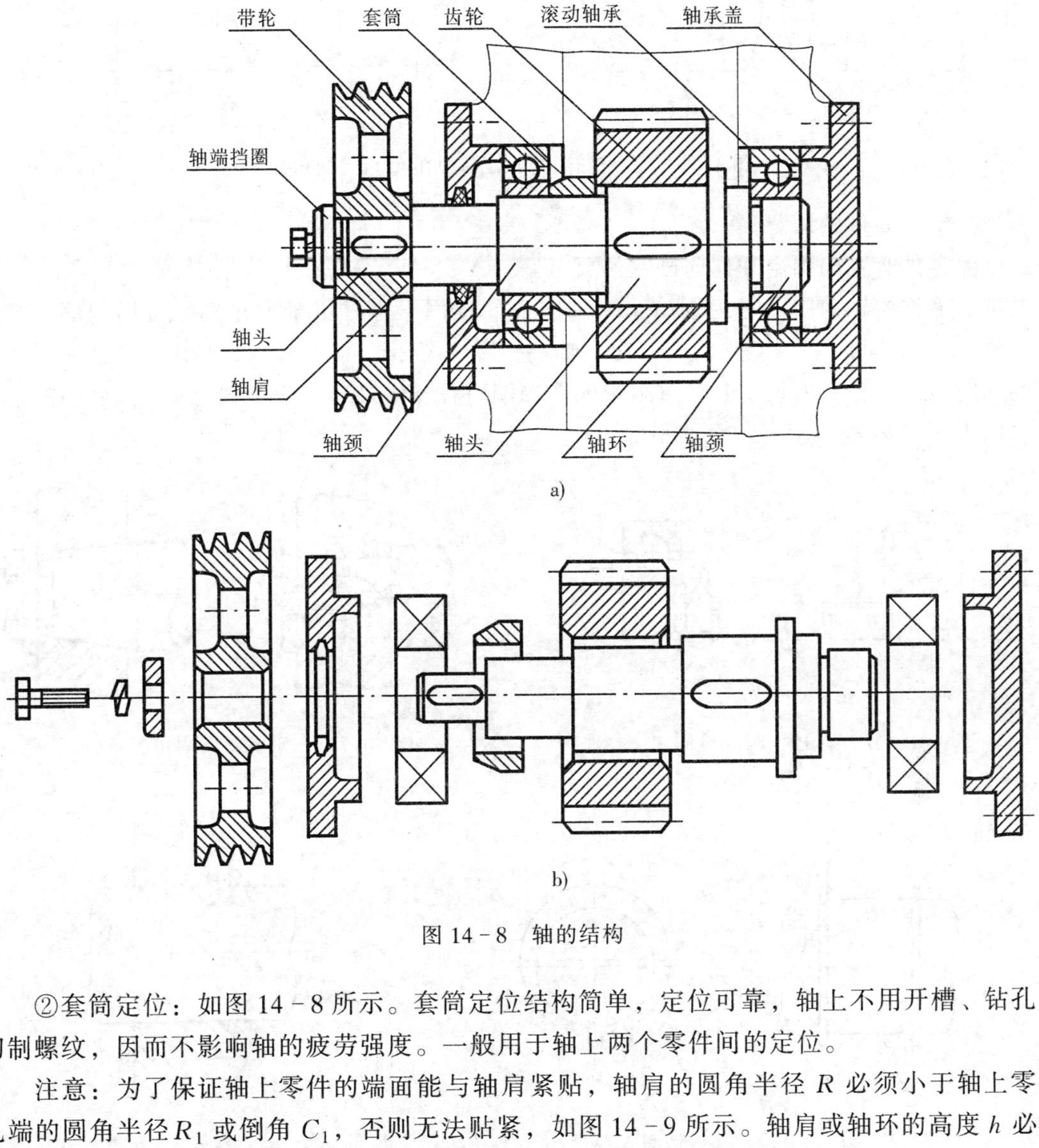

图 14-8　轴的结构

②套筒定位：如图 14-8 所示。套筒定位结构简单，定位可靠，轴上不用开槽、钻孔和切制螺纹，因而不影响轴的疲劳强度。一般用于轴上两个零件间的定位。

注意：为了保证轴上零件的端面能与轴肩紧贴，轴肩的圆角半径 R 必须小于轴上零件孔端的圆角半径 R_1 或倒角 C_1，否则无法贴紧，如图 14-9 所示。轴肩或轴环的高度 h 必须大于 R_1 或 C_1。轴上零件孔端圆角半径 R_1 和倒角 C_1 的数值见表 14.2。

与滚动轴承相配的孔和轴的尺寸见滚动轴承的有关说明。

表 14.2　轴上零件孔端圆角半径 R_1 和倒角 C_1

轴径 d	>6～10	>10～18	>18～30	>30～50	>50～80	>80～120	>120～180
R_1、C_1	0.6	0.8	1.0	1.6	2.0	2.5	3.0

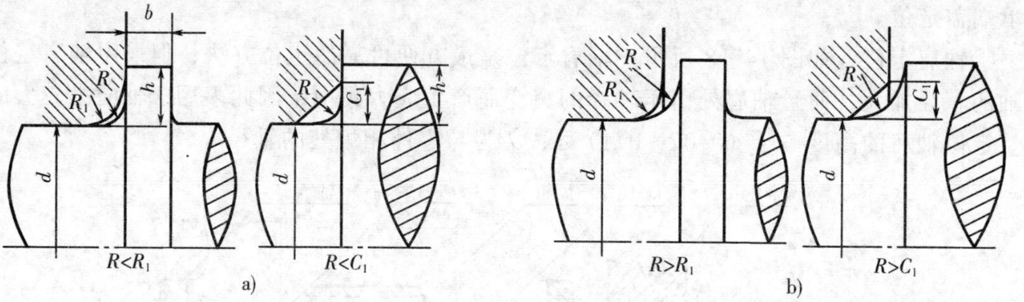

图 14－9　轴肩圆角与相配零件的倒角（圆角）

（3）轴上零件的固定

轴上零件有轴向固定和周向固定的要求。

轴上零件的轴向固定是为了防止在轴向力的作用下零件沿轴向窜动。常用的固定方法有：轴肩、圆螺母（图 14－10）、套筒、轴端挡圈（图 14－11）等，这些固定方法可承受较大的轴向力。当轴向力较小时，可采用弹性挡圈（图 14－12）、紧定螺钉（图 14－13）、销钉（图 14－14）等来固定轴上的零件。

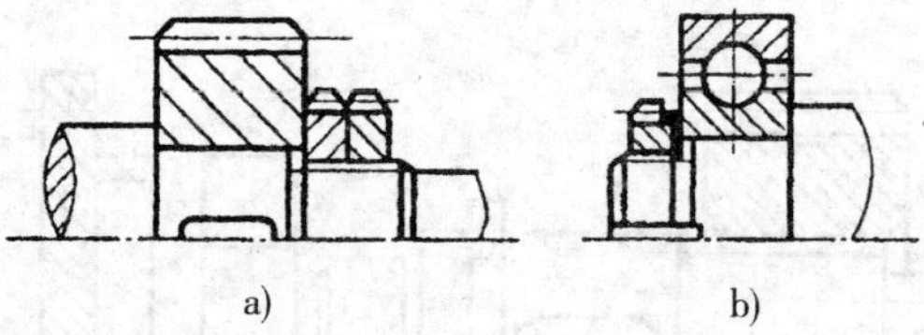

图 14－10　圆螺母固定

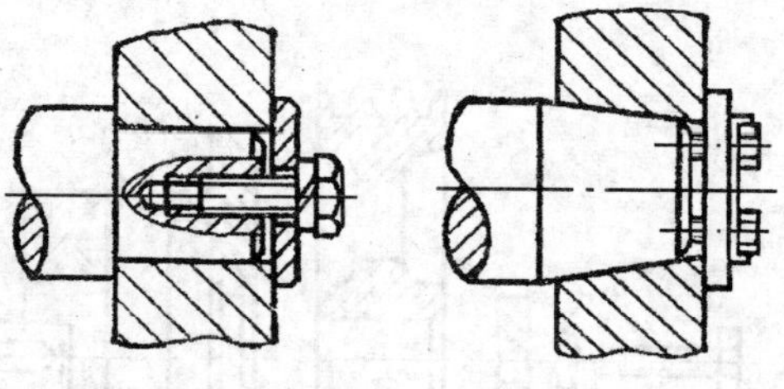

图 14－11　轴端挡圈固定

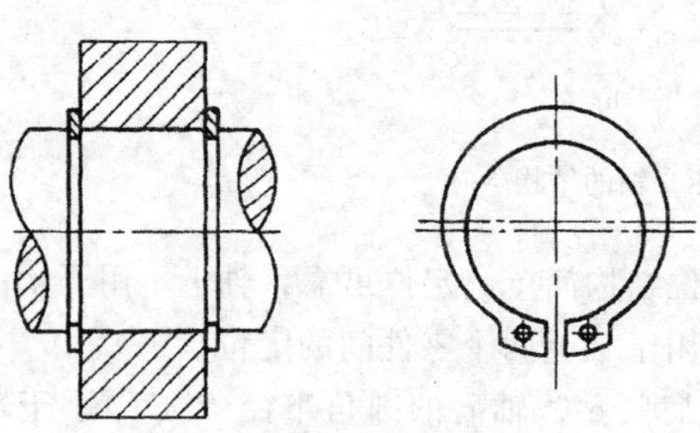

图 14－12　弹性挡圈

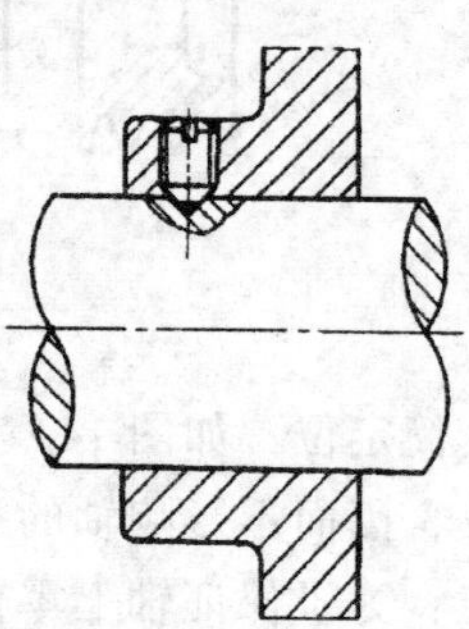

图 14－13　紧定螺钉

注意：当采用套筒、圆螺母及轴端挡圈作轴向固定时，应把装零件的轴段长度做得比轴上零件轮毂短 1mm～3mm，以保证套筒、圆螺母及轴端挡圈能靠紧零件的端面。如图 14－10、图14－11所示。

轴上零件的周向固定是为了防止零件与轴发生相对转动。常用的固定方式有：键联接、花键联接和轴与轴上零件的过盈配合等。也可采用普通平键联接和过盈配合一起作为轴上零件的周向固定方式，以传递更大的转矩。

当传递的转矩较小时，也可采用紧定螺钉或销钉同时作为轴向固定和周向固定。如图 14-13 和图 14-14 所示。

(4) 轴上零件的装配和轴的结构工艺性

为了便于零件的装配和固定，常将轴设计成阶梯形。如图 14-8 所示。

轴的两端和轴肩处应做出倒角，使零件易于安装，同时避免划伤人手。

轴上螺纹尾部退刀槽、砂轮越程槽和轴两端的中心孔等局部尺寸，查阅有关手册。

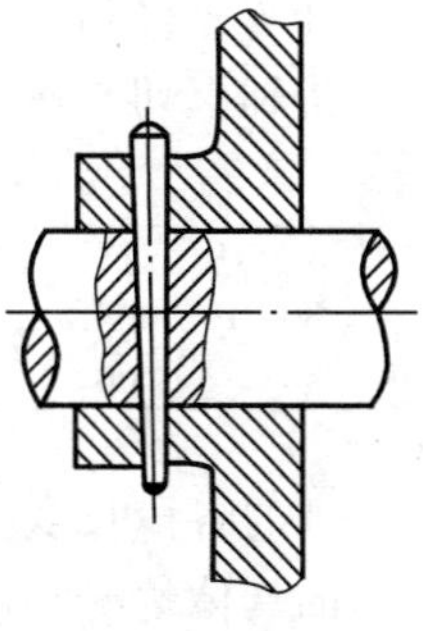

图 14-14　销钉固定

(5) 改善轴的受力情况，减小应力集中，提高轴的疲劳强度

为了减小轴所受的弯矩，传动件应尽量靠近轴承，并尽可能不用悬臂支承，尽量缩短支承跨距和悬臂长度。

当转矩由一个传动件输入，而由几个传动件输出时，为了减小轴上的转矩，应将输入件放在中间。如图 14-15 所示，输入转矩 $T_1 = T_2 + T_3 + T_4$，轴上各轮按图 14-15a 的布置形式，轴所受的最大转矩为 $T_2 + T_3 + T_4$，如改为图 14-15b 的布置形式，最大转矩减小为 $T_3 + T_4$。

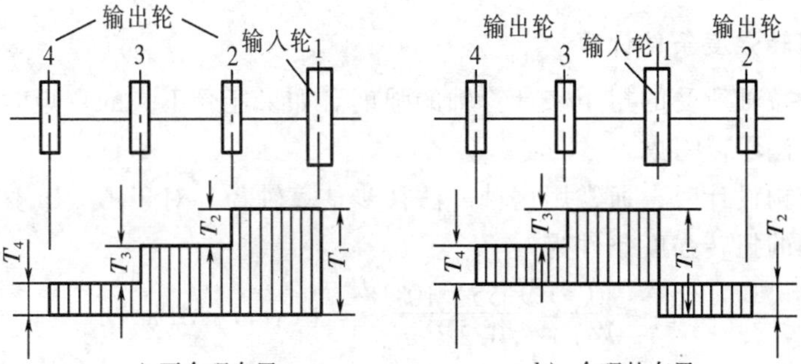

a) 不合理布置　　b) 合理的布置

图 14-15　轴上零件的布置

轴的截面突然变化的地方都会产生应力集中。因此，阶梯轴在截面尺寸变化处应采用圆角过渡，圆角半径不宜过小。在重要的结构中，如图 14-16 所示，可采用加过渡环（图 b）或凹切圆角（图 c），以增大轴肩圆角半径；可在轴上切制卸载槽（图 a）或在轴上零件上开卸载槽（图 d），减缓应力集中。

此外，轴的表面质量对疲劳强度也有很大的影响。实践表明疲劳裂纹常发生在表面粗糙的地方，因此应降低轴的表面粗糙度，即使非配合表面也不应忽视。采用辊压、喷丸等强化处理，也可提高轴的疲劳强度。

(6) 轴的直径和长度

轴的直径应满足强度和刚度的要求。此外，还要根据下面具体情况确定轴的实际直径：

①与滚动轴承配合的轴颈直径，必须符合滚动轴承内径的标准系列；

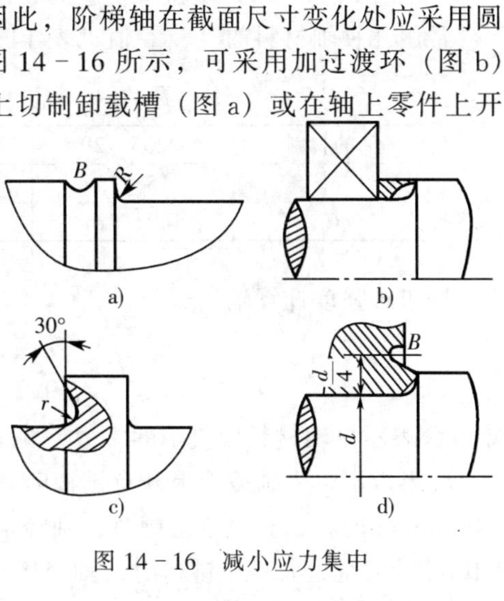

图 14-16　减小应力集中

②安装联轴器的轴头直径应与联轴器的孔径系列相适应；

③与零件相配合的轴头直径，应尽量采用标准直径，见表 14.3；

④轴上切制螺纹部分的直径，必须符合外螺纹大径的标准系列。

表 14.3 标准直径系列（摘自 GB/T2822－1981） mm

10	12	14	16	18	20	22	24	25	26	28
30	32	34	36	38	40	42	45	48	50	53
56	60	63	67	71	75	80	85	90	95	100

轴的各段长度主要取决于轴上零件和轴承的宽度以及它们的相互配置。此外，还要根据下面的具体情况来确定轴的长度：

①装有紧固件的轴段，其长度应保证紧固件有一定的轴向调整余地；

②轴上的旋转零件与固定零件之间应留有适当的距离，以免旋转时相碰。

14.4 轴的强度计算

进行轴的强度校核计算时，应根据轴的具体受载及应力情况，采取相应的计算方法，并恰当地选取其许用应力。

14.4.1 按扭转强度条件计算

这种方法是只按轴所受的扭矩来计算轴的强度。如果还受不大的弯矩时，则采用降低许用扭转切应力的办法予以考虑。

在进行轴的结构设计时，通常用这种方法初步估算轴径。对于不太重要的轴，也可作为最后计算结果。轴的扭转强度条件为

$$\tau_T=\frac{T}{W_T}=\frac{9.55\times10^6P}{0.2d^3n}\leqslant[\tau_T]\quad \text{MPa} \tag{14-1}$$

式中：τ_T——扭转切应力，MPa；T——轴所受的扭矩，N·mm；W_T——轴的抗扭截面系数，mm^3；n——轴的转速，r/min；P——轴传递的功率，kW；d——计算截面处轴的直径，mm；$[\tau_T]$——许用扭转切应力，MPa。

常用几种轴材料的 $[\tau_T]$ 值见表 14.4。

表 14.4 常用几种轴材料的 $[\tau_T]$ 值和 C 值

轴的材料	Q235、20	Q275、35	45	40Cr、35SiMn
$[\tau_T]$	15～25	20～35	25～45	35～55
C	149～126	135～112	126～103	112～97

按扭转强度计算轴的直径

$$d\geqslant\sqrt[3]{\frac{9.55\times10^6P}{0.2[\tau_T]n}}=C\sqrt[3]{\frac{P}{n}}\ \text{mm} \tag{14-2}$$

式中 C 表示由轴材料所决定的常数，见表 14.4。

应当指出，当轴截面上开有键槽时，应增大轴径以考虑键槽对轴强度的削弱。对于直径 $d>100$mm 的轴，有一个键槽时，轴径增大 3%；有两个键槽时，应增大 7%。对于直径 $d\leqslant100$mm 的轴，有一个键槽时，轴径增大 5%～7%；有两个键槽时，应增大 10%～15%。

14.4.2　按弯扭合成强度条件计算

通过轴的结构设计，轴的主要结构尺寸、轴上零件的位置以及外载荷和支反力的作用位置均已确定，轴上的载荷（弯矩和扭矩）已可以求得，因而可按弯扭合成强度条件对轴进行强度校核计算。

对于钢制的轴，按第三强度理论，计算弯曲应力

$$\sigma_e = \frac{M_e}{W} = \frac{\sqrt{M^2 + (\alpha T)^2}}{W} \leqslant [\sigma_{-1}] \tag{14-3}$$

式中：α——折算系数；σ_e——当量应力，MPa；M_e——当量弯矩，N·mm；W——轴的抗弯截面系数，mm^3；$[\sigma_{-1}]$——轴的许用弯曲应力，MPa，见表 14.5。

表 14.5　轴的许用弯曲应力　　MPa

材料	σ_B	$[\sigma]_{+1b}$	$[\sigma]_{+0b}$	$[\sigma]_{-1b}$
碳素钢	400	130	70	40
	500	170	75	45
	600	200	95	55
	700	230	110	65
合金钢	800	270	130	75
	900	300	140	80
	1000	330	150	90
铸铁	400	100	50	30
	500	120	70	40

α 是考虑扭矩和弯矩的加载情况以及考虑应力循环特性差异的系数。对于静扭矩，$\alpha = 0.3$；对于脉动循环变化的扭矩，$\alpha = 0.6$；对于对称循环变化的扭矩，$\alpha = 1$。

下面举例说明轴的设计过程。

【例题 14-1】　试设计图 14-17 所示的斜齿圆柱齿轮减速器中的从动轴。已知传递的功率 $P = 10kW$，从动齿轮的转速 $n_2 = 202r/min$，分度圆直径 $d_2 = 356mm$，所受的圆周力 $F_{t2} = 2656N$，径向力 $F_{r2} = 985N$，轴向力 $F_{a2} = 522N$，轮毂宽度为 80mm，工作时为单向转动，轴采用深沟球轴承支承。

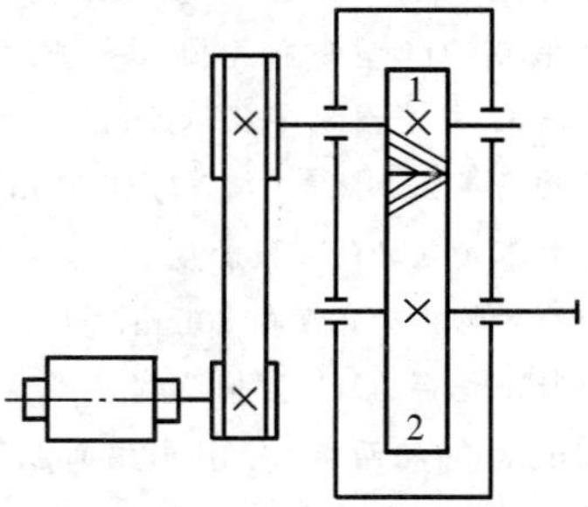

图 14-17　减速器

【解】　(1) 选择轴的材料，确定许用应力

选用 45 钢并经正火处理，由表 14.1 查得硬度为 HBS170～217，抗拉强度 $\sigma_B = 600MPa$，由表 14.5 查得其许用弯曲应力 $[\sigma_{-1b}] = 55MPa$。

(2) 按扭转强度估算最小轴径

由表 14.4 查得 $C = 115$，由式 (14-2)，可得

$$d \geqslant C\sqrt[3]{\frac{P}{n_2}} = 115 \times \sqrt[3]{\frac{10}{202}} = 42.2mm$$

由表 14.3 取 $d = 45mm$。

(3) 轴的结构设计

结构设计时，必须一方面按比例绘制轴系结构草图（图 14-18），一方面考虑轴上零件的固定方式，逐步定出轴各部分的尺寸。

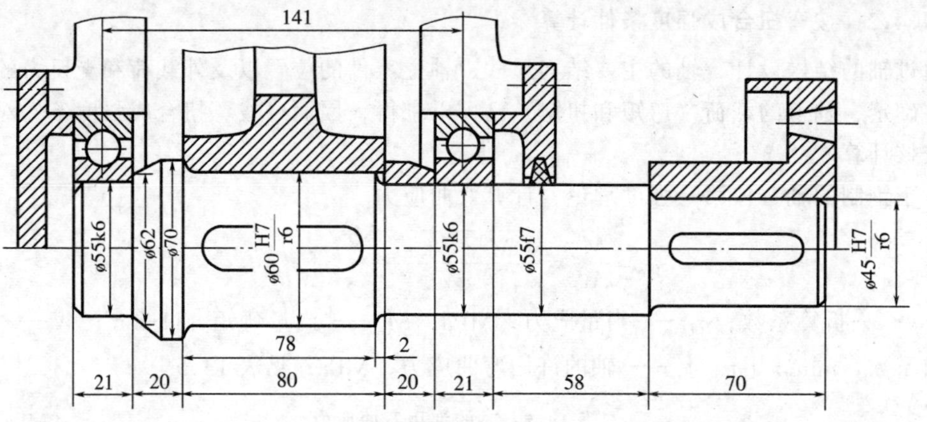

图 14-18 轴系结构草图

①确定轴上零件的位置及轴上零件的固定方式

因为是单级齿轮减速器，故将齿轮布置在箱体内壁的中央，轴承对称地布置在齿轮的两边，轴的外伸端安装联轴器。

齿轮靠轴环和套筒实现轴向定位和轴向固定，靠平键和过盈配合实现轴向固定。两端轴承分别靠轴肩、套筒实现轴向定位，靠过盈配合实现周向固定。轴通过两端轴承盖实现轴向定位。联轴器靠轴肩、平键和过盈配合分别实现轴向定位和周向固定。

②确定轴的各段直径

外伸端直径为 45mm。为了使联轴器能轴向定位，在轴的外伸端做一轴肩，所以通过轴承透盖、右端轴承和套筒的轴段直径取 55mm。考虑到便于轴承的装拆，与透盖毡圈接触的轴段公差带取 $f7$，其比安装轴承处的直径（该处公差带为 $k6$）略细点。按题意选用两个 6211 型滚动轴承，故左端轴承处的轴径也是 55mm。为便于齿轮的装配，齿轮处的轴头直径为 60mm，轴环直径为 70mm，其左端呈锥形。按轴承安装尺寸的要求，即根据 6211 型查有关轴承手册，左端轴承处的轴肩直径取为 62mm，轴肩圆角半径取 1mm。齿轮与联轴器处的轴环、轴肩的圆角半径参照表 14.2 均取 2mm。

③确定轴的各段长度

齿轮轮毂宽度是 80mm，故取齿轮轴头长度为 78mm。由轴承标准查得 6211 型轴承宽度是 21mm，因此左端轴颈长度为 21mm。齿轮两端面、轴承端面应与箱体内壁保持一定的距离，故取轴环、套筒宽度均为 20mm。根据箱体结构要求和联轴器距箱体外壁要有一定距离的要求，穿过透盖的轴段长度取为 58mm，联轴器处的轴头长度取 70mm。由图 14-18 知，轴的支承跨距 $l = 141$mm。

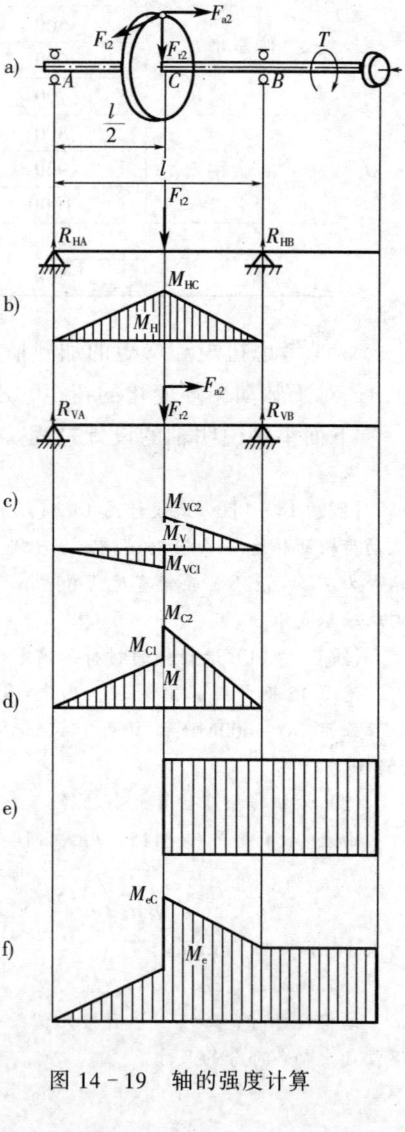

图 14-19 轴的强度计算

(4) 核算轴的强度（图 14-19）

①绘出轴的受力图（图 a）

②作水平平面内的弯矩图（图 b），支座反力为

$$R_{HA}=R_{HB}=\frac{F_{t2}}{2}=\frac{2656}{2}=1328N$$

截面 C 处的弯矩为

$$M_{HC}=R_{HA}\cdot\frac{l}{2}=1328\times\frac{0.141}{2}=93.62N\cdot m$$

③作垂直平面内的弯矩图（图 c）支座反力为

$$R_{VA}=\frac{F_{r2}}{2}-\frac{F_{a2}d_2}{2l}=\frac{985}{2}-\frac{522\times356}{2\times141}=-166.48N$$

$$R_{VB}=\frac{F_{r2}}{2}+\frac{F_{a2}d_2}{2l}=\frac{985}{2}+\frac{522\times356}{2\times141}=1151.48N$$

截面 C 左侧的弯矩为

$$M_{VC1}=R_{VA}\frac{l}{2}=-166.5\times\frac{0.141}{2}=-11.74N\cdot m$$

截面 C 右侧的弯矩为

$$M_{VC2}=R_{VB}\frac{l}{2}=1151.5\times\frac{0.141}{2}=81.18N\cdot m$$

④作合成弯矩图（图 d）

截面 C 左侧的合成弯矩为

$$M_{C1}=\sqrt{M_{HC}^2+M_{VC1}^2}=\sqrt{93.62^2+(-11.74)^2}=94.35N\cdot m$$

截面 C 右侧的合成弯矩为

$$M_{C2}=\sqrt{M_{HC}^2+M_{VC2}^2}=\sqrt{93.62^2+81.18^2}=123.92N\cdot m$$

⑤作扭矩图（图 e）

$$T=9550\frac{P}{n}=9550\times\frac{10}{202}=472.77N\cdot m$$

⑥作当量弯矩图（图 f）

因单向转动，可认为扭矩为脉动循环变化，故折合系数 $\alpha\approx0.6$，则 $\alpha T=0.6\times472.77=283.66N\cdot m$。危险截面 C 处的当量弯矩为

$$M_{eC}=\sqrt{M_{C2}^2+(\alpha T)^2}=\sqrt{123.92^2+283.66^2}=309.55N\cdot m$$

⑦计算危险截面 C 处的轴径由式（14-4）得

$$d\geqslant\sqrt[3]{\frac{M_{eC}}{0.1[\sigma_{-1b}]}}=\sqrt[3]{\frac{309.55\times10^3}{0.1\times55}}=38.32mm$$

因 C 处有键槽，故将轴径加大 5%，即 $38.32\times1.05=40.24mm$。而结构设计草图（图 14-18）中，此处轴径为 60mm，故强度足够。

(5) 绘制轴的工作图（图 14-20）

14.5　轴的刚度计算

在载荷作用下，轴将产生弯曲或扭转变形。若变形量超过允许的限度，就会影响轴上零件的正常工作，甚至会丧失机器应有的工作性能。

轴的弯曲刚度是以挠度 y 和偏转角 θ 来度量的，其校核公式为

$$\begin{cases}y\leqslant[y]\\\theta\leqslant[\theta]\end{cases}$$

式中 $[y]$、$[\theta]$ 分别为轴的许用挠度和许用偏转角，见表 14.6。

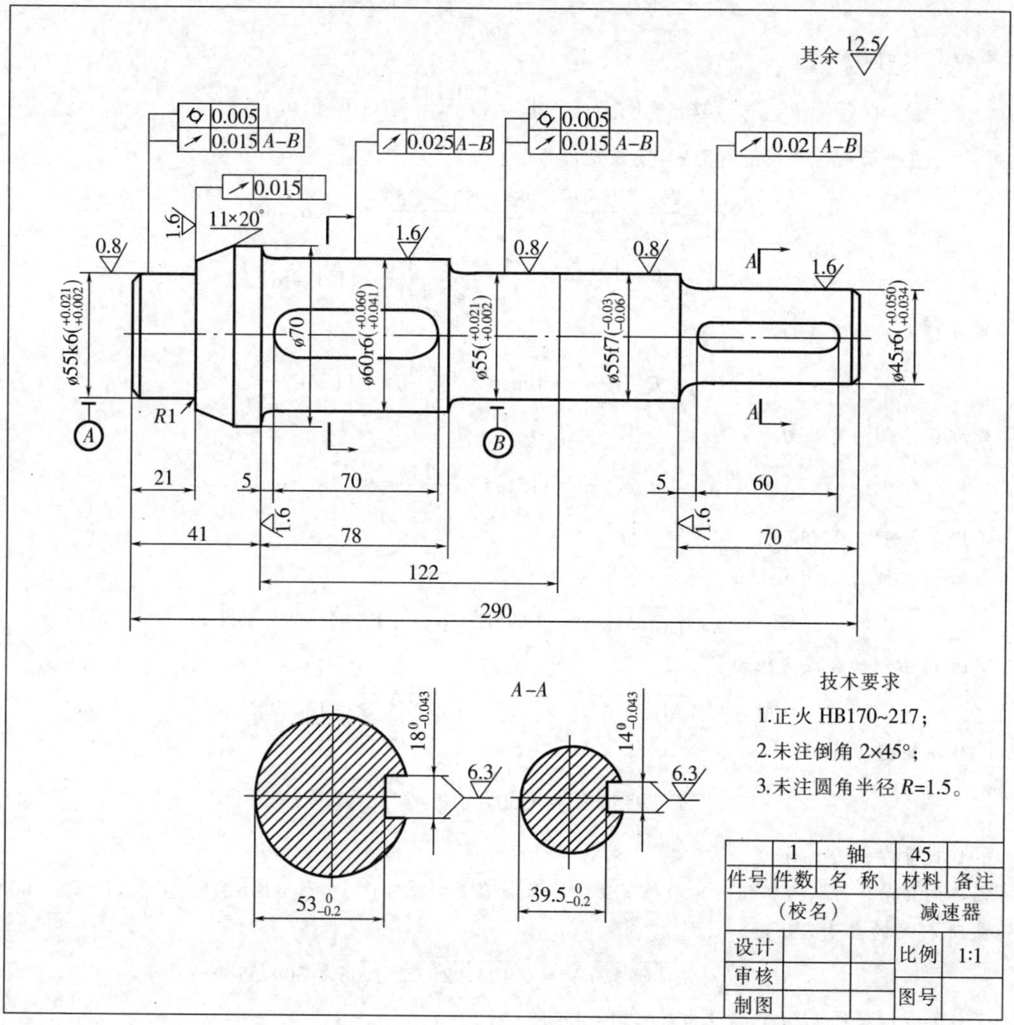

图 14-20　轴的零件工作图

表 14.6　轴的允许挠度及许用偏转角

使用场合	允许挠度 [y] /mm	使用场合	允许偏转角 [θ] /rad
一般用途的轴	(0.0003～0.0005) l	滑动轴承	0.001
刚度要求较高的轴	0.0002l	向心球轴承	0.005
安装齿轮的轴	(0.01～0.03) m_n	调心球轴承	0.05
安装蜗轮的轴	(0.02～0.05) m_{t2}	圆柱滚子轴承	0.0025
		安装齿轮处轴的截面	0.001～0.002

轴的扭转刚度用扭转角 φ 来度量，其校核公式为

$$\varphi \leqslant [\varphi]$$

式中 $[\varphi]$ 为轴的许用扭转角，对于一般传动，$[\varphi]=0.5°/m\sim1°/m$；对于精密传动，$[\varphi]=0.25°/m\sim0.5°/m$。

本章小结

(1) 轴的功用是支承轴上旋转零件，并传递转矩和运动。按轴受载荷的性质不同，可将轴分为传动轴、心轴和转轴。

(2) 轴是机械中的重要零件，轴的设计直接影响整机的质量。轴的设计一般应解决轴的结构和承载能力两方面的问题。具体地说，轴的设计步骤有：① 选择轴的材料；② 初步估算轴的直径；③ 进行轴的结构设计；④ 精确校核（强度、刚度、振动稳定性等）；⑤ 绘制轴的工作图。

(3) 轴的结构设计应从多方面考虑，应满足的基本要求有：轴上零件有准确的位置，固定可靠，轴具有良好的工艺性，便于加工和装拆，合理布置轴上零件以减小轴的工作应力。

(4) 轴的强度计算主要有两种：① 按转矩初步计算轴的直径，只是根据转矩计算直径，忽略了弯矩，计算结果是粗略的；② 按弯扭合成的当量弯矩校核轴的强度，同时考虑了弯矩和转矩的作用，由于弯矩和转矩引起的应力性质可能不同，所以引入了折算系数。

思考题

14-1　轴的功用是什么？

14-2　什么是传动轴、心轴、转轴，它们的区别是什么？

14-3　分析一下自行车的前轴、中轴和后轴的受载情况，他们各属于什么轴？

14-4　轴的一般设计步骤是什么？

14-5　轴的常用材料有哪些？

14-6　为什么当轴的刚度不够时，选用合金钢来代替碳素钢效果不明显？

14-7　弯扭合成强度计算时，折算系数的意义是什么？

14-8　在什么情况下要作轴的刚度计算？

习题

14-1　有一台水泵，由电动机驱动，传递的功率 $P=4.5\text{kW}$，轴的转速 $n=960\text{r/min}$，设计时，轴材料采用45号钢，试按扭转强度条件计算出轴所需的最小直径。

14-2　已知一传动轴直径 $d=32\text{mm}$，转速 $n=1440\text{r/min}$，如果轴上的扭切应力不允许超过50MPa，问此轴能传递多少功率？

14-3　在图示轴的结构图中存在多处错误，请指出错误点，说明出错原因，并加以改正。

14-4　如图所示单级直齿圆柱齿轮减速器，用电动机驱动，电动机的功率 $P=12\text{kW}$，转速 $n=1470\text{r/min}$，齿轮的模数 $m=4\text{mm}$，齿数 $z_1=19$，$z_2=72$，若支承间跨距 $l=180\text{mm}$（齿轮位于中央），轴材料为45钢调质。试计算减速器输出轴的最小直径，并进行轴结构设计。

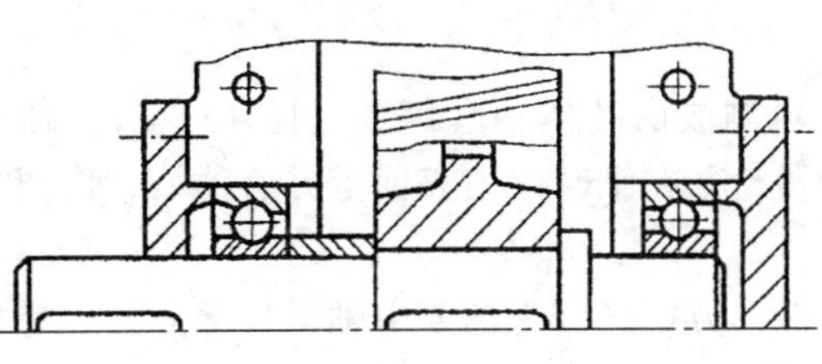

题14-3图

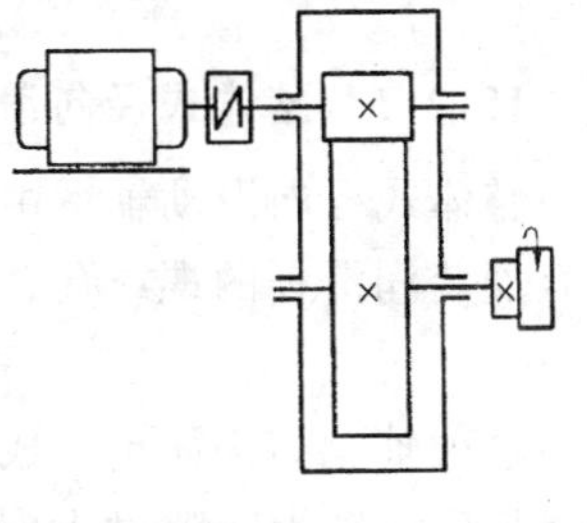

题14-4图

第 15 章　滑动轴承

15.1 概　述

轴承的功用有二：一为支承轴及轴上零件，并保持轴的旋转精度；二为减少轴与支承之间的摩擦和磨损。

按轴与轴承间的摩擦形式，轴承可分为两类：

（1）滑动轴承

滑动轴承工作时，轴与轴承间存在着滑动摩擦。为减少摩擦与磨损，在轴承内常加入润滑剂。图 15－1a 所示为滑动轴承的结构原理图。

（2）滚动轴承

滚动轴承内有滚动体，运行时轴承与轴间为滚动摩擦。和滑动摩擦相比，滚动摩擦的摩擦和磨损都较小。图 15－1b 所示为滚动轴承的结构原理图。

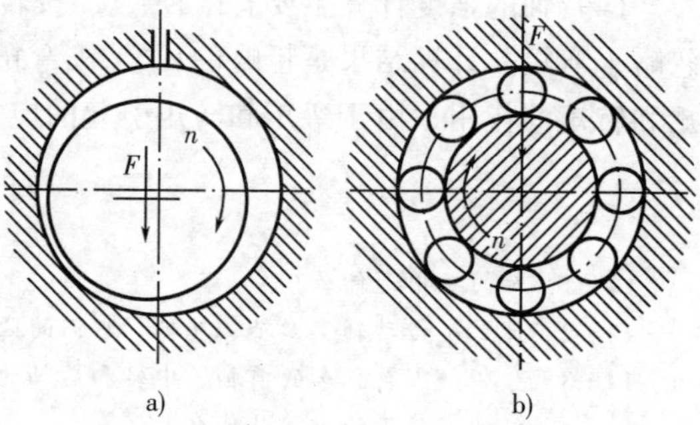

图 15－1　轴承示意图

滚动轴承由于摩擦系数小，起动阻力小，而且已经标准化，设计、使用、润滑和维护都很方便，因此在一般机器中应用较广。滑动轴承具有独特的优点，适用于一些特殊的场合。目前，滑动轴承主要应用于以下几种情况：① 工作转速特高的轴承；② 对轴的支承位置要求特别精确的轴承；③ 特重型的轴承；④ 承受巨大的冲击和振动载荷的轴承；⑤ 根据装配要求必须做成剖分式的轴承（如曲轴的轴承）；⑥ 在特殊工作条件下（如在水中或腐蚀性的介质中）工作的轴承；⑦ 在安装轴承处的径向空间尺寸受到限制时。

滑动轴承按润滑状态可分为非液体润滑轴承和液体润滑轴承；按受载荷方向又可分为径向轴承（只受径向载荷）和推力轴承（只受轴向载荷）。当同时受轴向载荷和径向载荷时，应将径向轴承与推力轴承组合使用。

15.2　径向滑动轴承的结构

15.2.1　整体式径向滑动轴承

整体式径向滑动轴承由轴承座和减摩材料制成的整体轴套组成（图 15－2）。轴承座上面有安装润滑杯的螺纹孔，在轴套上开有油孔，并在轴套的内表面上开有油槽，以便加油和润滑。

这种轴承结构简单，成本低，但轴的装拆不方便，因为轴要由轴承端部插入，另外，轴套磨损后，轴承间隙过大时无法调整。这种轴承主要用于低速、轻载或间歇性工作的机器中，如农业机械、手动机械等。

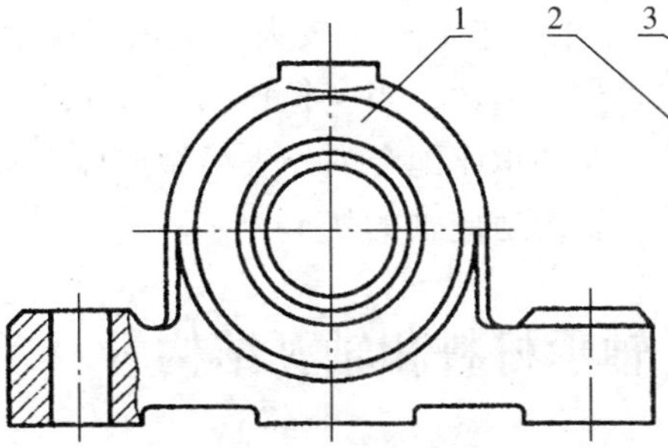

1—轴承座　2—整体式轴套　3—油孔　4—螺纹孔

图 15－2　整体式径向滑动轴承

15.2.2　剖分式径向滑动轴承

剖分式径向滑动轴承主要由轴承座、轴承盖、剖分式轴瓦和双头螺柱组成（图 15－3）。为了使轴承盖与轴承座在安装时对中，剖分面做成阶梯形榫口。轴承盖上部开有螺纹孔，用来安装油杯或油管。

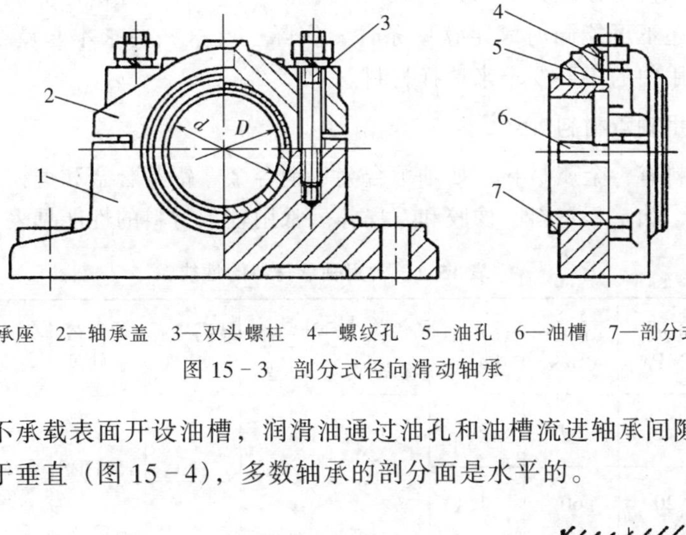

1—轴承座　2—轴承盖　3—双头螺柱　4—螺纹孔　5—油孔　6—油槽　7—剖分式轴瓦

图 15－3　剖分式径向滑动轴承

在轴瓦内壁不承载表面开设油槽，润滑油通过油孔和油槽流进轴承间隙。轴承剖分面最好与载荷方向近于垂直（图 15－4），多数轴承的剖分面是水平的。

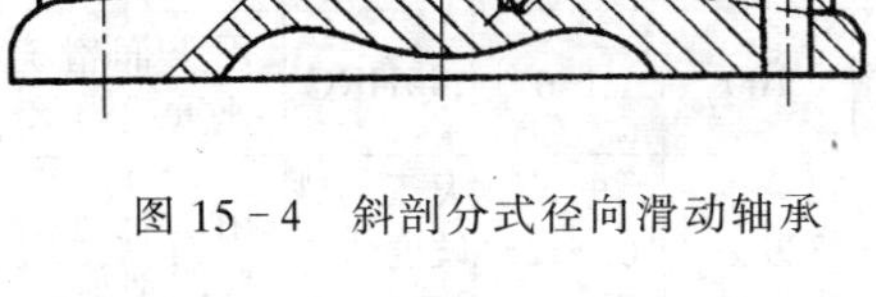

图 15－4　斜剖分式径向滑动轴承

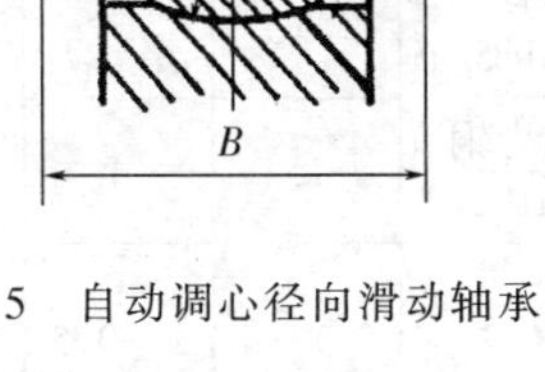

图 15－5　自动调心径向滑动轴承

15.2.3 自动调心式径向滑动轴承

轴承宽度 B 与直径 d 之比称为宽径比。当宽径比较大时，由于轴的变形，轴颈与轴承会发生局部接触，引起剧烈的磨损和发热。因此，当宽径比 $B/d>1.5$ 时，宜采用自动调心式轴承，结构如图 15-5 所示，将轴瓦与轴承座配合的外表面做成球面，球面中心恰好在轴线上，轴瓦可沿支座的球面自动调整位置来适应轴的变形。

15.3 轴承材料和轴瓦结构

轴瓦和轴承衬的材料统称为轴承材料。对轴承材料性能的要求主要取决于轴承的失效形式。

15.3.1 对轴承材料性能的要求

由于滑动轴承的主要失效形式有磨粒磨损、刮伤、胶合、疲劳剥落和腐蚀等，所以，对滑动轴承材料性能的基本要求有：

（1）良好的减摩性、耐磨性和抗胶合性；（2）良好的摩擦顺应性、嵌入性和磨合性；（3）足够的强度和抗腐蚀能力；（4）良好的导热性、工艺性、经济性等。

现有的材料还不可能同时满足这些条件，实际上，这些要求本身就是相互冲突的。因此，只能根据使用中的主要要求来选择材料。

15.3.2 常用轴承材料

常用轴承材料有：金属材料，如轴承合金、铜合金、铝基合金和铸铁等；多孔质金属材料；非金属材料，如工程塑料、橡胶和石墨等。常用轴承材料的性能见表 15.1。

表 15.1 常用轴承材料的性能

材料及代号		[p] MPa	[v] m/s	[pv] MPa·m/s	HBS		最高工作温度/℃	轴颈最小硬度	应用场合
					金属型	砂型			
铸锡锑轴承合金 ZSnSb11-Cu6	平稳	25	80	20	27	27	150	150HBS	用于高速重载的重要轴承，变载荷下易疲劳
	冲击	20	60	15					
铸铅锑轴承合金 ZPbSb16-Sn16Cu2		12	12	12	30	30	150	150HBS	用于中速中载轴承，不宜受显著冲击
铸锡青铜 ZCuSn10P1		15	10	15	90	80	280	45HRC	用于中速重载或变载轴承
铸锡青铜 ZCuSn5Pb5Zn5		5	3	10	65	60	280	45HRC	用于中速中载轴承
铸铝青铜 ZCuAl10Fe3		15	4	12	110	100	150	45HRC	用于润滑充分的低速重载轴承
灰铸铁		0.1～4	2～0.5	—	180～229		163～241	大于铸铁硬度 20～40HBS	用于低速轻载不重要的轴承

（1）轴承合金

轴承合金又称为巴氏合金或白合金，是锡、铅、锑、铜的合金，它以锡或铅作基体，内含有锑或铜锡的硬晶粒。硬晶粒起抗磨作用，软基体则增加材料的塑性。轴承合金的性能最好，但强度较低，一般只用作轴承衬。轴承合金适用于重载、中高速场合，价格较贵。

（2）青铜

青铜强度高，承载能力大，耐磨性与导热性比轴承合金好，可在较高的温度（250℃）下工作，但它的塑性差，不易磨合，与其配的轴颈必须淬硬磨光。

青铜可以单独作轴瓦。为了节省有色金属，也可将青铜浇铸在钢或铸铁轴瓦内壁上。用作轴瓦的青铜主要有锡青铜、铅青铜和铝青铜，在一般情况下可用于中速重载、中速中载和低速重载的轴承上。

（3）铸铁

灰铸铁及耐磨铸铁，适用于轻载及低速的情况下。但是，必须注意，轴颈的硬度应高于铸铁轴瓦硬度。

（4）多孔质金属材料

多孔质金属材料（粉末冶金材料）是指用铁粉和石墨粉或铜粉和石墨粉调匀后，直接压制成轴瓦，然后在高温下焙烧，即成多孔性的陶瓷结构的金属。若将其浸在润滑油中，孔中充满了润滑油，便成为含油轴承。工作时，由于轴颈转动的抽吸作用及轴瓦发热的膨胀作用，油被挤入摩擦表面间进行润滑。当不运转时，大部分油又被吸入微孔中，故在较长时间内不必添加润滑油而能起到很好的润滑效果。

（5）非金属材料

常用的非金属材料有工程塑料、硬木、橡胶等。

塑料轴承有较大的抗压强度和耐磨性，摩擦系数小，因此使用日益广泛，但导热性差，故可以用水润滑。常用于辗轧机及水压机上。

橡胶轴承具有较大弹性，因而可用于轴有振动、有磨料性的灰尘或泥沙中工作，也可用水润滑，常用于离心泵、水轮机上。

15.3.3　轴瓦结构

轴瓦是滑动轴承中的重要零件，其结构设计是否合理对轴承性能影响很大。有时为了节省贵重合金材料或者由于结构上的需要，常在轴瓦的内表面上浇铸或轧制一层轴承合金，称为轴承衬。

轴瓦应具有一定的强度和刚度，在轴承中定位可靠，便于输入润滑剂，容易散热，并且装拆、调整方便。为此，轴瓦应在外形结构、定位、油槽开设和配合等方面采用不同的形式以适应不同的工作要求。

（1）轴瓦的型式和构造

常见的轴瓦结构分为整体式和剖分式两种。

整体式轴瓦按材料及制造方法不同，分为整体轴套（图 15－6）和单层、双层或多层材料的卷制轴套（图 15－7）。

对开式轴瓦也有单金属轴瓦（图 15－8）和多金属轴瓦（图 15－9）之分。

（2）轴瓦的定位

轴瓦和轴承座不允许有相对移动。为了防止轴瓦沿轴向和周向移动，可将其两端做出凸缘来作轴向定位（图 15-6 和图 15-8），也可用紧定螺钉或销钉（图 15-10）将其固定在轴承座上，或在轴剖分面上冲出定位唇以供定位用。

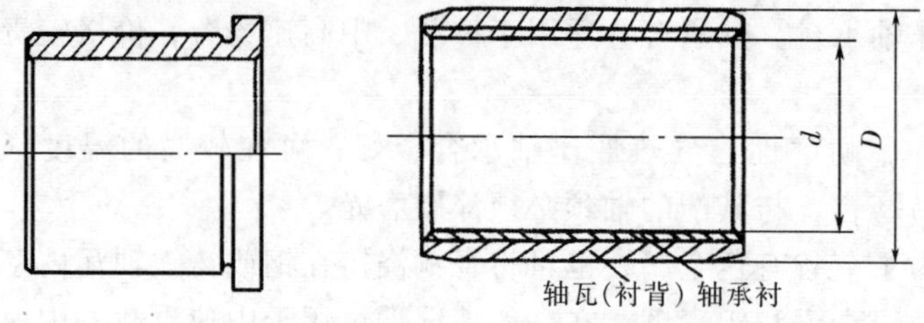

图 15-6　整体轴套

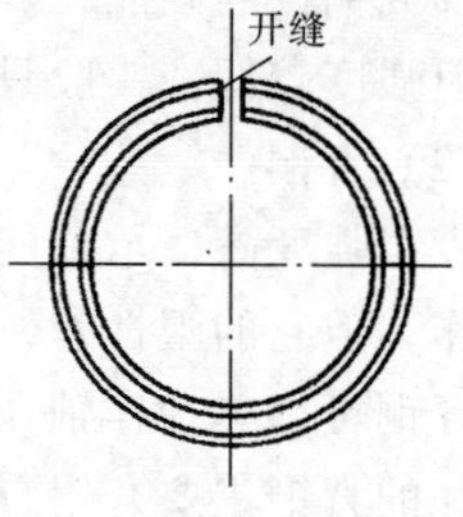

图 15-7　卷制轴套

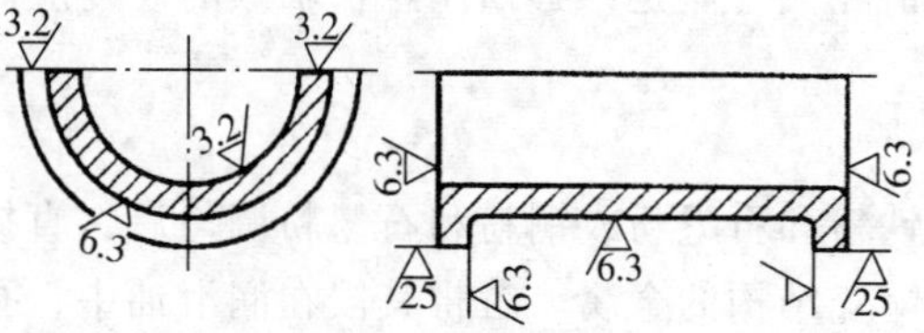

图 15-8　剖分式轴瓦

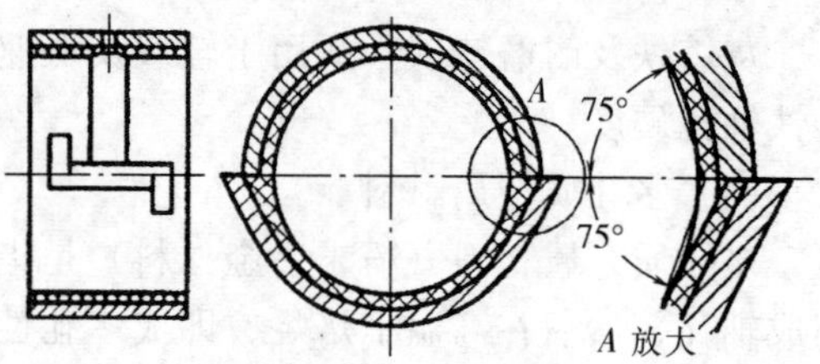

图 15-9　双金属轴瓦

（3）油孔及油槽

为了把润滑油导入整个摩擦面间，轴瓦或轴颈上须开设油孔或油槽。通常油槽应开在非承载区。对于不完全液体润滑轴承常用油槽形状如图 15-11 所示。

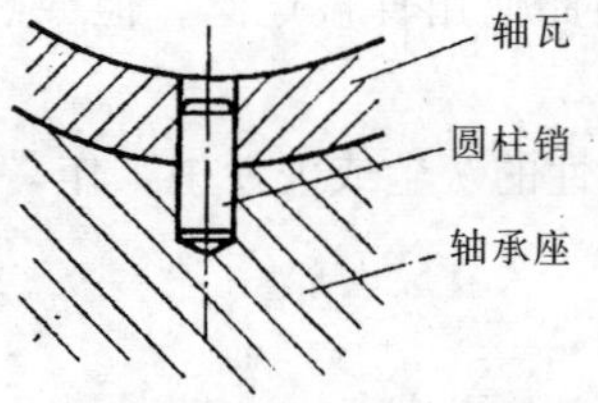

图 15-10　销钉定位

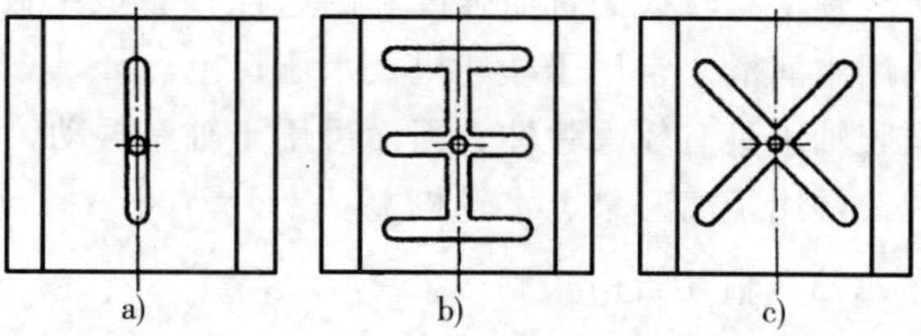

图 15-11　不完全液体润滑轴承常用油槽

15.4　非液体润滑滑动轴承的计算

非液体润滑轴承只适用于工作性能要求不高、转速较低及维护条件较差的场合。

非液体润滑轴承可靠的工作条件是：轴颈和轴瓦间边界膜不因工作压力过大、油温过高而造成破裂。

15.4.1　径向滑动轴承的计算

（1）验算轴承的平均压强 p

限制压强 p，以保证润滑油不致被过大的压力挤出，间接保证轴瓦不致过度磨损。压强 p 的计算公式为

$$p=\frac{F}{Bd}\leqslant[p] \tag{15-1}$$

式中：F——径向载荷，N；B——轴承宽度，mm；d——轴颈直径，mm；$[p]$——轴瓦材料的许用压强，MPa。

（2）验算轴承的 pv 值

轴承的发热量与其单位面积上的摩擦功耗 fpv 成正比，pv 值越高，轴承温升越高，容易使吸附在金属表面的油膜发生破裂，所以应限制 pv 值。其计算公式为

$$pv=\frac{F}{Bd}\cdot\frac{\pi dn}{60000}=\frac{\pi Fn}{60000B}\leqslant[pv] \tag{15-2}$$

式中：v——轴颈圆周速度，即滑动速度，m/s；n——轴转速，r/min；$[pv]$——轴承材料的 pv 许用值，MPa·m/s。

（3）验算滑动速度 v

当压力较小时，即使 p 和 pv 都在许用范围，也可能由于滑动速度过高而加速磨损，因而要求

$$v=\frac{\pi dn}{60000}\leqslant[v] \tag{15-3}$$

式中：$[v]$——许用滑动速度，m/s。

（4）滑动轴承的配合

滑动轴承所选用的材料及尺寸经验算合格后，应选取恰当的配合，一般可选 H9/d9、H8/f7、H7/f6 等。

（5）滑动轴承的宽径比

滑动轴承的宽径比 B/d 一般取为 0.5～2.0。

15.4.2　推力滑动轴承的计算

常见的推力轴承止推面的形状如图 15-12 所示。实心端面推力轴颈由于跑合时中心与边缘的磨损不均匀，愈近边缘部分磨损愈快，致使部分压力极高。空心轴颈和环状轴颈可以克服这一缺点。载荷很大时可以采用多环轴颈，且其能承受双向的轴向载荷。

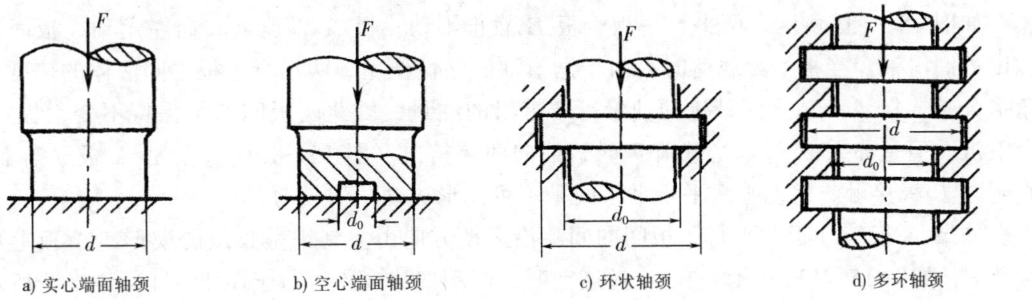

图 15-12　推力轴颈

非液体摩擦的推力轴承，应验算压强 p 和 pv 值。

（1）验算轴承的平均压强 p

$$p=\frac{F}{\frac{\pi}{4}\left(d^{2}-d_{0}^{2}\right)z}\leqslant[p] \tag{15-4}$$

式中：F——轴向载荷，N；z——环的数目；$[p]$——轴瓦材料的许用压强，MPa。

(2) 验算轴承的 pv 值

轴承的环形支承面平均值径处的圆周速度 v_m 为

$$v_{m}=\frac{\pi\left(d+d_{0}\right)n}{60\times1000\times2}$$

故

$$pv_{m}=\frac{4F}{\pi\left(d^{2}-d_{0}^{2}\right)z}\cdot\frac{\pi\left(d+d_{0}\right)n}{60\times1000\times2}\leqslant[pv] \tag{15-5}$$

式中：n——轴颈的转速，r/min；$[pv]$——轴承材料的 pv 许用值，MPa·m/s。

$[p]$ 和 $[pv]$ 的值见表 15.2，对多环轴承，各环受力不均匀，表中数值应降低 50%。

需要注意的是，由于工作状态不同，推力轴承与径向轴承的 $[p]$ 和 $[pv]$ 值是不相同的，两者相差很大。

表 15.2 推力滑动轴承的 $[p]$ 和 $[pv]$ 值

轴（轴环端面、凸缘）	轴　承	$[p]$ /MPa	$[pv]$ /（MPa·m/s）
未淬火钢	铸　铁 青　铜 轴承合金	2.0～2.5 4.0～5.0 5.0～6.0	1～2.5
淬火钢	青　铜 轴承合金 淬火钢	7.5～8.0 8.0～9.0 12～15	1～2.5

15.5 流体动压润滑的形成原理

如图 15-13a 所示，两平行平板，板 B 静止不动，板 A 以速度 v 向左运动，板间为有粘度的润滑油。当板上无载荷时，由于润滑油的粘性作用，两平行平板之间液体的速度呈三角形分布。板 A、B 之间带进的油量等于带出的油量，因此两板间油量保持不变，板 A 不会下沉。但是如果 A 板承受载荷 F 时，油向两侧挤出（图 15-13b），于是 A 板逐渐下沉，直到与 B 板接触。这说明两平行平板间是不可能形成动压油膜的。

如果 A 板与 B 板不平行，板间的间隙沿运动方向由大到小呈收敛的楔形，A 板上承受载荷 F，如图 15-13c 所示。在 A 板运动时，两端的速度图近似于图 15-13c 中虚线所示的三角形分布。如果真是这样，则在两板间的楔形内进油多而出油少，但是，润滑油是不可压缩的，必然导致在楔形间隙内拥挤而形成压力。这就迫使进口端的速度图形向内凹，出口端外凸，使得带进的油量与带出的油量相等，楔形间隙内形成的压力与外载 F 相平衡。这就说明在楔形间隙内形成了压力油膜。这种由于相对运动而形成的油膜称为动压油膜。

根据以上分析，形成液体动压润滑的必要条件是：

(1) 两工作表面必须有楔形间隙；

（2）两工作表面必须充满有粘性的液体；

（3）两工作表面间必须有相对运动，其运动方向必须保证液体从大口流进，从小口流出。

对于一定的载荷 F，必须使速度、粘度及间隙等匹配。

下面分析常用的径向滑动轴承形成动压油膜的过程。图 15－14a 表示停车状态，轴颈沉在下部。开始起动时，轴颈沿轴承孔内壁向上爬升，如图 15－14b 所示。当转速继续增加时，楔形间隙内形成动压油膜，在油压作用下，轴颈与轴承孔壁脱离，如图 15－14c 所示。但是，由于油膜内各点压力的合力有向左推动轴颈的分力存在，因而轴颈向左移动。最后，当机器达到工作转速时，轴颈处于图 15－14d 位置。此时，油膜内各点的压力的合力正好与外载 F 相平衡。所以，轴颈就稳定地在此位置上旋转。从图中可以明显看出，轴颈中心 O_1 与轴承孔中心 O_2 并不重合，存在偏心，其他条件相同时，工作转速越高，偏心距越小。

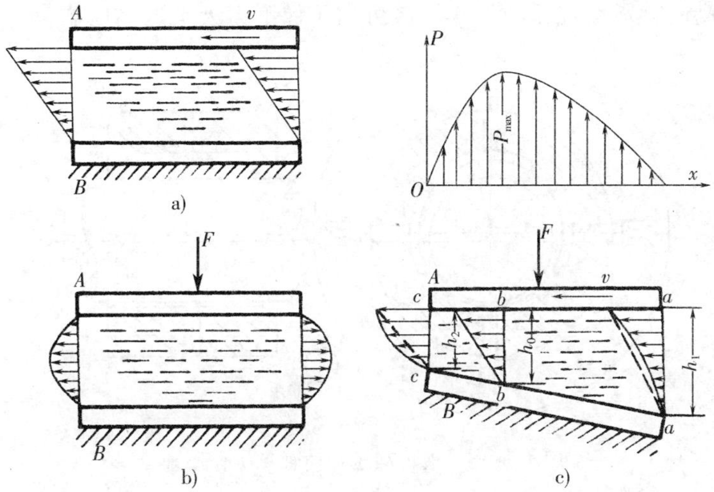

图 15－13　动压油膜承载机理

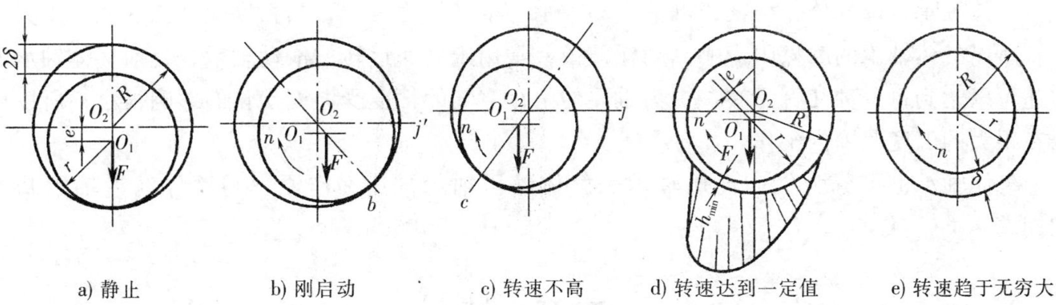

图 15－14　向心滑动轴承动压油膜的形成过程

15.6　液体静压轴承与气体轴承简介

15.6.1　液体静压轴承

液体静压轴承是用油泵把高压油送到轴承间隙里，强制形成油膜，靠液体的静压来平衡外载。图 15－15 是静压轴承的示意图。高压油经节流器进入油腔，节流器是用来保持油膜稳定的。当载荷 $F=0$ 时，轴颈与轴承孔同心，各油腔的油压彼此相等，即 $p_1=p_2=p_3=p_4$。当轴承承受向下外载 F 时，轴颈向下偏移，各油腔附近的间隙不同，受力大的油膜减薄，流量减小，因此经过这部分节流器的流量也减小，在节流器中的压力降也减小，但是，油泵的压力保持不变，所以下油腔中的压力 p_3 将加大。同理，上油腔中的压力 p_1 将减小，轴承依靠压力差来平衡外载荷 F。

静压滑动轴承的主要优点是：

(1) 润滑状态和油膜压力与轴颈转速关系很小，即使轴颈不转也可以形成压力油膜，因此可以在转速极低的条件下工作（如巨型天文望远镜的轴承）；

(2) 提高油压就可以提高承载能力，因而可以在重载条件下工作（如球磨机和轧钢机的轴承）；

(3) 转速不高时轴承摩擦系数极小，故可用于像测力天平这类仪器中。

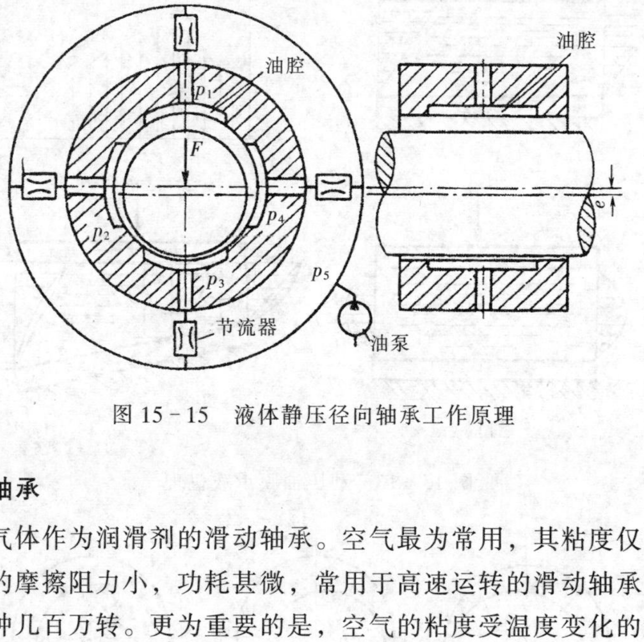

图 15－15 液体静压径向轴承工作原理

15.6.2 气体轴承

气体轴承是以气体作为润滑剂的滑动轴承。空气最为常用，其粘度仅为油的四五千分之一，所以气体轴承的摩擦阻力小，功耗甚微，常用于高速运转的滑动轴承，目前气体轴承的转速可以达到每分钟几百万转。更为重要的是，空气的粘度受温度变化的影响很小，所以可以在很大的温度范围内工作。

气体轴承也可分为气体动压轴承和气体静压轴承，其工作原理与液体润滑轴承基本相同。

本章小结

(1) 滑动轴承根据摩擦状态可分为非液体润滑轴承和完全液体润滑轴承。完全液体润滑轴承又分为动压润滑轴承与静压润滑轴承。滑动轴承有多种结构型式：整体式、剖分式、自动调心式等。由于滑动轴承本身有一些独特的优势，适用于一些特殊的场合，如高速、重载、高精度等。

(2) 轴承材料和轴瓦结构对滑动轴承的性能影响较大，应综合考虑多方面因素选定轴承材料和轴瓦结构。

（3）非液体摩擦滑动轴承计算和校核时，限制压强 p，以保证润滑油膜不被破坏；限制 pv 值，以保证轴承温升不至于太高，因为温度太高，容易引起边界油膜的破裂。

（4）根据流体动压润滑的形成原理设计出的动压润滑滑动轴承，主要用于连续高速运转的场合。动压润滑滑动轴承的设计较复杂，故不在本书中叙述。

思考题

15-1　滑动轴承的性能特点有哪些？主要的应用场合有哪些？

15-2　滑动轴承的主要结构型式有哪几种？各有什么特点？

15-3　轴承材料应具备哪些性能？是否存在着能同时满足这些性能的材料？

15-4　非液体润滑轴承的设计依据是什么？限制 p 值和 pv 值的目的是什么？

15-5　液体动压润滑的必要条件是什么？叙述径向滑动轴承形成动压油膜的过程。

15-6　找出一滑动轴承应用实例，确定滑动轴承类型，分析其特点和采用滑动轴承的原因。

习　题

15-1　有一径向滑动轴承，轴转速 $n=650\text{r/min}$，轴颈直径 $d=120\text{mm}$，轴承上受径向载荷 $F=5000\text{N}$，轴瓦宽度 $B=150\text{mm}$，试选择轴承材料，并按非液体润滑滑动轴承校核。

15-2　现有一非液体润滑径向滑动轴承，轴颈直径 $d=100\text{mm}$，轴瓦宽度 $B=100\text{mm}$，转速 $n=1200\text{r/min}$，轴承材料 ZPbSb16Sn16Cu2，试问该轴承能承受多大的径向载荷？

15-3　已知一推力滑动轴承，其轴颈结构为空心，大径 $d_0=120\text{mm}$，内径 $d_1=90\text{mm}$，转速 $n=300\text{r/min}$，轴瓦材料为铸铝青铜，试求该轴承能承受多大轴向载荷？

第 16 章　滚动轴承

16.1　概　述

16.1.1　滚动轴承的基本结构

图 15－1b 给出了滚动轴承的结构原理，它仅在轴与孔之间加入滚动体。由图可知，滚动体与孔和轴之间是点接触，局部压力很大。为了保护轴与孔的表面，分别设计了内圈和外圈，同时，为了避免滚动体间相互发生摩擦，用保持架将各滚动体均匀隔开。滚动轴承的基本结构如图 16－1 所示，由内圈 1、外圈 2、滚动体 3 和保持架 4 组成。

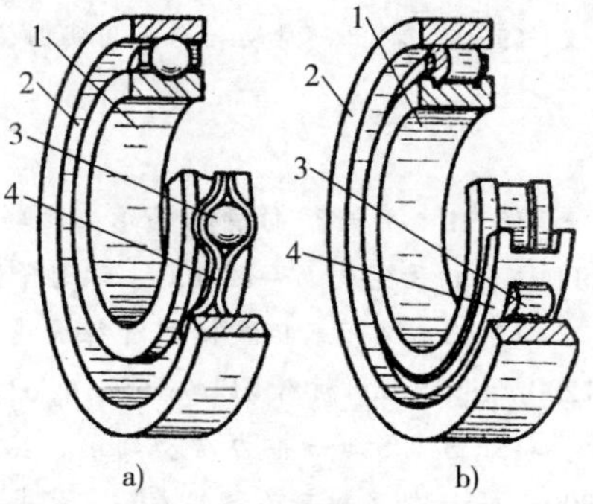

图 16－1　滚动轴承的基本结构

滚动轴承常用的滚动体如图 16－2 所示，有：球（图 16－2a）；圆柱滚子（图 16－2b）；滚针（图 16－2c）；圆锥滚子（图 16－2d）；球面滚子（图 16－2e）；非对称球面滚子（图 16－2f）；螺旋滚子（图 16－2g）等多种。多数滚动轴承的内、外圈上有内凹的滚道，以限制滚动体的侧向移动。

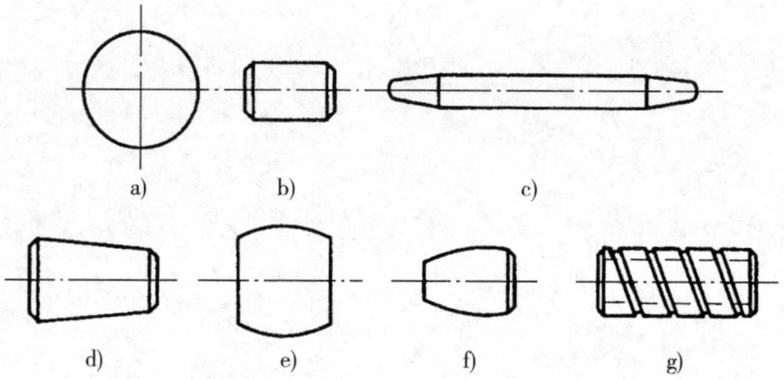

图 16－2　滚动轴承的常用滚动体

滚动轴承类型很多，有的无外圈、有的无内圈、有的无保持架，但是无论哪一种类型的滚动轴承，都必须有主要元件——滚动体。

16.1.2　滚动轴承的材料

由于滚动轴承的滚动体与内、外圈是点或线接触，它们表面的接触应力很大，所以内、外圈和滚动体的材料应具有良好的接触疲劳强度和冲击韧性，一般采用轴承钢，经热处理后，表面硬度达 61HRC～65HRC。保持架多用低碳钢板冲压而成，实体式保持架用有色金属或塑料制成。

常用各种规格的滚动轴承绝大多数已经标准化，并由专业工厂大量制造。

16.2　滚动轴承的主要类型、性能和特点

16.2.1　滚动轴承的主要类型

滚动轴承按滚动体类型不同可分为球轴承和滚子轴承。

滚动轴承按所能承受的外载荷不同，分为向心轴承、推力轴承和向心推力轴承三大类。图 16－3 为三种轴承承载情况的示意图。向心轴承主要承受径向载荷，其中有几类向心轴承也可以承受一定的轴向力。推力轴承只能承受轴向载荷，轴承中与轴颈紧套在一起的套圈称为轴圈，与机座相联的套圈称为座圈。向心推力轴承能同时承受径向载荷和轴向载荷。向心推力轴承的滚动体与外圈滚道接触点（线）处法线 $N-N$ 与半径方向的夹角 α 称为轴承的接触角。轴承实际所受的径向载荷与轴向载荷的合力与半径方向的夹角 β 称为载荷角。

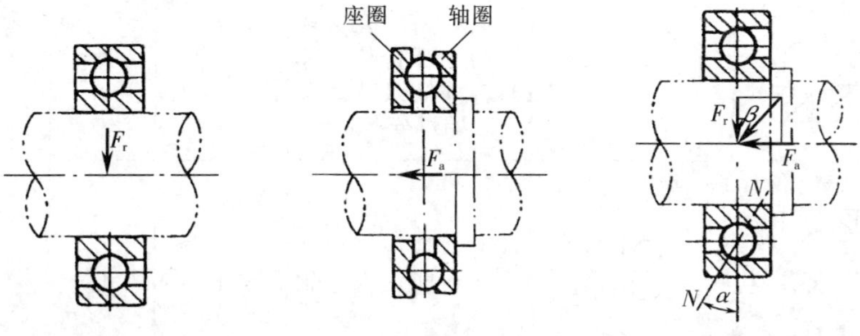

a) 向心轴承　　b) 推力轴承　　c) 向心推力轴承

图 16－3　不同类型轴承的承载情况

滚动轴承的类型名称、代号、简图、性能特点见表 16.1。

表 16.1　常用滚动轴承的类型、性能和特点

类型代号	轴承名称，简图，受力方向	示意图	轴承性能特点	基本额定动载荷比	极限转速比	价格比	允许角偏斜
1	调心球轴承 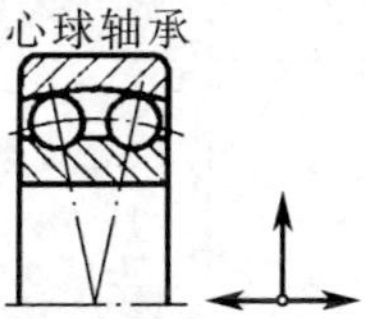	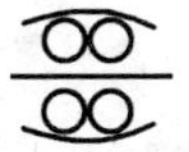	双排钢球，外圈滚道为内球面形，具有自动调心性能。主要承受径向载荷	0.6～0.9	中	1.8	3°
2	调心滚子轴承 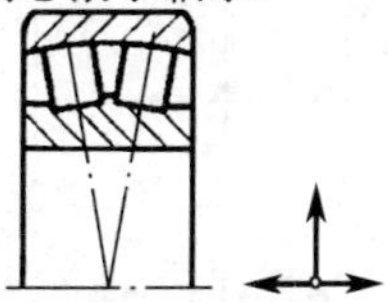	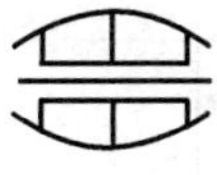	与调心球轴承相似。双排滚子，有较高承载能力。允许角偏斜小于调心球轴承	1.8～4	低	4.4	1°～2.5°
2	推力调心滚子轴承 		外圈滚道是球面，调心性能好。能承受轴向载荷为主的径向、轴向载荷联合作用	1.7～2.2	中		1.5°～2.5°

续表 16.1

类型代号	轴承名称，简图，受力方向	示意图	轴承性能特点	基本额定动载荷比	极限转速比	价格比	允许角偏斜
3	圆锥滚子轴承 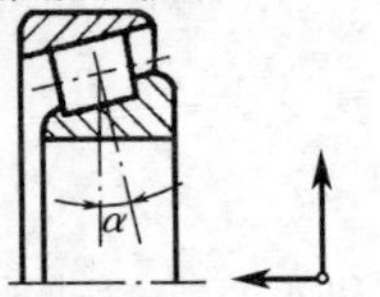	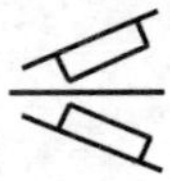	能同时受径向和单向轴向载荷，承载能力大。内、外圈可分离，安装时可调整游隙。成对使用。允许角偏斜小	1.5～2.5	中	1.7	2′
4	双列深沟球轴承 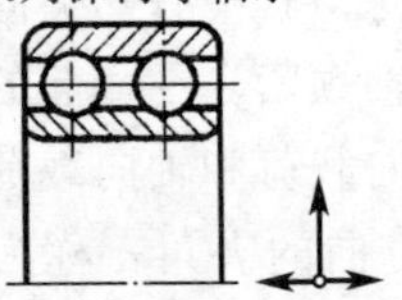		能同时受径向和轴向载荷。径向刚度和轴向刚度均大于深沟球轴承	1.6～2.3	中		8′～16′
5	推力球轴承 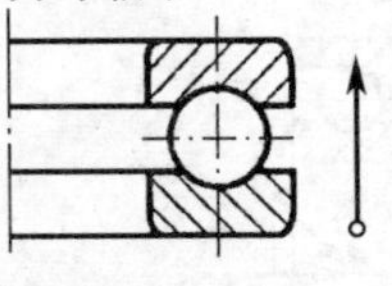		只能受单向轴向载荷。回转时，因钢球离心力与保持架摩擦发热，故极限转速较低。套圈可分离	1	低	1.1	0°
5	双列推力球轴承 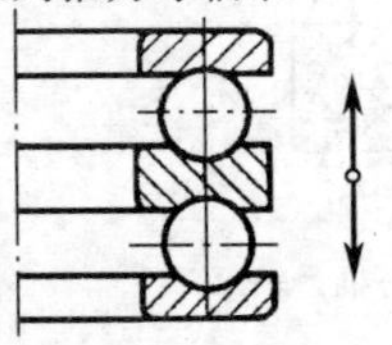		能受双向的轴向载荷。其他同推力球轴承	1	低	1.8	0°
6	深沟球轴承 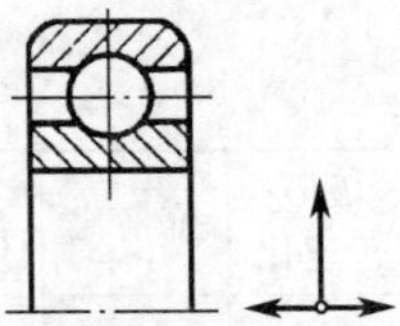	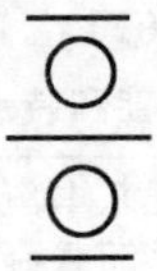	结构简单。主要受径向载荷，也可承受一定的双向轴向载荷。高速轻载装置中可用于代替推力轴承。极限转速高，价廉。应用最广	1	高	1	8′～16′
7	角接触球轴承 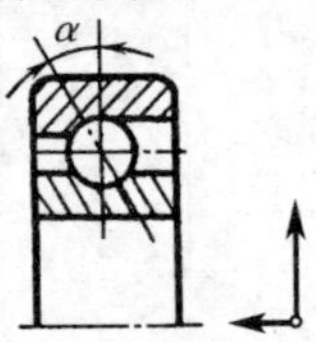	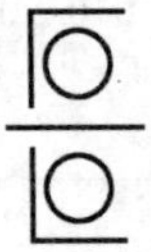	能同时受径向载荷和单向轴向载荷。接触角 α 有 15°、25° 和 40° 三种，轴向承载能力随接触角增大而提高。需成对使用	1～1.4	高	2.1	2′～10′
N	圆柱滚子轴承 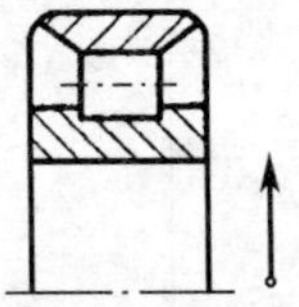	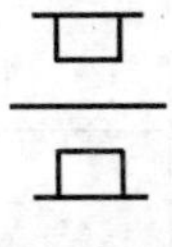	能承受较大的径向载荷。内外圈间可作自由轴向移动，不能承受轴向载荷。滚子与套圈间是线接触，只允许有很小的角偏斜	1.5～3	高	2	2′～4′

注：表中基本额定动载荷比、极限转速比、价格比都是指同一尺寸系列的轴承与深沟球轴承之比（平均值）。极限转速比（脂润滑、0 级公差组）比值＞90% 为高，60%～90% 为中，＜60% 为低。

16.2.2　滚动轴承类型的选择

选择滚动轴承时应考虑以下因素：

(1) 轴承的载荷

轴承所受载荷的大小、方向和性质，是选择轴承类型的主要依据。

当载荷较小时，选用球轴承；当载荷较大时，选用滚子轴承。

对于纯轴向载荷，选用推力轴承；对于纯径向载荷，选用深沟球轴承、圆柱滚子轴承或滚针轴承；对于承受径向载荷，同时还有不大的轴向载荷，选用深沟球轴承、接触角不大的角接触球轴承或圆锥滚子轴承；对于承受径向载荷，同时存在较大的轴向载荷，选用接触角较大的角接触球轴承或圆锥滚子轴承，或者选用向心轴承和推力轴承组合在一起的结构。

(2) 轴承的转速

在一般转速下，转速的高低不影响类型的选择，只有在转速较高时，才会有比较显著的影响。

轴承样本中列出了各种类型、各种尺寸轴承的极限转速值。这个转速极限值是指载荷不大、冷却条件正常且为 0 级公差轴承时的最大允许转速。

(3) 轴承的调心性能

当轴的中心线与轴承座中心线不重合而有角度误差时，或因轴受力而弯曲、倾斜时，会造成轴承的内外圈轴线发生偏斜。这时，应采用有一定调心性能的调心球轴承或调心滚子轴承。这类轴承在内外圈轴线有不大的相对偏斜时仍能正常工作。

(4) 轴承的安装和拆卸

为便于安装和拆卸，常选用内外圈可分离的分离型轴承或选用具有内锥孔的轴承。

16.3　滚动轴承的代号

在常用的各类滚动轴承中，每种类型又可做成几种不同的结构、尺寸和公差等级，以便适应不同要求。为了便于组织生产和选用，GB/T272－1993 规定了轴承代号的表示方法。

滚动轴承代号由基本代号、前置代号和后置代号组成，用字母和数字等表示。轴承代号的构成见表 16.2。

表 16.2　轴承代号

前置代号	基本代号					后置代号							
成套轴承分部件代号	5	4	3	2	1	1	2	3	4	5	6	7	8
	类型代号	尺寸系列		内径代号		内部结构	密封与防尘套圈变形	保持架及其材料	轴承材料	公差等级	游隙	配置	其他
		宽度系列代号	直径系列代号										

（1）基本代号

基本代号用来表明轴承的内径、直径系列、宽度系列和类型，一般最多为五位。

①轴承内径代号

轴承内径用基本代号右起第一和第二位数字表示。

对常用内径 $d=20\text{mm}\sim480\text{mm}$ 的轴承，内径一般为 5 的倍数。这两位数字表示轴承内径尺寸被 5 除得的商数。

对于内径为 10mm、12mm、15mm 和 17mm 的轴承，内径代号依次为 00、01、02 和 03。

对于内径小于 10mm 和大于 500mm 的轴承，内径表示方法另有规定。

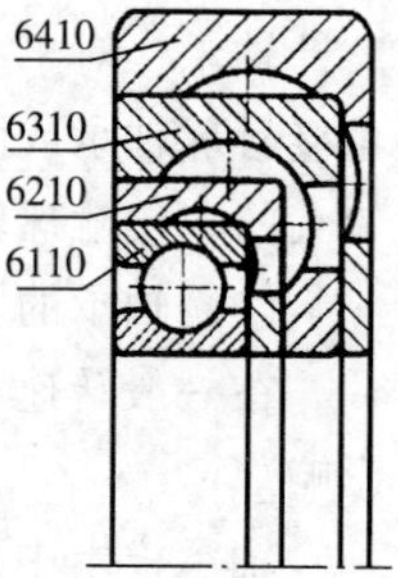

图 16－4　直径系列的对比

②轴承的直径系列

轴承的直径系列（即结构相同、内径相同的轴承在外径和宽度方面的变化系列）用基本代号右起的第三位数字表示。常用的直径系列代号有：0，1，2，3，4，5。对向心轴承和向心推力轴承：0、1 表示特轻系列；2 表示轻系列；3 表示中系列；4 表示重系列。对推力轴承：1 表示特轻系列；2 表示轻系列；3 表示中系列；4 表示重系列（如图 16－4）。

③轴承的宽度系列

轴承的宽度系列（即结构相同、内径和直径系列都相同的轴承在宽度方面的变化系列）用基本代号右起第四位数字表示。

当宽度系列为 0 系列（正常系列）时，对多数轴承在代号中可不标出宽度系列代号 0，但对于调心滚子轴承和圆锥滚子轴承，宽度系列代号 0 应标出。

直径系列代号和宽度系列代号统称为尺寸系列代号。

轴承类型代号用基本代号右起第五位数字或字母表示。

（2）前置代号

前置代号用字母表示，用来表示轴承的分部件。如 L 表示可分离轴承的可分离内圈或外圈；R 表示不带可分离内圈或外圈的轴承；K 表示滚动轴承的滚动体与保持架组件。

（3）后置代号

后置代号是用字母和数字来表示轴承的结构、密封、材料、公差、游隙等特殊要求。后置代号的内容较多，下面介绍几种常用的代号。

① 内部结构代号，用字母表示。如 C、AC、B 分别代表角接触球轴承的公称接触角 $\alpha=15°$、25°和 40°；E 表示增大承载能力进行结构改进的加强型；D 为剖分式轴承等。如 7215C、7215AC、NU210E。

②公差等级代号。有/P0、/P6、/P6X、/P5、/P4、/P2 等 6 个级别，分别表示标准规定的 0、6、6X、5、4、2 等级的公差等级，其中 2 级最高，0 级最低，0 级省略不标注。如 6305、6305/P6、7215AC/P5。

③游隙代号。有/C1、/C2、缺省、/C3、/C4、/C5 等 6 个代号，分别表示标准规定的游隙 1、2、0、3、4、5 组（游隙量由小而大），0 组不标注。如 6305、6305/C4、6305/P64。

实际应用的滚动轴承类型是很多的，相应的轴承代号也是比较复杂的。以上介绍的代号是滚动轴承代号中最基本、最常用的部分，熟悉了这部分代号，就可以识别和选用常用的滚动轴承。关于滚动轴承详细的代号方法可参阅 GB/T272－1993。

代号举例：

6312——表示内径为 60mm，深沟球轴承，尺寸系列为 03，正常结构，0 级公差，0 组游隙。

7215AC/P54——表示内径为 75mm，角接触球轴承，尺寸系列为 02，接触角 $\alpha = 25°$，5 级公差，4 组游隙。

16.4　滚动轴承的失效形式和尺寸选择

16.4.1　滚动轴承的失效形式

(1) 滚动轴承的工作情况

滚动轴承工作时滚动体和内、外圈都是变应力，这是因为：

①除受通过轴承轴心线的纯轴向载荷作用外，各滚动体所受的载荷是不相同的。如图 16－5 所示，内圈在径向力 F_r 的作用下向下移动，上半圈的滚动体不受载，下半圈的滚动体受载也各不相同。

②滚动体与内外圈的接触点时刻在发生变化。

(2) 滚动轴承的主要失效形式

滚动轴承的主要失效形式有疲劳点蚀和永久变形。

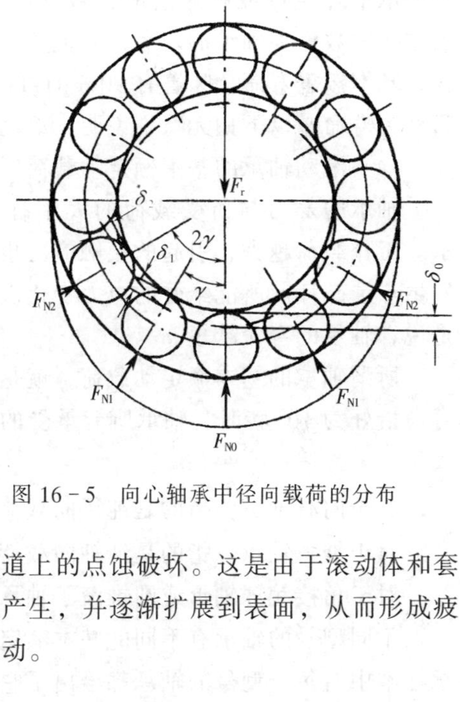

图 16－5　向心轴承中径向载荷的分布

①疲劳点蚀

滚动轴承的正常失效形式是滚动体或内、外圈滚道上的点蚀破坏。这是由于滚动体和套圈表面层的应力都是周期性变化的，促使疲劳裂纹的产生，并逐渐扩展到表面，从而形成疲劳点蚀，使轴承旋转精度下降，产生噪声、冲击和振动。

②永久变形

当滚动轴承转速很低或只作间歇摆动时，一般不会产生疲劳点蚀。但若承受很大的静载荷或冲击载荷时，轴承各元件接触处的局部应力可能超过材料的屈服极限，从而产生永久变形。过大的永久变形会使轴承在运转中产生剧烈的振动和噪音，致使滚动轴承不能正常工作。

此外，由于使用维护和保养不当或密封、润滑不良等因素，也能导致轴承早期磨损、胶合、内外圈和保持架破损等不正常失效。

16.4.2　滚动轴承的基本额定寿命和基本额定动载荷

(1) 轴承的寿命

单个轴承，其中一个套圈或滚动体材料出现首次疲劳点蚀扩展之前，一个套圈相对于另一套圈转动的圈数称为轴承的寿命。

(2) 轴承寿命分布曲线

由于制造精度、材料的均质程度等差异，即使是同样的材料、同样的尺寸以及同一批生产出来的轴承，在完全相同的条件下工作，它们的寿命也会极不相同。因此，对一个具体轴承，很难预知其确切的寿命。但大量的轴承寿命试验表明，轴承的可靠性与寿命之间有如图 16－6 所示的关系。可靠性常用可靠度 R 度量。一组相同轴承能达到或超过规定寿命的百分率，称为轴承寿命的可靠度。

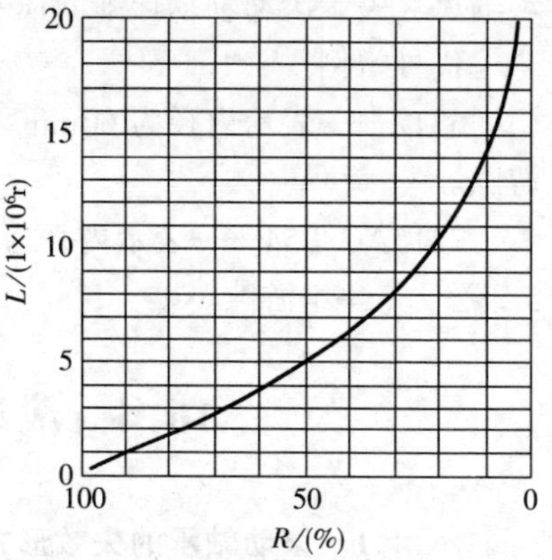

图 16－6 滚动轴承寿命曲线

(3) 轴承的基本额定寿命

按一组轴承中 10% 的轴承发生点蚀破坏，而 90% 的轴承不发生点蚀破坏前的转数（以 10^6 为单位）或工作小时数作为轴承的寿命，并把这个寿命叫做基本额定寿命，以 L_{10} 表示。对单个轴承而言，基本额定寿命意味着有 90% 的可能达到或超过该寿命。滚动轴承的基本额定寿命通常简称为寿命，以下如无特别说明，滚动轴承的寿命均指额定寿命。

(4) 滚动轴承的基本额定动载荷

轴承的寿命与所受载荷的大小有关，如图 16－7 所示。工作载荷越大，引起的接触应力也就越大，因而，在发生点蚀破坏前所能经受的应力变化次数也就越少，也就是说，轴承的寿命越短。

所谓轴承的基本额定动载荷，就是使轴承的基本额定寿命恰好为 10^6 转时，轴承所能承受的载荷值，用字母 C 表示。

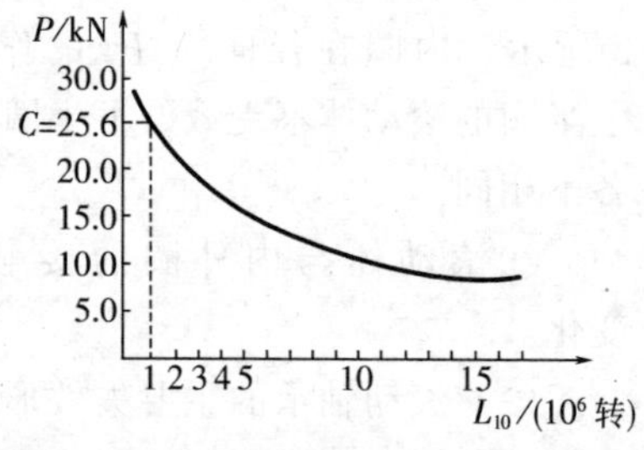

图 16－7 轴承载荷-寿命曲线

对于向心轴承，指的是纯径向载荷，并称为径向基本额定动载荷，常用 C_r 表示；

对于推力轴承，指的是纯轴向载荷，并称为轴向基本额定动载荷，常用 C_a 表示；

对于角接触球轴承或圆锥滚子轴承，指的是套圈间产生纯径向位移的载荷的径向分量。

不同型号的轴承有不同的基本额定动载荷值，它表征了不同型号轴承的承载特性。在轴承样本中对每个型号的轴承都给出了它的基本额定动载荷值，需要时可从轴承样本中查取。

16.4.3 滚动轴承寿命的计算公式

(1) 滚动轴承载荷-寿命曲线

对于具有基本额定动载荷 C（C_r 或 C_a）的轴承，当它所受的载荷 P（当量动载荷，为一计算值）恰好为 C 时，其基本额定寿命就是 10^6 转。但是当所受的载荷 $P \neq C$ 时，轴承的寿命为多少？这就是轴承寿命计算所要解决的一类问题。

通过大量的试验，得出了某个轴承的载荷－寿命曲线（图 16－7）。该曲线表示这类轴承的载荷 P 与基本额定寿命 L_{10} 之间的关系。

(2) 载荷-寿命公式

轴承的载荷-寿命曲线可用下式表示

$$L=\left(\frac{C}{P}\right)^{\varepsilon}10^{6}\quad \mathrm{r} \tag{16-1}$$

式中 ε 为寿命指数，对于球轴承，ε = 3；对于滚子轴承，ε = 10/3。

用小时表示的载荷-寿命曲线公式

$$L_{\mathrm{h}}=\frac{10^{6}}{60n}\left(\frac{C}{P}\right)^{\varepsilon}\quad \mathrm{h} \tag{16-2}$$

式中：L_h——以小时为单位的轴承寿命；

n——轴的转速，r/min。

应取 $L_h \geqslant L_h'$，L_h'为滚动轴承的预期寿命。滚动轴承的预期寿命通常按机器的大修期限决定，各类机器中轴承的预期寿命的参考值列于表 16.3 中。

若已知轴承的当量动载荷 P 和滚动轴承的预期寿命 L_h'，则可按下式求得相应的计算基本额定动载荷 C'，它与所选轴承型号的 C 值必须满足下式

$$C \geqslant C' = P\sqrt[\varepsilon]{\frac{60nL_{\mathrm{h}}'}{10^{6}}} \tag{16-3}$$

表 16.3　轴承预期寿命的参考值 L_h'

使用场合	预期计算寿命/h
不经常使用的仪器和设备，如闸门开闭装置	300～3000
短期和间歇使用的机械，中断使用不致引起严重后果，如手动机械等	3000～8000
间断使用的机械，中断使用后果严重，如发动机辅助设备、流水线上的自动传送装置、升降机、车间吊车、不经常使用的机床等	8000～12000
每日 8h 工作的机械（利用率不高），如一般的齿轮传动等	12000～20000
每日 8h 工作的机械（利用率较高），如金属切削机床、连续使用的起重机、木材加工机械、印刷机械等	20000～30000
24h 连续使用的机械，如矿山机械升降机、纺织机械、泵、电机等	40000～60000
24h 连续使用的机械，中断使用后果严重，如纤维生产或造纸设备、发电站主电机、矿井水泵、船舶螺旋桨轴等	100000～200000

(3) 高温下的计算公式

在较高温度下工作的轴承，应该采用经过较高温回火处理的高温轴承。对于应用在高温环境下的轴承来说，基本额定动载荷中应乘以温度系数 f_t。计算公式变为

$$L_{\mathrm{h}}=\frac{10^{6}}{60n}\left(\frac{f_{\mathrm{t}}C}{P}\right)^{\varepsilon} \tag{16-4}$$

温度系数见表 16.4。

表 16.4　温度系数 f_t

轴承工作温度/℃	≤120	125	150	175	200	225	250	300	350
温度系数	1.00	0.95	0.90	0.85	0.80	0.75	0.70	0.60	0.50

16.4.4　滚动轴承的当量动载荷

在实际应用中，一般滚动轴承同时受径向载荷 F_r和轴向载荷 F_a作用。因此，在进行轴

承寿命计算时，必须把实际载荷转换为与确定基本额定动载荷的载荷条件相一致的当量动载荷，用字母 P 表示。

当量动载荷 P 的一般计算公式为

$$P = XF_r + YF_a \tag{16-5}$$

式中 X、Y 分别为径向、轴向载荷系数，其值见表 16.5。

表 16.5　径向载荷系数 X 和轴向载荷系数 Y

轴承名称	轴承代号	相对轴向载荷	$F_a/F_r \leqslant e$		$F_a/F_r > e$		判断系数
		$12.3F_a/C_{0r}$	X	Y	X	Y	e
调心球轴承	10000	–	1	(Y_1)	0.67	(Y_2)	(e)
调心滚子轴承	20000	–	1	(Y_1)	0.67	(Y_2)	(e)
圆锥滚子轴承	30000	–	1	0	0.4	Y	(e)
		0.172				2.30	0.19
		0.345				1.99	0.22
		0.689				1.71	0.26
		1.030				1.55	0.28
深沟球轴承	60000	1.380	1	0	0.56	1.45	0.30
		2.070				1.31	0.34
		3.450				1.15	0.38
		5.170				1.04	0.42
		6.890				1.00	0.44
		0.178				1.47	0.38
		0.357				1.40	0.40
		0.714				1.30	0.43
		1.07				1.23	0.46
角接触球轴承	70000C	1.43	1	0	0.44	1.19	0.47
		2.14				1.12	0.50
		3.57				1.02	0.55
		5.35				1.00	0.56
		7.14				1.00	0.56
	70000AC	–	1	0	0.41	0.87	0.68
	70000B	–	1	0	0.35	0.57	1.14

注：C_{0r}为轴承的基本额定静载荷。括号内的系数 Y、Y_1、Y_2 和 e 的值应查轴承手册，不同型号的轴承，有不同的值。

实际上，在许多支承中还会出现一些附加载荷，如冲击力、不平衡力、惯性力以及轴挠曲或轴承座变形产生的附加力等，为此，可对当量动载荷乘上一个根据经验而定的载荷系数 f_p，这样计算公式为

$$P = f_p\ (XF_r + YF_a) \tag{16-6}$$

载荷系数 f_p 如表 16.6。

表 16.6　载荷系数

载荷性质	载荷系数	应用举例
无冲击或轻微冲击	1.0～1.2	电机、汽轮机、通风机、水泵等
中等冲击或中等惯性力	1.2～1.8	车辆、动力机械、起重机、造纸机、冶金机械、选矿机、卷扬机和机床等
强大冲击	1.8～3.0	破碎机、轧钢机、钻探机、振动筛等

16.4.5　角接触轴承的轴向载荷计算

角接触球轴承和圆锥滚子轴承由于结构上存在接触角，承受径向载荷时，要产生轴向反力，如图 16-8 所示。图中 F'_{Ni} 是作用于第 i 个滚动体的反力，F'_{Ni} 可以分解为径向分力 F'_{Ni} 和轴向分力 F_{di}，所有滚动体轴向分力的总和 F_d 称为轴承的派生轴向力。派生轴向力的大小与轴承上受载的滚动体的数目有关，为了保证这类轴承正常工作，应保证至少有半圈滚动体受载，此时派生轴向力的近似计算公式见表 16.7。

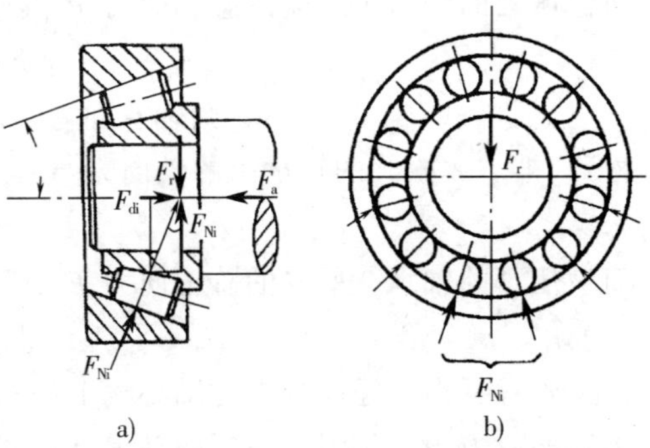

图 16-8　径向载荷产生的轴向力

为了保证角接触轴承的正常工作，通常是成对使用的，且需要预紧，以防止轴向窜动。角接触轴承的安装有正装和反装两种形式。所谓正装是指角接触轴承的两外圈窄边相对的安装形式，如图 16-9 所示，又称为面对面式安装。所谓反装是指角接触轴承的两外圈宽边相对的安装形式，如图 16-10 所示，又称为背对背式安装。

表 16.7　向心角接触轴承派生轴向力 F_d

轴承类型	向心角接触球轴承			圆锥滚子轴承
	$\alpha=15°$	$\alpha=25°$	$\alpha=40°$	
F_d	eF_r	$0.68F_r$	$1.14F_r$	$F_r/(2Y)$

注：表中 e 为判别系数，由表 16.5 查出；Y 为表 16.5 中 $F_a/F_r>e$ 的轴向载荷系数。

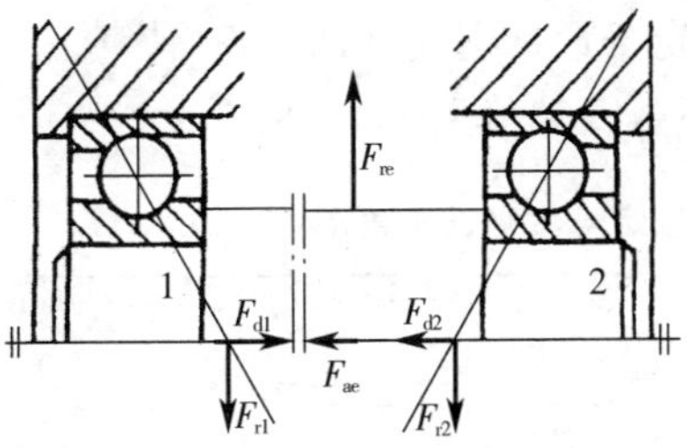

图 16-9　角接触轴承正装

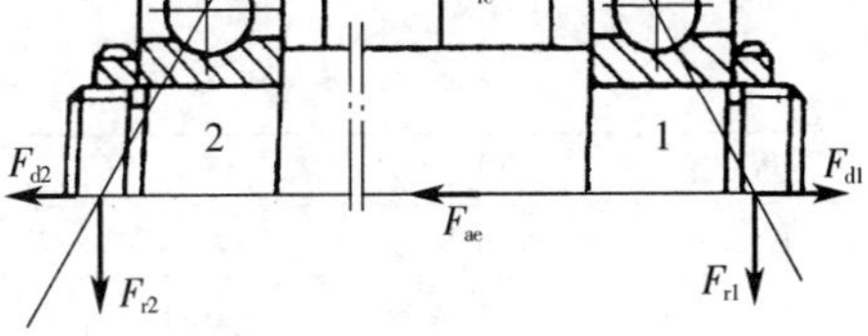

图 16-10　角接触轴承反装

根据力的径向平衡条件，很容易由径向力 F_{re} 计算出两个轴承上的径向载荷 F_{r1}、F_{r2}，当 F_{re} 的大小及作用位置固定时，径向载荷 F_{r1}、F_{r2} 也就固定了。由径向载荷派生的轴向力 F_{d1}、F_{d2} 的大小可按表 16.7 中公式（保证半圈滚动体受载时的派生轴向力）计算。

把派生轴向力的方向与外加轴向力载荷 F_a 方向一致的轴承标为 2，另一个标为轴承 1。如达到平衡时，应满足

$$F_{ae}+F_{d2}=F_{d1}$$

如计算求出的 F_{d1} 和 F_{d2} 不满足上面的关系式时，就会出现下面两种情况。

当 $F_{ae}+F_{d2}>F_{d1}$ 时，则轴有向左窜动的趋势，相当于轴承 1 被“压紧”，轴承 2 被“放松”。但如前所述，为了保证角接触轴承正常工作，应保证至少有半圈滚动体受载，所以令被“放松”的轴承 2 的轴向力与其本身派生轴向力 F_{d2} 相等，即

$$F_{a2}=F_{d2}$$

而被压紧的轴承 1 所受的总轴向力 F_{a1} 必须与 $F_{ae}+F_{d2}$ 相平衡，即

$$F_{a1}=F_{ae}+F_{d2}$$

当 $F_{ae}+F_{d2}<F_{d1}$ 时，则轴有向右窜动的趋势，相当于轴承 2 被“压紧”，轴承 1 被“放松”，被“放松”的轴承 1 的轴向力与其本身派生轴向力 F_{d1} 相等，即

$$F_{a1}=F_{d1}$$

而被压紧的轴承 2 所受的总轴向力 F_{a2} 必须与 $F_{d1}-F_{ae}$ 相平衡，即

$$F_{a2}=F_{d1}-F_{ae}$$

轴承反力的径向分力在轴心线上的作用点叫做轴承的压力中心。两种安装方式对应两种不同的压力中心位置。但当两轴承支点间距与轴承宽度相比大很多时，可用轴承宽度中点作为支点反力的作用位置，这样处理计算方便，误差也不大。

16.4.6 滚动轴承静载荷的计算

滚动轴承的静载荷是指轴承内外圈之间相对转速为零或很小时作用在轴承上的载荷。为了限制滚动轴承在过载或冲击载荷作用下产生的永久变形，有时还需按静载荷进行校核计算。滚动轴承的静载荷计算可参阅有关机械设计手册。

16.4.7 不同可靠度时滚动轴承尺寸的选择

轴承样本中所列的基本额定动载荷是在 90% 可靠度时的数据。但在实用中，由于各类机械对轴承的要求不同，对轴承可靠度的要求也不尽相同。为了把样本中的基本额定动载荷值用于可靠度不等于 90% 的情况，引入寿命修正系数 α_1，这样轴承的额定寿命修正为

$$L_n=\alpha_1 L_{10}$$

式中：L_{10}——可靠度是 90% 时的寿命，即基本额定寿命，由式（16-4）计算；

α_1——可靠度不为 90% 时的额定寿命修正系数，其值见表 16.8。

表 16.8 可靠度不为 90% 时的额定寿命修正系数 α_1

可靠度/%	90	95	96	97	98	99
L_n	L_{10}	L_5	L_4	L_3	L_2	L_1
α_1	1	0.62	0.53	0.44	0.33	0.21

【例题 16-1】 齿轮减速器的高速轴用一对球轴承支承，转速 $n=2000\mathrm{r/min}$，轴承径向载荷 $F_r=2000\mathrm{N}$，$F_a=500\mathrm{N}$ 有轻微冲击。已知轴承型号为 6211，查轴承手册得 $C_r=43.2\mathrm{kN}$、$C_{0r}=29.2\mathrm{kN}$，求该滚动轴承的寿命。

【解】 (1) 计算当量动载荷

相对轴向载荷：$12.3F_a/C_{0r}=12.3\times500/29200=0.214$

由表 16.5 用线性插值法求判别系数 e

$$e=0.19+\frac{0.22-0.19}{0.345-0.172}\times(0.214-0.172)=0.197$$

由于 $F_a/F_r=500/2000=0.4>e$，由表 16.5 查得径向系数 $X=0.56$，轴向系数 Y 由线性插值法求得

$$Y=2.30+\frac{1.99-2.30}{0.345-0.172}\times(0.214-0.172)=2.17$$

有轻微冲击，查表 16.6 取 $f_P=1.1$，由式 (16-6) 得轴承的当量动载荷

$$P=f_p(XF_r+YF_a)=1.1\times(0.56\times2000+2.17\times500)=2426\mathrm{N}$$

(2) 计算轴承寿命

由于没有特别声明，工作温度认为正常，f_t取 1.0，由式 (16-4) 得滚动轴承的寿命为

$$L_h=\frac{10^6}{60n}\left(\frac{f_tC}{P}\right)^\varepsilon=\frac{10^6}{60\times2000}\left(\frac{1.0\times43200}{2426}\right)^3=47054\mathrm{h}$$

16.5 轴承装置的设计

轴承装置的设计主要是正确解决轴承的安装、配合、紧固、调节、润滑和密封等问题。

16.5.1 滚动轴承的配置

合理的轴承配置应考虑轴在机器中有正确的位置、防止轴向窜动以及轴受热后不致将轴承卡死等因素。常用的轴承配置方法有以下三种：

(1) 双支点单向固定

轴的两个支点中每个支点都限制轴的单方向移动，两个支点结合起来便能限制轴的双向移动。轴向力不大时，可采用一对深沟球轴承，如图 16-11 所示；轴向力较大时，可采用一对圆锥滚子轴承或角接触球轴承，如图 16-12 所示。双支点单向固定适用于工作温度变化不大的短轴。考虑到轴因受热伸长，对于深沟球轴承可在轴承盖与外圈端面之间留出热补偿间隙 C，$C=0.2\mathrm{mm}\sim0.3\mathrm{mm}$；对于角接触轴承，补偿间隙留在轴承内部。

(2) 单支点双向固定

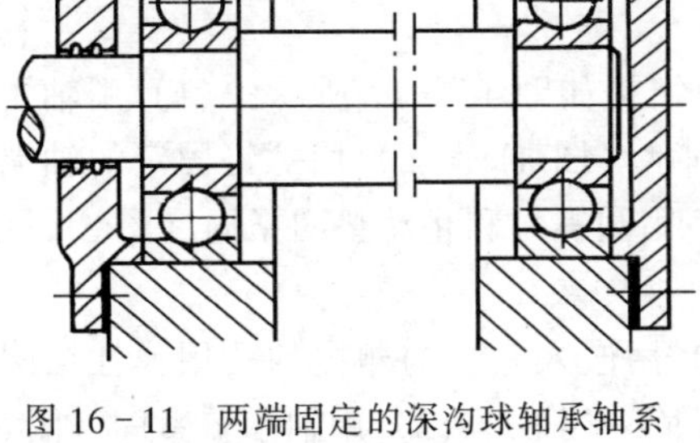

图 16-11　两端固定的深沟球轴承轴系

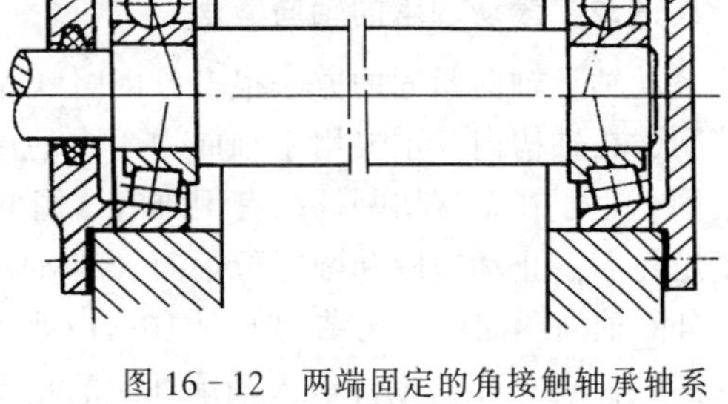

图 16-12　两端固定的角接触轴承轴系

对于跨距较大且工作温度较高的轴，其热伸长量大，应采用一支点双向固定、另一支点游动的支承结构。固定端采用单个深沟球轴承，可以承受不太大的双向轴向力(如图 16-13)；也可采用一对角接触球轴承(如图 16-14 的上半部结构所示）或一对圆锥滚子轴承(如图 16-14 的下半部结构）固定;还可采用深沟球轴承与双向推力球轴承的组合结构支承（图 16-15)。游动端可采用深沟球轴承或圆柱滚子轴承支承。固定端承受双向轴向力，而游动端则保证轴伸缩时能自由游动。为避免松脱，游动轴承内圈应与轴作轴向固定，靠滚子与套圈间的游动来保证轴的自由伸缩。

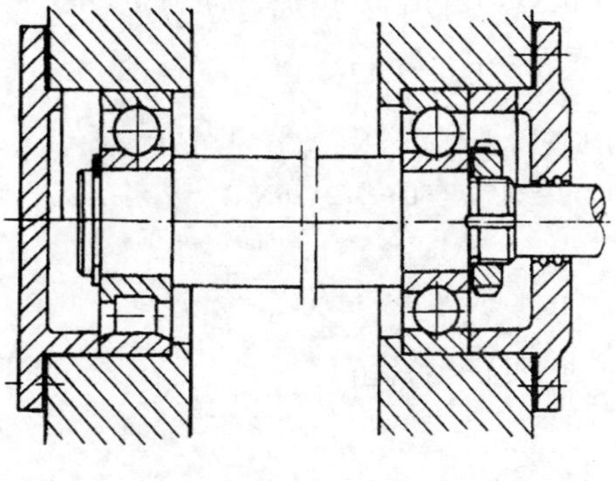

图 16-13　一端固定一端游动轴系（例 1）

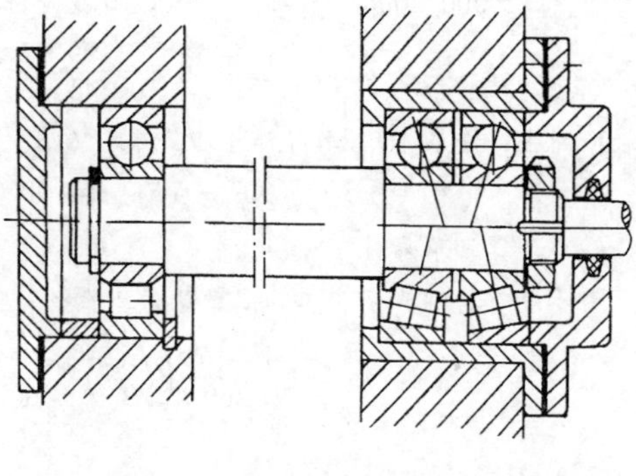

图 16-14　一端固定一端游动轴系（例 2）

（3）两端游动支承

对于一对人字齿轮轴，由于人字齿轮本身的相互轴向限位作用，它们的轴承内外圈的轴向紧固应设计成只保证其中一根轴相对机座有固定的轴向位置，而另一根轴上的两个轴承都必须是游动的，以防止齿轮卡死或人字齿的两侧受力不均匀（图 16-16)。

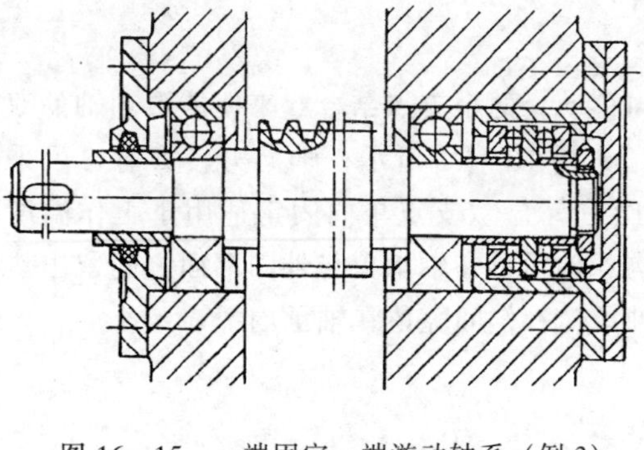

图 16-15　一端固定一端游动轴系（例 3）

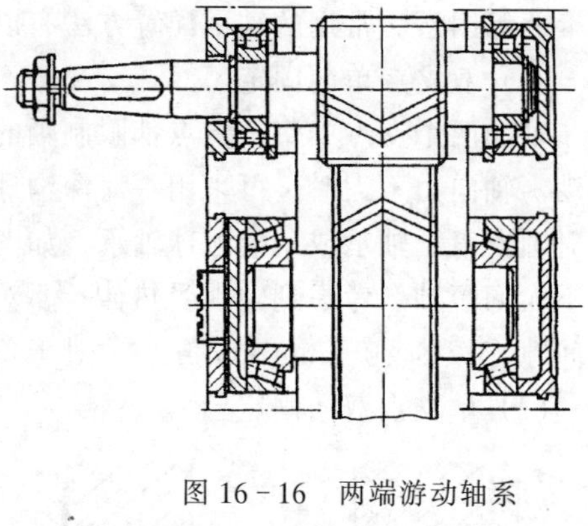

图 16-16　两端游动轴系

16.5.2　滚动轴承的轴向紧固

滚动轴承轴向紧固的方法很多，内圈紧固的常用结构如图 16-17 所示：（1）用轴用弹性挡圈嵌在轴槽内，主要用于轴向力不大的深沟球轴承（图 a)；（2）用螺钉固定的轴端挡圈紧固，用于在轴端切割螺纹有困难时（图 b)；(3）用圆螺母和止动垫圈紧固（图 c)；(4）用紧定衬套、止动垫圈和圆螺母紧固（图 d)。

外圈轴向紧固的常用结构如图 16-18 所示：（1）用嵌入外壳沟槽内的孔用弹性挡圈紧固（图 a)；(2）用止动环嵌入轴承外圈的止动槽内紧固（图 b)；(3）用轴承盖紧固（图 c)；

(4) 用螺纹环紧固（图 d)。

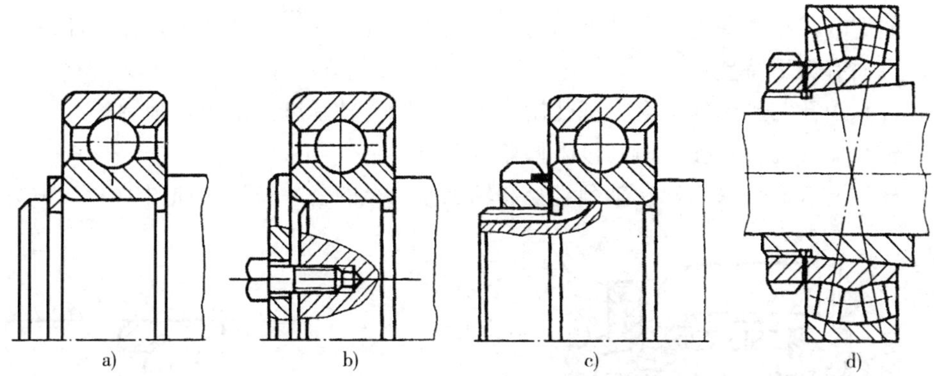

图 16－17　滚动轴承内圈的固定结构

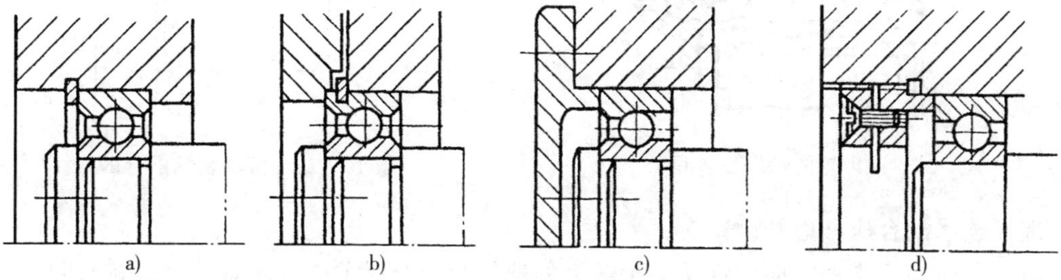

图 16－18　滚动轴承外圈的固定结构

16.5.3　滚动轴承的调整

轴承游隙的调整常用方法有：

(1) 加减轴承端盖与机座间调整垫片的厚度（图 16－11～图 16－15)；

(2) 如图 16－19 所示，利用螺钉 1 通过压盖 3 移动外圈位置，调好以后用螺母 2 锁紧。

有时轴上安装的零件有严格的轴向位置要求，例如两圆锥齿轮锥顶应重合（图 16－20)，否则，轮齿不能正常啮合。图 16－21 所示中的杯状套与机座间调整垫片 1 就是用来调整整个轴承组合的轴向位置的，即高速锥齿轮的轴向位置；而轴承盖与杯状套间的调整垫片 2 是用来调整轴承间隙的。

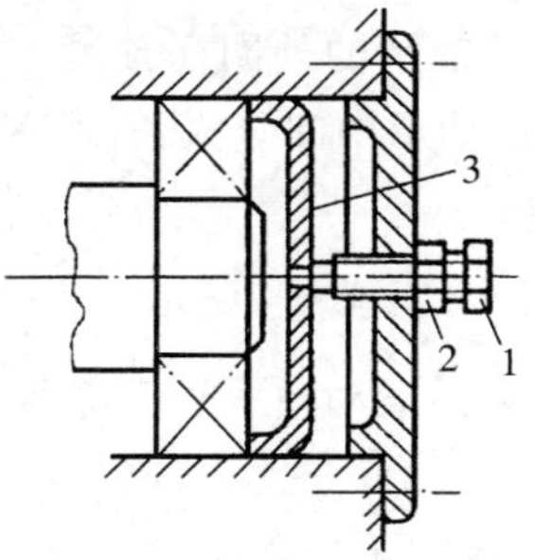

图 16－19　轴承游隙的调整装置

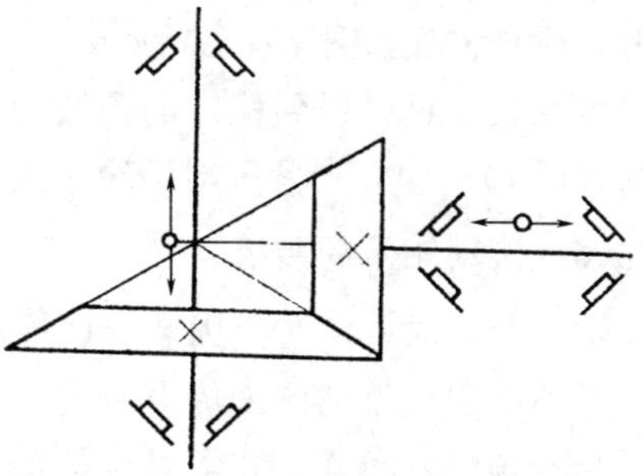

图 16－20　轴承装置位置调整简图

16.5.4 滚动轴承的配合

轴承的配合是指内圈与轴颈及外圈与外壳孔的配合。由于滚动轴承是标准件，因此其公差与配合方面有如下特点：

(1) 轴承内孔与轴颈的配合为基孔制，轴承外圈与轴承座孔采用基轴制；

(2) 轴承内圈为基准孔，但其极限偏差取负值；

(3) 标注配合时，采用标注轴颈直径和轴承座孔径的公差符号，如图 16-22 所示。

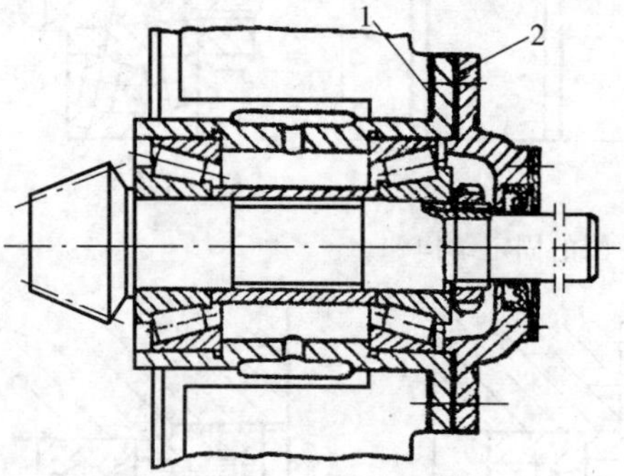

图 16-21 锥齿轮的轴向位置调整

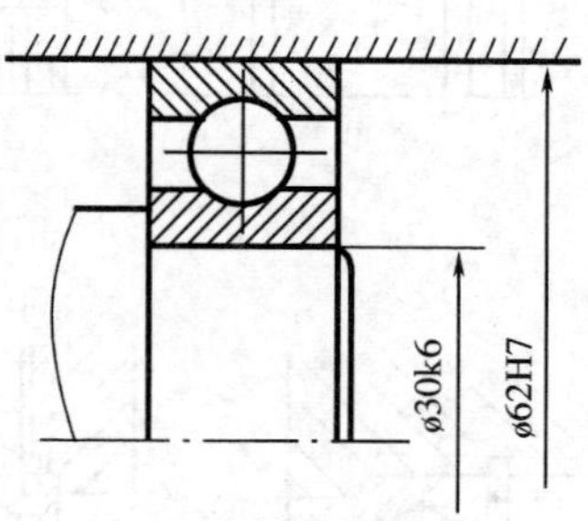

图 16-22 滚动轴承配合的标注

选择轴承配合应考虑的因素有：

(1) 载荷的大小、方向和性质。承载大的选较紧配合；承受旋转载荷的选较紧配合；承受局部载荷的选较松配合；

(2) 经常装拆的要选间隙配合或过渡配合，以便装拆；

(3) 游动支承的轴承的外圈选间隙配合，使外圈能沿轴向游动，但是不能转动；

(4) 转速较高、振动强烈的，选过盈配合。

由于轴承的内、外圈都是薄壁零件，容易变形，因此一般不选过盈量大的配合。轴常用的是 n6、m6、k6、js6 公差带；座孔常用的有 J7、J6、H7、G7 等公差带。

16.5.5 滚动轴承的预紧

轴承预紧的目的是为了提高轴承的精度和刚度，以满足机器的要求。在安装时要加一定的轴向预紧力，消除轴承内部的原始游隙，并使套圈与滚动体产生预变形，在承受载荷后仍不出现游隙，这种方法称为轴承的预紧。

常用的预紧装置如图 16-23 所示：(1) 夹紧一对圆锥滚子轴承的外圈而预紧（图 a）；(2) 用弹簧预紧，可以得到稳定的预紧力（图 b）；(3) 在一对轴承中间装入长度不等的套筒而预紧（图 c）；(4) 夹紧一对磨窄了的外圈而预紧（图 d）。

16.5.6 滚动轴承的装拆

设计轴承装置时，应避免因装拆而损坏轴承和其他零件。装拆滚动轴承时应遵循一个基本原则——不能通过滚动体来传力。

内圈与轴颈配合较紧，装配时应先加套筒，再通过压力机或用木锤装配（图 16-24）。尺寸大的轴承，可先在油中加热（不超过 80℃～90℃），使轴承内孔胀大后，再套在轴上。拆卸时使用专门的轴承拆卸工具，如图 16-25 所示，旋转螺钉，通过拉钩将轴承拉出。

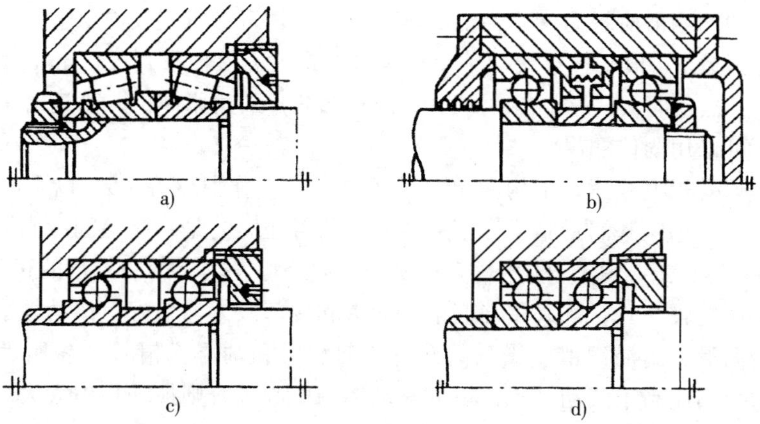

图 16－23　轴承装置的预紧

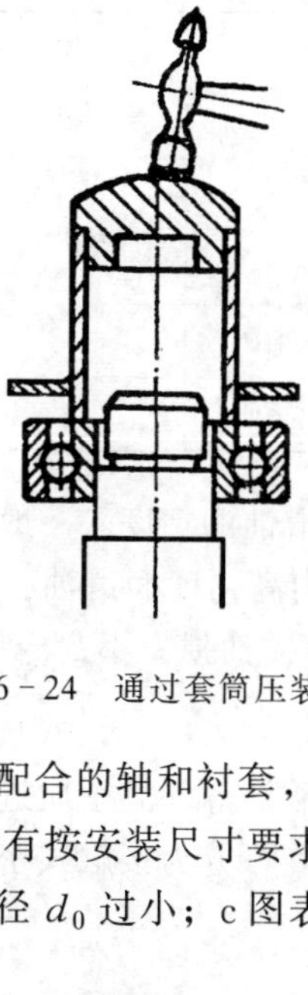

图 16－24　通过套筒压装滚动轴承

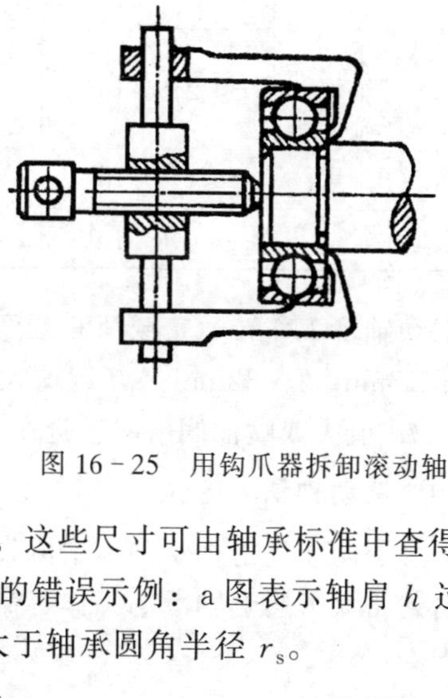

图 16－25　用钩爪器拆卸滚动轴承

与轴承配合的轴和衬套，都有规定的安装尺寸，这些尺寸可由轴承标准中查得。图 16－26 所示为没有按安装尺寸要求设计轴肩和轴承衬套的错误示例：a 图表示轴肩 h 过高；b 图表示衬套孔径 d_0 过小；c 图表示轴肩圆角半径 r_{as}大于轴承圆角半径 r_s。

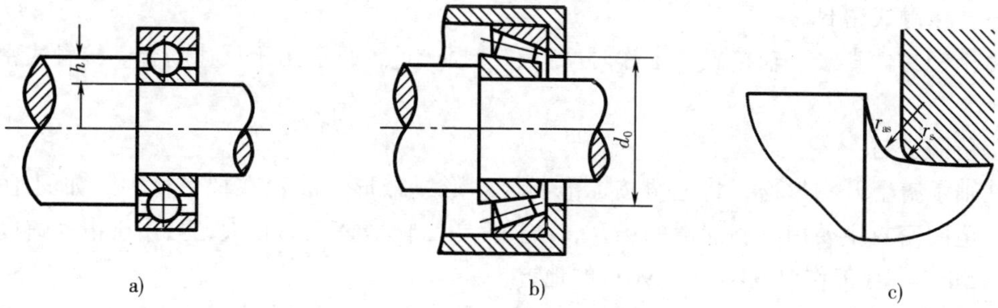

图 16－26　轴承装置的错误实例

16.5.7　滚动轴承的润滑

滚动轴承的润滑主要是为了降低摩擦阻力和减轻磨损，还有缓冲吸振、冷却、防锈和密封等作用。合理的润滑对提高轴承性能、延长轴承使用寿命有重要意义。

根据速度因数 dn 值来选择滚动轴承的润滑方式。d 为轴颈直径（mm），n 为轴的工作转速（r/min）。低速时（$dn<(2\sim3)\times10^5$mm·r/min）采用脂润滑，高速时采用油润滑，某些特殊情况下可采用固体润滑。

润滑脂能承受较大载荷，结构简单，易于密封。工作温度在65℃以下时，可选钙基润滑脂，较高温度时选钠基润滑脂或锂基润滑脂。值得注意的是，装填润滑脂的量一般不超过轴承空间的1/3～1/2，否则，装脂过多，易于引起摩擦发热，影响轴承的正常工作。

滚动轴承速度较高时，都采用油润滑，润滑和冷却效果均较好。滚动轴承常用的油润滑方法有：油浴润滑、滴油润滑、飞溅润滑、喷油润滑和油雾润滑等。参照表16.9来选择。油浴润滑时油面不应高于滚动轴承最下方滚动体的中心，否则搅油损失太大。喷油润滑和油雾润滑兼有较好的冷却作用，常用于高速场合。

表16.9　滚动轴承按 dn 选择润滑方式

轴承类型	油浴、飞溅润滑	滴油润滑	喷油润滑	油雾润滑
	dn/（mm·r/min）			
深沟球轴承 角接触球轴承 圆柱滚子轴承	$\leqslant2.5\times10^5$	$\leqslant4\times10^5$	$\leqslant6\times10^5$	$>6\times10^5$
圆锥滚子轴承	$\leqslant1.6\times10^5$	$\leqslant2.3\times10^5$	$\leqslant3.0\times10^5$	–
推力球轴承	$\leqslant0.6\times10^5$	$\leqslant1.2\times10^5$	$\leqslant1.5\times10^5$	–

根据滚动轴承工作转速、载荷和温度等工作条件来选择润滑油的粘度。一般情况下，粘度不应低于13mm²/s～32mm²/s。载荷大、工作温度高时应选用高粘度润滑油，以利于形成润滑油膜；dn 值大或喷油润滑时应选用低粘度的润滑油，以使搅油损失小，冷却效果好。

16.5.8　滚动轴承的密封

密封是为了防止润滑剂从轴承中流失，防止灰尘、水分、酸气等外界杂质进入轴承。没有合适的密封将大大影响轴承的工作寿命。滚动轴承的密封装置可分为接触式密封和非接触式密封两大类。

（1）接触式密封

由于密封件直接与轴接触，工作时摩擦、磨损严重，只适用于低速场合。接触式密封主要有：

①毡圈密封

在轴承盖上开梯形槽，将毛毡按标准制成环形或带形，放置在梯形槽中，如图16－27所示。毡圈密封主要用于脂润滑的场合，结构简单，但摩擦系数较大，只用于滑动速度小于4m/s～5m/s，且工作温度不高于90℃的地方。

②唇形密封圈密封

在轴承盖中，放置一个用耐油橡胶制成的唇形密封圈，靠弯折了橡胶的弹性力和附加环形螺旋弹簧的扣紧作用而紧套在轴上，以便起密封作用。唇形密封圈密封唇的方向要朝向密封的部位，即如果主要是为了封油，密封唇应对着轴承（朝内）；如果主要是为了防止外物侵入，则密封唇应背对轴承（朝外，图16－28a）；如果两方面要求都需要，最好使用密封唇反向放置的两个唇形密封圈（图 16－28b）。唇形密封圈密封可用于接触面滑动速度小于 10m/s（当轴颈是精车的）或小于 15m/s（当轴颈是磨光的）的场合。

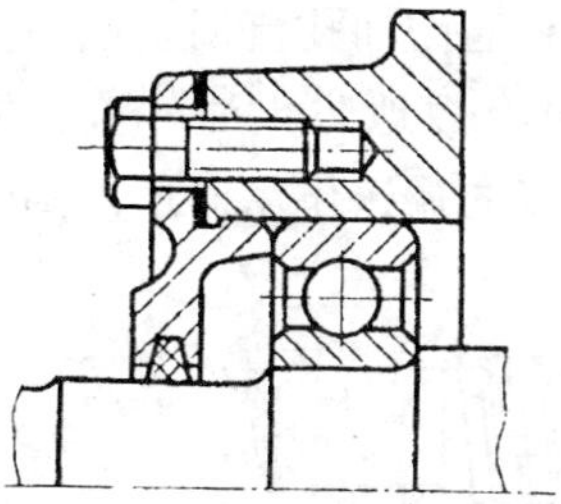

图 16－27　毡圈密封

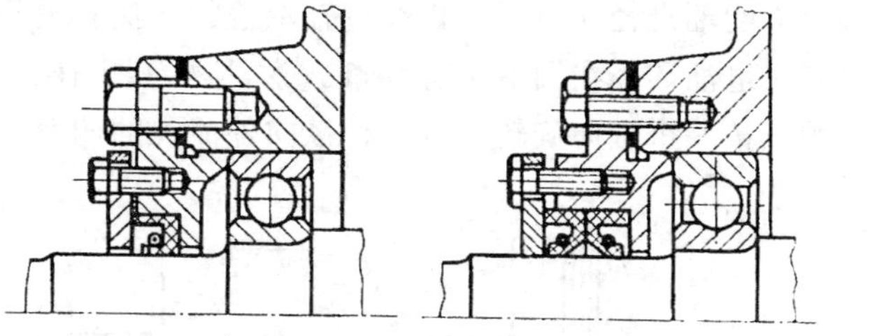

a)　　b)

图 16－28　密封圈密封

③密封环密封

密封环是一种带有缺口的环形密封件，把其放置在套筒的环槽内，如图 16－29 所示，套筒与轴一起转动，密封环靠缺口被压拢后具有的弹性而抵紧在静止件的内孔壁上，即可起到密封的作用。各个接触面均需经硬化处理并磨光。密封环可用含铬的耐磨铸铁制造，可用于滑动速度小于 100m/s 的场合。在滑动速度为 60m/s～80m/s 范围内，也可以用锡青铜制造密封环。

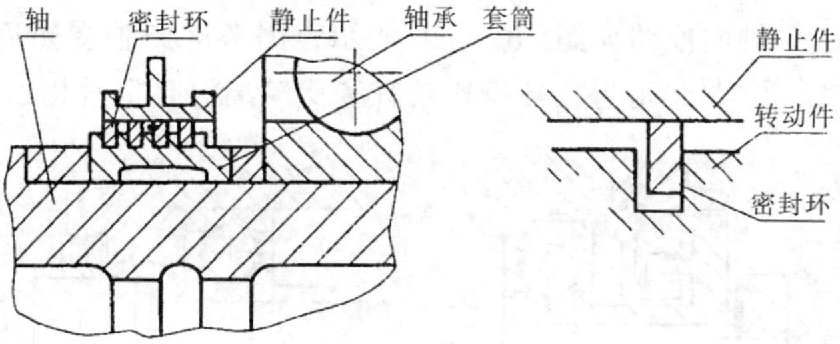

图 16－29　密封环密封

（2）非接触式密封

使用非接触式密封可以避免接触面间的滑动摩擦。常用的非接触式密封有以下几种：

①隙缝密封

在轴和轴承盖的通孔的孔壁间留一个极窄的隙缝（图 16－30a），半径间隙通常为 0.1mm～0.3mm，对于使用脂润滑的轴承已有一定的密封效果。如果窄轴承盖上车出环槽（图 16－30b），在槽内填上润滑脂，可以提高密封效果。隙缝密封适用于干燥清洁的环境。

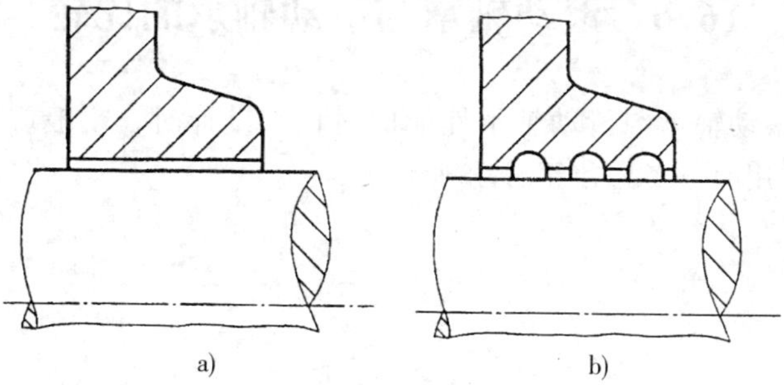

a)　　b)

图 16－30　隙缝密封

②甩油密封

油润滑时，在轴上开出沟槽（图 16－31a)，或装入一个环（图 16－31b)，都可以把欲向外流失的油沿径向甩开，再经过轴承盖的集油腔及与轴承腔相通的油孔流回。或在紧贴轴承处装一甩油环，在轴上车有螺旋式送油槽（图 16－31c)，可有效地防止油外流，但这时轴必须只按一个方向旋转，以便把欲向外流失的润滑油借助螺旋的输送作用而送回到轴承腔内。

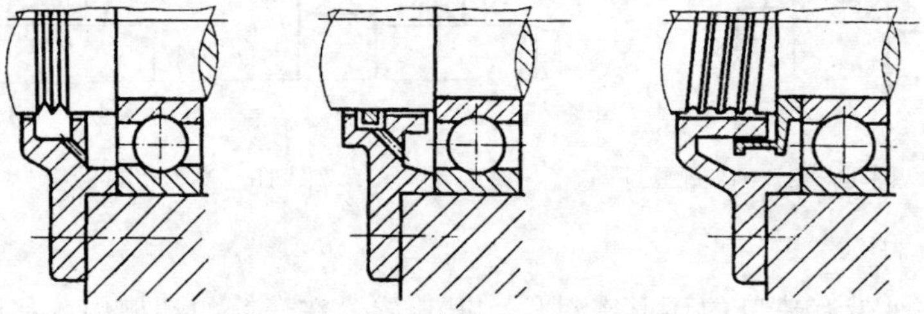
a) b) c)

图 16－31 甩油密封

③曲路密封

曲路密封是将旋转件和固定件之间的间隙做成曲路（迷宫）形式，并在间隙中充填润滑油或润滑脂以加强密封效果。分径向和轴向两种：径向曲路如图 16－32a 所示，径向间隙不大于 0.1mm～0.2mm；轴向曲路如图 16－32b 所示，因考虑到轴受热后会伸长，间隙应取大些，为 1.5mm～2mm。曲路密封在环境比较脏和比较潮湿时也是相当可靠的。

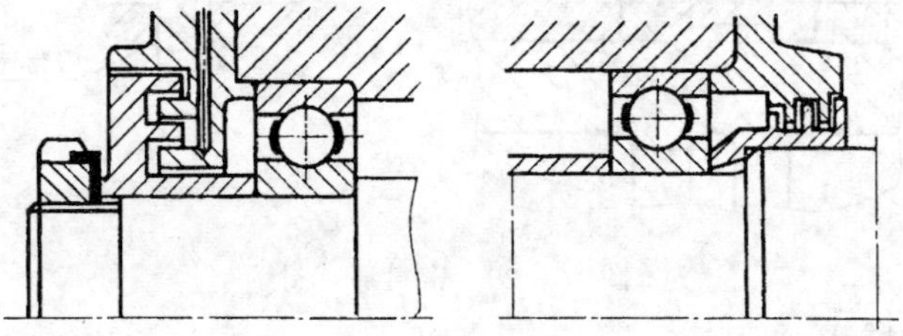
a) b)

图 16－32 曲路密封

以上介绍的各种密封装置，在实践中经常把它们适当组合使用，以达到更好的密封效果。

16.6 滚动轴承与滑动轴承的比较

表 16.6 列出了滚动轴承与滑动轴承性能的对比。设计时，一般应优先选用滚动轴承，只有在滚动轴承不适用时才考虑使用滑动轴承。

表 16.6　滑动轴承与滚动轴承性能的对比

性能	滚动轴承	不完全液体润滑轴承	完全液体润滑轴承	
			动压滑动轴承	静压滑动轴承
承载能力与转速关系	一般无关，特高速时，滚动体的离心力会降低承载能力	随载速增高而降低	随转速增高而增大	与转速无关
受冲击载荷的能力	不高	不高	较高	良好
高速性能	一般，受限于滚动体的离心力及轴承的温升	不高，受限于轴承的发热和磨损	高，受限于油膜振荡及润滑油的温升	高，用气体作润滑剂时极高
起动阻力	低	高	高	低
功率损失	一般不大，但如润滑及安装不当时将剧增	较大	较低	轴承本身的损失很小，但供油系统要消耗功率
寿命	有限，受限于材料的点蚀	有限，受限于材料的磨损	长，受限于轴瓦的疲劳破坏	理论上无限
噪声	较大	不大	工作不稳定时有噪声，工作稳定时基本上无噪声	轴承本身的噪声很小，但油泵有不小的噪声
轴承的刚性	高，预紧时更高	一般	一般	一般到最高
旋转精度	较高	较低	一般到高	较高到最高
轴承径向尺寸	大	小	小	小
轴承轴向尺寸	(0.2～0.5) d	(0.5～4) d	(0.5～4) d	中等
使用润滑剂	油、脂或固体	油、脂或固体	液体或气体	液体或气体
润滑剂用量	一般很小，高速时较多	一般不大	较大	最大
维护要求	油质要洁净、脂润滑时只要定期维护	要求不高	油质要洁净	油质要洁净，要经常维护润滑供油系统
更换易损零件	很方便，一般不需修理轴颈	轴承轴瓦须经常更换，有时须修复轴颈		
价格	中等	大量生产时价格不高	较高	连同供油系统，价格最高

本章小结

(1) 滚动轴承是标准件，其类型和尺寸方面已制定了国家标准，并有专业厂家生产。因此，作为设计者的任务是：熟悉滚动轴承的有关国家标准，选择轴承的型号，进行轴承装置的结构设计。

(2) 在熟悉常用滚动轴承的类型、代号、基本性能和结构特点的基础上，根据轴承所受载荷大小、方向、性质、工作转速高低、轴颈的偏转情况等要求，选择滚动轴承的类型。通过寿命计算，确定轴承尺寸。另外，轴承装置的结构设计不可轻视，由于轴承装置设计不合理而导致设计失败的情况时有发生，所以，应根据不同类型的轴承、功用、工况、载荷特性等，设计出合理的轴承装置结构形式和结构尺寸。

(3) GB/T272-1993 规定了滚动轴承代号的表示方法，通过学习，应掌握轴承代号中的基本代号，了解前置代号和后置代号。

(4) 滚动轴承主要承受的是脉动循环接触应力，主要的失效形式是疲劳点蚀破坏。

(5) 在滚动轴承寿命计算中，基本额定寿命和基本额定动载荷是两个重要定义；对于同时受径向力和轴向力的轴承，载荷由当量动载荷公式进行计算。当轴承寿命要求不等于基本额定寿命时，或轴承的受力不等于基本额定动载荷时，可通过轴承的寿命计算公式进行计算。计算时，还应加入温度影响系数、载荷系数和可靠度的额定寿命修正系数。

(6) 当量动载荷计算不同于一般的合力计算，当轴向力较小时，$F_a=0$，即轴向力忽略不计；当轴向力较大时，才按比例折算入载荷计算式。大小的判断是由不同类型的轴承按径向力与轴向力的比值确定的。

(7) 滚动轴承的尺寸一般是先根据轴的结构来初步确定，然后再进行承载能力的验算。

思考题

16-1 在机械设计中，选择滚动轴承类型的原则是什么？一般优先选用什么类型的轴承？

16-2 滚动轴承的代号由几部分组成？基本代号又分几项内容？基本代号中各部分代号是如何规定的？

16-3 滚动轴承的应力特性和主要失效形式是什么？

16-4 什么是滚动轴承的基本额定寿命？什么是滚动轴承的基本额定动载荷？

16-5 当量动载荷的意义和用途是什么？如何计算？

16-6 滚动轴承寿命计算一般式是什么？考虑温度系数、载荷系数、可靠性系数后的计算公式是什么？

16-7 何时要进行滚动轴承的静载荷计算？

16-8 滚动轴承装置结构设计时应考虑哪些问题？

16-9 自行车前后轮采用的是何种轴承？有什么结构特点？

习 题

16-1 试说明以下滚动轴承的类型、内径尺寸、精度。

6210、7207C/P5、N208、31306、51205。

16-2 有一深沟球轴承，受径向载荷 $F_r=8000$N，常温下工作，载荷平稳，转速 $n=1440$r/min，要

求设计寿命 $L_h = 5000h$，试计算此轴承所要求的基本额定动载荷。

16－3　根据设计要求，在某一轴上安装一对 7000C 轴承（如图所示），已知两个轴承的径向载荷分别是：$F_{r1} = 1000N$，$F_{r2} = 2060N$，外加轴向力 $F_a = 880N$，轴颈 $d = 40mm$，转速 $n = 5000r/min$，常温下运转，有中等冲击，预期寿命 $L_h = 2000$ 小时，试选择轴承型号。

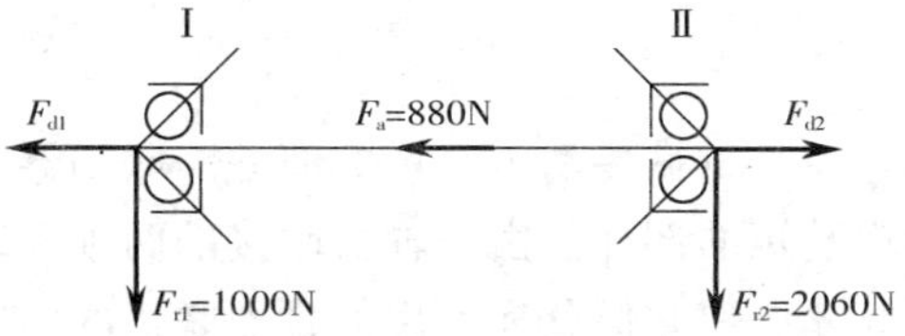

题 16－3 图

第 17 章　联轴器、离合器及制动器

联轴器、离合器和制动器是机械传动中常用的部件。联轴器和离合器同样是用来联接两轴，使两轴一起旋转并传递转矩的部件。由联轴器联接的两轴安装完成后处于联接状态，只有在机器停机后，经过拆卸才能使它们分离。用离合器联接的两轴，在机器工作时也可以通过操纵离合器方便地使它们分离或接合。制动器是对机器的运动件施加阻力或阻力矩，使其速度降低或停止运动，以满足机器工作要求的装置。

联轴器、离合器和制动器大多已标准化和系列化，设计时一般可参考设计手册选用，必要时才对易损件进行强度计算。为了能正确选用，必须了解、掌握它们的结构、性能、适用场合以及如何选用等方面的内容。

17.1　联 轴 器

17.1.1　联轴器的组成和分类

联轴器一般由两个半联轴器及联接件组成。半联轴器与主动轴、从动轴常采用键、花键等联接。

联轴器联接的两轴一般属于两个不同的机器或部件，制造和安装的误差、工作时零件的受载变形以及其他外部环境或机器自身的多种因素，都可使被联接的两轴相对位置发生变化，出现如图 17－1 所示的相对位移和偏差。由此可见，联轴器除了能传递所需的转矩外，还应具有补偿两轴线的相对位移或偏差、减振与缓冲以及保护机器等性能。

联轴器分刚性和弹性两大类。刚性联轴器又可分为固定式刚性联轴器和可移式刚性联轴器。固定式刚性联轴器不能补偿两轴的相对位移，所以对两轴线的相对位置要求较高，而可移式刚性联轴器能补偿两轴的相对位移，所以允许两轴有一定范围的位移。弹性联轴器内含有弹性元件，它不仅能补偿两轴的相对位移，而且还具有减振和缓冲功能。

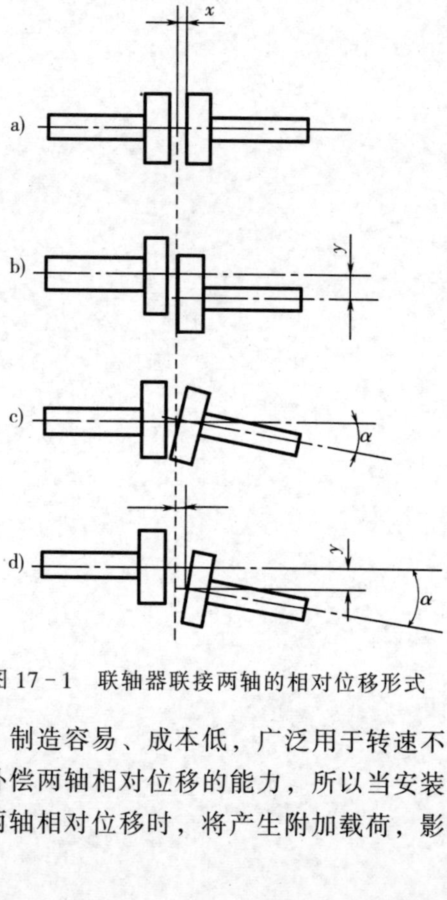

图 17－1　联轴器联接两轴的相对位移形式

17.1.2　固定式刚性联轴器

固定式刚性联轴器的各组成元件都是刚性件，并将两轴联接成刚体。其结构简单、零件少、质量轻、制造容易、成本低，广泛用于转速不高、载荷平稳的场合。由于固定式刚性联轴器不具有补偿两轴相对位移的能力，所以当安装调试时未达到对中和轴承磨损或零件变形等原因引起两轴相对位移时，将产生附加载荷，影

响传动性能和使用寿命。常见的固定式刚性联轴器有：凸缘联轴器、套筒联轴器和夹壳联轴器等，其中，凸缘联轴器应用最为广泛。

（1）凸缘联轴器

如图 17－2 所示，凸缘联轴器由两个带凸缘的半联轴器和一组螺栓组成。凸缘联轴器有两种主要的结构形式：①普通凸缘联轴器（如图 17－2b），通常靠铰制孔螺栓来实现两轴的对中；②有对中榫的凸缘联轴器（如图 17－2a），靠凸肩和凹槽来实现两轴的对中。

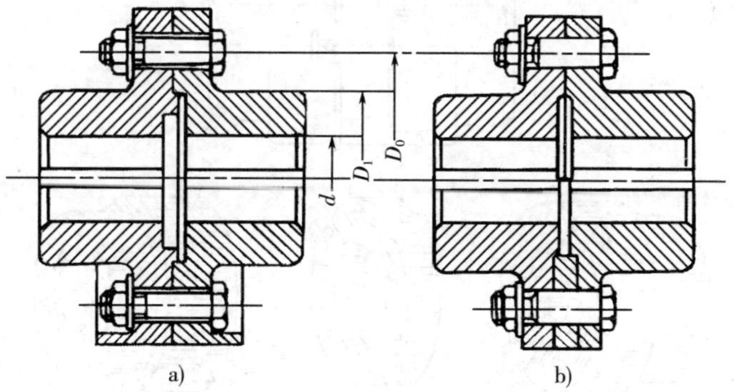

图 17－2　凸缘联轴器

为了安全需要，凸缘联轴器最好加装防护罩或采用相应结构，如图 17－2a 下半部分的结构，把螺栓遮掩起来。这种结构的凸缘联轴器不需要加装防护罩，还可以兼作制动轮或带轮使用。

凸缘联轴器具有结构简单、刚性好、工作可靠、装拆较方便、传递转矩大等优点，一般用于对中精度良好、载荷平稳、转速不高的场合。

（2）套筒联轴器

套筒联轴器（图 17－3）是以一公用套筒通过销、键或过盈配合等联接方式与两轴相联接。套筒联轴器结构简单紧凑、组成零件少、径向尺寸小，但装拆不方便，常用于径向尺寸受限的小功率传动中。

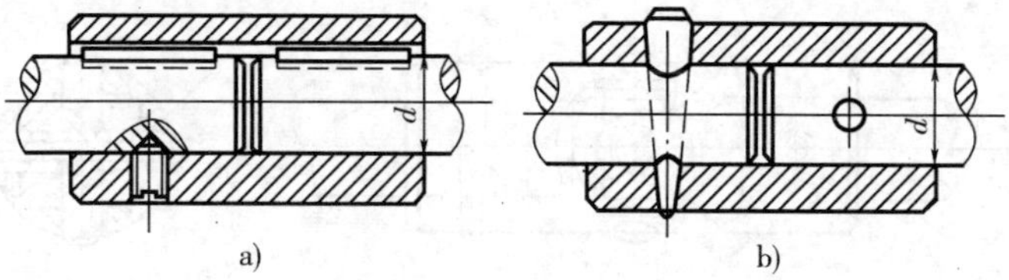

图 17－3　套筒联轴器

17.1.3　可移式刚性联轴器

可移式刚性联轴器的组成元件都是刚性件，故承载能力较大。它是通过联轴器中元件的相对滑动或转动来补偿两轴间的相对位移，所以为了减轻摩擦、减少磨损、提高传动效率，应重视这类联轴器的润滑。常用的可移式刚性联轴器有十字滑块联轴器、万向联轴器、齿轮联轴器等。

（1）十字滑块联轴器

如图 17－4 所示十字滑块联轴器由两个半联轴器 1 和 3 与十字滑块 2 组成。十字滑块 2 两侧互相垂直的凸榫分别与两个半联轴器的凹槽组成移动副。联轴器工作时，十字滑块随两轴转动，同时又相对于两轴移动以补偿两轴的径向位移。这种联轴器径向补偿能力较大（$y \leqslant 0.04d$，d 为轴的直径），同时也有少量的角度和轴向补偿能力。由于十字滑块偏心回转会产生离心力，从而增大动载荷及磨损，所以不宜用于高速场合。

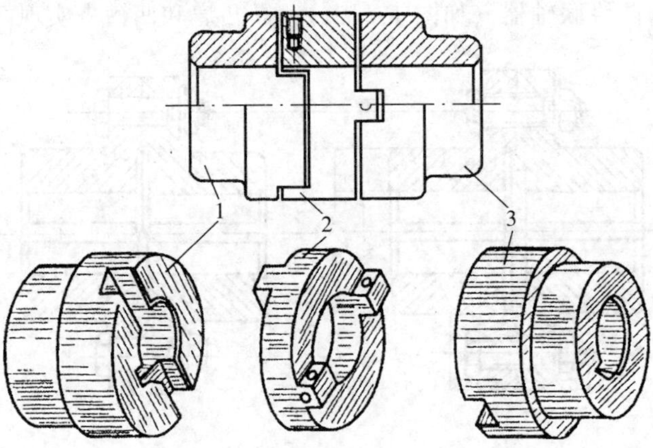

1、3—半联轴器　　2—十字滑块

图 17－4　十字滑块联轴器

（2）万向联轴器

万向联轴器又称为十字铰链联轴器，它主要由两个叉形接头和一个十字形接头组成，如图 17－5 所示。万向联轴器允许两轴间有较大的角度偏差，两轴的夹角最大可达 40°～45°。单个万向联轴器（图 17－5a）的主要缺点是：主动轴、从动轴的角速度不同步。当主动轴以等角速度 ω_1 回转时，从动轴角速度 ω_2 在一定范围内作周期性变化，因而在传动中将引起附加动载荷。为了消除这一缺点，常将万向联轴器成对使用，即双万向联轴器（图 17－5b）。

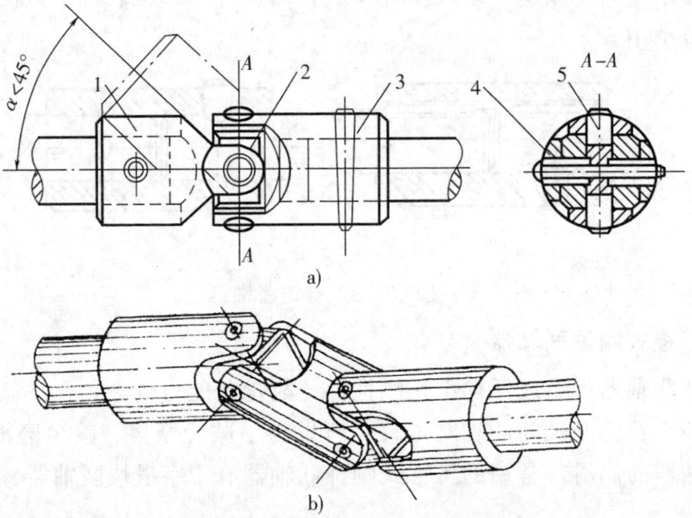

1、3—叉形接头　　2—十字形接头　　4、5—销轴

图 17－5　万向联轴器

为了克服单个万向联轴器的缺点，可采用球笼式同步万向联轴器（图 17－6）。该联轴器中保持架使钢球近似地保持在两轴线的角平分线上，以实现两轴角速度的近似同步。

万向联轴器结构紧凑，维护方便，能补偿较大的综合位移，且传递转矩较大，所以在汽车、机床等机械中广泛应用。

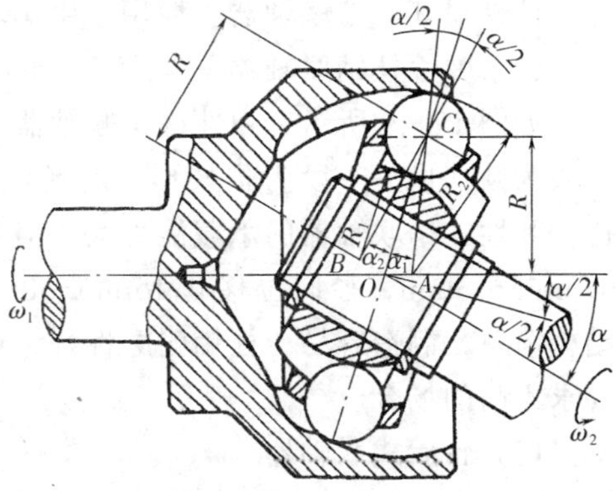

图 17－6　球笼式同步万向联轴器

(3) 齿轮联轴器

图 17－7 所示为齿轮联轴器，它的两个半联轴器各由一对齿数相同的内齿轮、外齿轮啮合而成。两个外齿轮分别装在主动轴和从动轴上，两个内齿轮在其凸缘处用一组螺栓联接起来。为补偿两轴的综合位移，轮齿啮合时具有较大的侧隙和顶隙，同时轮齿制成鼓形，齿顶圆柱面修成球面（球心在轴线上）。齿轮联轴器啮合齿数多，承载能力大，并具有良好的综合位移补偿能力，但成本较高。齿轮联轴器是可移式刚性联轴器中应用最广泛的一种。

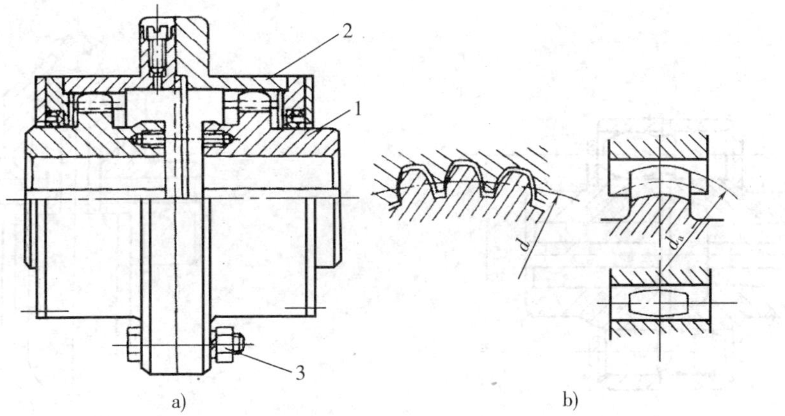

1—外齿轮　　2—内齿轮　　3—螺栓

图 17－7　齿轮联轴器

17.1.4　弹性联轴器

弹性联轴器靠弹性元件的变形来补偿两轴的相对位移，更为重要的是弹性元件可以缓冲减振，所以弹性联轴器广泛用于经常正反转、起动频繁的场合。弹性联轴器主要有：弹性套柱销联轴器、弹性柱销联轴器和轮胎式联轴器等。

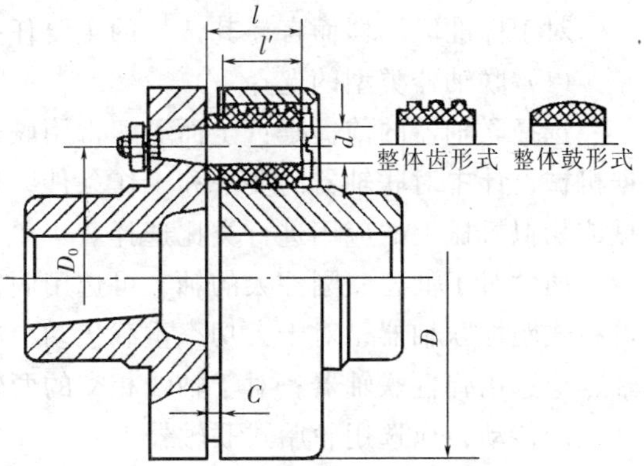

图 17－8　弹性套柱销联轴器

(1) 弹性套柱销联轴器

如图 17－8 所示，这种联轴器的结构与凸缘联轴器的结构相似，两个半联轴器不是用螺栓而是用带橡胶弹性套的柱销联接。装弹性套的半联轴器通常与从动轴相联接。弹性套柱销联轴器结构简单，装拆方便，允许轴向位移 2mm～7.5mm，径向位移 0.2mm～0.6mm，角度位移 30′～1°30′。当位移过大时，弹性元件易损坏。该联轴器主要用于中小功率或转速较高的场合。

(2) 弹性柱销联轴器

如图 17－9 所示，弹性柱销联轴器的弹性元件为尼龙材料的柱销，其形状有圆柱形，或一段为圆柱形另一段为腰鼓形，后者可增大角度位移的补偿能力。与弹性套柱销联轴器相比，弹性柱销联轴器的承载能力大，但其适应的转速较低，允许的位移也较小（轴向位移为 0.5mm～3mm，径向位移 0.15mm～0.25mm，角度位移 30′)。弹性柱销联轴器的特点是：结构简单，制造容易，柱销耐磨性好，更换方便。它主要用于有正反转或起动频繁、对缓冲要求不高的场合。

(3) 轮胎式联轴器

图 17－10 所示，轮胎式联轴器的弹性元件是由橡胶或橡胶织物制成的轮胎，其补偿位移能力和缓冲减振性能都比较强。弹性元件轮胎用螺栓和压板与两个半联轴器相联，当角度位移较大时，会产生较大的附加轴向力。轮胎式联轴器适用于潮湿、多尘、冲击大以及相对位移较大的场合。

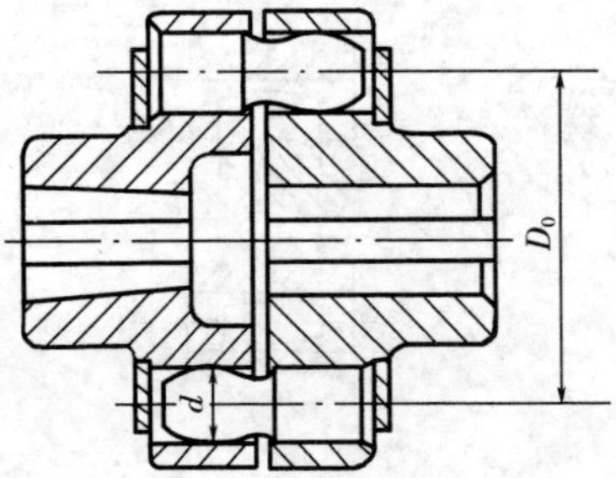

图 17－9　弹性柱销联器

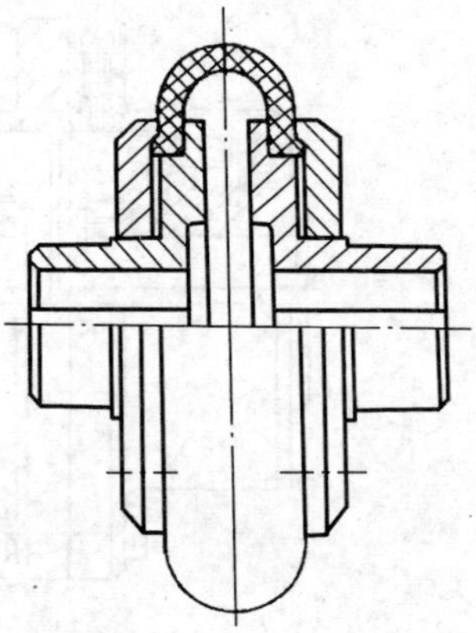

图 17－10　轮胎式联轴器

17.1.5 联轴器的选择

对于标准联轴器而言，其选择的主要任务是确定联轴器类型和型号。

(1) 联轴器类型的选择

选择联轴器的前提是：全面了解常用联轴器的性能、应用范围及使用场合。设计人员根据机械设计中对联轴器的要求和工作条件，选用合适的联轴器类型。另外也可以参考同类机械或相似机械上的应用进行类比选择。

通常对于低速、刚性大的轴，可选用固定式联轴器；对于低速、刚性小的长轴，可选用可移式刚性联轴器；对于大功率重载传动，应选用齿轮联轴器；对于高速且有冲击或振动的轴，应选用弹性联轴器；对于轴线相交的两轴，应选用万向联轴器；对于有严重冲击或要求减振的传动，应选用轮胎式联轴器。

(2) 联轴器型号的选择

当联轴器的类型确定后，应根据轴端直径 d、转矩 T、转速 n 和空间尺寸等要求在标

准中选择适当的联轴器型号。所选的联轴器应满足

$$T_{ca} \leqslant [T] \text{ 和 } n \leqslant n_{max} \tag{17-1}$$

式中：$[T]$——所选联轴器的许用转矩；n_{max}——所选联轴器允许的最高转速，其值可从标准中查出；n——轴的转速；T_{ca}——计算转矩，可用下式计算

$$T_{ca} = KT \tag{17-2}$$

式中：T——联轴器所传递的名义转矩，N·mm；K——联轴器工作情况系数，可根据原动机和工作机的类型从表 17.1 中选取。

表 17.1　联轴器的工作情况系数 K

原动机	工作机					
	Ⅰ类	Ⅱ类	Ⅲ类	Ⅳ类	Ⅴ类	Ⅵ类
电动机、汽轮机	1.3	1.5	1.7	1.9	2.3	3.1
内燃机（四缸以上）	1.5	1.7	1.9	2.1	2.5	3.3
内燃机（双缸）	1.8	2.0	2.2	2.4	2.8	3.6
单缸内燃机	2.2	2.4	2.6	2.8	3.2	4.0

注：工作机分类

Ⅰ类　转矩变化很小的机械，如发电机、小型离心泵等。

Ⅱ类　转矩变化小的机械，如汽轮机、木工机械、输送机等。

Ⅲ类　转矩变化中等的机械，如搅拌机、冲床等。

Ⅳ类　转矩变化和冲击载荷中等的机械，如织布机、农业机械等。

Ⅴ类　转矩变化和冲击载荷大的机械，如造纸机、起重机、碎石机等。

Ⅵ类　转矩变化大并有强烈冲击载荷的机械。

在确定联轴器与轴联接的孔时，同一型号的联轴器有多种形状（圆柱形、圆锥形等）和多个直径可供选择。当轴的形状和尺寸不能改变时，选择联轴器时应满足轴的配合要求；当轴的形状和尺寸可以改变时，也可以按选定的联轴器孔的形状和尺寸来设计轴。还应注意，两个半联轴器应选择同一型号。

17.2　离 合 器

17.2.1　离合器的组成与分类

离合器一般由主动部分、从动部分、接合部分、操纵部分等组成。主动部分与主动轴固定联接，主动部分还常用于安装接合元件（或一部分）。从动部分有的与从动轴固定联接，有的可以相对于从动轴作轴向移动并与操纵部分相联，从动部分上安装有接合元件（或一部分）。操纵部分控制接合元件的接合与分离，以实现两轴间转动和转矩的传递或中断。

离合器主要分为嵌入式和摩擦式两类，另外，还有电磁离合器和自动离合器。电磁离合器在自动化机械中作为控制转动的元件而被广泛应用。自动离合器能够在特定的工作条件下（如一定的转矩、一定的转速或一定的回转方向）自动接合与分离。

17.2.2　嵌入式离合器

嵌入式离合器有牙嵌式、齿嵌式、销嵌式、键嵌式及转键式等多种类型，如图 17－11 所示。其中最常用的是牙嵌式。

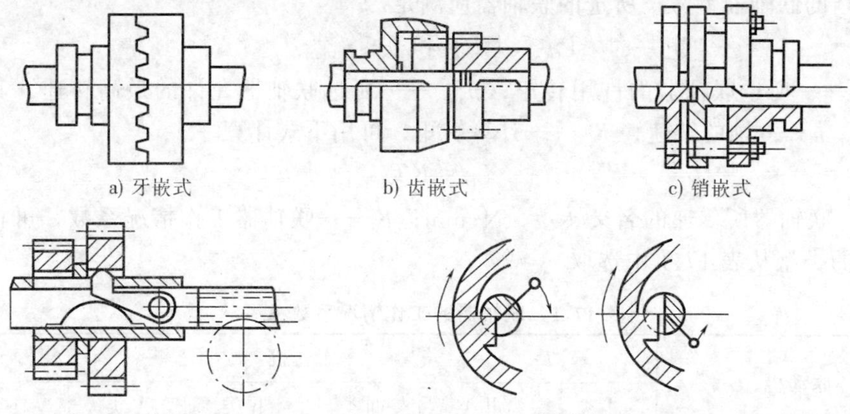

图 17-11 嵌入式离合器

图 17-12 所示牙嵌式离合器主要由两个半离合器组成。半离合器 1（主动部分）用平键与主动轴联接，半离合器 2（从动部分）用导向平键或花键与从动轴联接，并可用拨叉 3 操纵使其轴向移动以实现离合器的接合与分离。啮合与传递转矩是靠两相互啮合的牙来实现的。

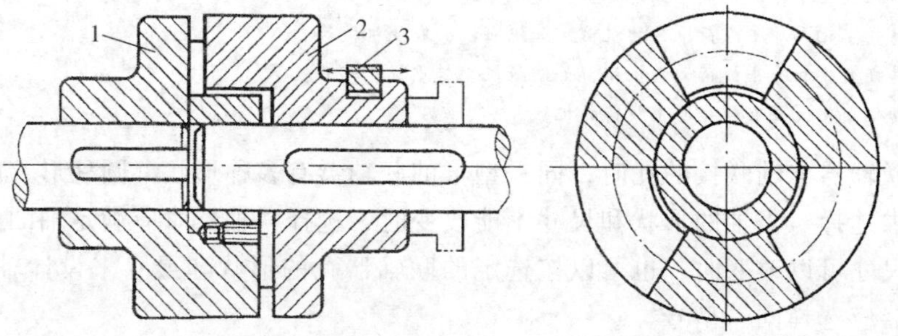

1、2—半离合器 3—滑环

图 17-12 牙嵌式离合器

牙嵌式离合器常用的牙形有：矩形、梯形和锯齿形等（图 17-13）。

（1）矩形齿（图 17-13a）

齿的强度低，磨损后无法补偿，难于接合，只能用静止状态下手动离合的场合。

（2）梯形齿（图 17-13b）

牙的强度高，承载能力大，能自行补偿磨损产生的间隙，并且接合与分离方便，但啮合齿间的轴向力有使其自行分离的可能。这种牙形的离合器应用广泛。

（3）锯齿形（图 17-13c）

牙的强度高，承载能力最大，但仅能单向工作，反向工作时齿面间会产生很大的轴向力使离合器自行分离而不能正常工作。

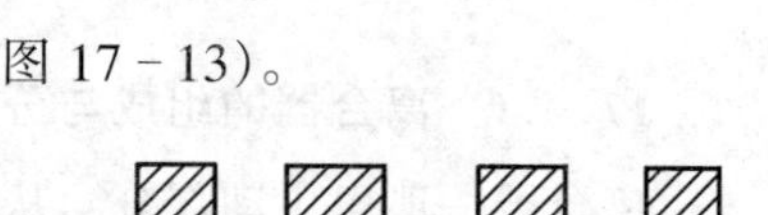

图 17-13 牙嵌式离合器的牙形

牙嵌式离合器的特点是结构简单、紧凑、工作可靠、承载能力大、传动准确，但在运转时接合有冲击，容易打坏牙，所以一般离合操作只在低速或静止状态下进行。

17.2.3　摩擦式离合器

摩擦式离合器是靠接合元件间产生的摩擦力来传递转矩的。接合元件所受的正压力 F 调整确定后，接合元件之间的最大摩擦力随之确定，离合器的承载能力转矩 T_{max} 也随之确定。离合器正常工作时所传递的转矩 T 应小于或等于 T_{max}。当 $T > T_{max}$（过载）时，接合元件间产生打滑，保护传动系统中的零件不致损坏。打滑时，接合元件磨损严重，摩擦消耗的功转变为热量使离合器温度升高，较高的温升和较大的磨损将影响到离合器的正常工作。

摩擦式离合器接合元件的结构形式有：圆盘式、圆锥式、块式、钢球式、闸块式等。摩擦式离合器的类型很多，最常见的是多盘式摩擦离合器。

图 17-14 所示为多盘式摩擦离合器。图中主动轴 1 与外壳 2 相联接，从动轴 3 与套筒 4 相联接。外壳的内缘开有纵向槽，外摩擦盘 5 以其凸齿插入外壳的纵向槽中，因此外摩擦盘可与轴一起转动，并可在轴向力推动下沿轴向移动。内摩擦盘 6 以其凹槽与套筒 4 上的凸齿相配合，故内摩擦盘可与轴 3 一起转动并可沿轴向移动。内外摩擦盘相间安装。另外，在套筒 4 上开有三个纵向槽，其中安置可绕销轴转动的曲臂杠杆 8。当滑环 7 向左移动时，通过曲臂杠杆 8、压板 9 使两组摩擦盘压紧，离合器即处于接合状态。若滑块向右移动时，摩擦盘被松开，离合器即分离。多盘式摩擦离合器传递转矩的大小，随接合面数量的增加而增大，但接合面数量太多时，会影响离合器的灵活性，所以一般接合面数量不大于 25～30。

多盘式摩擦离合器的优点是：两轴能在任何转速下接合；接合与分离过程平稳；过载时会发生打滑；适用载荷范围大。其缺点是：结构复杂，成本较高，产生滑动时两轴不能同步转动。

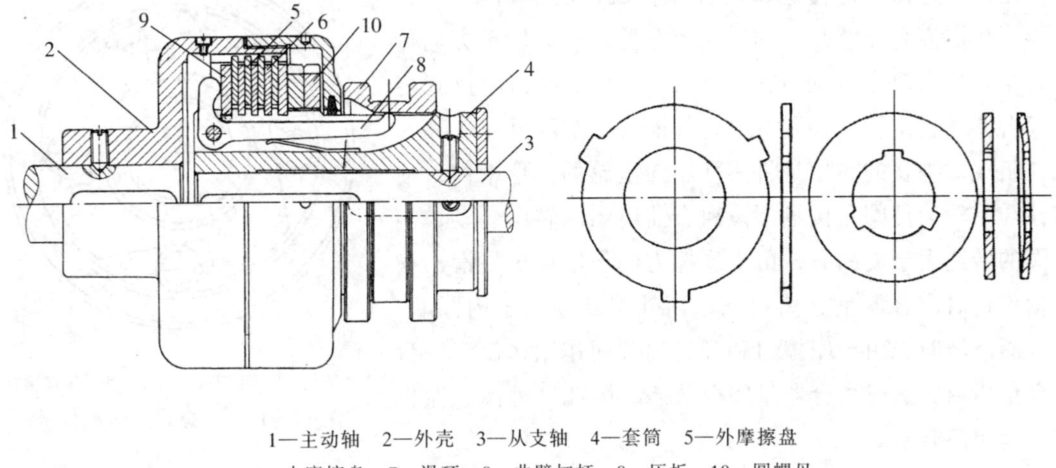

1—主动轴　2—外壳　3—从支轴　4—套筒　5—外摩擦盘
6—内摩擦盘　7—滑环　8—曲臂杠杆　9—压板　10—圆螺母

图 17-14　多盘式摩擦离合器

17.2.4　磁粉离合器

磁粉离合器的工作原理如图 17-15a 所示，主动轴与轮芯 1 固定联接，在轮芯外缘的槽内绕有环形激磁线圈 2，从动外轮鼓 4 与轮芯间形成的气隙中填入了导磁率高的铁粉混合物

3。当线圈通电时，将形成一个经主动壳体、间隙、环形从动件中而闭合的磁通，铁粉被磁场化形成磁粉链。当主动件旋转时，由于磁粉的剪切阻力带动外鼓轮从而传递转矩。当断电时，铁粉处于自由松散状态，离合器即被分离。

磁粉离合器的主要特点有：

（1）励磁电流 I 与转矩 T 间呈线性关系，所以转矩控制方便、精度高，调节范围宽；

（2）可实现恒张力控制，为一些有特殊要求的场合提供恒张力；

（3）过载时磁粉层打滑，可以起到过载保护作用；

（4）可用作制动器。

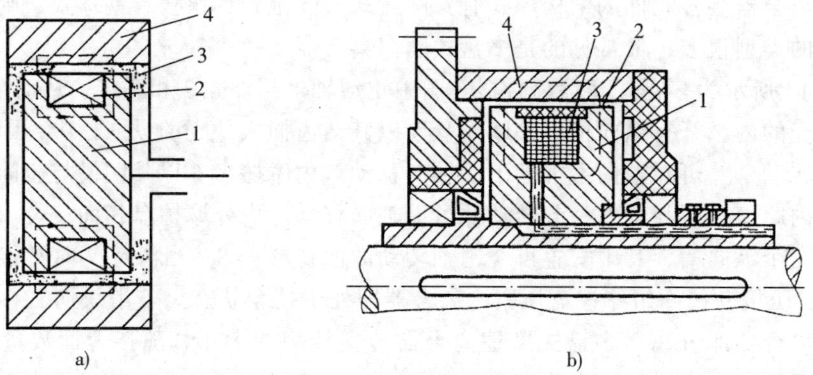

图 17－15 磁粉离合器

17.2.5 定向离合器

定向离合器只能传递单向转矩，反向时能自动分离。锯齿形牙嵌离合器就是一种定向离合器，它只能单方向传递转矩，反向时会自动分离。图 17－16 所示为摩擦式定向离合器，它主要是由星轮 1、外圈 2、弹簧顶杆 4 和滚柱 3 组成。弹簧的作用是将滚柱压向星轮的楔形槽内，使滚柱与星轮、外圈相接触。设离合器以图示转向转动，当外圈的转速大于内圈时，由于摩擦力的作用使滚柱滑出楔形槽，这时离合器呈分离状态；当外圈转速小于内圈时，或外圈反转时，由于摩擦力和弹簧的共同作用，使滚柱滑入楔形槽内，这时离合器呈闭合状态。因此这种离合器也称为超越离合器。

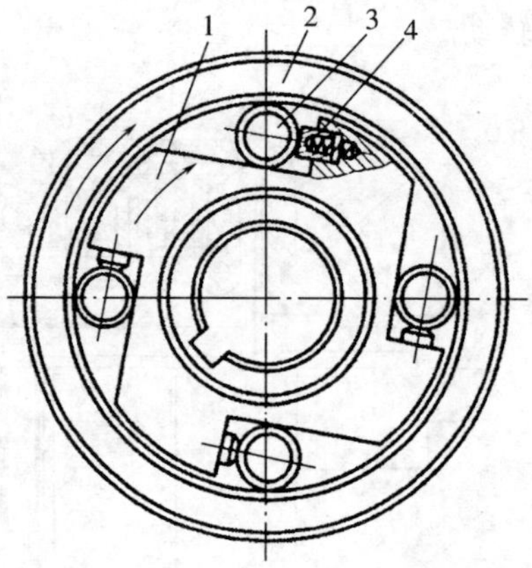

1—星轮 2—外圈 3—滚柱 4—弹簧顶杆

图 17－16 摩擦式定向离合器

17.2.6 离合器的选择

离合器应满足的基本要求是：接合可靠、分离彻底、动作迅速、操纵灵活、平稳无冲击，结构简单、制造容易、成本低、工作安全、传动效率高、使用寿命长、重量轻、惯性小、外形尺寸小、散热能力强、调整维修方便等。实际上任何一个离合器不可能同时全部满足这些要求，一般应根据使用要求和工作条件进行选择，确保主要条件，兼顾其他条件。由于大多数离合器已标准化或规格化，所以设计时只需参考有关手册和设计资料进行类比设计或选择即可。

17.3 制动器

制动器的作用是降低机械系统（整体或部件）的速度或使其停止运动。制动时制动器对机械系统施加阻力或阻力矩称为制动力或制动力矩。制动器应满足的基本要求是：能产生足够的制动力（矩）、制动平稳可靠、操纵灵活、散热好、体积小、有足够的寿命、结构简单、维修方便等。

17.3.1 制动器类型

常见的制动器为摩擦制动器。按制动零件（摩擦元件）的结构型式，可分为块式、带式和盘式等，常见的有：

（1）瓦块制动器（图 17-17）

特点是构造简单、使用可靠、制造和安装方便、双瓦块无轴向力、维护方便、价格便宜，但制动时有冲击和振动。适用于各种起重运输机械、工程机械、建筑机械等。

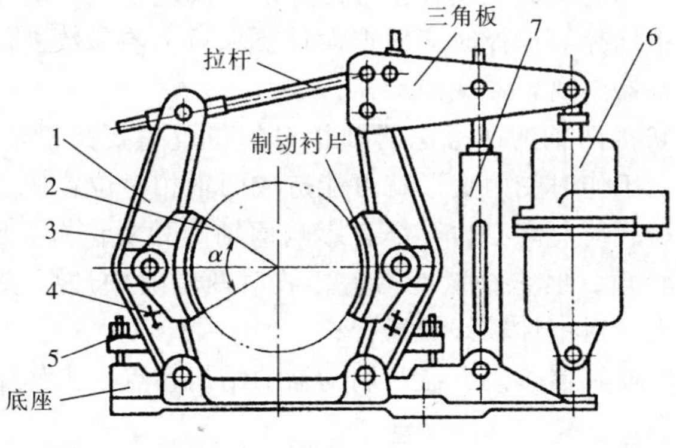

1—制动架　2—制动轮　3—制动瓦块　4—制动瓦块的复位装置
5—间隙调整装置　6—松闸装置（电力液压推动器）　7—紧闸装置（弹簧）

图 17-17　瓦块制动器

（2）内蹄式制动器（图 17-18）

主要用于各种车辆上，特点是结构紧凑、构造复杂、价格高、维修不便。

（3）带式制动器（图 17-19）

特点是结构简单、紧凑，制动力矩大。

17.3.2 制动器的选择

制动器的选择与联轴器的选择所考虑的条件和选择内容大致相同，但在制动器型号选择时制动力矩计算较为复杂，具体选择和设计计算方法，可参考有关设计资料。

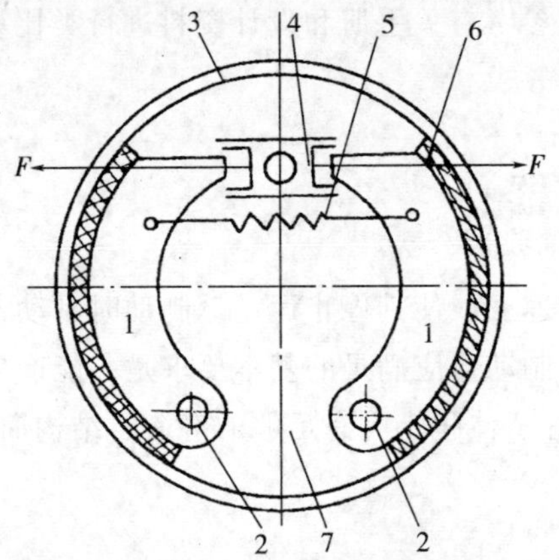

1—制动瓦 2—销轴 3—制动轮
4—液压缸 5—弹簧 6—摩擦材料 7—制动架

图 17-18 内张蹄式制动器

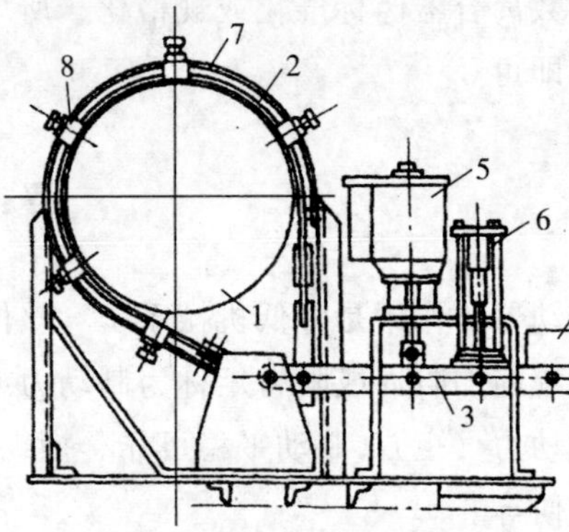

1—制动轮 2—制动钢带 3—制动杠杆
4—重锤 5—电磁铁 6—缓冲器
7—挡板 8—调节螺钉

图 17-19 带式制动器

本章小结

(1) 联轴器、离合器和制动器大多数型号已标准化或规格化，所以它们的设计主要是从标准化、规格化的类型中选择。选择时应根据设计要求对主要参数进行计算，再按设计准则选择满足设计要求的联轴器、离合器或制动器；

(2) 联轴器是用于联接两轴的。考虑两轴相对的位置主要是机器工作时的两轴相对位置，若机器的刚度不够，工作时受力变形就可能造成两轴相对位置的变化；高速运转的机器所产生的冲击、振动、动载荷、离心力等都会影响两轴的相对位置。刚性联轴器结构简单、成本低，可传递较大的转矩，但它补偿能力差，故对两轴对中性要求很高，一般用于速度低、无冲击、轴的刚性大、对中性较好的场合；

(3) 掌握常用类型的联轴器、离合器和制动器的结构特点、工作原理、应用场合并能合理选择是本章学习的重点。

思考题

17-1 什么是刚性联轴器？什么是弹性联轴器？两者有什么区别？

17-2 固定式刚性联轴器与可移式刚性联轴器的主要区别是什么？

17-3 可移式刚性联轴器与弹性联轴器的异同点是什么？

17-4 参照机械设计手册，进一步了解联轴器、离合器和制动器的主要参数。

17-5 拆解自动车上的超越离合器，绘出工作简图。

17-6 观察、分析各种自行车上不同的制动器和制动系统，绘制出两种以上的制动系统原理简图。

习题

17-1 电动机与水泵之间用联轴器联接，已知电动机功率 $P=11\text{kW}$，转速 $n=960\text{r/min}$，电动机外伸轴端直径 $d_1=42\text{mm}$，水泵轴的直径为 $d_2=38\text{mm}$，试选择联轴器类型和型号。

17-2 由交流电动机直接带动直流发电机供应直流电。已知所需最大功率 $P=18\text{kW}\sim20\text{kW}$，转速 $n=3000\text{r/min}$，外伸轴轴径 $d=45\text{mm}$。(1) 试为电动机与发电机之间选择一种类型的联轴器，并说明理由；(2) 根据已知条件，定出型号。

第 18 章　弹　簧

18.1　弹簧的功用和类型

弹簧是一种应用广泛的弹性元件，在载荷作用下可以产生较大的弹性变形。

18.1.1　功　用

弹簧的主要功用：

(1) 控制机构的运动。如制动器、凸轮机构、离合器中的控制弹簧、内燃机气缸的阀门弹簧等；

(2) 减振与缓冲。如汽车、火车车厢下的减振弹簧、各种缓冲器中的弹簧等；

(3) 储存及输出能量。如钟表弹簧、枪闩弹簧等；

(4) 测量力和力矩的大小。如弹簧秤中的弹簧、仪表中的弹簧等。

18.1.2　分　类

按承受载荷的不同，弹簧可分为拉伸弹簧、压缩弹簧、扭转弹簧和弯曲弹簧四种。按形状的不同，弹簧可分为螺旋弹簧、环形弹簧、蝶形弹簧、板簧、盘簧等（表 18.1）。

表 18.1　弹簧的基本类型

	拉伸	压缩	扭转	弯曲
螺旋型		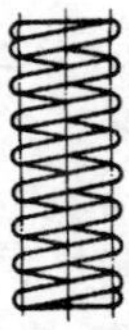 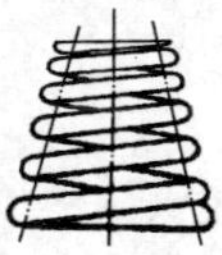	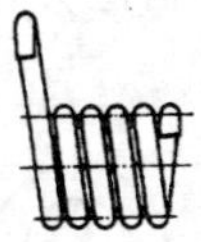	
其他型		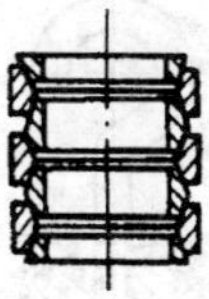 环形 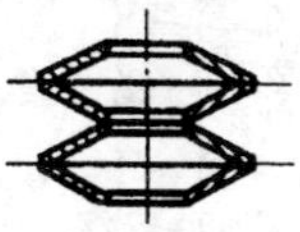 碟形	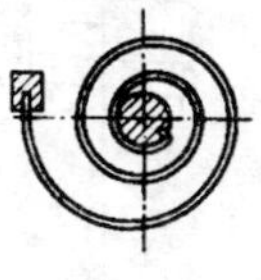 盘簧	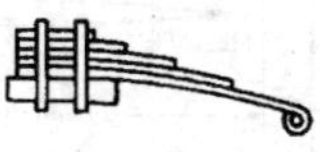 板簧

圆柱螺旋弹簧是工程中最常用的弹簧，本章主要介绍这类弹簧的结构、计算理论和设计方法。

18.2 圆柱螺旋弹簧的结构、几何参数、制造、材料及许用应力

18.2.1 圆柱螺旋弹簧的结构

(1) 圆柱螺旋压缩弹簧

弹簧的节距为 p，在自由状态下各圈之间应有适当的间距 δ，以便弹簧受压时，能产生相应的变形。设计时还应考虑在最大载荷作用下，各圈之间仍有一定的间距 δ_1。δ_1 的大小推荐为

$$\delta_1 = 0.1d \geqslant 0.2\text{mm}$$

式中：d——弹簧丝的直径，mm（图 18－1）。

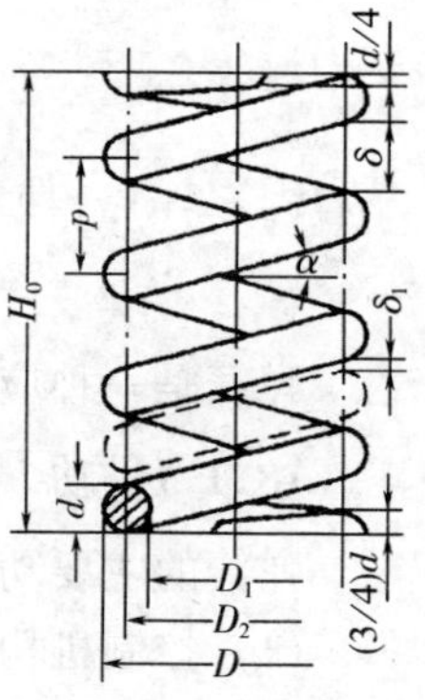

图 18－1 压缩弹簧

弹簧的两个端面应与邻圈并紧（无间隙），端面圈不参与变形，称为死圈（图 18－2）。弹簧端部的常用结构有 YⅠ型、YⅡ型和 YⅢ型。YⅠ型为两个端面圈与邻圈并紧且磨平，YⅡ型为两个端面圈锻平且与邻圈并紧（端面圈可磨平也可不磨平），YⅢ型为两个端面圈与邻圈并紧不磨平。在重要场合，应采用 YⅠ型结构，以保证两支承端面与弹簧轴线垂直。

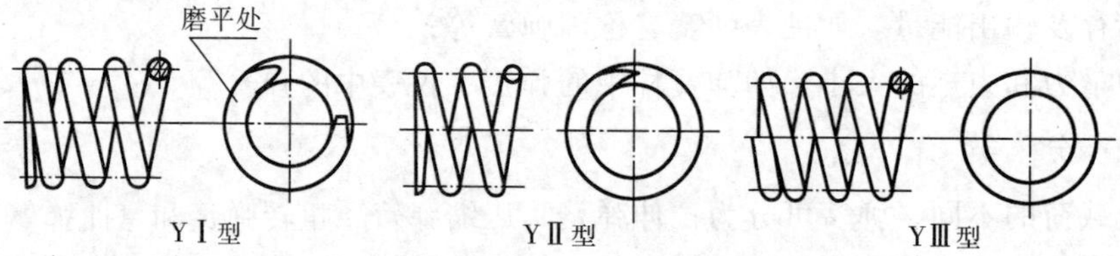

图 18－2 圆柱螺旋压缩弹簧的端面圈

(2) 圆柱螺旋拉伸弹簧

圆柱螺旋拉伸弹簧制造时使各圈相互并紧，即 $\delta = 0$。为增加弹簧的刚性，多数拉簧制成后已具有初应力。拉簧端部做有挂钩，以便安装和加载（图 18－3）。常见的挂钩形式如图 18－4 所示。其中 LⅠ、LⅡ型制造方便，应用广泛。但挂钩处产生较大的弯曲应力，多用于弹簧丝直径 $d < 10$mm 的弹簧。

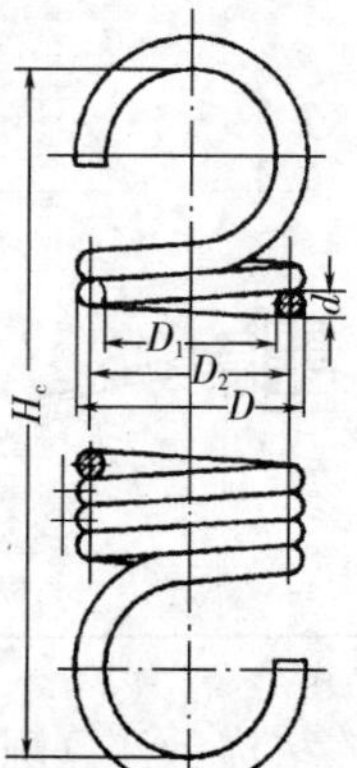

图 18－3 圆柱螺旋拉伸弹簧

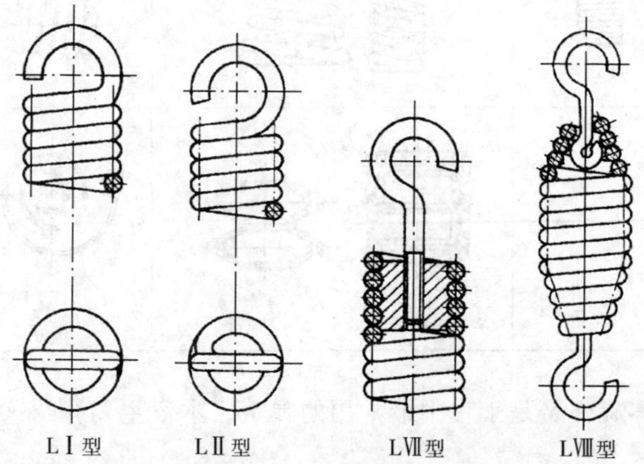

图 18－4 圆柱螺旋拉伸弹簧挂钩的形式

18.2.2 几何参数

圆柱螺旋弹簧的主要几何参数有：外径 D、中径 D_2、内径 D_1、节距 p、螺旋升角 α、弹簧丝直径 d、有效圈数 n 等。普通圆柱螺旋压缩及拉伸弹簧的结构尺寸计算公式见表18.2。

表 18.2 普通圆柱螺旋压缩和拉伸弹簧的结构尺寸计算公式

参数名称及代号	计算公式		备注
	压缩弹簧	拉伸弹簧	
中径 D_2	$D_2 = Cd$		d 取标准值
外径 D	$D = D_2 + d$		
内径 D_1	$D_1 = D_2 - d$		
旋绕比 C	$C = D_2/d$		
压缩弹簧长细比 b	$b = H_0/D$		b 在 1～5.3 的范围内取值
自由高度或长度 H_0	两端并紧，磨平： $H_0 \approx pn + (1.5-2)d$ 两端并紧，不磨平： $H_0 \approx pn + (3-3.5)d$	$H_0 \approx nd + H_b$	H_b 为钩环轴向长度
工作高度或长度 H_1、H_2、…、H_n	$H_n = H_0 - \lambda_n$	$H_n = H_0 + \lambda_n$	λ_n——工作变形量
有效圈数 n	按式（18－9）计算		$n \geqslant 2$
总圈数 n_1	冷卷：$n_1 = n(2 \sim 2.5)$ YⅡ型热卷： $n_1 = n +$（$1.5 \sim 2$）	$n_1 = n$	
节距 p	$p =$（$0.28 \sim 0.5$）D_2	$p \approx d$	
轴向间距 δ	$\delta = p - d$		
展开长度 L	$L = \dfrac{\pi D_2 n_1}{\cos\alpha}$	$L = \pi D_2 n + L_h$	L_h 为环钩展开长度
螺旋角 α	$\alpha = \arctan \dfrac{p}{\pi D_2}$		对压缩弹簧，推荐 $\alpha = 5° \sim 9°$

18.2.3 制 造

圆柱螺旋弹簧的制造过程包括：卷绕、压缩弹簧的端面加工、拉伸弹簧的挂钩制作、热处理和工艺试验等。

大批生产时，弹簧的卷绕是在自动机床上进行的；小批生产时，可在普通车床上或手工卷绕。弹簧的卷绕可分冷卷和热卷。当簧丝直径小于10mm时，常用冷卷。冷卷时，用碳素弹簧钢丝在常温下卷成，不再淬火，只经低温回火消除内应力。热卷的弹簧卷成后需经淬火和回火处理。弹簧卷成热处理后，进行表面检验和工艺试验以鉴定弹簧的质量。

18.2.4 弹簧的材料及许用应力

常用的弹簧材料有碳素弹簧钢、合金弹簧钢和有色金属合金。

（1）碳素弹簧钢

含碳量在0.6%～0.9%，如65，70，85等碳素弹簧钢。这类钢价廉，成本低，当簧丝直径大于12mm时，不易淬透，因此适用于小尺寸的弹簧。

（2）合金弹簧钢

用于变载荷、冲击载荷或工作温度较高的场合，弹簧材料具有高的弹性极限、疲劳极限、一定的冲击韧性、塑性和良好的热处理性能。

（3）有色金属合金

用于腐蚀性介质工作环境和其他特殊场合。如硅青铜、锡硅青铜等。

弹簧材料的许用应力一方面取决于材料的品种、质量、尺寸、热处理方法，另一方面取决于弹簧所受载荷的性质、工作条件和弹簧的重要程度，见表18.3。

表18.3 螺旋弹簧的常用材料和许用应力

材料	许用切应力/MPa			推荐使用温度/℃	推荐硬度范围	特性及用途
名称	Ⅰ类弹簧 $[\tau_{Ⅰ}]$	Ⅱ类弹簧 $[\tau_{Ⅱ}]$	Ⅲ类弹簧 $[\tau_{Ⅲ}]$			
碳素弹簧钢丝	$0.3\sigma_b$	$0.4\sigma_b$	$0.5\sigma_b$	－40～120	－	强度高，性能好，但尺寸大了不易淬透，只适用于做小弹簧
60Si2Mn	480	640	800	－40～200	45HRC～50HRC	弹性和回火稳定性好，易脱碳。用于制造受重载的弹簧
50CrVA	450	600	750	－40～210	45HRC～50HRC	有高的疲劳极限，弹性，淬透性和回火稳定性好，常用于受变载荷的弹簧
4Cr13	450	600	750	－40～300	48HRC～53HRC	耐腐蚀，耐高温。适用于做较大的弹簧
QSi3－1	270	360	450	－40～120	90HBS～100HBS	耐腐蚀，防磁好
QSn4－3	270	360	450			

18.3 圆柱螺旋弹簧的应力、变形和特性曲线

18.3.1 弹簧的应力

圆柱螺旋拉伸和压缩弹簧的外载荷沿弹簧的轴线作用，它们的应力和变形的计算是相同的。现以压缩弹簧为例进行分析。

轴向力 F 作用于弹簧的轴线上，弹簧丝直径为 d，弹簧中径为 D_2，螺旋升角为 α，通常弹簧的螺旋升角 α 很小（$\alpha<9°$），通过弹簧的轴线的截面与弹簧钢丝的法截面很接近。该截面上作用力 F 和扭矩 $T=FD_2/2$。

不考虑弹簧钢丝的弯曲，按直杆计算。以 Z_p 表示弹簧丝的抗扭截面系数，则扭矩在截面上引起的最大剪应力为

$$\tau' = \frac{T}{Z_p} = \frac{F\dfrac{D_2}{2}}{\dfrac{\pi}{16}d^3} = \frac{8FD_2}{\pi d^3}$$

剪力在截面上引起的剪应力为

$$\tau'' = \frac{4F}{\pi d^2}$$

弹簧钢丝截面上的最大剪应力 τ 发生在内侧，即靠近轴线的一侧（图 18-5），其值为

$$\tau = \tau' + \tau'' = \frac{8FD_2}{\pi d^3} + \frac{4F}{\pi d^2} = \frac{8FD_2}{\pi d^3}\left(1 + \frac{d}{2D_2}\right) \tag{18-1}$$

令

$$C = \frac{D_2}{d} \tag{18-2}$$

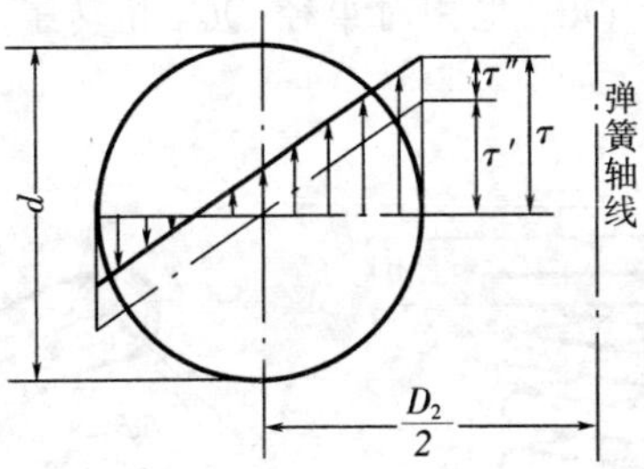

图 18-5　弹簧丝的应力

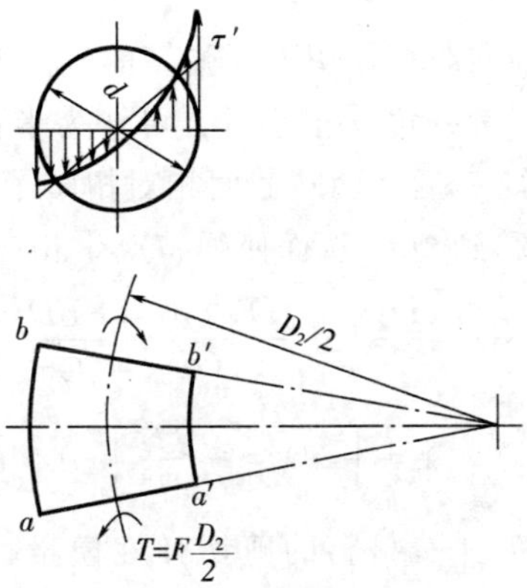

图 18-6　考虑曲率时弹簧钢丝的扭剪应力

则弹簧钢丝截面上的最大剪应力为

$$\tau = \frac{8FC}{\pi d^2}\left(1 + \frac{0.5}{C}\right) \tag{18-3}$$

式中：C 称为旋绕比，它是测量弹簧曲率的重要参数；括号内的第二项为剪应力 τ'' 的影响。

较精确的分析指出，弹簧钢丝截面内侧的最大剪应力及其强度条件为

$$\tau = K\frac{8FC}{\pi d^2} \leqslant [\tau] \tag{18-4}$$

式中：F、C、d 的意义同上；$[\tau]$ 为材料的许用剪应力；K 为弹簧的曲度系数，其计算式为

$$K = \frac{4C-1}{4C-4} + \frac{0.615}{C} \tag{18-5}$$

式（18-5）中的第一项反映了钢丝曲率对扭剪应力的影响，第二项反映了因 τ'' 不均匀分布对内侧应力的影响。K 值也可以根据旋绕比直接从图 18-7 查出。

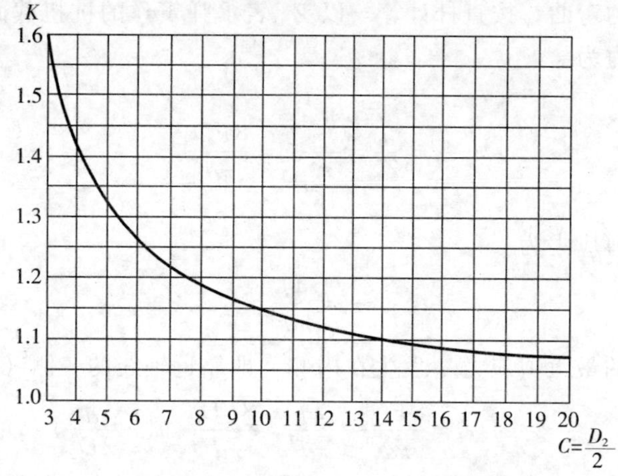

图 18－7　曲度系数 K

18.3.2　弹簧的变形

在轴向载荷作用下，弹簧的轴向变形量为 λ（图 18－8a）。截取微段钢丝（图 18－8b），当弹簧螺旋升角 α 很小时，可认为半径 OC_1、OC_2 和微段钢丝轴线 $\mathrm{d}s$ 在同一平面内。微段 $\mathrm{d}s$ 受扭矩 T 后，两端截面相对扭转了 $\mathrm{d}\varphi$ 角，于是半径 OC_2 也相对半径 OC_1 扭转了 $\mathrm{d}\varphi$ 角，使点 O 移到 O'，从而使弹簧产生相应的轴向变形。

$$\mathrm{d}\lambda=\frac{D_2}{2}\mathrm{d}\varphi=\frac{D_2}{2}\frac{T\mathrm{d}s}{GI_{\mathrm{p}}}=\frac{8FD_2^2\mathrm{d}s}{G\pi d^4}$$

$$\lambda=\int_0^l \mathrm{d}\lambda=\frac{8FD_2^2}{G\pi d^4}\int_0^l \mathrm{d}s$$

式中 G 为弹簧材料的剪切弹性模量；其他符号意义同前；积分 $\int_0^l \mathrm{d}s$ 是弹簧的总长度 l，若弹簧的有效圈数为 n，则 $l\approx\pi D_2 n$，由此可得弹簧的轴向变形量为

$$\lambda=\frac{8FD_2^3 n}{Gd^4}=\frac{8FC^3 n}{Gd} \qquad (18-6)$$

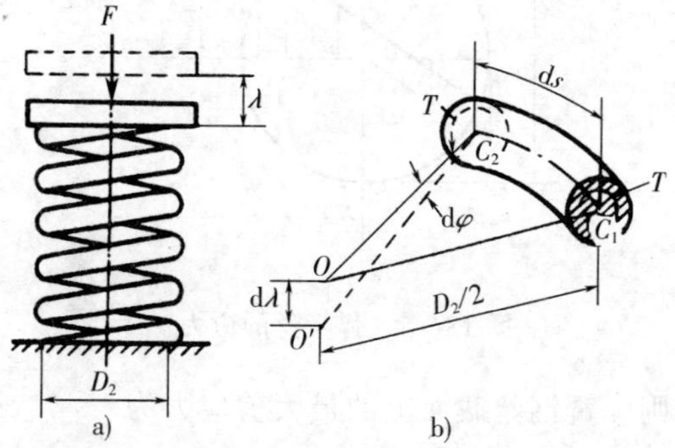

图 18－8　弹簧的变形

使弹簧产生单位变形量所需的载荷称为弹簧刚度 k（也称弹簧常数），即

$$k=\frac{F}{\lambda}=\frac{Gd^4}{8D_2^3 n}=\frac{Gd}{8C^3 n} \qquad (18-7)$$

从式（18－7）可看出，当其他条件相同时，旋绕比 C 越小，弹簧刚度 k 越大；反之，弹簧刚度 k 越小。若 C 过小，会使弹簧卷绕困难，并在弹簧内侧引起过大的应力。但 C 值过大，则弹簧会颤动。所以悬绕比 C 应在 4～16 之间，常用的范围为 $C=5\sim8$。此外，刚度 k 还与 G、d、n 有关，设计时应综合考虑这些因素的影响。

18.3.3　弹簧的特性曲线

弹簧的特性曲线就是载荷与变形的关系曲线。由前节可知，等节距圆柱螺旋压缩弹簧的刚度 k 为常数，在弹性变形范围内，变形与载荷成正比。所以，等节距圆柱螺旋压缩弹簧

的特性曲线为通过原点的一条直线。在弹簧的特性曲线中，通常标注最小变形-最小载荷（$\lambda_{min}-F_{min}$），最大变形-最大载荷（$\lambda_{max}-F_{max}$），极限变形-极限载荷 $\lambda_{lim}-F_{lim}$等点。弹簧的特性曲线应绘制在弹簧工作图中，作为检验和试验的依据。

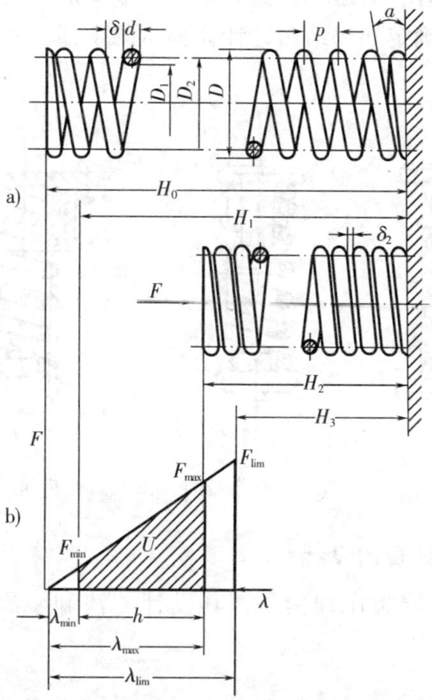

图 18-9　圆柱压缩弹簧的特性曲线

18.4　圆柱螺旋压缩（拉伸）弹簧的设计

18.4.1　圆柱螺旋压缩弹簧的设计

在承受静载荷的工作条件下，圆柱螺旋压缩弹簧按下列方法和步骤进行设计：

（1）根据工作情况及具体条件选定材料，并查取机械性能数据。

（2）选择旋绕比 C，通常可取 $C=5\sim8$，并按式（18-5）算出曲度系数 K 值。

（3）根据安装空间，初设弹簧中径 D_2，根据 C 值初估弹簧钢丝直径，并按表 18.3 查取弹簧钢丝的许用应力。

（4）试算弹簧钢丝直径 d'，由式（18-4）可得

$$d' \geqslant \sqrt{\frac{8F_{max}KC}{\pi\ [\tau]}} \tag{18-8}$$

（5）根据变形条件求出弹簧工作圈数。由式（18-6）可知：

$$n=\frac{Gd}{8F_{max}C^3}\lambda_{max} \tag{18-9}$$

（6）求出弹簧的尺寸 D、D_1、H_0，并检查是否符合安装要求等。

（7）验算稳定性。对于压缩弹簧，若较长，则容易失去稳定性。为了便于制造及避免失

稳现象，建议压缩弹簧的长细比 $b=\dfrac{H_0}{D}$，按下列情况选取：两端固定时，取 $b<5.3$；一端固定，另一端自由转动时，取 $b<3.7$；两端自由转动时，取 $b<2.6$。当 b 大于上述值而又受条件限制且不便改变参数时，为避免弹簧失稳，一般要加导杆或导套（图 18－10）。

（8）弹簧的结构设计。确定端部结构并计算弹簧的全部尺寸。

（9）绘制弹簧工作图。

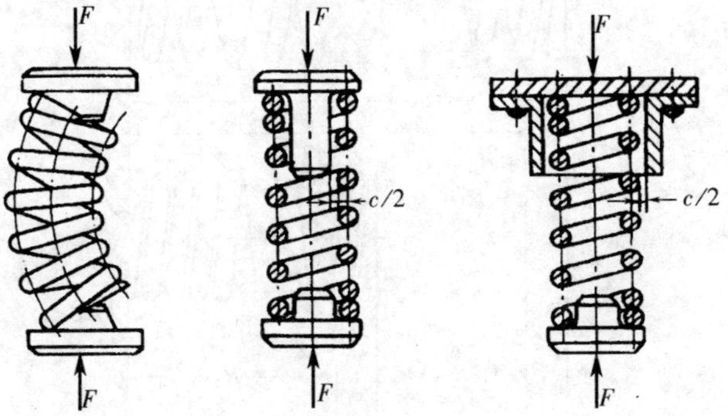

图 18－10　压缩弹簧的失稳及防范措施

18.4.2　圆柱螺旋拉伸弹簧的设计

圆柱螺旋拉伸弹簧除两端制作挂钩外，其设计方法和步骤与圆柱螺旋压缩弹簧基本相同。

【例题 18－1】　某锅炉炉顶上采用微启式弹簧安全阀（微启即安全阀行程 λ_0 较小）（图 18－11）。阀座通径 $D_0=32$mm，要求阀门起跳汽压 $P_1=0.33$MPa，阀门行程 $\lambda_0=2$mm，全开时弹簧受力 $F_2=340$N。结构要求弹簧的内径 $D_1>16$mm。试设计此安全阀上的压缩弹簧。（图 18－11）

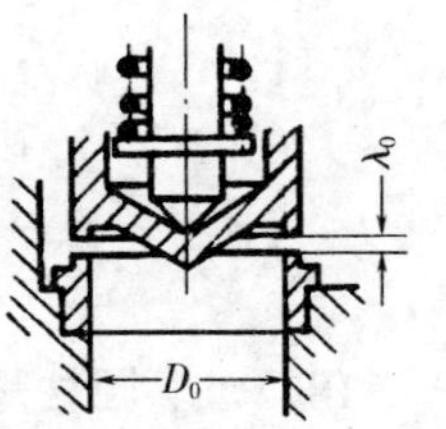

图 18－11

【解】　（1）分析已知条件

①此弹簧用作锅炉安全阀，比较重要，属于Ⅱ类载荷。

②弹簧所受最小工作载荷 F_1（即安装位置的压力）应等于起跳时的压力

$$F_1=P_1\frac{\pi D_0^2}{4}=0.33\times\frac{\pi}{4}\times 32^2=265.4\text{N}$$

③由图 18－12 可求得所需的弹簧刚度

$$k=\frac{F_2-F_1}{\lambda_0}=\frac{340-265.4}{2}=37.3\text{N/mm}$$

弹簧在最大工作载荷 F_2 作用时的变形量

$$\lambda_2=\frac{F_2}{k}=\frac{340}{37.3}=9.1\text{mm}$$

④要求 $D_1>16$mm。

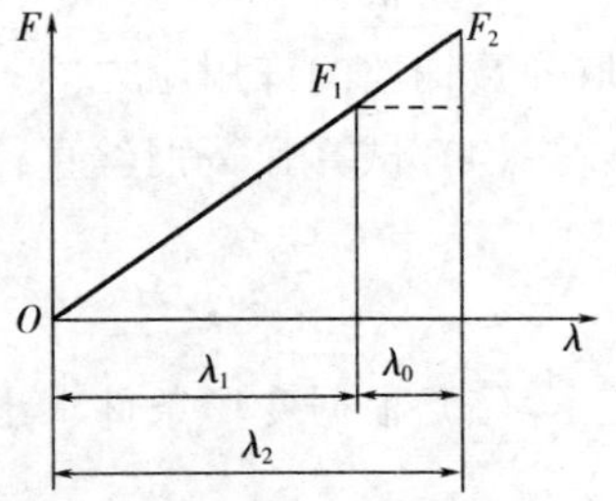

图 18－12

（2）确定弹簧各参数

①选择弹簧材料。根据工作条件和题意，选用 60Si2Mn。由表 18.3 查得 $[\tau_{Ⅱ}]=640$MPa，

$$\tau_{\lim}\leqslant 800\text{MPa}。$$

②确定钢丝直径 d。由式（18－8）可解得

$$d \geqslant \sqrt{\frac{8KF_2C}{\pi\ [\tau_{II}]}} = 1.6\sqrt{\frac{KF_2C}{[\tau_{II}]}}$$

由于要求 $D_1 > 16\text{mm}$，因而取 $D_2 = D_1 + d = 22\text{mm}$。设 $d = 4\text{mm}$，则

$$C = \frac{D_2}{d} = \frac{22}{4} = 5.5$$

查图 18-7 得 $K = 1.28$。将各值代入上式，得

$$d \geqslant 1.6\sqrt{\frac{1.28 \times 340 \times 5.5}{640}} = 3.09\text{mm}$$

采用 4mm 的钢丝能满足强度条件。若不受现成材料限制时，可考虑取 $d = 3.5\text{mm}$。

③决定弹簧的圈数 n。由式（18-9）可解得

$$n = \frac{Gd}{8C^3k} = \frac{80000 \times 4}{8 \times 5.5^3 \times 37.3} = 6.45 \approx 6.5 \text{ 圈}$$

④计算弹簧的其他尺寸。利用表 18.2 中公式可算出

内径　$D_1 = D_2 - d = 22 - 4 = 18\text{mm}$　（$>16\text{mm}$，符合要求）

外径　$D = D_2 + d = 22 + 4 = 26\text{mm}$

节距　$p = \delta + d = 3 + 4 = 7\text{mm}$

间距　$\delta \geqslant \dfrac{\lambda_2}{0.8n} = \dfrac{9.1}{0.8 \times 6.5} = 1.75\text{mm}$，取 $\delta = 3\text{mm}$

螺旋升角　$\alpha = \arctan\dfrac{p}{\pi D_2} = \arctan\dfrac{7}{\pi \times 22} = 5.8°$　（在 5°～9°间）

两端各并紧一圈并磨平，则总圈数 $n_1 = 6.5 + 2 = 8.5$ 圈

簧丝展开长度　$L = \dfrac{\pi D_2 n_1}{\cos\alpha} = \dfrac{\pi \times 22 \times 8.5}{\cos 5.8°} = 590\text{mm}$

自由高度　$H_0 = n\delta + (n_1 - 0.5)d = 6.5 \times 3 + (8.5 - 0.5) \times 4 = 51.5\text{mm}$

验算稳定性　$b = \dfrac{H_0}{D_2} = \dfrac{51.5}{22} = 2.34$　（<3.7，符合要求）

由式（18-7）可求得弹簧受载荷 F_1 时的初始形量

$$\lambda = \frac{F_1}{k} = \frac{265.4}{37.3} = 7.1\text{mm}$$

弹簧的安装高度　$H_1 = H_0 - \lambda_1 = 51.5 - 7.1 = 44.4\text{mm}$

(3) 绘制弹簧的特性曲线与工作图（图 18-13）

在特性曲线图上一般应标注 F_1、F_2、F_{lim}及对应的变形量。由式（18-4）和式（18-6）可得

$$F_{lim} \leqslant \frac{\pi d^2}{8KC}\tau_{lim} = \frac{\pi \times 4^2}{8 \times 1.28 \times 5.5} \times 800 = 714\text{N}$$

$$\lambda_{lim} = \frac{F_{lim}}{k} = \frac{714}{37.3} = 19.1\text{mm}$$

技术要求

①总圈数　8.5±0.25

②工作圈数　6.5

③旋向　右旋

④展开长度　$L = 590$

⑤热处理硬度　45HRC～50HRC

⑥端部磨平

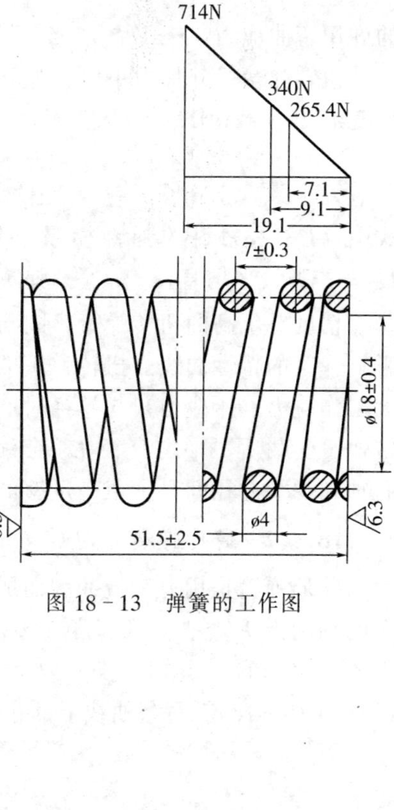

图 18-13　弹簧的工作图

18.5 其他弹簧简介

18.5.1 扭转螺旋弹簧

扭转弹簧的外形和拉压弹簧相似，但作用力是绕弹簧轴线的力矩，主要用于压紧和储能，如使门上铰链复位，电机中保持电刷的接触压力等。为了便于加载，其端部常做成图 18－14 所示的结构形式。

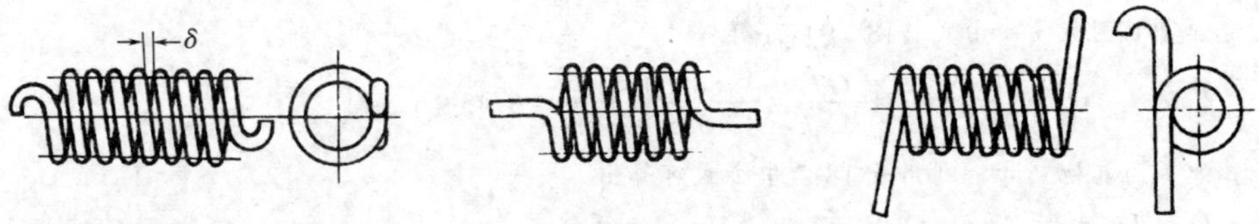

图 18－14 圆柱扭转弹簧的端部结构

如图 18－15 所示，当扭转弹簧受外加力矩 M 时，若弹簧的螺旋升角 α 很小，可以认为弹簧钢丝只受弯矩，其值等于外加力矩 M。应用曲梁受弯的理论，可求得圆截面弹簧钢丝的最大弯曲应力及强度条件为

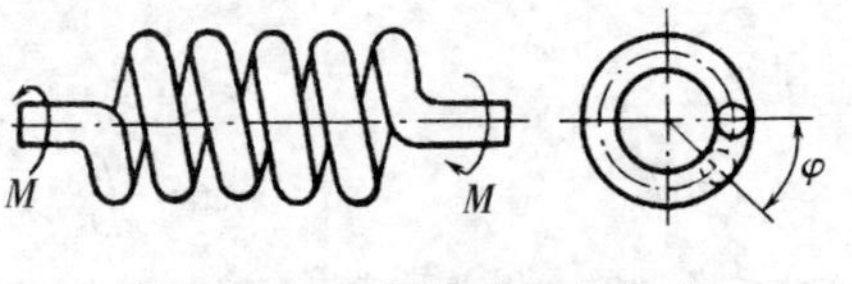

图 18－15 扭转弹簧的载荷

$$\sigma = K_1 \frac{M}{Z} = K_1 \frac{32M}{\pi d^3} \leqslant [\sigma] \tag{18-10}$$

式中：K_1——曲度系数，$K_1 = \frac{4C-1}{4C-4}$；Z——截面系数；d——弹簧丝直径；$[\sigma]$——材料的许用弯曲应力，$[\sigma] \approx 1.25[\tau]$，$[\tau]$ 值见表 18.3。

扭转弹簧受外加力矩后，弹簧将产生角变形 φ。与圆柱拉压弹簧类似，圆柱扭转弹簧的角变形 φ 与载荷 M 成正比。由梁受弯时的偏转角方程式可得其角变形的计算式为

$$\varphi = \frac{Ml}{EI} = \frac{\pi M D_2 n}{EI} \quad \text{rad} \tag{18-11}$$

式中：E——材料的弹性模量（钢：$E = 2.06 \times 10^5$ MPa）；I——弹簧丝截面的惯性矩；D_2——弹簧平均直径；n——弹簧有效圈数。

精度要求高的扭转弹簧，圈与圈之间应有一定的间隙，以免载荷作用时，因圈间摩擦而影响弹簧的特性曲线。扭转弹簧的旋向应与外加力矩的方向一致。这样，位于弹簧内侧的最大工作应力（压应力）与卷绕时产生的残余应力（拉应力）反向，从而可提高承载能力。扭转弹簧受载后，平均直径 D_2 会缩小。对于有心轴的扭转弹簧，为了避免受载后“抱轴”，心轴和弹簧内径间必须留有足够的间隙。

18.5.2 碟形弹簧

碟形弹簧是用薄钢板冲制而成的，其外形像碟子（图 18－16）。当它受到沿周边均匀分布的轴向力 F 时，内锥高度 h 变小，相应地产生轴向变形 λ。这种弹簧具有变刚度的特性。当 D_1、D 和 t 一定时，随着内锥高度 h 与簧片厚度 t 的比值不同，它们的特性曲线也不相同（图 18－16）。每条曲线上的小圆圈表示簧片正好压平时的特性值。值得指出的是当 h/t

≈1.5时，曲线的中间部分接近于水平。这一特性很重要，它提供了在一定变形范围内保持载荷恒定的方法。

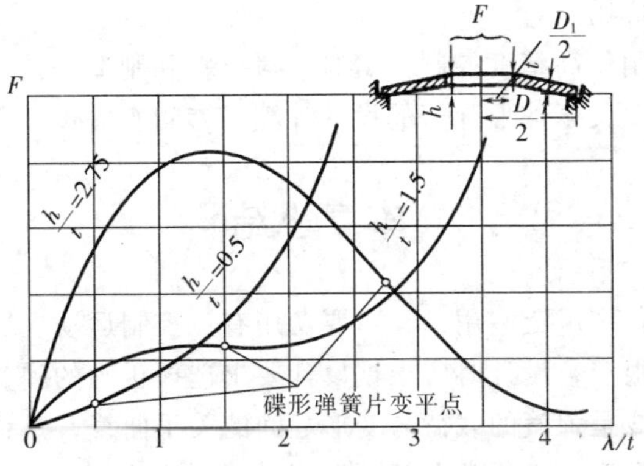

图18-16　单片碟形弹簧的特性曲线

在实际应用时，往往把碟形弹簧片组合起来使用。为了增大变形量，可以采用对合式组合碟形弹簧（图18-17a），这时变形量随着片数的增加而增加，但承载能力不变。在工作过程中簧片间有摩擦损失，所以加载和卸载的特性曲线不重合（图18-17b），加载特性曲线与卸载特性曲线所包围的面积，就代表阻尼所消耗的能量，此能量越大说明弹簧的吸振能力越强。为了增加承载量，可以采用叠合式组合碟形弹簧（图18-18a），这时承载能力随着片数的增加而增加，但变形量不变。这种结构由于簧片间的摩擦而产生的阻尼较大，特别适用于缓冲和吸振。如欲同时增加变形量和承载能力，则可以采用复合式组合碟形弹簧（图18-18b）。同样尺寸的碟簧片，在不同组合时也能获得许多不同的弹簧特性，以适应不同的使用要求。

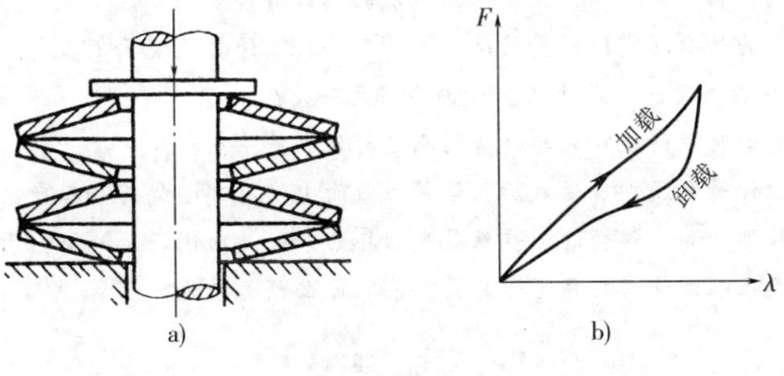

图18-17　对合式组合碟形弹簧及其特性曲线

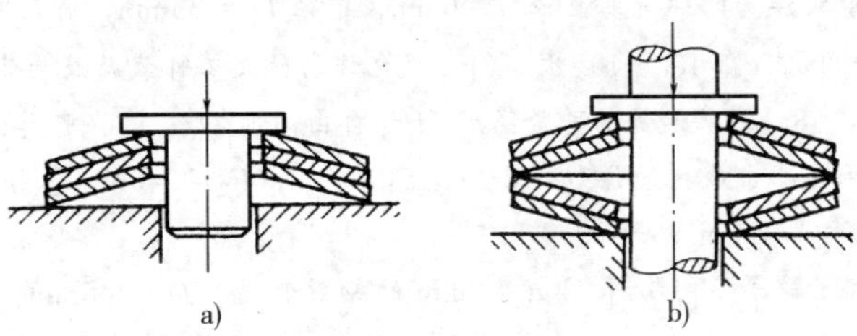

图18-18　叠合式和复合式碟形弹簧

碟形弹簧除了上述特点外，还具有变形量小，承载能力大，在受载方向空间尺寸小的显著优点。目前，常用作重型机械、飞机等的强力缓冲弹簧，还在离合器、减压阀、密封圈和自动化控制机构中获得应用。

碟形弹簧的缺点是用作高精度控制弹簧时，对材料和制造工艺（加工精度、热处理）等要求比较严，制造困难。关于碟形弹簧的设计计算可参阅有关设计手册。

本章小结

（1）弹簧在机械设备中广泛应用，其主要功用有：控制运动、缓冲与吸振、储能和测量力的大小。弹簧的种类很多，设计时应根据设计要求选择正确的弹簧类型。

（2）弹簧的特性曲线是弹簧的载荷与变形之间的关系曲线，是弹簧设计、检验的重要依据。为了正确选择弹簧类型，必须掌握不同类型弹簧的特性曲线。

（3）在圆柱螺旋压缩（拉伸）弹簧的设计时，设计的主要任务是确定弹簧的钢丝直径、弹簧中径和有效圈数，应掌握不同类型弹簧设计的步骤。弹簧的主要设计要求是刚度要求，对于同一个设计任务，可以由不同的钢丝直径、弹簧中径和有效圈数组合出多个能满足设计要求的结果。弹簧的其他设计要求可能是多方面的，设计时还应根据这些要求，从多个设计结果中选定最后的设计结果。此外，旋绕比 C 和刚度 k 是弹簧的重要指标，应了解它们之间的内在联系以及对弹簧性能的影响。

（4）对于在变载荷下工作的重要弹簧，应进行疲劳强度校核，可查阅相关的技术资料。

思考题

18-1 常用弹簧的类型有哪些？各用在什么场合？

18-2 对制造弹簧的材料有哪些主要要求？常用的材料有哪些？

18-3 设计弹簧时为什么通常取弹簧旋绕比 C 为 4～16？弹簧旋绕比 C 的含义是什么？

18-4 弹簧刚度 k 的物理意义是什么？与哪些因素有关？

18-5 什么是弹簧的特性曲线？它与弹簧的刚度有什么关系？

18-6 圆柱螺旋拉弹簧和压弹簧受载后，弹簧丝截面上受有哪些载荷？各产生什么样的应力？

18-7 圆柱螺旋拉弹簧和压弹簧的弹簧丝最先损坏的一般是内侧还是外侧？为什么？

18-8 当圆柱螺旋压缩弹簧有失稳可能时，可采取什么预防措施？

习　题

18-1 已知一压缩螺旋弹簧的弹簧丝直径 $d=6$mm，中径 $D_2=33$mm，有效圈数 $n=10$。采用Ⅱ组碳素弹簧钢丝，受变载荷作用次数在 $10^3\sim10^5$ 次。(1) 求允许的最大工作载荷及变形量；(2) 若端部采用磨平端支承圈结构时（图 18-8a)，求弹簧的并紧高度 H_s和自由高度 H_0；(3) 验算弹簧的稳定性。

18-2 试设计一能承受冲击载荷的弹簧。已知：$F_1=40$N，$F_2=240$N，工作行程 $\lambda=40$mm，中间有 $\varnothing30$ 的芯轴，弹簧外径不大于 45mm。

18-3 设计一压缩螺旋弹簧。已知采用 $d=8$mm 的钢丝制造，$D_2=48$mm。该弹簧初始时为自由状态，将它压缩 40mm 后，需要储能 25N·m。(1) 求弹簧刚度；(2) 若许用切应力为 400MPa 时，此弹簧的强度是否足够？(3) 求有效圈数 n。

18-4 试设计一受静载荷的压缩螺旋弹簧。已知条件如下：当弹簧受载荷 $F_1=178$N 时，其长度 H_1

$=89mm$；当 $F_2=1160N$ 时，$H_2=54mm$；该弹簧使用时套在直径为30mm的芯棒上。现有材料为碳素弹簧钢丝，要求所设计弹簧的尺寸尽可能小。

18－5　一扭转螺旋弹簧用在760mm的门上。当门关闭时，把手上加4.5N的推力才能把门打开。当门转到180°后，把手上的力为13.5N。若材料的许用应力 $[\sigma]=1100MPa$，求：(1) 该弹簧的弹簧丝直径 d 和平均直径 D_2；(2) 所需的初始角变形；(3) 弹簧的工作圈数。

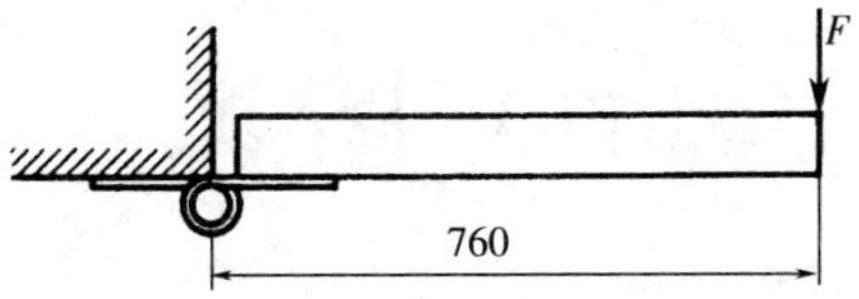

题18－5图

第 19 章　机械传动系统设计

19.1　概　述

19.1.1　传动系统

任何机器一般都包含原动机、传动系统和工作机三个基本部分。原动机是机器完成工作任务的动力来源，最常用的是电动机。工作机是直接完成生产任务的执行装置，可以通过选择合适的机构或其组合来实现。传动系统则是把原动机的运动和动力转化为符合执行机构需要的中间传动装置，是大多数机器的重要组成部分，其质量、成本和性能对机器的整体质量、成本和性能有极大的影响。

机器中采用传动系统的主要原因是：(1) 工作机所需的速度、转矩或力通常与原动机不一致；(2) 原动机的输出轴通常只作匀速回转运动，而工作机所要求的运动形式往往是多种多样的，如直线运动、间歇运动、螺旋运动等；(3) 很多工作机在工作中需要改变速度，如果采用调整原动机速度的方法来实现往往很不经济，甚至是不可能的；(4) 某些情况下需要一个原动机带动若干个运动形式和速度都不同的工作机。

根据工作原理，传动系统可分为机械传动、流体（液体、气体）传动和电传动三类。本书只讨论机械传动系统。

19.1.2　常用机械传动的类型和主要特性

机械传动系统可由一个或多个传动机构组成，掌握各种传动机构的性能和特点是机械传动系统设计的重要基础。

根据传力原理，传动机构可分为摩擦传动、啮合传动和推压传动三种；根据结构形式，传动机构又可分为直接接触传动和有中间件的传动。常用传动机构及主要性能如表 19.1 所示。

19.2　机械传动系统方案设计

传动系统方案设计是在原动机选型和工作机的方案设计之后进行的，其主要任务是选择合理的传动路线，确定合适的传动机构类型及布置顺序。传动方案用机构运动简图表示，以简单明了地表示运动和动力的传递路线以及各部分的组成和联接关系。

传动方案的好坏对传动系统的工作性能、外廓尺寸、重量、可靠性以及制造、使用和维护成本等影响很大，其设计是一项较为复杂的工作，需要综合运用多方面的技术知识和实践设计经验，从多方面综合分析比较，才能拟定出比较合理的传动系统方案。

19.2.1　传动路线的选择

根据能量从原动机到工作机之间的流动路线，传动路线可分为单流传动、分流传动和汇流传动三种基本形式（图 19-1）。

表 19.1　常用传动机构及主要性能

传动类型			传动效率	单级传动比	圆周速度 m/s	外廓尺寸	相对成本	性能特点
啮合传动	直接接触	齿轮传动	0.92～0.96（开式） 0.96～0.99（闭式）	≤3～5（开式） ≤7～10（闭式）	≤5 ≤200	中 小	中	传动比恒定，功率和速度适用范围广，效率高，寿命长
		蜗杆传动	0.4～0.45（自锁） 0.7～0.92（不自锁）	8～80（1000）	15～50	小	高	传动比大，传动平稳，结构紧凑，可实现自锁，效率低
		螺旋传动	0.3～0.6（滑动螺旋） ≥0.9（滚动螺旋）		高中低	小	中	传动平稳，能自锁，增力效果好
	有中间件	链传动	0.9～0.93（开式） 0.95～0.97（闭式）	≤5（8）	5～25	大	中	平均传动比准确，可在高温下工作，传动距离大，高速时有冲击和振动
		齿形带传动	0.95～0.98	≤10	50（80）	中	低	传动平稳，能保证定传动比
摩擦传动	直接接触	摩擦轮传动	0.85～0.95	≤5～7	≤15～25	大	低	过载打滑，传动平稳，可在运转中调节传动比
	有中间件	带传动	0.94～0.96（平带） 0.92～0.97（V 带）	≤5～7	5～25（30）	大	低	过载打滑，传动平稳，能缓冲吸振，传动距离大，不能保证定传动比
推压传动	直接接触	凸轮机构	低		中 低	小	高	从动件可实现各种运动规律，高副接触磨损较大
	有中间件	连杆机构	高		中	小	低	结构简单，易制造，能传递较大载荷，耐冲击，可远距离传动

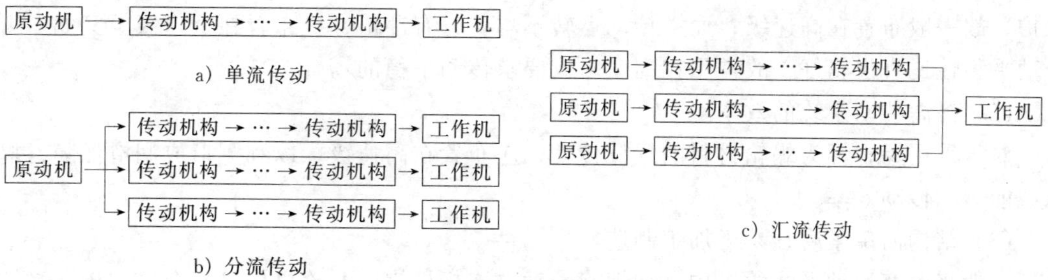

图 19-1　传动路线的基本形式

单流传动应用最广，其传动路线结构简单，全部能量依次通过每个传动机构，适用于只有一个原动机和一个工作机的传动系统。若工作机较多，而总功率不大时，可采用分流传动。对于低速、重载、大功率的工作机，为了减少机器的体积、重量和转动惯量，可以采用多个原动机共同驱动一个工作机的汇流传动。在实际应用中，常常根据需要把上述三种基本形式组合起来，形成复合传动。

传动路线的选择主要是根据工作机的工作特性、工作机和原动机的数目以及对传动系统性能的要求来决定，以传动系统结构简单、紧凑、传动链短、传动精度高、效率高、成本低为原则。

19.2.2 传动机构类型的选择

选择不同类型的传动机构会得到不同形式的传动系统方案。为了获得理想的传动方案，需要根据效率、外廓尺寸、质量、运动性能、成本及生产条件等主要性能指标，结合各种传动机构的性能特点，合理地选择传动机构类型。选择的基本原则是：

(1) 小功率宜选用结构简单、价格便宜、标准化程度高的传动，以降低制造费用；

(2) 大功率宜优先选用传动效率高的传动，以节约能源、降低生产费用；

(3) 速度低、传动比大时，可选用单级蜗杆传动、多级齿轮传动、带—齿轮传动、带—齿轮—链传动等多种方案，需要综合分析比较，选出合适的传动方案；

(4) 工作中可能出现过载的设备，宜在传动系统中设置一级摩擦传动，以便起到过载保护作用。但摩擦有静电发生，在易燃、易爆的场合，不能采用摩擦传动；

(5) 工作环境恶劣、粉尘较多时，应尽量采用闭式传动，以延长零件的寿命；

(6) 生产批量较小时，应尽量选用标准的传动装置（如各种标准减速器），以降低成本，缩短制造周期；

(7) 载荷经常变化、频繁换向的传动，宜在传动系统中设置一级能缓冲、吸振的传动(如带传动)；

(8) 传动的噪声受到严格控制时，应优先选用带传动、蜗杆传动、摩擦传动或螺旋传动。如需要采用其他传动机构，应从制造和装配精度、结构上等方面采取措施，力求降低噪声。

19.2.3 传动机构的布置顺序

传动系统有多个传动机构时，需合理布置各机构的顺序。布置时一般应考虑以下几点：

(1) 运转平稳，减小振动

一般将传动平稳、动载荷小的机构放在高速级。如带传动平稳，能缓冲吸振，且有过载保护，故一般布置在高速级；而链传动运转不均匀，有冲击，应布置在低速级。又如斜齿轮传动平稳性比直齿轮好，故常用在高速级或要求传动平稳的场合。

(2) 提高传动系统的效率

对于采用锡青铜为蜗轮材料的蜗杆传动，应布置在高速级，以利于形成润滑油膜，提高承载能力和传动效率。

(3) 结构简单紧凑、易于加工制造

一般将改变运动形式的机构（如螺旋传动、连杆机构、凸轮机构等）布置在传动系统的最后一级（靠近工作机或直接作工作机的执行机构)，可使结构紧凑。大尺寸、大模数的圆锥齿轮加工较困难，应尽量布置在高速级并限制其传动比，以减小其直径和模数。因高速级转矩小，把带传动布置在高速级能减小其外廓尺寸。

(4) 承载能力大、寿命长

开式齿轮传动的工作环境较差，润滑条件不好，磨损严重、寿命较短，应布置在低速级。采用铝铁青铜或铸铁作为蜗轮材料的蜗杆传动常布置在低速级，使齿面滑动速度较低，有利于防止产生胶合或严重磨损。

【例题 19-1】　在一由电动机驱动的带式输送机传动系统设计中提出了四个传动方案（图 19-2），试对它们进行分析比较。如果该输送机在矿井巷道中工作，问哪种方案较好？

【解】　(1) 方案 a 结构紧凑，若在大功率和长期运转条件下使用，由于蜗杆传动效率低，功率损耗大，很不经济；方案 b 宽度尺寸小，适于在恶劣环境下长期连续工作。但圆锥齿轮加工比圆柱齿轮加工困难；方案 c 与方案 b 相比，宽度尺寸较大，输入轴线与工作机位置是水平布置，适合在恶劣环境下长期工作；方案 d 比方案 a、b、c 制造成本低，带传动有过载保护作用，但宽度和长度尺寸均较大，带传动不适应繁重的工作条件和恶劣的环境。

(2) 矿井巷道工作环境恶劣，从上述四个方案比较可知，方案 b 和 c 较好，由于方案 b 的宽度尺寸比方案 c 小，更适合矿井巷道的狭窄空间，因此，选择方案 b 最为合理。

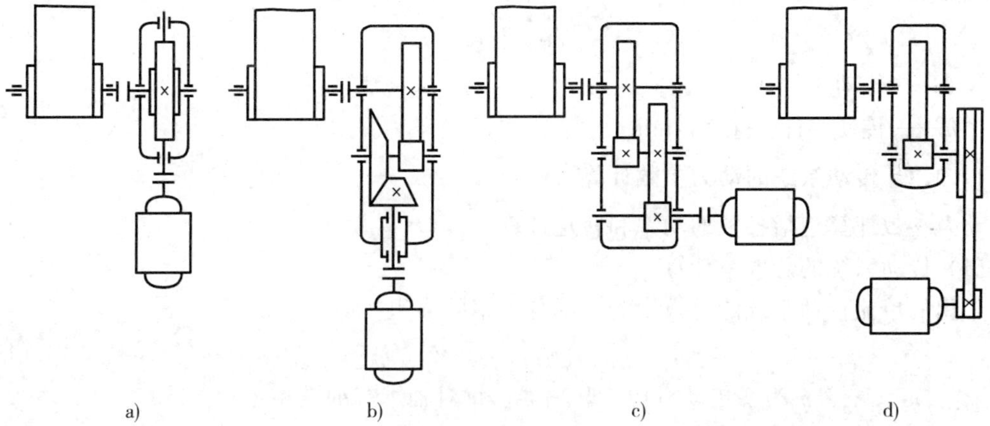

图 19-2　带式输送机的四种传动方案

19.3　传动系统的运动和动力计算

传动方案确定后，需要进行运动和动力参数计算，以便进行传动系统中各相关零部件的设计计算。

19.3.1　传动系统的运动参数计算

传动系统的运动参数计算包括各级传动比分配、各轴转速以及传动零件的线速度计算。

(1) 传动比分配

传动系统的总传动比

$$i_{总}=\frac{n_d}{n_w}=i_1、i_2、\cdots、i_n \tag{19-1}$$

式中：n_d、n_w——原动机输出轴转速和工作机输入转速，r/min；

i_1、i_2、…、i_n——传动系统各级传动比。

传动系统总传动比的分配，直接影响到各级传动机构的尺寸、重量、润滑条件、传动性能等。分配时，通常应考虑以下原则：

①各级传动比应在合理的范围内（见表 19.1）选取；

②应使各级传动零件尺寸协调，结构匀称合理，不会产生干涉碰撞；

③尽量减小外廓尺寸和整体重量。由同类传动机构组成的传动系统（如多级齿轮传动），分配传动比时，若为减速传动，一般应按传动比逐级减小的原则分配，反之，应逐级增大；

④设计减速器时，应尽量使各级大齿轮直径接近，浸油深度大致相同（低速级大齿轮浸油稍深），以保证良好润滑。

(2) 转速和线速度计算

由传动比计算公式可得从动轴转速

$$n_2 = \frac{n_1}{i_{12}} \tag{19-2}$$

式中：n_1——主动轴转速，r/min；

传动零件的线速度 v

$$v = \frac{\pi d n}{60 \times 1000} \quad \text{m/s} \tag{19-3}$$

式中：d——传动零件计算直径，mm；

n——传动零件转速，r/min。

19.3.2　传动系统的动力参数计算

动力参数计算包括各轴的功率和转矩计算。

(1) 传动系统的总效率计算

常用的单流传动系统的总效率为各部分效率的乘积，即

$$\eta_{总} = \eta_1、\eta_2、\cdots、\eta_n \tag{19-4}$$

式中 η_1、η_2、…、η_n为各传动机构、联轴器、每对轴承等的效率。

常用传动机构的效率见表 19-1，联轴器或一对轴承的效率可近似取为 $\eta = 0.98 \sim 0.99$。

(2) 功率计算

传动系统中，对各传动零件进行工作能力计算时，均以其输入功率为计算功率。

以图 19-3 所示的二级圆柱齿轮传动系统为例，说明各轴功率的计算方法。若已知该传动系统的输入功率 $P_{入}$(kW) 或输出功率 $P_{出}$(kW)，齿轮啮合效率 $\eta_{齿}$、轴承效率 $\eta_{承}$。设Ⅰ、Ⅱ、Ⅲ轴的输入功率分别为 $P_{Ⅰ}$、$P_{Ⅱ}$、$P_{Ⅲ}$ (kW)，则

$$\left.\begin{aligned} P_{Ⅰ} &= P_{入} \\ P_{Ⅱ} &= P_{入}\,\eta_{承}\,\eta_{齿} \\ P_{Ⅲ} &= P_{入}\,\eta_{承}^{2}\,\eta_{齿}^{2} \\ P_{出} &= P_{入}\,\eta_{承}^{3}\,\eta_{齿}^{2} \end{aligned}\right\} \tag{19-5}$$

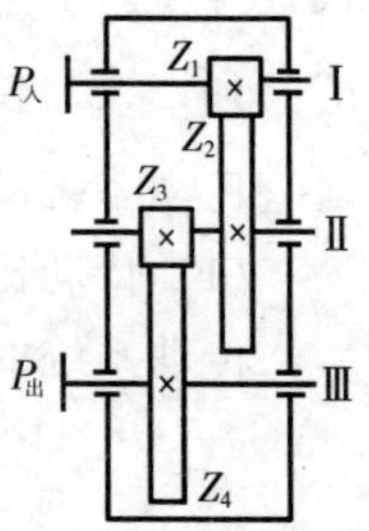

图 19-3　齿轮传动系统

或

$$\left.\begin{aligned} P_{Ⅰ} &= P_{出} / (\eta_{承}^{3}\,\eta_{齿}^{2}) \\ P_{Ⅱ} &= P_{出} / (\eta_{承}^{2}\,\eta_{齿}) \\ P_{Ⅲ} &= P_{出} / \eta_{承} \end{aligned}\right\} \tag{19-6}$$

(3) 转矩计算

计算出各轴的输入功率 P (kW) 和转速 n (r/min) 后，即可按下式计算轴的转矩 T(N·m)

$$T = 9550\frac{P}{n} \tag{19-7}$$

将式（19-5）代入上式，可求出各轴的转矩

$$\left.\begin{aligned} T_{\mathrm{I}} &= 9550\frac{P_{\mathrm{I}}}{n_{\mathrm{I}}} \\ T_{\mathrm{II}} &= 9550\frac{P_{\mathrm{II}}}{n_{\mathrm{II}}} = T_{\mathrm{I}}\, i_{\mathrm{I}}\, \eta_{承}\, \eta_{齿} \\ T_{\mathrm{III}} &= 9550\frac{P_{\mathrm{III}}}{n_{\mathrm{III}}} = T_{\mathrm{II}}\, i_{\mathrm{II}}\, \eta_{承}\, \eta_{齿} = T_{\mathrm{I}}\, i_{\mathrm{I}}\, i_{\mathrm{II}}\, \eta_{承}^2\, \eta_{齿}^2 \end{aligned}\right\} \tag{19-8}$$

式中 i_{I}、i_{II} 分别为高速级、低速级齿轮传动比。

【例题 19-2】 一带式输送机传动方案已确定（图 19-4）。已知输送带工作拉力 $F = 4\mathrm{kN}$，带速 $v = 1\mathrm{m/s}$，卷筒直径 $D = 500\mathrm{mm}$，卷筒传动效率 $\eta_{筒} = 0.96$，电动机额定功率 $P_d = 5.5\mathrm{kW}$，转速 $n_d = 1440\mathrm{r/min}$。试计算该传动系统的运动和动力参数。

【解】 （1）传动比分配

工作机转速 $$n_w = \frac{60\times1000v}{\pi d} = \frac{60\times1000\times1}{\pi\times500} = 38.2\mathrm{r/min}$$

总传动比 $$i_{总} = i_1 i_2 i_3 = \frac{n_d}{n_w} = \frac{1440}{38.2} = 37.7$$

根据传动比分配原则，取 V 带传动比 $i_1 = 3$，高速级齿轮传动比 $i_2 = 4$，则低速级齿轮传动比为

$$i_3 = \frac{i_{总}}{i_1 i_2} = \frac{37.7}{3\times4} = 3.14$$

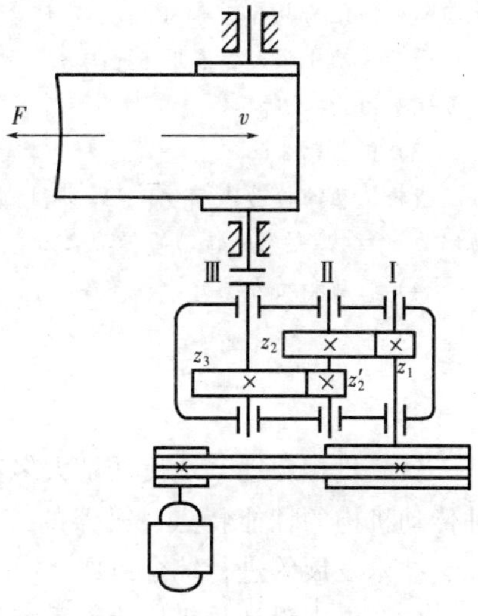

图 19-4　带式输送机传动系统

（2）计算各轴转速

$$n_{\mathrm{I}} = \frac{n_d}{i_1} = \frac{1440}{3} = 480\mathrm{r/min}$$

$$n_{\mathrm{II}} = \frac{n_{\mathrm{I}}}{i_2} = \frac{480}{4} = 120\mathrm{r/min}$$

$$n_{\mathrm{III}} = \frac{n_{\mathrm{II}}}{i_3} = \frac{120}{3.14} = 38.2\mathrm{r/min}$$

（3）计算各轴功率

工作机功率

$$P_w = \frac{F_v}{1000} = \frac{4000\times1}{1000} = 4\mathrm{kW}$$

取滚动轴承效率 $\eta_{承} = 0.98$，齿轮效率 $\eta_{齿} = 0.97$，联轴器效率 $\eta_{联} = 0.99$，V 带效率 $\eta_{带} = 0.96$，则各轴输入功率为

$$P_{\mathrm{III}} = P_W/(\eta_{筒}\,\eta_{联}\,\eta_{承}^2) = 4/(0.96\times0.99\times0.98^2) = 4.38\mathrm{kW}$$

$$P_{\mathrm{II}} = P_{\mathrm{III}}/(\eta_{承}\,\eta_{齿}) = 4.38/(0.98\times0.97) = 4.61\mathrm{kW}$$

$$P_{\mathrm{I}} = P_{\mathrm{II}}/(\eta_{承}\,\eta_{齿}) = 4.61/(0.98\times0.97) = 4.85\mathrm{kW}$$

带传动输入功率 $P_0 = P_{\mathrm{I}}/\eta_{带} = 4.85/0.96 = 5.05\mathrm{kw}$

（4）计算各轴转矩

$$T_0 = 9550P_0/n_0 = 9550\times5.05/1440 = 33.49\mathrm{N\cdot m}$$

$$T_{\mathrm{I}} = T_0 i_1 \eta_{带} = 33.49\times3\times0.96 = 96.45\mathrm{N\cdot m}$$

$$T_{\mathrm{II}} = T_{\mathrm{I}} i_2 \eta_{承}\,\eta_{齿} = 96.45\times4\times0.98\times0.97 = 366.75\mathrm{N\cdot m}$$

$$T_{\mathrm{III}} = T_{\mathrm{II}} i_3 \eta_{承}\,\eta_{齿} = 366.75\times3.14\times0.98\times0.97 = 1094.71\mathrm{N\cdot m}$$

【例题 19-3】 设计绕线机的传动方案。已知电动机转速 $n = 960\mathrm{r/min}$，绕线轴有效长度 $L = 75\mathrm{mm}$，

线径 $d=0.6$mm，要求每分钟绕线4层，均匀分布。

【解】 (1) 工作情况分析

该机器以传递运动为主，用一台原动机实现绕线和布线两种有协调关系的运动，因此采用分流传动。传递路线为

电动机——传动系统——┌线轴匀速回转运动（绕线）
　　　　　　　　　　　└导线匀速往复运动（布线）

两种运动的协调关系为

线轴转速：绕一层线，线轴转动次数为 $L/d=75/0.6=125$，每分钟绕四层，故线轴转速为

$$n_1=125\times4=500\text{r/min}$$

布线速度：因每分钟绕四层，故布线往复运动为每分钟2次，往复运动速度为

$$v=75\times4=300\ (\text{mm/min})\ =0.005\text{m/s}$$

(2) 传动方案设计

电动机与线轴之间的传动比为 $960/500=1.92$，因传动比不大，用一级减速传动，可选V带传动、齿轮传动、链传动、摩擦轮传动等。为使结构紧凑，传动比准确，选用一级齿轮传动。

电动机与布线机构之间需要实现减速和转动变往复运动两个功能，考虑均匀布线的要求，排除连杆机构的方案而选择摆动从动件凸轮机构。显然，凸轮的转速为2r/min，因此，电动机和凸轮机构之间的传动比为 $960/2=480$。

由于传动比较大，采用齿轮与蜗杆机构组合实现。设计出的传动方案如图19-5所示。

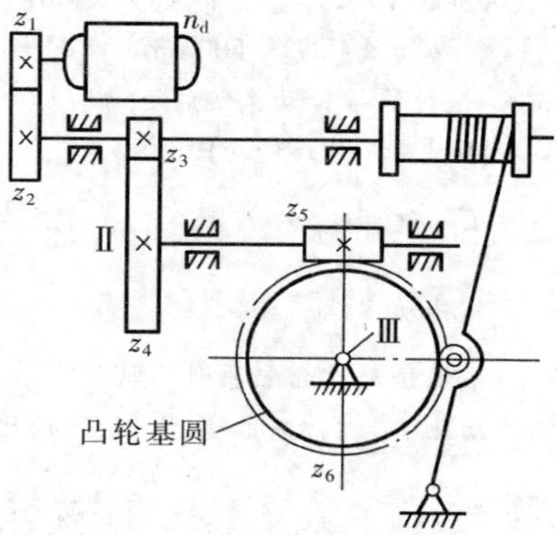

图19-5 绕线机的传动方案

(3) 传动比分配

齿轮传动的传动比 $i_1=1.92$，取Ⅰ轴和Ⅱ轴之间齿轮传动的传动比为 $i_2=4$，则蜗杆传动的传动比为 $i_3=480/\ (1.92\times4)\ =62.5$。

(4) 运动和动力参数计算（略）。

本章小结

(1) 机械传动系统设计是大多数机器设计的重要内容。设计时应采用系统的思想，对各种传动机构的性能特点、机器的工作要求、工作环境、生产条件、用户使用和市场需求情况、技术发展等进行综合考虑。

(2) 方案设计是机械传动系统设计的核心，需要进行传动路线选择、传动机构类型选择和布置顺序安排。设计时应拟定多个方案，进行综合分析比较，从中选出最合理的方案。

(3) 为了进行传动系统各组成零件的设计计算，必须进行传动系统的运动和动力参数计算，其中，总传动比的合理分配最为关键，直接影响到各级传动机构的尺寸、重量、润滑条件和传动性能等。

思考题

19-1 传动系统与工作机的作用有何不同？是否所有的机器都有传动系统？

19-2 选择传动类型的基本原则是什么？

19-3 选择传动路线的主要依据是什么？是否根据工作机的多少确定？

19-4 布置传动机构顺序时，应考虑哪些因素？

19-5　自行车链传动的主动大链轮齿数 $z_1=48$，小链轮齿数 $z_2=18$，车轮直径为 28 英寸（$D=711.2\text{mm}$）。试问：

（1）自行车为什么采用增速传动？能否采用带传动？为什么？

（2）自行车行走 1 千米时，车轮、大链轮和小链轮各要转几圈？

19-6　给出五种把回转运动变为直线运动的机构，画出机构运动简图并说明其特点。

习　题

19-1　图示为一运输机的传动方案，试分析该方案中各级传动安排有何不合理之处，并画出正确的传动方案图。

19-2　立式搅拌机由电动机远距离传动，连续工作，搅拌机转速 $n=40\text{r/min}$，电动机转速 $n_d=1440\text{r/min}$，功率 $P=5.5\text{kW}$。试设计两种以上传动方案，并作比较。

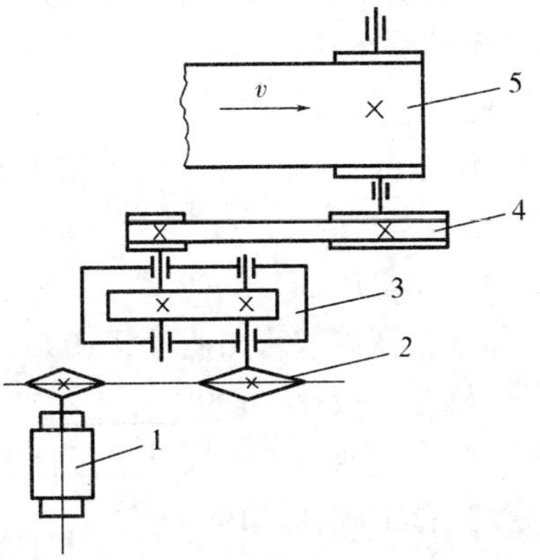

1—电动机；2—链传动；3—齿轮减速器；4—带传动；5—工作机

题 19-1 图

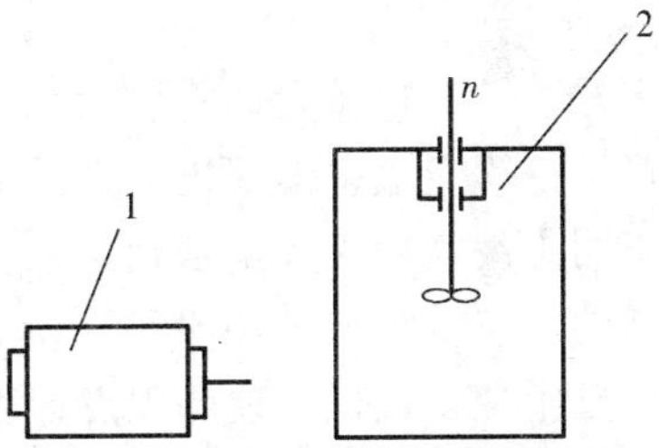

1—电动机；2—搅拌机

题 19-2 图

19-3　图示为一螺旋推力机传动装置，已知电动机功率 $P_d=5.5\text{kW}$，转速 $n=1440\text{r/min}$，各齿轮齿数 $z_1=26$，$z_2=156$，$z_3=22$，$z_4=55$，螺杆螺距 $P=6\text{mm}$，取工作机效率 $\eta_w=0.82$（包括螺旋传动和轴承效率），滚动轴承效率 $\eta_{承}=0.98$，联轴器效率 $\eta_{联}=0.99$，试求：

（1）传动装置的运动和动力参数；

（2）螺旋的推力 F；

（3）被推物料的移动速度 v；

（4）根据以上数据，分析该传动方案是否合适，并另外提出三种传动方案（其中包括一种不用螺旋机构的推力机方案）。

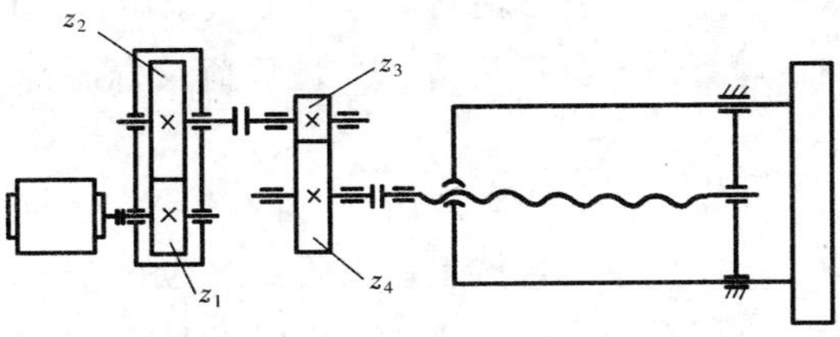

题 19-3 图

参 考 文 献

1 郑文纬，吴克坚主编．机械原理．第7版．北京：高等教育出版社，1997
2 邹慧君主编．机械原理．北京：高等教育出版社，1999
3 孙恒，陈作模主编．机械原理．第5版．北京：高等教育出版社，1996
4 濮良贵，纪名刚主编．机械设计．第7版．北京：高等教育出版社，2001
5 邱宣怀主编．机械设计．第4版．北京：高等教育出版社，1997
6 钟毅芳，吴昌林，唐增宝主编．机械设计．武汉：华中理工大学出版社，1999
7 杨明忠，朱家诚主编．机械设计．武汉：武汉理工大学出版社，2001
8 徐灏主编．机械设计手册．第2版．北京：机械工业出版社，2002
9 赵汝嘉，朱家诚，叶方涛主编．机械设计手册（软件版）．北京：机械工业出版社，1999
10 成大先主编．机械设计手册．第4版．北京：化学工业出版社，2002
11 杨可桢，程光蕴主编．机械设计基础．第4版．北京：高等教育出版社，1999
12 卢玉明主编．机械设计基础．第6版．北京：高等教育出版社，1998
13 张富洲主编．机械设计课程设计．1994年修订本．西安：西北工业大学出版社，1994
14 邹慧君主编．机械原理课程设计手册．北京：高等教育出版社，1998
15 吴宗泽主编．高等机械零件．北京：清华大学出版社，1991
16 周济等主编．智能设计．北京：高等教育出版社，1998
17 （美）荷马·D·爱克哈德著．机器与机构设计（英文版）．北京：机械工业出版社，2002
18 张春林等主编．机械创新设计．北京：机械工业出版社，1999
19 颜鸿森著．机械装置的创造性设计．姚燕安等译．北京：机械工业出版社，2002
20 刘助柏，梁辰著．知识创新学．北京：机械工业出版社，2002
21 王步瀛编．机械零件强度计算的理论和方法．北京：高等教育出版社，1986
22 齿轮手册编委会编．齿轮手册．北京：机械工业出版社，1990
23 吴鸿业等编．蜗杆传动设计．北京：机械工业出版社，1986
24 太原工学院齿轮研究室编．圆弧齿轮．北京：机械工业出版社，1980
25 王振华编．实用轴承手册．上海：上海科学技术文献出版社，1991
26 余俊等编著．滚动轴承计算——额定负荷、当量负荷及寿命．北京：高等教育出版社，1993
27 张柱芳编．滑动轴承．北京：高等教育出版社，1982
28 吴宗泽编．机械结构设计．北京：机械工业出版社，1988
29 朱龙根，黄雨华主编．机械系统设计．北京：机械工业出版社，1992
30 杨明忠主编．摩擦学设计基础．北京：机械工业出版社，1994
31 董仲元，蒋克铸主编．设计方法学．北京：高等教育出版社，1991
32 赵汝嘉主编．CAD基础理论及应用．西安：西安交通大学出版社，1995